L. D. LANDAU · E. M. LIFSCHITZ

THEORETISCHE PHYSIK KURZGEFASST

BAND II

L. D. LANDAU † · E. M. LIFSCHITZ

THEORETISCHE PHYSIK KURZGEFASST

BAND I Mechanik
Elektrodynamik

BAND II Quantentheorie

BAND III Makroskopische Physik

CARL HANSER VERLAG MÜNCHEN WIEN

L. D. LANDAU † · E. M. LIFSCHITZ

QUANTENTHEORIE

In deutscher Sprache herausgegeben von
Dr. Siegfried Matthies
Zentralinstitut für Kernforschung der Akademie der Wissenschaften der DDR, Rossendorf

Mit 21 Abbildungen

CARL HANSER VERLAG MÜNCHEN WIEN 1980

Л. Д. Ландау и Е. М. Лифшиц

Краткий курс теоретической физики, книга II

Квантовая Механика

Erschienen im Verlag, Nauka, Moskau

Aus dem Russischen übersetzt von
Dr. Dirk-Gunnar Welsch, Friedrich-Schiller-Universität Jena,
unter Verwendung von Teilen der Übersetzung der Bände III
und IVa des Lehrbuches der Theoretischen Physik von
L. D. Landau und E. M. Lifschitz

CIP-Kurztitelaufnahme der Deutschen Bibliothek
Landau, Lev D.
Theoretische Physik kurzgefaßt/L. D. Landau; E. M. Lifschitz
Einheitssacht.: Kratkij kurs teoretičeskoj fiziki ⟨dt.⟩.
NE: Lifšic, Evgenij M.:
Bd.: 2 → Landau, Lev D.: Quantentheorie

CIP-Kurztitelaufnahme der Deutschen Bibliothek
Landau, Lev D.
Quantentheorie/L. D. Landau; E. M. Lifschitz
In dt. Sprache hrsg. von Siegfried Matthies
(Theoretische Physik kurzgefaßt/L. D. Landau; E. M. Lifschitz; Bd. 2)
Einheitssacht.: Kvantovaja mechanika ⟨dt.⟩.
ISBN 3-446-12040-8
NE: Lifšic, Evgenij M.

Lizenzausgabe für Carl Hanser Verlag, München, Wien
mit Genehmigung des Akademie-Verlages, DDR-Berlin.
Herstellung: VEB Druckerei „Thomas Müntzer", DDR-5820 Bad Langensalza
Printed in German Democratic Republic

Vorwort des Herausgebers zur deutschen Ausgabe

Mit der vorliegenden Erstausgabe der deutschen Übersetzung des im russischen Original vor einem reichlichen Jahr erschienenen zweiten Bandes der dreibändigen Kurzfassung des „Lehrbuches der Theoretischen Physik“ von L. D. LANDAU und E. M. LIFSCHITZ wird die Absicht des Verlages weiterverfolgt, diesen Lehrbuchzyklus dem breiten Leserkreis schnell zur Verfügung zu stellen. Auf Wunsch von Professor E. M. LIFSCHITZ hält sich die deutsche Ausgabe genau an die im russischen Original verwendete Formelschreibweise, die für die Schule von L. D. LANDAU in der Quantenmechanik typisch ist.

Der Herausgeber, für den die „Quantenmechanik“ der großen Lehrbuchreihe (Bd. III), beginnend mit dem Studium, zu einem ständigen Begleiter in seiner wissenschaftlichen Tätigkeit wurde, möchte Prof. E. M. Lifschitz bestätigen, daß es ihm gelungen ist, trotz erheblicher Reduzierung des Materials, Geist und Anlage dieses ausgezeichneten Lehrbuches auch in der Kurzfassung aufrechtzuerhalten. Aus diesem Grunde bin ich überzeugt, daß sich der vorliegende Band viele Anhänger in dem im Vorwort des Autors genannten potentiellen Leserkreis erobern wird.

Dubna, März 1974 S. MATTHIES

Vorwort

Der vorliegende Band setzt das von L. D. LANDAU geplante Vorhaben fort, dessen Ziel bereits im Vorwort zum ersten Band dargelegt wurde und darin besteht, ein Minimum an Kenntnissen auf dem Gebiet der theoretischen Physik zu vermitteln, das man jedem heutigen Physiker unabhängig von seinem speziellen Arbeitsgebiet zum Studium empfehlen könnte.

Der erste Teil dieses Bandes, die nichtrelativistische Quantentheorie, folgt der von L. D. LANDAU und mir verfaßten „Quantenmechanik" (Band III der großen Reihe). Die Kürzung des Stoffes wurde durch Weglassen sowohl ganzer Abschnitte von mehr speziellem Interesse als auch einer großen Anzahl methodischer, für den professionellen Theoretiker bestimmter Details erreicht. Natürlich mußte bei einer derartigen starken Reduzierung ein bedeutender Teil des Textes neu geschrieben werden. Dabei strebte ich jedoch danach, den gesamten Charakter und den Stil der Darlegung zu bewahren und nirgends Vereinfachungen auf dem Wege irgendeiner Vulgarisierung der Begriffe zuzulassen. Die Vereinfachung wird ausschließlich auf Kosten einer geringeren Ausführlichkeit erreicht. Im ersten Teil des vorliegenden Bandes ist kaum die Formulierung „man kann zeigen" anzutreffen; die hier dargelegten Resultate werden zusammen mit entsprechenden Herleitungen angegeben.

Letzteres trifft allerdings nur in geringerem Maße auf den zweiten Teil dieses Bandes zu. Dieser Teil folgt dem Charakter der Darlegung nach der von mir gemeinsam mit W. B. BERESTETZKI und L. P. PITAJEWSKI verfaßten „Relativistischen Quantentheorie" (Band IVa der großen Reihe des Lehrbuches der Theoretischen Physik). Teil II behandelt indessen nur die Grundlagen der Quantenelektrodynamik. Auch hier strebte ich an, die Darlegung des Stoffes derart aufzubauen, daß nach Möglichkeit die physikalischen Voraussetzungen und die logische Struktur der Theorie klar hervortreten. Jedoch wegen der beträchtlichen Kompliziertheit der Rechnungen, an die eine Lösung konkreter Probleme auf diesem Gebiet gewöhnlich gebunden ist, wird eine Reihe von Anwendungen der Theorie nur in Form der Ergebnisse diskutiert. Bei der Auswahl des Materials für diesen Teil des vorliegenden Buches ließ ich mich darüber hinaus vom Inhalt der Vorlesungsreihe über Quantenelektrodynamik leiten, die L. D. LANDAU im Studienjahr 1959/60 an der Moskauer LOMONOSSOW-Universität hielt. In diesem Zusammenhang danke ich A. S. KOMPANEJETZ, N. I. BUDKO und P. S. KONDRATENKO, die mir ihre Mitschriften dieser Vorlesungen zur Verfügung stellten.

Das letzte Kapitel des vorliegenden Buches („FEYNMAN-Diagramme") fällt sowohl bezüglich seiner relativen Kompliziertheit als auch im Hinblick darauf, daß es weniger physikalischen Resultaten sondern mehr methodischen Fragen gewidmet ist, etwas aus dem allgemeinen Rahmen heraus. Ich hielt es jedoch für notwendig, dem Leser wenigstens eine Vorstellung vom Wesen und dem Sinn der Begriffswelt der sogenannten „Diagrammtechnik" zu geben, die den heutigen Apparat der theoretischen Physik tief durchdringt (dabei stellte ich mir nicht das Ziel zu zeigen, wie diese Technik zur Lösung konkreter Probleme tatsächlich anzuweden ist). Dieses Kapitel kann man nach Wunsch beim Lesen auslassen, ohne die geschlossene Anlage des Buches insgesamt zu verletzen.

Zum Zeitpunkt des Erscheinens dieses Buches werden zehn Jahre vergangen sein seit dem verhängnisvollen 7. Januar 1962, als ein Verkehrsunfall das Wirken L. D. LANDAUS in Forschung und Lehre abrupt beendete. Unter denjenigen, für die diese Kurzfassung der theoretischen Physik bestimmt ist, besaß schon niemand mehr das Glück, seine Vorlesungen zu hören. Ich möchte der Hoffnung Ausdruck verleihen, daß es mir mit diesen Büchern gelingen wird, die Leser bis zu einem gewissen Grad mit dem Geist seiner pädagogischen Ideen vertraut zu machen, seinem Streben nach Klarheit, dem Bestreben, komplizierte Dinge einfach zu gestalten, und damit unmittelbar in ihrer wahren Einfachheit die Schönheit der Naturgesetze zu enthüllen.

Mai 1971 E. M. LIFSCHITZ

Inhaltsverzeichnis

TEIL I. Nichtrelativistische Theorie

Einige Bezeichnungen

Zeitabhängige Wellenfunktion: Ψ

Wellenfunktion ohne Zeitfaktor: ψ

Operatoren werden durch mit Dach ^ versehene Buchstaben bezeichnet.

Transponierte Operatoren werden mit einer Tilde ~ versehen.

Adjungierte Operatoren werden mit + als oberen Index gekennzeichnet.

Matrixelemente einer Größe f: $f_{mn} = \langle m | f | n \rangle$

HAMILTON-Operator: $\hat{H}$

Nichtrelativistische Energie: E

Übergangsfrequenzen: $\omega_{nm} = (E_n - E_m)/\hbar$

Relativistische Teilchenenergie, die die Ruhenergie einschließt: ε

Volumenelement des Konfigurationsraumes: $\mathrm{d}q$

Volumenelement des gewöhnlichen Ortsraumes: $\mathrm{d}V = \mathrm{d}x\,\mathrm{d}y\,\mathrm{d}z$
Normierungsvolumen: Ω

Komponenten vierdimensionaler Vektoren (in Teil II) tragen als Indizes griechische Buchstaben $\lambda, \mu, \nu, \ldots$, die die Werte 0, 1, 2, 3 durchlaufen.

Im Teil II werden die auf Seite 237 definierten relativistischen Einheiten verwendet.

Hinweise auf Paragraphen und Formeln des 1. Bandes dieses Lehrbuches sind zusätzlich durch I gekennzeichnet.

Teil I. Nichtrelativistische Theorie

Die Grundbegriffe der Quantenmechanik — I

§ 1. Das Unbestimmtheitsprinzip

Versucht man, die klassische Mechanik und die klassische Elektrodynamik zur Erklärung der Erscheinungen in atomaren Bereichen zu verwenden, dann gelangt man zu Ergebnissen, die in krassem Widerspruch zum Experiment stehen. Man kann dies am deutlichsten bereits an dem Widerspruch bei der Anwendung der gewöhnlichen Elektrodynamik auf das Atommodell sehen, bei dem sich die Elektronen auf klassischen Bahnen um den Kern bewegen. Bei dieser Bewegung müßten die Elektronen, wie bei jeder beschleunigten Bewegung von Ladungen, ununterbrochen elektromagnetische Wellen aussenden. Durch die Strahlung müßten die Elektronen ihre Energie verlieren, was letzten Endes dazu führen müßte, daß sie in den Kern stürzen. Nach der klassischen Elektrodynamik wäre ein Atom also instabil; das entspricht in keiner Weise der Wirklichkeit.

Dieser tiefe Widerspruch zwischen der Theorie und dem Experiment deutet darauf hin, daß der Aufbau einer Theorie für die atomaren Erscheinungen eine grundsätzliche Änderung in den grundlegenden klassischen Vorstellungen und Gesetzen erfordert. Atomare Erscheinungen sind solche, die an Teilchen mit sehr kleiner Masse und in sehr kleinen Raumgebieten vor sich gehen.

Um diese Veränderungen zu erklären, gehen wir am einfachsten von der experimentell beobachtbaren Erscheinung der sogenannten Elektronenbeugung[1]) aus. Beim Durchgang eines homogenen Elektronenstrahls durch einen Kristall beobachtet man im durchgelassenen Strahl ein Bild aufeinanderfolgender Intensitätsmaxima und -minima völlig analog zu dem Bild bei der Beugung elektromagnetischer Wellen. Unter gewissen Bedingungen weist also das Verhalten materieller Teilchen — der Elektronen — Züge auf, die für Wellenvorgänge charakteristisch sind.

Wie tief diese Erscheinung den üblichen Vorstellungen über die Bewegung widerspricht, kann man am besten aus dem folgenden Gedankenexperiment ersehen, das eine Idealisierung der Elektronenbeugung an einem Kristall ist. Wir stellen uns einen für die Elektronen undurchlässigen Schirm vor, in dem zwei Spalte eingeschnitten sind. Wir beobachten den Durchgang des Elektronenstrahles durch einen Spalt, während der andere Spalt abgedeckt ist, und er-

[1]) Die Erscheinung der Elektronenbeugung wurde in Wirklichkeit erst nach der Schaffung der Quantenmechanik entdeckt. In unserer Darstellung halten wir uns jedoch nicht an die historische Entwicklung der Theorie, sondern versuchen so vorzugehen, daß die Zusammenhänge zwischen den Grundprinzipien der Quantenmechanik und den experimentell beobachtbaren Erscheinungen maximal deutlich werden.

halten auf einem Schirm hinter dem Spalt ein bestimmtes Bild der Intensitätsverteilung. Wir erhalten ein anderes Bild, wenn wir den zweiten Spalt öffnen und den ersten abdecken. Beobachten wir nun den Durchgang des Strahles durch beide Spalte gleichzeitig, dann müßten wir auf Grund der üblichen Vorstellungen ein Bild erwarten, daß die einfache Überlagerung der beiden vorhergehenden ist. Jedes Elektron bewegt sich auf seiner Bahn und fliegt durch einen der Spalte, ohne auf die Elektronen, die durch den anderen Spalt hindurchgehen, einen Einfluß auszuüben. Die Erscheinung der Elektronenbeugung zeigt jedoch, daß wir in Wirklichkeit ein Beugungsbild erhalten, das sich wegen der Interferenz keineswegs auf die Summe der beiden Bilder von den einzelnen Spalten zurückführen läßt. Dieses Ergebnis kann natürlich in keiner Weise mit der Vorstellung über die Bewegung der Elektronen entlang einer Bahn in Einklang gebracht werden.

Die Mechanik, der die atomaren Erscheinungen gehorchen, die sogenannte *Quanten-* oder *Wellenmechanik*, muß also Vorstellungen über die Bewegung zugrunde legen, die von den Vorstellungen der klassischen Mechanik prinzipiell verschieden sind. In der Quantenmechanik gibt es den Begriff der Bahn eines Teilchens nicht. Dies ist der Inhalt des sogenannten *Unbestimmtheitsprinzips*, eines der Grundprinzipien der Quantenmechanik, das 1927 von W. HEISENBERG entdeckt worden ist.[1])

Da es die üblichen Vorstellungen der klassischen Mechanik ablehnt, kann man sagen, das Unbestimmtheitsprinzip hat einen negativen Inhalt. Es ist natürlich für sich allein völlig unzureichend, um darauf eine neue Teilchenmechanik aufzubauen. Einer solchen Theorie müssen selbstverständlich irgendwelche positiven Behauptungen zugrunde liegen; wir werden diese später behandeln (§ 2). Um aber diese Behauptungen formulieren zu können, müssen wir zuerst die Art der Fragestellung klären, der sich die Quantenmechanik gegenübersieht. Wir gehen dazu zunächst auf den besonderen Charakter des Verhältnisses der Quantenmechanik zur klassischen Mechanik ein.

Gewöhnlich kann eine allgemeinere Theorie unabhängig von einer weniger allgemeinen Theorie, die darin als Grenzfall enthalten ist, logisch geschlossen formuliert werden. So kann die relativistische Mechanik auf ihren eigenen Grundprinzipien aufgebaut werden, ohne irgendwie auf die NEWTONsche Mechanik zurückzugreifen. Die Formulierung der Grundsätze der Quantenmechanik ist prinzipiell unmöglich, ohne die klassische Mechanik heranzuziehen.

Da das Elektron[2]) keine bestimmte Bahnkurve besitzt, hat es auch keine anderen dynamischen Charakteristiken[3]). Es ist daher klar, daß für ein System

[1]) Es ist interessant anzumerken, daß der gesamte mathematische Apparat der Quantenmechanik von H. HEISENBERG und E. SCHRÖDINGER vor (nämlich 1925–1926) der Entdeckung des Unbestimmtheitsprinzips geschaffen wurde, welches den physikalischen Inhalt dieses Apparates aufdeckt.

[2]) In diesem und dem folgenden Paragraphen sprechen wir der Kürze halber von einem Elektron und haben damit im allgemeinen ein beliebiges Quantenobjekt — ein Teilchen oder Teilchensystem — im Sinn, auf das die klassische Mechanik nicht anwendbar ist.

[3]) Wir meinen damit Größen zur Beschreibung der Bewegung des Elektrons und nicht zur Charakterisierung des Elektrons als Teilchen (Ladung, Masse); die letzteren sind Parameter.

aus Quantenobjekten allein im allgemeinen keine logisch befriedigende Mechanik aufgebaut werden kann. Um die Bewegung eines Elektrons quantitativ beschreiben zu können, müssen auch physikalische Objekte vorhanden sein, die mit genügender Genauigkeit der klassischen Mechanik gehorchen. Wenn das Elektron mit einem *klassischen Objekt* wechselwirkt, dann wird sich der Zustand des letzteren im allgemeinen ändern. Die Art und die Größe dieser Änderung hängen von dem Zustand des Elektrons ab und können daher zur quantitativen Beschreibung desselben dienen.

In diesem Zusammenhang nennt man das *klassische Objekt* gewöhnlich *Gerät*, den Vorgang der Wechselwirkung mit dem Elektron bezeichnet man dabei als *Messung*. Man muß jedoch betonen, daß man damit keineswegs einen „Meß"-Prozeß meint, an dem ein physikalischer Beobachter teilhat. Unter einer Messung versteht man in der Quantenmechanik jeden Wechselwirkungsprozeß zwischen einem klassischen und einem Quantenobjekt, der unabhängig von irgendeinem Beobachter abläuft. Es war N. Bohr, der die große Rolle des Begriffes der Messung in der Quantenmechanik klargestellt hat.

Wir haben ein Gerät als ein physikalisches Objekt definiert, das mit genügender Genauigkeit der klassischen Mechanik genügt. So ein Gerät ist zum Beispiel ein Körper mit einer genügend großen Masse. Man darf jedoch nicht denken, daß ein Gerät unbedingt ein makroskopischer Gegenstand sein muß. Unter bestimmten Verhältnissen kann auch ein offensichtlich mikroskopisches Objekt die Rolle eines Gerätes spielen, weil der Begriff „mit genügender Genauigkeit" von der konkreten Fragestellung abhängt. So wird die Bewegung eines Elektrons in der Wilson-Kammer durch die von ihm zurückgelassene Nebelspur beobachtet, deren Dicke im Vergleich zu atomaren Abmessungen groß ist. Bei dieser Genauigkeit der Bestimmung der Bahnkurve ist das Elektron ein vollkommen klassisches Objekt.

Die Quantenmechanik nimmt also eine sehr eigenartige Stellung unter den physikalischen Theorien ein: Sie enthält die klassische Mechanik als Grenzfall und bedarf gleichzeitig dieses Grenzfalles zu ihrer eigenen Begründung.

Wir können jetzt die Problemstellung der Quantenmechanik formulieren. Eine typische Problemstellung ist die Voraussage des Ergebnisses einer wiederholten Messung aus dem bekannten Ergebnis vorangegangener Messungen. Wir werden im folgenden sehen, daß die Quantenmechanik im allgemeinen außerdem im Vergleich zur klassischen Mechanik die Werte beschränkt, die die verschiedenen physikalischen Größen (zum Beispiel die Energie) annehmen können, d. h. die Werte, die als Meßergebnisse für eine gegebene Größe beobachtet werden können. Der Apparat der Quantenmechanik muß es ermöglichen, diese erlaubten Werte zu bestimmen.

Der Meßprozeß hat in der Quantenmechanik eine sehr wesentliche Besonderheit: Er wirkt immer auf das der Messung unterworfene Elektron ein, und diese Einwirkung kann bei einer gegebenen Meßgenauigkeit prinzipiell nicht beliebig klein gemacht werden. Je genauer die Messung ist, desto stärker ist die dabei erfolgende Einwirkung. Nur bei Messungen mit sehr kleiner Genauigkeit kann der Einfluß auf das Meßobjekt schwach sein. Diese Eigenschaft der Messungen hängt logisch damit zusammen, daß die dynamischen Größen des Elektrons nur im Ergebnis der Messung selbst in Erscheinung treten. Wenn die Einwirkung des Meßprozesses auf das Objekt beliebig klein gemacht werden könnte, dann würde das bedeuten, daß die zu messende Größe an und für sich einen bestimmten Wert hat, unabhängig von der Messung.

Unter den verschiedenen Messungen spielt die Messung der Koordinaten des Elektrons die grundlegende Rolle. Im Rahmen der Gültigkeit der Quantenmechanik können die Koordinaten eines Elektrons immer mit beliebiger Genauigkeit gemessen werden.[1])

Wir nehmen an, daß nach bestimmten Zeitintervallen Δt die Koordinaten eines Elektrons immer wieder gemessen werden. Die Meßergebnisse liegen im allgemeinen nicht auf einer glatten Kurve. Im Gegenteil, je genauer die Messungen ausgeführt werden, desto sprungartiger und ungeordneter ist der Gang der Meßergebnisse, weil ja der Begriff der Bahnkurve für ein Elektron fehlt. Eine mehr oder weniger glatte Bahnkurve erhält man nur, wenn man die Koordinaten des Elektrons mit einer geringen Genauigkeit mißt, wie zum Beispiel durch die Kondensation der Tröpfchen des Dampfes in der WILSON-Kammer.

Wenn man bei unveränderter Meßgenauigkeit die Intervalle Δt zwischen den Messungen verkürzt, dann werden benachbarte Messungen natürlich nahe beieinander gelegene Werte für die Koordinaten ergeben. Obwohl die Ergebnisse einer Reihe aufeinanderfolgender Messungen in einem kleinen Raumgebiet liegen werden, werden sie in diesem Gebiet vollkommen ungeordnet verteilt sein und keineswegs irgendeine glatte Kurve bedecken.

Der letztere Sachverhalt zeigt, daß es in der Quantenmechanik den Begriff der Geschwindigkeit eines Teilchens im klassischen Sinne dieses Wortes nicht gibt, d. h. als Grenzwert, gegen den die Differenz der Koordinaten in zwei Zeitpunkten, dividiert durch die Differenz Δt zwischen diesen Zeitpunkten, strebt. Wir werden jedoch im folgenden sehen, daß man in der Quantenmechanik nichtsdestoweniger eine vernünftige Definition der Geschwindigkeit eines Teilchens in einem bestimmten Zeitpunkt geben kann und daß diese Geschwindigkeit beim Übergang zur klassischen Mechanik in die klassische Geschwindigkeit übergeht.

Während aber in der klassischen Mechanik ein Teilchen in jedem gegebenen Zeitpunkt bestimmte Koordinaten und eine bestimmte Geschwindigkeit hat, liegt in der Quantenmechanik ein ganz anderer Sachverhalt vor. Wenn ein Elektron im Ergebnis einer Messung bestimmte Koordinaten erhalten hat, dann hat es dabei überhaupt keine bestimmte Geschwindigkeit. Hat das Elektron umgekehrt eine bestimmte Geschwindigkeit, dann kann es keinen bestimmten Ort im Raum einnehmen. Tatsächlich würde die gleichzeitige Existenz von Koordinaten und der Geschwindigkeit in einem beliebigen Zeitpunkt

[1]) Wir betonen nochmals, daß unter „gemessen werden" die Wechselwirkung eines Elektrons mit einem klassischen „Meßgerät" gemeint ist, welche keinesfalls die Anwesenheit eines fremden Beobachters voraussetzt.

das Vorhandensein einer bestimmten Bahnkurve bedeuten, die das Elektron aber nicht hat.

In der Quantenmechanik sind also die Koordinaten und die Geschwindigkeit eines Elektrons Größen, die nicht gleichzeitig exakt gemessen werden können, d. h., sie können nicht gleichzeitig bestimmte Werte haben. Man kann sagen, daß die Koordinaten und die Geschwindigkeit eines Elektrons Größen sind, die nicht gleichzeitig existieren. Im folgenden wird eine quantitative Beziehung hergeleitet werden, die angibt, wie ungenau die Koordinaten und die Geschwindigkeit in ein und demselben Zeitpunkt gemessen werden können.

Durch die Vorgabe aller Koordinaten und Geschwindigkeiten in einem gegebenen Zeitpunkt wird in der klassischen Mechanik der Zustand eines physikalischen Systems vollständig beschrieben. Aus diesen Anfangswerten bestimmen die Bewegungsgleichungen das Verhalten des Systems in allen zukünftigen Zeitpunkten. In der Quantenmechanik ist eine solche Beschreibung prinzipiell unmöglich, weil die Koordinaten und die zugehörigen Geschwindigkeiten nicht gleichzeitig existieren. Die Beschreibung des Zustandes eines quantenmechanischen Systems erfolgt also durch eine kleinere Anzahl von Größen als in der klassischen Mechanik, d. h., sie ist nicht so eingehend wie die klassische.

Daraus ergibt sich eine sehr wichtige Folgerung über die Art der Voraussagen in der Quantenmechanik. Während die klassische Beschreibung ausreicht, die Bewegung eines mechanischen Systems in der Zukunft völlig exakt vorauszusagen, kann die weniger eingehende Beschreibung in der Quantenmechanik dazu nicht ausreichen. Das bedeutet: Wenn sich ein Elektron in einem Zustand befindet, der so vollständig wie in der Quantenmechanik nur möglich beschrieben wird, dann ist sein Verhalten in den folgenden Zeitpunkten trotzdem prinzipiell nicht eindeutig bestimmbar. Die Quantenmechanik kann daher keine streng bestimmten Voraussagen über das zukünftige Verhalten eines Elektrons machen. Für einen gegebenen Anfangszustand eines Elektrons kann eine folgende Messung verschiedene Ergebnisse liefern. Die Aufgabe der Quantenmechanik besteht nur in der Bestimmung der Wahrscheinlichkeit, dieses oder jenes Ergebnis bei dieser Messung zu erhalten. Es versteht sich, daß die Wahrscheinlichkeit eines bestimmten Meßergebnisses in manchen Fällen gleich 1 sein kann, d. h., sie kann zur Gewißheit werden, so daß das Ergebnis einer gegebenen Messung eindeutig wird.

Im weiteren werden wir uns vielfach davon überzeugen, daß bei weitem nicht jede Gesamtheit physikalischer Größen in der Quantenmechanik gleichzeitig gemessen werden kann, d. h. gleichzeitig bestimmte Werte haben kann. (Über ein Beispiel, die Geschwindigkeit und die Koordinaten eines Elektrons, haben wir bereits gesprochen.)

Gewisse Sätze physikalischer Größen mit den folgenden Eigenschaften spielen in der Quantenmechanik eine große Rolle: Diese Größen sind gleichzeitig meßbar. Wenn sie alle gleichzeitig bestimmte Werte haben, dann kann keine andere physikalische Größe (die keine Funktion der genannten ist) in diesem Zustand einen bestimmten Wert haben.

Solche Sätze physikalischer Größen werden wir *vollständige Sätze* nennen.

Jede Beschreibung eines Zustandes eines Elektrons erhält man im Ergebnis einer Messung. Wir formulieren jetzt, was wir unter der vollständigen Beschreibung eines Zustandes in der Quantenmechanik verstehen wollen. Vollständig beschriebene Zustände erhält man als Ergebnis der gleichzeitigen Messung eines vollständigen Satzes physikalischer Größen. Aus den Ergebnissen dieser Messung kann man insbesondere die Wahrscheinlichkeit der Ergebnisse jeder folgenden Messung unabhängig davon bestimmen, was mit dem Elektron vor der ersten Messung geschehen ist.

Wir werden im folgenden immer (mit Ausnahme von §§ 7 und 42) unter den Zuständen eines quantenmechanischen Systems gerade diese Zustände verstehen.

§ 2. Das Superpositionsprinzip

Die radikale Änderung der physikalischen Vorstellungen über den Bewegungsablauf in der Quantenmechanik im Vergleich zur klassischen Mechanik erfordert natürlich auch eine ebensolche grundsätzliche Änderung des mathematischen Apparates der Theorie. In diesem Zusammenhang erhebt sich vor allem die Frage nach der Art und Weise der Beschreibung des Zustandes eines quantenmechanischen Systems.

Mit q wollen wir die Gesamtheit der Koordinaten eines quantenmechanischen Systems, mit $\mathrm{d}q$ das Produkt der Differentiale dieser Koordinaten bezeichnen. Man nennt $\mathrm{d}q$ häufig das Volumenelement des *Konfigurationsraumes* des Systems. Für ein Teilchen stimmt $\mathrm{d}q$ mit dem Volumenelement $\mathrm{d}V$ des gewöhnlichen Raumes überein.

In der klassischen Mechanik wird der Zustand eines Systems dadurch beschrieben, daß man (für einen gewissen Zeitpunkt) alle seine Koordinaten q und Geschwindigkeiten $\dot{q}$ angibt. Wie wir sahen, ist in der Quantenmechanik eine solche Beschreibung offensichtlich nicht möglich. Eine vollständige Beschreibung des Systemzustandes bedeutet hier nur wesentlich weniger: Sie bedeutet die Möglichkeit vorauszusagen, mit welcher Wahrscheinlichkeit die einen oder anderen Resultate einer Koordinatenmessung (oder der Messung anderer Größen) zu beobachten sind.

Die Grundlage des mathematischen Apparates der Quantenmechanik bildet die Behauptung, daß der Zustand eines Systems durch eine bestimmte (im allgemeinen komplexe) Ortsfunktion $\Psi(q)$ beschrieben werden kann. Das Betragsquadrat dieser Funktion bestimmt dabei die Wahrscheinlichkeitsverteilung der Koordinatenwerte: $|\Psi|^2\,\mathrm{d}q$ ist die Wahrscheinlichkeit dafür, daß sich bei einer Messung an dem System die Koordinatenwerte in dem Element $\mathrm{d}q$ des Konfigurationsraumes ergeben. Die Funktion Ψ heißt die *Wellenfunktion* des Systems.[1]

[1]) Sie wurde 1926 erstmalig von E. SCHRÖDINGER in die Quantenmechanik eingeführt.

Die Kenntnis der Wellenfunktion ermöglicht im Prinzip die Berechnung der Wahrscheinlichkeit verschiedener Ergebnisse auch von irgendeiner anderen Messung (nicht der Messung der Koordinaten). Dabei werden alle diese Wahrscheinlichkeiten durch Ausdrücke gegeben, die in Ψ und Ψ^* bilinear sind. Die allgemeinste Gestalt eines solchen Ausdruckes ist

$$\int\int \Psi(q)\,\Psi^*(q')\,\varphi(q, q')\,\mathrm{d}q\,\mathrm{d}q' . \tag{2,1}$$

Die Funktion $\varphi(q, q')$ hängt dabei von der Art und dem Ergebnis der Messung ab. Die Integration wird über den ganzen Konfigurationsraum erstreckt. Die Wahrscheinlichkeit $\Psi\Psi^*$ für die verschiedenen Koordinatenwerte selbst ist ebenfalls ein Ausdruck dieser Art.

Im Laufe der Zeit wird sich der Zustand eines Systems, und damit auch die Wellenfunktion, im allgemeinen ändern. In diesem Sinne kann man die Wellenfunktion auch als Zeitfunktion auffassen. Wenn die Wellenfunktion in irgendeinem Anfangszeitpunkt bekannt ist, dann ist sie im eigentlichen Sinne des Begriffes der vollständigen Beschreibung eines Zustandes damit prinzipiell auch für alle zukünftigen Zeitpunkte bestimmt. Die tatsächliche Abhängigkeit der Wellenfunktion von der Zeit wird durch Gleichungen bestimmt, die wir im folgenden noch ableiten werden.

Die Summe der Wahrscheinlichkeiten aller möglichen Koordinatenwerte eines Systems muß nach Definition gleich 1 sein. Deshalb muß das Ergebnis der Integration von $|\Psi|^2$ über den Konfigurationsraum des Systems gleich 1 sein:

$$\int |\Psi|^2\,\mathrm{d}q = 1 . \tag{2,2}$$

Diese Gleichung ist die sogenannte *Normierungsvorschrift* für die Wellenfunktionen. Wenn das Integral über $|\Psi|^2$ konvergent ist, dann kann man durch Wahl eines geeigneten konstanten Faktors die Funktion Ψ immer, wie man sagt, normieren. Wir werden später außerdem sehen, daß das Integral über $|\Psi|^2$ auch divergieren kann. Dann kann Ψ überhaupt nicht nach der Bedingung (2,2) normiert werden. In diesen Fällen bestimmt $|\Psi|^2$ natürlich nicht die Absolutwerte der Wahrscheinlichkeit für die Koordinaten; aber das Verhältnis der Werte von $|\Psi|^2$ in zwei verschiedenen Punkten des Konfigurationsraumes bestimmt die relative Wahrscheinlichkeit der entsprechenden Koordinatenwerte.

Alle mit Hilfe der Wellenfunktion berechenbaren Größen mit einem unmittelbaren physikalischen Sinn haben die Gestalt (2,1). Darin wird die Funktion Ψ immer mit Ψ^* multipliziert. Es ist daher klar, daß die normierte Wellenfunktion nur bis auf einen konstanten *Phasenfaktor* der Gestalt $e^{i\alpha}$ (mit einer beliebigen reellen Zahl α) bestimmt ist. Diese Nichteindeutigkeit ist prinzipieller Natur und kann nicht beseitigt werden; sie ist jedoch unwesentlich, da sie keinerlei physikalische Ergebnisse beeinflußt.

Die Grundlage des positiven Gehaltes der Quantenmechanik bilden einige Behauptungen über die Eigenschaften der Wellenfunktion. Diese Behauptungen besagen folgendes.

In einem Zustand mit der Wellenfunktion $\Psi_1(q)$ möge eine Messung mit Sicherheit ein bestimmtes Ergebnis (Ergebnis 1) liefern, in dem Zustand $\Psi_2(q)$ das Ergebnis 2. Es wird dann behauptet, daß jede Linearkombination von Ψ_1 und Ψ_2, d. h. jede Funktion der Form $c_1 \Psi_1 + c_2 \Psi_2$ (c_1 und c_2 sind Konstanten), einen Zustand ergibt, in dem dieselbe Messung entweder das Ergebnis 1 oder das Ergebnis 2 hat. Außerdem kann man behaupten, daß bei bekannter Zeitabhängigkeit der Zustände, die in dem einen Fall durch die Funktion $\Psi_1(q, t)$ und im anderen durch $\Psi_2(q, t)$ gegeben ist, eine beliebige Linearkombination ebenfalls eine mögliche Zeitabhängigkeit des Zustandes ergibt.

Die Gesamtheit der ausgeprochenen Behauptungen über die Wellenfunktionen bildet den Inhalt des sogenannten *Superpositionsprinzips.* Insbesondere folgt daraus unmittelbar, daß alle Gleichungen, denen die Wellenfunktionen genügen, linear in Ψ sein müssen.

Wir betrachten ein System, das aus zwei Teilen besteht. Der Zustand dieses Systems sei so gegeben, daß jeder Teil vollständig beschrieben ist.[1]) Man kann dann behaupten, daß die Wahrscheinlichkeiten für die Koordinaten q_1 des ersten Teiles unabhängig von den Wahrscheinlichkeiten für die Koordinaten q_2 des zweiten Teiles sind. Daher muß die Wahrscheinlichkeitsverteilung für das ganze System gleich dem Produkt der Wahrscheinlichkeiten für die einzelnen Teile sein. Das bedeutet, daß die Wellenfunktion $\Psi_{12}(q_1, q_2)$ des Systems als Produkt aus den Wellenfunktionen $\Psi_1(q_1)$ und $\Psi_2(q_2)$ der einzelnen Teile dargestellt werden kann.

$$\Psi_{12}(q_1, q_2) = \Psi_1(q_1)\, \Psi_2(q_2)\,. \tag{2,3}$$

Wenn die beiden Teile nicht miteinander wechselwirken, dann bleibt diese Beziehung zwischen den Wellenfunktionen des Systems und dessen Teilen auch für zukünftige Zeitpunkte erhalten:

$$\Psi_{12}(q_1, q_2, t) = \Psi_1(q_1, t)\, \Psi_2(q_2, t)\,. \tag{2,4}$$

§ 3. Operatoren

Wir betrachten irgendeine physikalische Größe f, die den Zustand eines quantenmechanischen Systems beschreibt. Streng genommen müßte man bei den folgenden Überlegungen nicht von einer Größe, sondern gleich von einem ganzen vollständigen Satz sprechen. Das Wesen aller folgenden Überlegungen wird davon jedoch nicht betroffen; der Kürze und der Einfachheit halber sprechen wir daher im weiteren immer nur von einer physikalischen Größe.

[1]) Damit ist natürlich auch eine vollständige Beschreibung des ganzen Systems gegeben. Wir betonen jedoch, daß die umgekehrte Behauptung keinesfalls richtig ist: Die vollständige Beschreibung des Zustandes des Gesamtsystems bestimmt im allgemeinen die Zustände seiner einzelnen Teile nicht vollständig (wir werden auf diese Frage in § 7 zurückkommen).

Die Werte, die eine gegebene physikalische Größe annehmen kann, heißen in der Quantenmechanik ihre *Eigenwerte.* Die Gesamtheit dieser Werte bezeichnet man als das *Spektrum* der Eigenwerte der gegebenen Größe. In der klassischen Mechanik durchlaufen die Größen im allgemeinen eine kontinuierliche Folge von Werten. In der Quantenmechanik gibt es auch physikalische Größen (zum Beispiel die Koordinaten), deren Eigenwerte kontinuierlich verteilt sind. In diesen Fällen spricht man von einem *kontinuierlichen Spektrum* der Eigenwerte. Neben diesen Größen gibt es in der Quantenmechanik aber auch noch andere, deren Eigenwerte einen diskreten Satz bilden; in diesen Fällen spricht man von einem *diskreten Spektrum.*

Der Einfachheit halber wollen wir annehmen, daß die hier betrachtete Größe f ein diskretes Spektrum hat. Der Fall eines kontinuierlichen Spektrums wird im Paragraphen 5 behandelt werden. Die Eigenwerte der Größe f bezeichnen wir mit f_n, wobei der Index n die Werte 0, 1, 2, 3, ... durchläuft. Ferner bezeichnen wir mit Ψ_n die Wellenfunktion des Systems in dem Zustand, in dem die Größe f den Wert f_n hat. Die Wellenfunktionen Ψ_n heißen die *Eigenfunktionen* der gegebenen physikalischen Größe f. Jede dieser Funktionen wird normiert, so daß folgendes gilt:

$$\int |\Psi_n|^2 \, dq = 1 . \tag{3,1}$$

Wenn sich das System in einem beliebigen Zustand mit der Wellenfunktion Ψ befindet, dann ergibt eine an dem System ausgeführte Messung der Größe f einen der Eigenwerte f_n. Auf Grund des Superpositionsprinzips können wir behaupten, daß die Wellenfunktion Ψ eine Linearkombination aus denjenigen Eigenfunktionen Ψ_n sein muß, deren zugehörige Eigenwerte f_n bei einer an dem System in dem betrachteten Zustand ausgeführten Messung mit einer von Null verschiedenen Wahrscheinlichkeit beobachtet werden können. Die Funktion Ψ kann daher im allgemeinen für einen beliebigen Zustand als Reihe

$$\Psi = \sum_n a_n \Psi_n \tag{3,2}$$

dargestellt werden. Die Summation erfolgt über alle n, die a_n sind konstante Koeffizienten.

Wir gelangen also zu dem Schluß, daß jede Wellenfunktion, wie man sagt, nach den Eigenfunktionen einer beliebigen physikalischen Größe entwickelt werden kann. Ein System von Funktionen, nach denen man eine solche Entwicklung vornehmen kann, heißt ein *vollständiges Funktionensystem.*

Aus der Entwicklung (3,2) kann man die Wahrscheinlichkeit bestimmen, mit der dieser oder jener Wert f_n der Größe f bei einer Messung an dem System in dem Zustand mit der Wellenfunktion Ψ beobachtet wird (d. h. die Wahrscheinlichkeit für das entsprechende Meßergebnis). Nach dem im vorhergehenden Paragraphen Gesagten müssen diese Wahrscheinlichkeiten durch irgendwelche in Ψ und Ψ^* bilinearen Ausdrücke bestimmt werden und daher auch in a_n und a_n^* bilinear sein. Es versteht sich ferner, daß diese Ausdrücke positiv sein müssen. Schließlich muß die Wahrscheinlichkeit für den Wert f_n gleich 1 sein, wenn sich das System in dem Zustand mit der Wellenfunktion $\Psi = \Psi_n$ befindet, und sie muß gleich Null sein, wenn das Glied mit dem gegebenen Ψ_n in der Entwicklung (3,2) für die Wellenfunktion Ψ fehlt. Die gesuchte Wahrscheinlichkeit muß deshalb gleich 1 sein, wenn alle Koeffizienten a_n gleich Null sind bis auf den einen (mit dem gegebenen n), der gleich 1 ist; sie muß gleich Null sein, wenn das gegebene $a_n = 0$ ist. Die einzige positive Größe, die dieser Bedingung genügt, ist das Betragsquadrat des Koeffizienten a_n. Wir kommen auf diese Weise zu dem Ergebnis, daß das Betragsquadrat $|a_n|^2$ eines jeden Koeffizienten der Entwicklung (3,2) die Wahrscheinlichkeit des zugehörigen Wertes f_n der Größe f im Zustand mit der Wellenfunktion Ψ bestimmt. Die Summe der Wahrscheinlichkeiten für alle möglichen Werte f_n muß gleich 1 sein. Es muß, mit anderen Worten, die folgende Beziehung gelten:

$$\sum_n |a_n|^2 = 1\,. \tag{3,3}$$

Wir wollen den Begriff des *Mittelwertes* $\bar{f}$ der Größe f in einem gegebenen Zustand einführen. Entsprechend der üblichen Definition von Mittelwerten definieren wir $\bar{f}$ als die Summe aller Eigenwerte f_n der gegebenen Größe, multipliziert mit der zugehörigen Wahrscheinlichkeit $|a_n|^2$. Es ist also

$$\bar{f} = \sum_n f_n |a_n|^2\,. \tag{3,4}$$

Wir drücken $\bar{f}$ jetzt nicht durch die Entwicklungskoeffizienten a_n der Funktion Ψ, sondern durch diese Funktion selbst aus. Da in (3,4) das Produkt $a_n\, a_n^*$ eingeht, ist klar, daß der gesuchte Ausdruck in Ψ und Ψ^* bilinear sein muß. Wir führen einen mathematischen *Operator* ein, den wir mit $\hat{f}$ bezeichnen[1]) und folgendermaßen definieren: $(\hat{f}\,\Psi)$ möge das Ergebnis der Wirkung des Operators $\hat{f}$ auf die Funktion Ψ bezeichnen. Wir definieren $\hat{f}$ so, daß das Integral über das Produkt von $(\hat{f}\,\Psi)$ mit der konjugiert komplexen Funktion Ψ^* gleich dem Mittelwert $\bar{f}$ ist:

$$\bar{f} = \int \Psi^* (\hat{f}\,\Psi)\, \mathrm{d}q\,. \tag{3,5}$$

Die Bilinearität des Ausdruckes (3,5) in Ψ und Ψ^* bedeutet, daß der Operator $\hat{f}$ selbst, wie man sagt, ein *linearer* Operator sein muß. So bezeichnet man Operatoren, die die Eigenschaften[2])

$$\hat{f}\,(\Psi_1 + \Psi_2) = \hat{f}\,\Psi_1 + \hat{f}\,\Psi_2\,, \qquad \hat{f}(a\,\Psi) = a\,\hat{f}\,\Psi$$

besitzen, wobei Ψ_1 und Ψ_2 beliebige Funktionen und a eine beliebige Konstante sind.

[1]) Wir vereinbaren, Operatoren überall durch mit Dach versehene Buchstaben zu bezeichnen.

[2]) Sofern Mißverständnisse ausgeschlossen sind, werden wir im weiteren gewöhnlich die Klammern in dem Ausdruck $(\hat{f}\,\psi)$ weglassen und verabreden, daß der Operator unmittelbar auf den ihm folgenden Ausdruck anzuwenden ist.

Auf diese Weise finden wir, daß jeder physikalischen Größe in der Quantenmechanik ein linearer Operator entspricht.

Falls es sich bei der Funktion Ψ um eine Eigenfunktion Ψ_n handelt, dann muß der Mittelwert $\bar{f}$ sich als derjenige Wert f_n ergeben, den die Größe f in diesem Zustand besitzt:

$$\bar{f} = \int \Psi_n^* \hat{f} \Psi_n \, dq = f_n .$$

Offenbar muß dafür

$$\hat{f} \Psi_n = f_n \Psi_n \tag{3,6}$$

gelten, d. h., im Ergebnis der Anwendung des Operators $\hat{f}$ auf die Eigenfunktion Ψ_n wird diese einfach mit dem entsprechenden Eigenwert f_n multipliziert.

Wir können also sagen, daß die Eigenfunktionen einer gegebenen physikalischen Größe f die Lösungen der Gleichung

$$\hat{f} \Psi = f \Psi \tag{3,7}$$

sind, wobei f eine Konstante ist. Die Eigenwerte sind diejenigen Werte dieser Konstanten, für die die aufgeschriebene Gleichung Lösungen hat, die den erforderlichen Bedingungen genügen. Wie wir später sehen werden, kann die Gestalt der Operatoren für verschiedene physikalische Größen aus unmittelbaren physikalischen Überlegungen bestimmt werden. Dann kann man mit Hilfe der angegebenen Eigenschaften der Operatoren die Eigenfunktionen und die Eigenwerte durch Lösung der Gleichungen (3,7) bestimmen.

Wie die Eigenwerte einer reellen physikalischen Größe müssen auch die Mittelwerte für einen beliebigen Zustand reell sein. Dieser Umstand legt den Eigenschaften der entsprechenden Operatoren eine bestimmte Beschränkung auf. Wir setzen den Ausdruck (3,5) gleich dem dazu konjugiert komplexen und erhalten die Beziehung

$$\int \Psi^* (\hat{f} \Psi) \, dq = \int \Psi (\hat{f}^* \Psi^*) \, dq ; \tag{3,8}$$

$\hat{f}^*$ bedeutet darin den Operator, der zu $\hat{f}$ konjugiert komplex ist. Für einen beliebigen linearen Operator gibt es im allgemeinen keine solche Beziehung, so daß diese eine gewisse Beschränkung für die mögliche Gestalt der Operatoren $\hat{f}$ darstellt. Für einen beliebigen Operator $\hat{f}$ kann man den sogenannten *transponierten* Operator $\tilde{\hat{f}}$ angeben; er ist definiert durch

$$\int \Phi (\hat{f} \Psi) \, dq = \int \Psi (\tilde{\hat{f}} \Phi) \, dq , \tag{3,9}$$

wobei Ψ und Φ zwei verschiedene Funktionen sind. Wählt man als Funktion Φ die zu Ψ konjugiert komplexe Funktion Ψ^*, dann ergibt sich aus dem Vergleich mit (3,8)

$$\tilde{\hat{f}} = \hat{f}^* . \tag{3,10}$$

Operatoren, die dieser Bedingung genügen, heißen *hermitesche* Operatoren. Die in dem mathematischen Apparat der Quantenmechanik zu den realen physikalischen Größen gehörigen Operatoren müssen also hermitesch sein.

Formal kann man auch komplexe physikalische Größen betrachten, d. h. Größen, deren Eigenwerte komplex sind. f sei eine solche Größe. Dann kann man die dazu konjugiert komplexe Größe f^* einführen, deren Eigenwerte konjugiert komplex zu den Eigenwerten von f sind. Den zur Größe f^* gehörigen Operator bezeichnen wir mit $\hat{f}^+$. Man nennt ihn den *adjungierten* Operator zu $\hat{f}$ und muß ihn im allgemeinen von dem konjugiert komplexen Operator $\hat{f}^*$ unterscheiden. In der Tat ist der Mittelwert der Größe f^* über einen gewissen Zustand Ψ entsprechend der Definition des Operators $\hat{f}^+$ gegeben als

$$\overline{f^*} = \int \Psi^* \hat{f}^+ \Psi \, dq .$$

Andererseits haben wir

$$(\bar{f})^* = [\int \Psi^* \hat{f} \Psi \, dq]^* = \int \Psi \hat{f}^* \Psi^* \, dq = \int \Psi^* \tilde{\hat{f}}^* \Psi \, dq. .$$

Setzen wir beide Ausdrücke gleich, so finden wir

$$\hat{f}^+ = \tilde{\hat{f}}^* , \tag{3,11}$$

woraus klar ersichtlich ist, daß im allgemeinen $\hat{f}^+$ nicht mit $\hat{f}^*$ übereinstimmt. Die Bedingung (3.10) kann jetzt in der Gestalt

$$\hat{f} = \hat{f}^+ \tag{3,12}$$

geschrieben werden, d. h., der Operator einer reellen physikalischen Größe ist gleich seinem Adjungierten (hermitesche Operatoren nennt man deshalb auch *selbstadjungierte* Operatoren).

Es seien f_n und f_m zwei verschiedene Eigenwerte der Größe f und Ψ_n und Ψ_m die zugehörigen Eigenfunktionen:

$$\hat{f} \Psi_n = f_n \Psi_n , \qquad \hat{f} \Psi_m = f_m \Psi_m .$$

Wir multiplizieren beide Seiten der ersten Gleichung mit Ψ_m^*, die zur zweiten Gleichung konjugiert komplexe multiplizieren wir mit Ψ_n. Diese Produkte subtrahieren wir gliedweise voneinander und erhalten

$$\Psi_m^* \hat{f} \Psi_n - \Psi_n \hat{f}^* \Psi_m^* = (f_n - f_m) \Psi_n \Psi_m^* .$$

Wir intergrieren beide Seiten dieser Gleichung über dq. Wegen $\hat{f}^* = \tilde{\hat{f}}$ und wegen (3,9) verschwindet das Integral über die linke Seite der Gleichung, so daß wir

$$(f_n - f_m) \int \Psi_n \Psi_m^* \, dq = 0$$

bekommen. Für $f_n \neq f_m$ folgt hieraus, daß

$$\int \Psi_n \Psi_m^* \, dq = 0$$

gilt, bzw. wie man sagt, daß unterschiedliche Eigenfunktionen zueinander *orthogonal* sind. Dieses Resultat kann man zusammen mit der Normierungsbedingung in der Form

$$\int \Psi_n \Psi_m^* \, dq = \delta_{nm} \tag{3,13}$$

schreiben, wobei für $n = m$ $\delta_{nm} = 1$ und für $n \neq m$ $\delta_{nm} = 0$ ist.

Die Gesamtheit der Eigenfunktionen Ψ_n stellt auf diese Weise ein vollständiges System orthogonaler und normierter (oder wie man kurz sagt, *orthonormierter*) Funktionen dar.

Es ist jetzt leicht, die Koeffizienten a_n der Entwicklung (3,2) zu bestimmen. Dazu genügt es, beide Seiten von (3,2) mit Ψ_m^* zu multiplizieren und über dq zu integrieren. Infolge (3,13) werden alle Glieder der Summe mit Ausnahme derjenigen mit $n = m$ Null, und wir finden

$$a_m = \int \Psi \Psi_m^* \, dq \,. \tag{3,14}$$

Wir sprechen hier die ganze Zeit nur von einer physikalischen Größe f, während wir, wie am Anfang dieses Paragraphen bemerkt worden ist, über ein vollständiges System physikalischer Größen sprechen müßten. Dann würden wir finden, daß zu jeder Größe $f, g, \ldots$ ein Operator $\hat{f}, \hat{g}, \ldots$ gehört. Die Eigenfunktionen Ψ_n gehören dann zu den Zuständen, für die alle betrachteten Größen bestimmte Werte haben, d. h., sie gehören zu bestimmten Sätzen von Eigenwerten $f_n, g_n, \ldots$ und sind miteinander verträgliche Lösungen des Gleichungssystems

$$\hat{f}\Psi = f\Psi \,, \qquad \hat{g}\Psi = g\Psi, \ldots .$$

§ 4. Addition und Multiplikation von Operatoren

Den zwei physikalischen Größen f und g mögen die Operatoren $\hat{f}$ und $\hat{g}$ entsprechen. Dann entspricht der Summe $f + g$ der Operator $\hat{f} + \hat{g}$. Der Sinn einer Addition unterschiedlicher physikalischer Größen hängt jedoch in der Quantenmechanik wesentlich davon ab, ob diese Größen gleichzeitig meßbar sind oder nicht. Wenn die Größen f und g gleichzeitig meßbar sind, dann besitzen die Operatoren $\hat{f}$ und $\hat{g}$ gemeinsame Eigenfunktionen, die gleichzeitig auch Eigenfunktionen des Operators $\hat{f} + \hat{g}$ sind, wobei sich die Eigenwerte dieses Operators als die Summen $f_n + g_n$ ergeben.

Falls jedoch die Größen f und g gleichzeitig nicht bestimmte Werte annehmen können, dann ist der Sinn ihrer Summe $f + g$ begrenzter. Man kann dann nur behaupten, daß der Mittelwert dieser Summe für einen beliebigen Zustand gleich der Summe der Mittelwerte der einzelnen Summanden ist:

$$\overline{f + g} = \bar{f} + \bar{g} \,. \tag{4,1}$$

Die Eigenwerte und die Eigenfunktionen des Operators $\hat{f} + \hat{g}$ werden hier im allgemeinen in keiner Beziehung zu den Eigenwerten und den Eigenfunktionen der Größen f und g stehen. Sind die Operatoren $\hat{f}$ und $\hat{g}$ selbstadjungiert, dann ist auch der Operator $\hat{f} + \hat{g}$ offensichtlich selbstadjungiert, so daß dessen Eigenwerte reell sind und die Eigenwerte der auf diese Weise definierten neuen Größe $f + g$ darstellen.

Jetzt seien f und g wieder zwei gleichzeitig meßbare Größen. Neben deren Summe kann man auch den Begriff des Produktes einführen. Dieses Produkt ist definiert als die Größe, deren Eigenwerte gleich den Produkten der Eigenwerte der Größen f und g sind. Man kann leicht sehen, daß zu dieser Größe ein Operator gehört. Bei der Anwendung dieses Operators wird zuerst der eine und danach der andere Operator auf die Funktion angewandt. Dieser Operator wird mathematisch als Produkt der Operatoren $\hat{f}$ und $\hat{g}$ dargestellt. Sind die Ψ_n die gemeinsamen Eigenfunktionen der Operatoren $\hat{f}$ und $\hat{g}$, dann haben wir in der Tat

$$\hat{f}\,\hat{g}\,\Psi_n = \hat{f}(\hat{g}\,\Psi_n) = \hat{f}\,g_n\,\Psi_n = g_n\,\hat{f}\,\Psi_n = g_n\,f_n\,\Psi_n \tag{4,2}$$

(das Symbol $\hat{f}\,\hat{g}$ bedeutet den Operator, dessen Wirkung auf die Funktion Ψ in folgendem besteht: Zuerst wird der Operator $\hat{g}$ auf die Funktion Ψ angewendet und danach der Operator $\hat{f}$ auf die Funktion $\hat{g}\,\Psi$). Mit demselben Erfolg könnten wir statt des Operators $\hat{f}\,\hat{g}$ auch den Operator $\hat{g}\,\hat{f}$ nehmen, der sich von dem ersteren nur durch die Reihenfolge der Faktoren unterscheidet. Das Ergebnis der Anwendung dieser beiden Operatoren auf die Funktionen Ψ_n ist offenbar das gleiche. Da jede Wellenfunktion Ψ als Linearkombination der Funktionen Ψ_n dargestellt werden kann, folgt daraus, daß die Anwendung der Operatoren $\hat{f}\,\hat{g}$ und $\hat{g}\,\hat{f}$ auf eine beliebige Funktion dasselbe Ergebnis hervorbringt. Dieser Sachverhalt kann symbolisch $\hat{f}\,\hat{g} = \hat{g}\,\hat{f}$ oder

$$\hat{f}\,\hat{g} - \hat{g}\,\hat{f} = 0 \tag{4,3}$$

geschrieben werden.

Man sagt, daß diese beiden Operatoren $\hat{f}$ und $\hat{g}$ miteinander *vertauschbar* sind, miteinander *kommutieren*[1]).

Wir kommen auf diese Weise zu dem wichtigen Ergebnis: Wenn zwei Größen f und g gleichzeitig bestimmte Werte haben können, dann kommutieren die zugehörigen Operatoren miteinander.

Es kann auch der umgekehrte Satz bewiesen werden: Wenn die Operatoren $\hat{f}$ und $\hat{g}$ vertauschbar sind, dann kann man für sie alle Eigenfunktionen gemeinsam wählen; physikalisch bedeutet das die gleichzeitige Meßbarkeit der zugehörigen physikalischen Größen. Die Vertauschbarkeit der Operatoren ist also eine notwendige und hinreichende Bedingung für die gleichzeitige Meßbarkeit physikalischer Größen.

[1]) Die Differenz $\hat{f}\,\hat{g} - \hat{g}\,\hat{f}$ selbst heißt *Kommutator* beider Operatoren.

Wenn die Größen f und g nicht gleichzeitig bestimmte Werte haben können, dann kann der Begriff des Produktes in der oben angegebenen Weise nicht definiert werden. Das offenbart sich schon darin, daß der Operator $\hat{f}\hat{g}$ in diesem Falle nicht selbstadjungiert ist, daher kann er auch zu keiner physikalischen Größe gehören. Nach der Definition des transponierten Operators haben wir

$$\int \Psi \hat{f}\hat{g}\, \Phi \, dq = \int (\hat{g}\, \Phi)\, (\tilde{\hat{f}}\, \Psi)\, dq \, .$$

Hier wirkt der Operator $\tilde{\hat{f}}$ nur auf die Funktion Ψ, und der Operator $\hat{g}$ wirkt nur auf Φ. Wir wenden noch einmal die Definition des transponierten Operators an und erhalten

$$\int \Psi \hat{f}\hat{g}\, \Phi \, dq = \int (\tilde{\hat{f}}\, \Psi)\, (\hat{g}\, \Phi)\, dq = \int \Phi\, \tilde{\hat{g}}\, \tilde{\hat{f}}\, \Psi \, dq \, .$$

Wir haben also ein Integral erhalten, in dem die Funktionen Ψ und Φ gegenüber dem Ausgangsintegral ihre Plätze vertauscht haben. Der Operator $\tilde{\hat{g}}\, \tilde{\hat{f}}$ ist mit anderen Worten der transponierte Operator zu $\hat{f}\hat{g}$, und wir können schreiben

$$\widetilde{\hat{f}\hat{g}} = \tilde{\hat{g}}\, \tilde{\hat{f}} \, . \tag{4,4}$$

Der transponierte Operator zu dem Produkt $\hat{f}\hat{g}$ ist das Produkt der transponierten Faktoren in der umgekehrten Reihenfolge. Wir bilden von beiden Seiten der Gleichung (4,4) das konjugiert Komplexe und finden

$$(\hat{f}\hat{g})^{+} = \hat{g}^{+}\, \hat{f}^{+} \, . \tag{4,5}$$

Wenn beide Operatoren $\hat{f}$ und $\hat{g}$ hermitesch sind, dann ist $(\hat{f}\hat{g})^{+} = \hat{g}\,\hat{f}$. Daraus folgt, daß der Operator $\hat{f}\hat{g}$ nur dann hermitesch ist, wenn die Faktoren $\hat{f}$ und $\hat{g}$ vertauschbar sind.

§ 5. Das kontinuierliche Spektrum

Alle in den §§ 3 und 4 hergeleiteten Beziehungen für die Eigenschaften der Eigenfunktionen des diskreten Spektrums können ohne Mühe auf den Fall eines kontinuierlichen Spektrums von Eigenwerten verallgemeinert werden. Wir zählen sie hier auf, ohne von neuem alle entsprechenden Überlegungen zu wiederholen.

Es sei f eine physikalische Größe mit einem kontinuierlichen Spektrum. Ihre Eigenwerte werden wir einfach mit demselben Buchstaben f ohne Index bezeichnen. Die zu dem Eigenwert f gehörige Eigenfunktion werden wir mit Ψ_f bezeichnen. Ähnlich wie eine beliebige Wellenfunktion Ψ in eine Reihe (3,2) nach den Eigenfunktionen einer Größe mit einem diskreten Spektrum entwickelt werden kann, kann sie auch — diesmal in ein Integral — nach dem vollständigen System der Eigenfunktionen einer Größe mit einem kontinuierlichen Spektrum entwickelt werden. Diese Entwicklung hat die Gestalt

$$\Psi(q) = \int a_f \, \Psi_f(q) \, \mathrm{d}f \, . \tag{5,1}$$

Die Entwicklungskoeffizienten ergeben sich als

$$a_f = \int \Psi(q) \, \Psi_f^*(q) \, \mathrm{d}q \, . \tag{5,2}$$

Da f einen kontinuierlichen Wertebereich überstreichen kann, hat es keinen Sinn, von der Wahrscheinlichkeit des einen oder anderen Wertes zu reden, sondern man muß jetzt über die Wahrscheinlichkeit sprechen, mit der die Größe Werte aus einem infinitesimal kleinen Intervall zwischen f und $f + \mathrm{d}f$ annimmt. Diese Wahrscheinlichkeit ist durch $|a_f|^2 \, \mathrm{d}f$ gegeben, analog dem Fall eines diskreten Spektrums, wo $|a_n|^2$ die Wahrscheinlichkeit für den Eigenwert f_n bedeutet. Weil ferner die Summe der Wahrscheinlichkeiten für alle möglichen Werte f gleich 1 sein muß, haben wir

$$\int |a_f|^2 \, \mathrm{d}f = 1 \tag{5,3}$$

(analog der Beziehung (3,3) für ein diskretes Spektrum).

Die obigen Formeln beinhalten eine wohldefinierte Normierung der Eigenfunktionen Ψ_f, nämlich gemäß der Regel

$$\int \Psi_{f'}^* \, \Psi_f \, \mathrm{d}q = \delta(f' - f) \, , \tag{5,4}$$

wo rechts die δ-Funktion steht (ihre Definition und ihre Eigenschaften wurden in I § 54 gegeben).[1] In der Tat, setzen wir (5,1) in (5,2) ein, so erhalten wir die Beziehung

$$a_f = \int a_{f'} \left(\int \Psi_{f'} \, \Psi_f^* \, \mathrm{d}q \right) \mathrm{d}f' \, ,$$

welche identisch erfüllt sein muß. Unter Berücksichtigung von (5,4) ist diese Forderung tatsächlich erfüllt, da entsprechend der Eigenschaften der δ-Funktion gilt:

$$\int a_{f'} \, \delta(f' - f) \, \mathrm{d}f' = a_f \, .$$

Die Normierungsbedingung (5,4) ersetzt die Bedingung (3,13) für ein diskretes Spektrum. Wir sehen, daß Funktionen Ψ_f und $\Psi_{f'}$ mit $f \neq f'$ nach wie vor zueinander orthogonal sind. Jedoch Integrale über Quadrate $|\Psi_f|^2$ von Eigenfunktionen eines kontinuierlichen Spektrums werden unendlich. Auf die Frage nach dem Ursprung und dem Sinn dieser Divergenz werden wir am Ende von § 10 zurückkommen.

Wenn wir (5,2) in (5,1) einsetzen, erhalten wir

$$\Psi(q) = \int \Psi(q') \left(\int \Psi_f^*(q') \, \Psi_f(q) \, \mathrm{d}f \right) \mathrm{d}q' \, .$$

Daraus schließen wir sofort die Beziehung[2])

$$\int \Psi_f^*(q') \, \Psi_f(q) \, \mathrm{d}f = \delta(q - q') \, . \tag{5,5}$$

[1]) Die δ-Funktion wurde von P. A. M. Dirac in die theoretische Physik eingeführt.

[2]) Eine analoge Beziehung kann natürlich auch für den Fall des diskreten Spektrums eingeführt werden. Sie lautet dann

$$\sum_n \Psi_n^*(q') \, \Psi_n(q) = \delta(q - q') \, . \tag{5,5 a}$$

Wir vergleichen das Formelpaar (5,1) und (5,4) mit dem Paar (5,2) und (5,5) und sehen, daß die Funktionen $\Psi_f(q)$ einerseits die Entwicklung der Funktion $\Psi(q)$ mit den Entwicklungskoeffizienten a_f realisieren. Auf der anderen Seite kann man die Formel (5,2) als völlig analoge Entwicklung der Funktion $a_f \equiv a(f)$ nach den Funktionen $\Psi_f^*(q)$ ansehen. $\Psi(q)$ spielt dabei die Rolle der Entwicklungskoeffizienten. Die Funktion $a(f)$ bestimmt wie auch $\Psi(q)$ den Zustand eines Systems vollständig. Man nennt die Funktion $a(f)$ manchmal die Wellenfunktion in der *f-Darstellung* (und die Funktion $\Psi(q)$ die Wellenfunktion in der q-Darstellung). Ähnlich wie $|\Psi(q)|^2$ die Wahrscheinlichkeit bestimmt, daß die Koordinaten eines Systems in einem vorgegebenen Intervall dq liegen, bestimmt $|a(f)|^2$ die Wahrscheinlichkeit dafür, daß die Werte der Größe f in einem vorgegebenen Intervall df liegen. Die Funktionen $\Psi_f(q)$ sind die Eigenfunktionen der Größe f in der q-Darstellung, zum anderen sind die dazu konjugiert komplexen Funktionen $\Psi_f^*(q)$ die Eigenfunktionen der Koordinate q in der f-Darstellung.

Es gibt auch solche physikalischen Größen, die in einem bestimmten Wertebereich ein diskretes Spektrum und in einem anderen Bereich ein kontinuierliches Spektrum haben. Für die Eigenfunktionen einer solchen Größe gelten natürlich alle Beziehungen, die wir in diesem und im vorhergehenden Paragraphen abgeleitet haben. Man muß nur beachten, daß das vollständige Funktionensystem die Gesamtheit der Eigenfunktionen beider Spektren zusammen ist. Die Entwicklung einer beliebigen Wellenfunktion nach den Eigenfunktionen dieser Größe hat daher die Gestalt

$$\Psi(q) = \sum_n a_n \Psi_n(q) + \int a_f \Psi_f(q)\, df\,. \tag{5,6}$$

Die Summe wird für das diskrete Spektrum gebildet, das Integral über das ganze kontinuierliche Spektrum erstreckt.

Ein Beispiel für eine Größe mit einem kontinuierlichen Spektrum ist die Koordinate q selbst. Man kann leicht sehen, daß der zugehörige Operator die einfache Multiplikation mit q bedeutet. In der Tat, da die Wahrscheinlichkeit für die verschiedenen Koordinatenwerte durch das Quadrat $|\Psi(q)|^2$ bestimmt wird, ist der Mittelwert für die Koordinate

$$\bar{q} = \int q|\Psi|^2\, dq \equiv \int \Psi^*\, q\, \Psi\, dq\,.$$

Vergleichen wir diesen Ausdruck mit der Definition der Operatoren entsprechend (3,5), so sehen wir, daß

$$\hat{q} = q \tag{5,7}$$

gilt.[1]) Die Eigenfunktionen dieses Operators müssen nach der allgemeinen Regel aus der Gleichung $q\,\Psi_{q_0} = q_0\,\Psi_{q_0}$ bestimmt werden. Mit q_0 bezeichnen wir vorübergehend die konkreten Koordinatenwerte, um sie von der Ver-

[1]) Im weiteren vereinbaren wir zur Vereinfachung der Bezeichnungsweise: Operatoren, deren Anwendung Multiplikation mit einer gewissen Größe bedeutet, schreiben wir einfach wie diese Größe selbst, d. h. ohne Dach.

änderlichen q zu unterscheiden. Da diese Gleichung entweder für $\Psi_{q_0} = 0$ oder für $q = q_0$ erfüllt werden kann, ist klar, daß die der Normierungsbedingung genügenden Eigenfunktionen

$$\Psi_{q_0} = \delta(q - q_0) \tag{5,8}$$

sind.

§ 6. Der Übergang zur klassischen Mechanik

Die Quantenmechanik enthält die klassische Mechanik als Grenzfall. Es erhebt sich die Frage, wie dieser Grenzübergang ausgeführt werden muß.

In der Quantenmechanik wird ein Elektron durch eine Wellenfunktion beschrieben, die seine verschiedenen Koordinatenwerte bestimmt. Von dieser Funktion wissen wir bisher nur, daß sie die Lösung einer linearen partiellen Differentialgleichung ist. In der klassischen Mechanik wird das Elektron als ein materielles Teilchen angesehen, das sich auf einer Bahn bewegt, die durch die Bewegungsgleichungen vollkommen bestimmt ist. In der Elektrodynamik besteht zwischen der Wellenoptik und der geometrischen Optik in gewissem Sinne eine analoge Wechselbeziehung wie zwischen der Quantenmechanik und der klassischen Mechanik. In der Wellenoptik werden die elektromagnetischen Wellen durch die Vektoren des elektrischen und des magnetischen Feldes beschrieben, die ein bestimmtes lineares Differentialgleichungssystem (die MAXWELLschen Gleichungen) befriedigen. In der geometrischen Optik wird die Lichtausbreitung entlang bestimmter Trajektorien, den Strahlen, betrachtet. Auf Grund der genannten Analogie kann man den Schluß ziehen, daß der Übergang von der Quantenmechanik zur klassischen Mechanik analog zu dem Übergang von der Wellenoptik zur geometrischen Optik ist.

Wir erinnern uns daran, wie man den zuletzt genannten Übergang mathematisch durchführt (siehe I § 74). Es sei u eine beliebige Feldkomponente in einer elektromagnetischen Welle. Man kann sie in der Form $u = a\,e^{i\varphi}$ mit reeller Amplitude a und reeller Phase φ (in der geometrischen Optik nennt man sie Eikonal). Der Grenzfall der geometrischen Optik entspricht kleinen Wellenlängen. Mathematisch wird das dadurch ausgedrückt, daß die Phase φ sich auf kleinen Strecken um große Beträge ändert. Das bedeutet insbesondere, daß man ihren absoluten Betrag als groß annehmen kann.

Dementsprechend gehen wir von der Voraussetzung aus, daß in der Quantenmechanik dem Grenzfall der klassischen Mechanik Wellenfunktionen $\Psi = a\,e^{i\varphi}$ entsprechen, bei denen a eine langsam veränderliche Funktion ist und φ große Werte annimmt. Bekanntlich kann man in der Mechanik die Bahnkurve eines Teilchens aus einem Variationsprinzip bestimmen. Danach muß die sogenannte Wirkung S eines mechanischen Systems einen minimalen Wert annehmen (Prinzip der kleinsten Wirkung oder HAMILTON-Prinzip). In der geometrischen Optik wird der Verlauf eines Lichtstrahles durch das sogenannte FERMATsche Prinzip bestimmt, nach dem die „optische Weglänge" des Strahles, d. h. die

Differenz zwischen den Phasen am Ende und am Anfang des Weges, ein Minimum sein muß.

Von dieser Analogie ausgehend, können wir behaupten, die Phase φ einer Wellenfunktion muß im klassischen Grenzfall proportional zur mechanischen Wirkung S des betrachteten physikalischen Systems sein, d. h., es muß $S = \text{const} \cdot \varphi$ sein. Der Proportionalitätsfaktor heißt PLANCK*sche Konstante* und wird mit dem Buchstaben $\hbar$ bezeichnet.[1]) Sie hat die Dimension einer Wirkung (da φ dimensionslos ist) und ist gleich

$$\hbar = 1{,}054 \cdot 10^{-27}\ \text{erg} \cdot \text{s}\,.$$

Die Wellenfunktion eines ,,beinahe klassischen“ (oder, wie man sagt, *quasiklassischen*) physikalischen Systems hat also die Gestalt

$$\Psi = a\, e^{\frac{i}{\hbar} S}\,. \tag{6,1}$$

Die PLANCKsche Konstante spielt bei allen Quantenerscheinungen eine fundamentale Rolle. Ihre relative Größe (bezüglich anderer Größen derselben Dimension) bestimmt den ,,Grad der quantenmechanischen Natur“ eines physikalischen Systems.

Der einer großen Phase entsprechende Übergang von der Quantenmechanik zur klassischen Mechanik kann formal als Grenzübergang $\hbar \to 0$ geschrieben werden (ähnlich wie der Übergang von der Wellenoptik zur geometrischen Optik dem Grenzübergang zur Wellenlänge Null, $\lambda \to 0$, entspricht).

Wir haben die Gestalt der Wellenfunktion in dem uns interessierenden Grenzfall gefunden. Es bleibt aber noch die Frage offen, wie sie mit der klassischen Bewegung entlang einer Bahn zusammenhängt. Im allgemeinen geht eine durch eine Wellenfunktion beschriebene Bewegung überhaupt nicht in eine Bewegung entlang einer bestimmten Bahnkurve über. Ihr Zusammenhang mit der klassischen Bewegung ist ein anderer. Wenn in einem Anfangszeitpunkt die Wellenfunktion und damit die Wahrscheinlichkeitsverteilung für die Koordinaten gegeben sind, dann wird sich diese Verteilung im Laufe der Zeit so ,,verschieben“, wie es sich nach den Gesetzen der klassischen Mechanik gehört (näheres darüber siehe am Schluß von § 26).

Um eine Bewegung entlang einer bestimmten Bahnkurve zu erhalten, muß man von einer Wellenfunktion besonderer Art ausgehen, die nur in einem sehr kleinen Raumgebiet von Null verschieden ist (von einem sogenannten *Wellenpaket*). Die Ausdehnungen dieses Gebietes kann man zusammen mit $\hbar$ gegen Null streben lassen. Dann kann man behaupten, daß sich das Wellenpaket im quasiklassischen Fall entlang der klassischen Bahnkurve eines Teilchens im Raume verschiebt.

[1]) Sie wurde 1900 von M. PLANCK in die Physik eingeführt. Die Konstante $\hbar$, die wir in diesem Buch durchweg benutzen, ist eigentlich die durch 2π dividierte PLANCKsche Konstante h (Bezeichnung nach P. A. M. DIRAC).

Die quantenmechanischen Operatoren schließlich müssen in diesem Grenzfall einfach auf die Multiplikation mit der entsprechenden physikalischen Größe zurückgeführt werden.

§ 7. Die Dichtematrix

Die Beschreibung eines Systems mit Hilfe der Wellenfunktion entspricht der vollständigsten in der Quantenmechanik möglichen Beschreibung in dem Sinne, wie es am Ende von § 1 ausgeführt wurde.

Mit Zuständen, die eine solche Beschreibung nicht zulassen, haben wir es zu tun, wenn wir ein System betrachten, das Teil eines gewissen großen abgeschlossenen Systems ist. Das abgeschlossene System als Ganzes soll sich nach Voraussetzung in einem gewissen, durch die Wellenfunktion $\Psi(q, x)$ beschriebenen Zustand befinden. x bezeichnet die Gesamtheit der Koordinaten des betrachteten Teilsystems, q die übrigen Koordinaten des abgeschlossenen Systems. Diese Funktion Ψ wird im allgemeinen nicht in ein Produkt von Funktionen zerfallen, die nur von x und nur von q abhängen, so daß das Teilsystem keine eigene Wellenfunktion hat.

Es sei f eine physikalische Größe unseres (Teil-) Systems. Der zugehörige Operator wirkt daher nur auf die Koordinaten x, aber nicht auf q. Der Mittelwert dieser Größe in dem betrachteten Zustand ist

$$\bar{f} = \int \int \Psi^*(q, x)\, \hat{f}\, \Psi(q, x)\, \mathrm{d}q\, \mathrm{d}x\,. \tag{7,1}$$

Wir führen die Funktion $\varrho(x', x)$ durch die folgende Definition ein:

$$\varrho(x', x) = \int \Psi^*(q, x')\, \Psi(q, x)\, \mathrm{d}q\,. \tag{7,2}$$

Die Integration erfolgt dabei nur über die Koordinaten q. Die eben eingeführte Größe heißt die *Dichtematrix* des (Teil-)Systems. Die „Diagonalelemente“ der Dichtematrix

$$\varrho(x, x) = \int |\Psi^*(q, x)|^2\, \mathrm{d}q \tag{7,3}$$

geben offensichtlich die Wahrscheinlichkeitsverteilung für die Koordinaten des (Teil-)Systems.

Mit Hilfe der Dichtematrix kann man den Mittelwert $\bar{f}$ in der Form

$$\bar{f} = \int [\hat{f}\, \varrho(x', x)]_{x'=x}\, \mathrm{d}x \tag{7,4}$$

schreiben, $\hat{f}$ wirkt in der Funktion $\varrho(x', x)$ nur auf die Variablen x. Nach der Anwendung des Operators muß man $x' = x$ setzen. Wir sehen, daß man bei bekannter Dichtematrix den Mittelwert einer beliebigen für das System charakteristischen Größe berechnen kann.

Folglich kann man mit Hilfe von $\varrho(x', x)$ auch die Wahrscheinlichkeiten für die verschiedenen Werte der physikalischen Größen des (Teil-)Systems bestimmen. Wir kommen also zu dem Schluß, daß der Zustand eines Systems, das keine Wellenfunktion hat, mittels der Dichtematrix beschrieben werden kann[1]). Die Dichtematrix enthält die Koordinaten q nicht, die nicht zu dem gegebenen System gehören, obwohl sie ihrem Wesen nach natürlich von dem Zustand des abgeschlossenen Systems als Ganzem abhängig ist.

Die Beschreibung mit Hilfe der Dichtematrix ist die allgemeinste Form der quantenmechanischen Beschreibung von Systemen. Die Beschreibung mittels einer Wellenfunktion ist ein Spezialfall und entspricht einer Dichtematrix der Gestalt $\varrho(x', x) = \Psi^*(x')\,\Psi(x)$. Zwischen diesem Spezialfall und dem allgemeinen Fall besteht folgender wichtiger Unterschied. Für einen Zustand mit einer Wellenfunktion (ein solcher Zustand wird auch *reiner* Zustand genannt) existiert immer ein vollständiges System von Meßprozessen, die mit Sicherheit bestimmte Ergebnisse liefern. Für Zustände, die nur eine Dichtematrix haben (sie werden als *gemischte* Zustände bezeichnet), gibt es kein vollständiges System von Messungen, die eindeutig voraussagbare Ergebnisse liefern würden.

[1]) L. D. Landau und F. Bloch gaben unabhängig voneinander erstmals (1927) eine quantenmechanische Methode zur Beschreibung solcher Zustände an.

Erhaltungssätze in der Quantenmechanik II

§ 8. Der Hamilton-Operator

Die Wellenfunktion Ψ bestimmt den Zustand eines physikalischen Systems in der Quantenmechanik vollständig. Durch die Vorgabe dieser Funktion in einem gewissen Zeitpunkt werden nicht nur alle Eigenschaften des Systems in diesem Zeitpunkt beschrieben, sondern es wird auch das Verhalten des Systems in allen zukünftigen Zeitpunkten bestimmt, natürlich nur mit dem Genauigkeitsgrad, den die Quantenmechanik zuläßt. Mathematisch wird dieser Sachverhalt dadurch ausgedrückt, daß der Wert der Ableitung $\partial\Psi/\partial t$ der Wellenfunktion nach der Zeit in jedem gegebenen Zeitpunkt durch den Wert der Funktion Ψ selbst in demselben Zeitpunkt bestimmt werden muß. Dieser Zusammenhang muß nach dem Superpositionsprinzip linear sein. In der allgemeinsten Form kann man schreiben

$$i\hbar\frac{\partial\Psi}{\partial t} = \hat{H}\,\Psi\,, \tag{8,1}$$

wobei $\hat{H}$ ein gewisser linearer Operator ist. Der Faktor $i\hbar$ ist mit einem weiter unten klar werdenden Ziel eingeführt worden.

Da das Integral $\int \Psi\,\Psi^*\,\mathrm{d}q$ eine konstante, zeitunabhängige Größe ist, haben wir

$$\frac{\mathrm{d}}{\mathrm{d}t}\int \Psi^*\,\Psi\,\mathrm{d}q = \int \Psi^*\frac{\partial\Psi}{\partial t}\,\mathrm{d}q + \int\frac{\partial\Psi^*}{\partial t}\Psi\,\mathrm{d}q = 0\,.$$

Setzen wir hier (8,1) ein, und benutzen wir im zweiten Integral die Definition des transponierten Operators, so können wir schreiben (der gemeinsame Faktor $1/i\hbar$ wird weggelassen)

$$\begin{aligned}\int \Psi^*\,\hat{H}\,\Psi\,\mathrm{d}q - \int \Psi\,\hat{H}^*\,\Psi^*\,\mathrm{d}q &= \int \Psi^*\,\hat{H}\,\Psi\,\mathrm{d}q - \int \Psi^*\,\tilde{\hat{H}}^*\,\Psi\,\mathrm{d}q\\ &= \int \Psi^*\,(\hat{H} - \hat{H}^+)\,\Psi\,\mathrm{d}q = 0\,.\end{aligned}$$

Da diese Gleichung für eine beliebige Funktion Ψ erfüllt sein muß, folgt daraus, daß $\hat{H} = \hat{H}^+$ identisch gelten muß, d. h., der Operator $\hat{H}$ ist hermitesch.

Wir untersuchen jetzt, welcher klassischen Größe er entspricht. Dazu benutzen wir den im klassischen Grenzfall gültigen Ausdruck (6,1) für die Wellenfunktion und schreiben

$$\frac{\partial\Psi}{\partial t} = \frac{i}{\hbar}\frac{\partial S}{\partial t}\Psi$$

(die langsam veränderliche Amplitude a braucht nicht differenziert zu werden). Wir vergleichen diese Gleichung mit der Definition (8,1) und sehen, daß sich der Operator $\hat{H}$ in diesem Grenzfall auf die einfache Multiplikation mit der Größe $-\partial S/\partial t$ reduziert. Die letztere ist also auch die physikalische Größe, in die der hermitesche Operator $\hat{H}$ übergeht.

Wie aus der Mechanik bekannt ist, ist die Ableitung $-\partial S/\partial t$ nichts anderes als die HAMILTON-Funktion H eines mechanischen Systems. Der Operator $\hat{H}$ ist also der Operator, der in der Quantenmechanik der HAMILTON-Funktion entspricht. Man nennt ihn HAMILTON-*Operator* oder kürzer *Hamiltonian* eines Systems. Wenn die Gestalt des HAMILTON-Operators bekannt ist, dann bestimmt die Gleichung (8,1) die Wellenfunktion eines gegebenen physikalischen Systems. Diese Grundgleichung der Quantenmechanik bezeichnet man als *Wellengleichung*.

§ 9. Die Differentiation von Operatoren nach der Zeit

Der Begriff der Ableitung einer physikalischen Größe nach der Zeit kann in der Quantenmechanik nicht in demselben Sinne definiert werden wie in der klassischen Mechanik. Die Definition der Ableitung in der klassischen Mechanik ist mit der Betrachtung der Werte einer Größe in zwei benachbarten, aber verschiedenen Zeitpunkten verknüpft. In der Quantenmechanik hat aber eine Größe, die in einem gewissen Zeitpunkt einen bestimmten Wert hat, in den folgenden Zeitpunkten überhaupt keinen bestimmten Wert; in § 1 ist darüber eingehender gesprochen worden.

Der Begriff der Ableitung nach der Zeit muß deshalb in der Quantenmechanik anders definiert werden. Man definiert die Ableitung $\dot{f}$ der Größe f natürlicherweise als die Größe, deren Mittelwert gleich der zeitlichen Ableitung des Mittelwertes $\bar{f}$ ist. Wir haben also per definitionem

$$\bar{\dot{f}} = \dot{\bar{f}}. \tag{9,1}$$

Wir gehen von dieser Definition aus und erhalten unschwer einen Ausdruck für den quantenmechanischen Operator $\hat{\dot{f}}$, der zu der Größe $\dot{f}$ gehört. Es gilt

$$\bar{\dot{f}} = \dot{\bar{f}} = \frac{\mathrm{d}}{\mathrm{d}t}\int \Psi^* \hat{f} \Psi \,\mathrm{d}q$$
$$= \int \Psi^* \frac{\partial \hat{f}}{\partial t} \Psi \,\mathrm{d}q + \int \frac{\partial \Psi^*}{\partial t} \hat{f} \Psi \,\mathrm{d}q + \int \Psi^* \hat{f} \frac{\partial \Psi}{\partial t} \,\mathrm{d}q\,.$$

Hier ist $\partial \hat{f}/\partial t$ der Operator, den man durch Differentiation des Operators $\hat{f}$ nach der Zeit erhält; dieser kann von der Zeit wie von einem Parameter abhängen. Setzen wir für die Ableitungen $\partial \Psi/\partial t$ und $\partial \Psi^*/\partial t$ die Ausdrücke nach

(8,1) ein, dann erhalten wir

$$\bar{f} = \int \Psi^* \frac{\partial \hat{f}}{\partial t} \Psi \, dq + \frac{i}{\hbar} \int (\hat{H}^* \Psi^*) \, \hat{f} \, \Psi \, dq - \frac{i}{\hbar} \int \Psi^* \hat{f} (\hat{H} \, \Psi) \, dq \, .$$

Da der Operator $\hat{H}$ hermitesch ist, gilt

$$\int (\hat{H}^* \Psi^*) \, (\hat{f} \Psi) \, dq = \int \Psi^* \, \hat{H} \hat{f} \Psi \, dq \, ,$$

und wir haben

$$\bar{f} = \int \Psi^* \left(\frac{\partial \hat{f}}{\partial t} + \frac{i}{\hbar} \hat{H} \, \hat{f} - \frac{i}{\hbar} \hat{f} \, \hat{H} \right) \Psi \, dq \, .$$

Da andererseits nach der Definition der Mittelwerte $\bar{f} = \int \Psi^* \, \hat{f} \, \Psi \, dq$ sein muß, erkennt man, daß der Ausdruck in der Klammer des Integranden den gesuchten Operator darstellt:

$$\hat{\dot{f}} = \frac{\partial \hat{f}}{\partial t} + \frac{i}{\hbar} (\hat{H} \, \hat{f} - \hat{f} \, \hat{H}) \, . \tag{9,2}$$

Falls der Operator $\hat{f}$ nicht explizit von der Zeit abhängt, ist $\hat{\dot{f}}$ bis auf einen Faktor gleich dem Kommutator des Operators $\hat{f}$ mit dem HAMILTON-Operator.

Diejenigen physikalischen Größen, deren Operatoren nicht explizit von der Zeit abhängen und außerdem mit dem HAMILTON-Operator vertauschbar sind, so daß $\hat{\dot{f}} = 0$ ist, bilden eine sehr wichtige Kategorie physikalischer Größen, sogenannte *Erhaltungsgrößen*. Für sie gilt $\bar{\dot{f}} = \dot{\bar{f}} = 0$, d. h. $\bar{f} = \text{const}$. Der Mittelwert der Größe bleibt, mit anderen Worten, zeitlich konstant. Wenn die Größe f in einem gegebenen Zustand einen bestimmten Wert hat (d. h., die Wellenfunktion ist eine Eigenfunktion des Operators $\hat{f}$), dann hat sie auch in späteren Zeitpunkten einen bestimmten — denselben — Wert.

§ 10. Stationäre Zustände

Der HAMILTON-Operator eines abgeschlossenen Systems (bzw. eines Systems, das sich in einem konstanten — auf keinen Fall in einem veränderlichen — äußeren Felde befindet) kann die Zeit nicht explizit enthalten. Dies folgt daraus, daß bezüglich eines solchen physikalischen Systems alle Zeitpunkte äquivalent sind. Da andererseits natürlich jeder Operator mit sich selbst vertauschbar ist, kommen wir zu dem Schluß, daß die HAMILTON-Funktion für ein System, das sich nicht in einem veränderlichen äußeren Feld befindet, erhalten bleibt. Bekanntlich bezeichnet man eine HAMILTON-Funktion, die erhalten bleibt, als Energie (siehe I § 6). Der Sinn des Energieerhaltungssatzes besteht in der Quantenmechanik in folgendem: Wenn die Energie in einem gegebenen Zustand einen bestimmten Wert hat, dann bleibt dieser Wert zeitlich konstant.

Die Zustände mit bestimmten Werten der Energie heißen *stationäre Zustände* eines Systems. Sie werden durch Wellenfunktionen Ψ_n beschrieben, die Eigenfunktionen des HAMILTON-Operators sind, d. h., der Gleichung $\hat{H}\,\Psi_n = E_n\,\Psi_n$ genügen. Die E_n sind die Eigenwerte der Energie. Dementsprechend kann die Wellengleichung (8,1) für die Funktion Ψ_n

$$i\hbar\frac{\partial \Psi_n}{\partial t} = \hat{H}\,\Psi_n = E_n\,\Psi_n$$

unmittelbar über die Zeit integriert werden und ergibt

$$\Psi_n = e^{-\frac{i}{\hbar}E_n t}\,\psi_n(q)\,. \tag{10,1}$$

Die Funktion ψ_n hängt dabei nur von den Koordinaten ab. Durch die Gleichung (10,1) wird die Zeitabhängigkeit der Wellenfunktionen für stationäre Zustände bestimmt.

Die Wellenfunktionen für stationäre Zustände ohne den Zeitfaktor wollen wir mit dem kleinen Buchstaben ψ bezeichnen. Diese Funktionen und auch die Eigenwerte der Energie selbst werden aus der Gleichung

$$\hat{H}\,\psi = E\,\psi \tag{10,2}$$

bestimmt. Der stationäre Zustand mit der kleinsten möglichen Energie heißt *Normal-* oder *Grundzustand* eines Systems.

Die Entwicklung einer beliebigen Wellenfunktion Ψ nach den Wellenfunktionen stationärer Zustände hat die Gestalt

$$\Psi = \sum_n a_n\, e^{-\frac{i}{\hbar}E_n t}\,\psi_n(q)\,. \tag{10,3}$$

Die Quadrate $|a_n|^2$ der Entwicklungskoeffizienten bestimmen wie üblich die Wahrscheinlichkeiten für die verschiedenen Energiewerte eines Systems.

Die Wahrscheinlichkeitsverteilung für die Koordinaten in einem stationären Zustand wird durch das Quadrat $|\Psi_n|^2 = |\psi_n|^2$ gegeben. Wir sehen, daß sie nicht von der Zeit abhängt. Dasselbe kann man von dem Mittelwert

$$\bar{f} = \int \Psi_n^*\,\hat{f}\,\Psi_n\,\mathrm{d}q = \int \psi_n^*\,\hat{f}\,\psi_n\,\mathrm{d}q$$

einer beliebigen physikalischen Größe f sagen (deren Operator nicht explizit zeitabhängig ist).

Wie schon erwähnt worden ist, kommutiert der Operator jeder erhalten bleibenden Größe mit dem HAMILTON-Operator. Das bedeutet, daß jede physikalische Größe, für die ein Erhaltungssatz gilt, gleichzeitig mit der Energie gemessen werden kann.

Unter den verschiedenen stationären Zuständen können auch solche sein, die zu ein und demselben Energiewert gehören, sich aber durch die Werte irgendwelcher anderer physikalischer Größen unterscheiden. Diese Eigenwerte der Energie (oder, wie man auch sagt, *Energieniveaus* eines Systems), zu denen jeweils mehrere verschiedene stationäre Zustände gehören, nennt man *‚entartet‘*. Physikalisch hängt die Möglichkeit der Existenz entarteter Niveaus damit zusammen, daß die Energie im allgemeinen für sich kein vollständiges System physikalischer Größen bildet.

Man kann insbesondere leicht erkennen, daß die Energieniveaus eines Systems im allgemeinen entartet sind, wenn zwei physikalische Größen f und g erhalten bleiben, deren Operatoren nicht vertauschbar sind. Es sei ψ die Wellenfunktion eines stationären Zustands, in dem außer der Energie die Größe f einen bestimmten Wert hat. Man kann dann behaupten, daß die Funktion $\hat{g}\,\psi$ mit ψ (einen konstanten Faktor lassen wir zu) nicht übereinstimmt. Das Gegenteil dazu würde bedeuten, daß auch die Größe g einen bestimmten Wert hat. Das ist aber unmöglich, weil f und g nicht gleichzeitig gemessen werden können. Auf der anderen Seite ist die Funktion $\hat{g}\,\psi$ eine Eigenfunktion des HAMILTON-Operators zu demselben Energiewert E wie ψ:

$$\hat{H}(\hat{g}\,\psi) = \hat{g}\,\hat{H}\,\psi = E(\hat{g}\,\psi)\,.$$

Wir sehen also, daß die Energie E zu mehr als einer Eigenfunktion gehört, d. h., das Energieniveau ist entartet.

Eine beliebige Linearkombination der Wellenfunktionen, die zu ein und demselben entarteten Energieniveau gehören, ist offensichtlich auch eine Eigenfunktion zu demselben Energiewert. Mit anderen Worten: Die Wahl der Eigenfunktionen zu einem entarteten Energiewert ist nicht eindeutig. Willkürlich ausgewählte Eigenfunktionen zu einem entarteten Energieniveau sind im allgemeinen nicht orthogonal zueinander. Durch geeignete Zusammenstellung von Linearkombinationen kann man jedoch immer einen Satz zueinander orthogonaler (und normierter) Eigenfunktionen erhalten.

Das Eigenwertspektrum der Energie kann sowohl diskret als auch kontinuierlich sein. Ein stationärer Zustand des diskreten Spektrums gehört immer zu einer endlichen (oder *finiten*) Bewegung, d. h. zu einer Bewegung, bei der das System oder ein beliebiger Teil desselben immer im Endlichen bleibt. Für die Eigenfunktionen des diskreten Spektrums ist in der Tat das über den ganzen Raum erstreckte Integral $\int |\Psi|^2\,dq$ endlich. Das bedeutet auf jeden Fall, daß das Quadrat $|\Psi|^2$ genügend schnell abnimmt und im Unendlichen verschwindet. Die Wahrscheinlichkeit für unendliche Koordinatenwerte ist, mit anderen Worten, gleich Null, d. h., das System führt eine im Endlichen verlaufende Bewegung aus, oder es befindet sich, wie man sagt, in einem *gebundenen* Zustand.

Für die Wellenfunktionen des kontinuierlichen Spektrums divergiert das Integral $\int |\Psi|^2\,dq$. Das Quadrat der Wellenfunktion $|\Psi|^2$ gibt hier nicht unmittelbar die Wahrscheinlichkeiten für die verschiedenen Koordinatenwerte an, es ist vielmehr nur eine zu dieser Wahrscheinlichkeit proportionale Größe. Die Divergenz des Integrals $\int |\Psi|^2\,dq$ hängt immer damit zusammen, daß $|\Psi|^2$ im Unendlichen nicht verschwindet (oder nicht schnell genug verschwindet). Man kann daher behaupten, daß das Integral $\int |\Psi|^2\,dq$ auch dann divergiert, wenn es über ein Raumgebiet erstreckt wird, das außerhalb einer beliebig großen, aber endlichen geschlossenen Fläche liegt. Das System (oder irgendein Teil desselben) befindet sich demzufolge in diesem Zustand im Unendlichen. Die stationären Zustände des kontinuierlichen Spektrums entsprechen also einer bis ins Unendliche verlaufenden Bewegung des Systems.

§ 11. Matrizen physikalischer Größen

Der Bequemlichkeit halber setzen wir voraus, daß das von uns betrachtete System ein diskretes Energiespektrum hat (alle unten erhaltenen Beziehungen können unmittelbar auch auf ein kontinuierliches Spektrum verallgemeinert werden). Es sei $\Psi = \sum a_n \Psi_n$ die Entwicklung einer beliebigen Wellenfunktion nach den Wellenfunktionen Ψ_n stationärer Zustände. Setzt man diese Entwicklung in die Definition (3,5) für den Mittelwert der Größe f ein, dann erhält man

$$\bar{f} = \sum_n \sum_m a_n^* a_m f_{nm}(t) \,. \tag{11,1}$$

Darin bedeuten die $f_{nm}(t)$ die Integrale

$$f_{nm} = \int \Psi_n^* \hat{f} \Psi_m \, dq \,. \tag{11,2}$$

Die Gesamtheit der Größen $f_{nm}(t)$ mit allen möglichen n und m bezeichnet man als die *Matrix* der Größe f. Ein einzelnes $f_{nm}(t)$ nennt man das *Matrixelement* für den *Übergang* aus dem Zustand m in den Zustand n.[1])

Für Matrixelemente f_{nm} wird auch die Schreibweise

$$\langle n | f | m \rangle \tag{11,3}$$

verwendet, die insbesondere dann zweckmäßig ist, wenn jeder der Indizes in Form einer Gesamtheit mehrerer Buchstaben geschrieben werden muß. Das Symbol (11,3) wird manchmal angesehen als eine Bildung aus der Bezeichnung der Größe f und den Symbolen $|m\rangle$ und $\langle n|$, die Anfangs- und Endzustand bezeichnen (Bezeichnung nach DIRAC).

Die Zeitabhängigkeit der Matrixelemente wird (wenn der Operator $\hat{f}$ die Zeit nicht explizit enthält) von der Zeitabhängigkeit der Funktionen Ψ_n bestimmt. Setzen wir für diese Funktionen die Ausdrücke (10,1) ein, so finden wir

$$f_{nm}(t) = f_{nm} \, e^{i \omega_{nm} t} \tag{11,4}$$

mit

$$\omega_{nm} = \frac{E_n - E_m}{\hbar} \,. \tag{11,5}$$

[1]) Die Darstellung physikalischer Größen durch Matrizen wurde (1925) von W. HEISENBERG noch vor dem Auffinden der Wellengleichung durch E. SCHRÖDINGER eingeführt. Die Matrizenmechanik wurde später von M. BORN, W. HEISENBERG und P. JORDAN weiterentwickelt.

ω_{nm} ist die sogenannte *Übergangsfrequenz* zwischen den Zuständen m und n. Die Größen

$$f_{nm} = \int \psi_n^* \hat{f} \psi_m \, dq \tag{11,6}$$

bilden die der Größe f zugeordnete zeitunabhängige Matrix, die man üblicherweise verwenden muß.

Die Matrixelemente der Ableitung $\dot{f}$ erhält man durch Differentiation der Matrixelemente der Größe f nach der Zeit. Das ergibt sich unmittelbar daraus, daß der Mittelwert

$$\overline{\dot{f}} = \dot{\bar{f}} = \sum_n \sum_m a_n^* a_m \dot{f}_{nm}(t)$$

ist. Wegen (11,4) haben wir also für die Matrixelemente von $\dot{f}$

$$\dot{f}_{nm}(t) = i\,\omega_{nm} f_{nm}(t) \tag{11,7}$$

oder (wenn wir auf beiden Seiten den Zeitfaktor $e^{i\omega_{nm}t}$ kürzen) für die zeitunabhängigen Matrixelemente

$$(\dot{f})_{nm} = i\,\omega_{nm} f_{nm} = \frac{i}{\hbar}(E_n - E_m) f_{nm}\,. \tag{11,8}$$

Um die Bezeichnungen in den Formeln zu vereinfachen, leiten wir im folgenden alle Beziehungen für die zeitunabhängigen Matrixelemente her. Genau dieselben Beziehungen gelten auch für die zeitabhängigen Matrizen.

Für die Matrixelemente der zu f konjugiert komplexen Größe f^* erhalten wir unter Berücksichtigung der Definition des adjungierten Operators

$$(f^*)_{nm} = \int \psi_n^* \hat{f}^+ \psi_m \, dq = \int \psi_n^* \tilde{\hat{f}}^* \psi_m \, dq = \int \psi_m \hat{f}^* \psi_n^* \, dq\,,$$

d. h.

$$(f^*)_{nm} = (f_{mn})^*\,. \tag{11,9}$$

Wir haben folglich für reelle physikalische Größen, mit denen wir uns normalerweise nur beschäftigen,

$$f_{nm} = f_{mn}^* \tag{11,10}$$

(f_{mn}^* steht anstelle von $(f_{mn})^*$). Diese Matrizen heißen wie die zugehörigen Operatoren *hermitesch.*

Die Matrixelemente mit $n = m$ nennt man die *Diagonalelemente.* Diese Elemente hängen überhaupt nicht von der Zeit ab, und aus (11,10) erkennt man, daß sie reell sind. Das Element f_{nn} ist der Mittelwert der Größe f in dem Zustand ψ_n.

Man kann leicht die Multiplikationsregel für Matrizen finden. Dazu schreiben wir zunächst die Formel

$$\hat{f}\psi_n = \sum_m f_{mn} \psi_m \tag{11,11}$$

auf. Diese Formel ist nichts anderes als die Entwicklung der Funktion $\hat{f}\psi_n$ nach den Funktionen ψ_m mit den nach der allgemeinen Regel (3,14) bestimmten

Koeffizienten. Unter Beachtung dieser Formel schreiben wir für das Ergebnis der Anwendung eines Produktes zweier Operatoren auf die Funktion ψ_n

$$\hat{f}\,\hat{g}\,\psi_n = \hat{f}\sum_k g_{kn}\,\psi_k = \sum_k g_{kn}\,\hat{f}\,\psi_k = \sum_{k,m} g_{kn}\,f_{mk}\,\psi_m\,.$$

Da andererseits

$$\hat{f}\,\hat{g}\,\psi_n = \sum_m (f\,g)_{mn}\,\psi_m$$

sein muß, kommen wir zu dem Ergebnis, daß die Matrixelemente des Produktes $f\,g$ durch die Formel

$$(f\,g)_{mn} = \sum_k f_{mk}\,g_{kn} \qquad (11{,}12)$$

gegeben werden. Diese Regel stimmt mit der in der Mathematik üblichen Multiplikationsregel für Matrizen überein: Die Zeilen der ersten werden mit den Spalten der zweiten im Produkt stehenden Matrix multipliziert.

Die Kenntnis einer Matrix ist äquivalent zur Kenntnis des Operators selbst. Insbesondere kann man aus der Kenntnis der Matrix prinzipiell die Eigenwerte der gegebenen physikalischen Größe und die zugehörigen Eigenfunktionen bestimmen.

Wir wollen die Werte aller Größen in einem bestimmten Zeitpunkt betrachten und entwickeln eine beliebige Wellenfunktion Ψ (in diesem Zeitpunkt) nach den Eigenfunktionen des HAMILTON-Operators, d. h. nach den zeitunabhängigen Wellenfunktionen ψ_m von stationären Zuständen:

$$\Psi = \sum_m c_m\,\psi_m\,. \qquad (11{,}13)$$

Die Entwicklungskoeffizienten haben wir mit c_m bezeichnet. Wir setzen diese Entwicklung in die Gleichung $\hat{f}\,\Psi = f\,\Psi$ zur Bestimmung der Eigenwerte und der Eigenfunktionen der Größe f ein und finden

$$\sum_m c_m(\hat{f}\,\psi_m) = f\sum_m c_m\,\psi_m\,.$$

Diese Gleichung multiplizieren wir von beiden Seiten mit ψ_n^* und integrieren sie über dq. Die Integrale $\int \psi_n^*\,\hat{f}\,\psi_m\,dq$ auf der linken Seite sind die entsprechenden Matrixelemente f_{nm}. Auf der rechten Seite verschwinden alle Integrale $\int \psi_n^*\,\psi_m\,dq$ mit $m \neq n$ wegen der Orthogonalität der Funktionen ψ_m, aber es ist $\int \psi_n^*\,\psi_n\,dq = 1$ wegen der Normierung. Daher gilt

$$\sum_m f_{nm}\,c_m = f\,c_n$$

oder

$$\sum_m (f_{nm} - f\,\delta_{nm})\,c_m = 0\,. \qquad (11{,}14)$$

Wir haben also ein homogenes algebraisches Gleichungssystem ersten Grades erhalten (mit den Unbekannten c_m). Bekanntlich hat ein solches System nur dann nicht-triviale Lösungen, wenn die Koeffizientendeterminante verschwindet, d. h. unter der Bedingung

$$|f_{nm} - f\,\delta_{nm}| = 0\,.$$

Die Wurzeln dieser Gleichung (in der f als Unbekannte angesehen wird) sind die möglichen Werte der Größe f. Die Gesamtheit der Größen c_m, die den Gleichungen (11,14) mit irgendeinem dieser Werte für f genügen, bestimmt die zugehörige Eigenfunktion.

Wenn wir in der Definition (11,6) für die Matrixelemente der Größe f als ψ_n die Eigenfunktionen eben dieser Größe nehmen, dann haben wir nach der Gleichung $\hat{f}\,\psi_n = f_n\,\psi_n$

$$f_{nm} = \int \psi_n^*\,\hat{f}\,\psi_m\,\mathrm{d}q = f_m \int \psi_n^*\,\psi_m\,\mathrm{d}q\,.$$

Da die Funktionen ψ_m orthonormiert sind, ergibt sich $f_{nm} = 0$ für $n \neq m$ und $f_{mm} = f_m$.

Es sind also nur die Diagonalelemente der Matrix von Null verschieden. Jedes Diagonalelement ist gleich dem zugehörigen Eigenwert der Größe f. Von einer Matrix, bei der nur die Diagonalelemente von Null verschieden sind, sagt man, man habe sie in die *Diagonalform* gebracht, sie *diagonalisiert*. Insbesondere ist in der üblichen Darstellung mit den Wellenfunktionen stationärer Zustände als Funktionen ψ_n die Matrix der Energie diagonal (und auch die Matrizen aller anderen physikalischen Größen, die in stationären Zuständen bestimmte Werte haben). Von der mit Hilfe der Eigenfunktionen eines Operators $\hat{g}$ bestimmten Matrix einer Größe f sagt man, sie sei die Matrix von f in der Darstellung, in der g diagonal ist. Überall, wo nichts anderes vereinbart ist, wollen wir im folgenden unter der Matrix einer physikalischen Größe die Matrix in der üblichen Darstellung verstehen, in der die Energie diagonal ist. Alles, was oben über die Zeitabhängigkeit von Matrizen gesagt worden ist, bezieht sich selbstverständlich nur auf diese übliche Darstellung.[1])

§ 12. Der Impuls

Wir betrachten ein abgeschlossenes System von Teilchen. Da alle Positionen dieses Systems im Raum (bei festen Relativkoordinaten der Teilchen) äquivalent sind, kann man insbesondere behaupten, daß sich der HAMILTON-Operator des Systems bei einer Parallelverschiebung des Gesamtsystems um eine beliebige Strecke nicht ändert. Es genügt, diese Bedingung für eine beliebige infinitesimale Verschiebung zu fordern, sie wird dann auch für jede endliche Verschiebung erfüllt.

Eine infinitesimale Parallelverschiebung um die Strecke $\delta\boldsymbol{r}$ ist eine Transformation, bei der die Ortsvektoren $\boldsymbol{r}_a$ aller Teilchen (a ist die Nummer eines

[1]) Wenn man daran denkt, daß die Matrix für die Energie diagonal ist, dann kann man sich leicht davon überzeugen, daß Gleichung (11,8) die in Matrixform geschriebene Operatorbeziehung (9,2) ist.

Teilchens) dieselbe Veränderung $\delta \boldsymbol{r}$ erfahren: $\boldsymbol{r}_a \to \boldsymbol{r}_a + \delta \boldsymbol{r}$. Eine beliebige Funktion $\psi(\boldsymbol{r}_1, \boldsymbol{r}_2, \ldots)$ der Koordinaten der Teilchen geht bei dieser Transformation über in die Funktion

$$\begin{aligned}\psi(\boldsymbol{r}_1 + \delta\boldsymbol{r}, \boldsymbol{r}_2 + \delta\boldsymbol{r}, \ldots) &= \psi(\boldsymbol{r}_1, \boldsymbol{r}_2, \ldots) + \delta\boldsymbol{r} \sum_a \nabla_a \psi \\ &= \left(1 + \delta\boldsymbol{r} \sum_a \nabla_a\right) \psi(\boldsymbol{r}_1, \boldsymbol{r}_2, \ldots)\end{aligned}$$

(∇_a bedeutet den „Vektor" mit den Operatoren $\partial/\partial x_a$, $\partial/\partial y_a$ und $\partial/\partial z_a$ als Komponenten). Den Ausdruck

$$1 + \delta\boldsymbol{r} \sum_a \nabla_a \tag{12,1}$$

kann man als den Operator der infinitesimalen Transformation ansehen, die die Funktion $\psi(\boldsymbol{r}_1, \boldsymbol{r}_2, \ldots)$ in die Funktion $\psi(\boldsymbol{r}_1 + \delta\boldsymbol{r}, \boldsymbol{r}_2 + \delta\boldsymbol{r}, \ldots)$ überführt.

Die Behauptung, daß eine Transformation den HAMILTON-Operator nicht ändert, bedeutet: Wenn man die Funktion $\hat{H}\psi$ dieser Transformation unterwirft, erhält man dasselbe Ergebnis, wie wenn man nur die Funktion ψ transformiert und dann darauf den HAMILTON-Operator $\hat{H}$ anwendet. Mathematisch kann das in folgender Weise geschrieben werden. $\hat{O}$ sei der Operator, der die betrachtete Transformation „ausführt". Dann haben wir $\hat{O}(\hat{H}\psi) = \hat{H}(\hat{O}\psi)$ und daraus

$$\hat{O}\hat{H} - \hat{H}\hat{O} = 0\,, \tag{12,2}$$

d. h., der HAMILTON-Operator muß mit dem Operator $\hat{O}$ vertauschbar sein.

In dem vorliegenden Fall ist der Operator $\hat{O}$ der Operator der infinitesimalen Verschiebung (12,1). Der Einheitsoperator (der Operator der Multiplikation mit 1) kommutiert natürlich mit jedem beliebigen Operator. Der konstante Faktor $\delta\boldsymbol{r}$ kann vor den Operator $\hat{H}$ gezogen werden. Die Bedingung (12,2) führt also hier zu der Bedingung

$$\left(\sum_a \nabla_a\right)\hat{H} - \hat{H}\left(\sum_a \nabla_a\right) = 0\,. \tag{12,3}$$

Wie wir wissen, bedeutet die Vertauschbarkeit eines Operators (der die Zeit nicht explizit enthält) mit $\hat{H}$, daß die zu dem Operator gehörige physikalische Größe erhalten bleibt. Die Größe, deren Erhaltung für ein abgeschlossenes System aus der Homogenitätseigenschaft des Raumes folgt, ist der *Impuls* des Systems (vgl. I § 7).

Die Beziehung (12,3) stellt also den Impulserhaltungssatz in der Quantenmechanik dar. Der Operator $\sum_a \nabla_a$ muß also bis auf einen konstanten Faktor dem Gesamtimpuls des Systems entsprechen. Jedes einzelne Glied ∇_a der Summe entspricht dem Impuls eines einzelnen Teilchens.

Der Proportionalitätskoeffizient zwischen dem Operator $\hat{\boldsymbol{p}}$ für den Impuls eines Teilchens und dem Operator ∇ kann mit Hilfe des Grenzüberganges zur klassischen Mechanik bestimmt werden. Wir schreiben $\hat{\boldsymbol{p}} = c\nabla$, benutzen den Ausdruck (6,1) für die Wellenfunktion im klassischen Grenzfall und haben

$$\hat{\boldsymbol{p}}\,\Psi = \frac{i}{\hbar}\,c\,a\,e^{\frac{i}{\hbar}S}\,\nabla S = c\,\frac{i}{\hbar}\Psi\,\nabla S\,,$$

d. h., in der klassischen Näherung bedeutet die Anwendung des Operators $\hat{\boldsymbol{p}}$ die Multiplikation mit $\frac{i}{\hbar}\,c\,\nabla S$. Der Gradient ∇S ist der Impuls $\boldsymbol{p}$ eines Teilchens (siehe I § 31). Deshalb muß $c = -\,i\,\hbar$ sein.

Der Operator für den Impuls eines Teilchens ist also $\hat{\boldsymbol{p}} = -\,i\,\hbar\,\nabla$ oder in Komponenten

$$\hat{p}_x = -\,i\,\hbar\,\frac{\partial}{\partial x}\,,\qquad \hat{p}_y = -\,i\,\hbar\,\frac{\partial}{\partial y}\,,\qquad \hat{p}_z = -\,i\,\hbar\,\frac{\partial}{\partial z}\,. \tag{12,4}$$

Man kann sich leicht davon überzeugen, daß diese Operatoren, wie es sein muß, hermitesch sind. Tatsächlich haben wir für beliebige, im Unendlichen verschwindende Funktionen $\psi(x)$ und $\varphi(x)$

$$\int \varphi\,\hat{p}_x\,\psi\,\mathrm{d}x = -\,i\,\hbar\int \varphi\,\frac{\partial\psi}{\partial x}\,\mathrm{d}x = i\,\hbar\int \psi\,\frac{\partial\varphi}{\partial x}\,\mathrm{d}x = \int \psi\,\hat{p}_x^*\,\varphi\,\mathrm{d}x\,;$$

das ist die Hermitezitätsbedingung für einen Operator.

Da die Ableitung von Funktionen nach zwei verschiedenen Variablen nicht von der Reihenfolge der Differentiation abhängt, ist es klar, daß die Operatoren für die drei Impulskomponenten miteinander kommutieren:

$$\hat{p}_x\,\hat{p}_y - \hat{p}_y\,\hat{p}_x = 0\,,\quad \hat{p}_x\,\hat{p}_z - \hat{p}_z\,\hat{p}_x = 0\,,\quad \hat{p}_y\,\hat{p}_z - \hat{p}_z\,\hat{p}_y = 0\,. \tag{12,5}$$

Alle drei Impulskomponenten eines Teilchens können demnach gleichzeitig bestimmte Werte haben.

Wir bestimmen die Eigenfunktionen und die Eigenwerte der Impulsoperatoren. Sie werden aus der Vektorgleichung

$$-\,i\,\hbar\,\nabla\,\psi = \boldsymbol{p}\,\psi \tag{12,6}$$

gefunden. Ihre Lösungen sind

$$\psi = C\,e^{\frac{i}{\hbar}\boldsymbol{p}\,\boldsymbol{r}} \tag{12,7}$$

(C ist eine Konstante). Die gleichzeitige Vorgabe aller drei Impulskomponenten bestimmt, wie wir sehen, die Wellenfunktion eines Teilchens vollständig. Die Größen p_x, p_y und p_z stellen mit anderen Worten einen der möglichen vollständigen Sätze physikalischer Größen dar. Ihre Eigenwerte bilden ein kontinuierliches Spektrum, das sich von $-\infty$ bis $+\infty$ erstreckt.

Nach der Normierungsregel (5,4) für die Eigenfunktionen eines kontinuierlichen Spektrums muß

$$\int \psi_{\boldsymbol{p}'}\,\psi_{\boldsymbol{p}}^*\,\mathrm{d}V = \delta(\boldsymbol{p}' - \boldsymbol{p}) \tag{12,8}$$

sein, wobei die Integration über den ganzen Raum erstreckt wird ($\mathrm{d}V = \mathrm{d}x\,\mathrm{d}y\,\mathrm{d}z$). $\delta(\boldsymbol{p}' - \boldsymbol{p})$ ist die dreidimensionale δ-Funktion.[1])

Die Integration erfolgt mit Hilfe der Formel[2])

$$\frac{1}{2\pi}\int_{-\infty}^{\infty} \mathrm{e}^{i\alpha x}\,\mathrm{d}x = \delta(\alpha)\,. \tag{12,9}$$

Wir haben

$$\int \psi_{\boldsymbol{p}'}\psi_{\boldsymbol{p}}^{*}\,\mathrm{d}V = C^2 \int \mathrm{e}^{\frac{i}{\hbar}(\boldsymbol{p}'-\boldsymbol{p})\boldsymbol{r}}\,\mathrm{d}V = C^2(2\pi\hbar)^3\,\delta(\boldsymbol{p}'-\boldsymbol{p})\,.$$

Daraus entnimmt man, daß $C^2(2\pi\hbar)^3 = 1$ sein muß. Die normierten Funktionen $\psi_{\boldsymbol{p}}$ sind also gleich

$$\psi_{\boldsymbol{p}} = \frac{1}{(2\pi\hbar)^{3/2}}\,\mathrm{e}^{\frac{i}{\hbar}\boldsymbol{p}\boldsymbol{r}}\,. \tag{12,10}$$

Die Entwicklung einer beliebigen Wellenfunktion eines Teilchens $\psi(\boldsymbol{r})$ nach den Eigenfunktionen $\psi_{\boldsymbol{p}}$ des zugehörigen Impulsoperators ist nichts anderes als die Darstellung durch ein Fourier-Integral:

$$\psi(\boldsymbol{r}) = \int a(\boldsymbol{p})\,\psi_{\boldsymbol{p}}(\boldsymbol{r})\,\mathrm{d}^3p = \frac{1}{(2\pi\hbar)^{3/2}}\int a(\boldsymbol{p})\,\mathrm{e}^{\frac{i}{\hbar}\boldsymbol{p}\boldsymbol{r}}\,\mathrm{d}^3p\,, \tag{12,11}$$

$$\mathrm{d}^3p = \mathrm{d}p_x\,\mathrm{d}p_y\,\mathrm{d}p_z\,.$$

Die Entwicklungskoeffizienten $a(\boldsymbol{p})$ sind nach der Formel (5,2) gleich

$$a(\boldsymbol{p}) = \int \psi(\boldsymbol{r})\,\psi_{\boldsymbol{p}}^{*}(\boldsymbol{r})\,\mathrm{d}V = \frac{1}{(2\pi\hbar)^{3/2}}\int \psi(\boldsymbol{r})\,\mathrm{e}^{-\frac{i}{\hbar}\boldsymbol{p}\boldsymbol{r}}\,\mathrm{d}V\,. \tag{12,12}$$

Die Funktion $a(\boldsymbol{p})$ kann man (siehe § 5) als die Wellenfunktion des Teilchens in der *Impulsdarstellung* auffassen; $|a(\boldsymbol{p})|^2\,\mathrm{d}^3p$ ist die Wahrscheinlichkeit dafür, daß die Werte für den Impuls in dem Intervall d^3p liegen. Die Formeln (12,11—12) geben den Zusammenhang zwischen den Wellenfunktionen in den beiden Darstellungen an.

[1]) Es sei daran erinnert, daß die δ-Funktion mit einem Vektor als Argument als das Produkt von δ-Funktionen bezüglich jeder seiner Komponenten definiert ist.

[2]) Diese Gleichung stellt in dem Sinne eine Gleichheit ihrer beiden Seiten dar, daß das auf der linken Seite stehende Integral alle Eigenschaften einer δ-Funktion besitzt. Für $\alpha = 0$ divergiert das Integral, während es für $\alpha \neq 0$ als Integral über eine periodische, das Vorzeichen wechselnde Funktion Null wird. Integriert man dieses Integral nochmals über $\mathrm{d}\alpha$ in einem gewissen Bereich $-L$ bis $+L$ (der Punkt $\alpha = 0$ ist einbegriffen), so erhält man

$$\frac{1}{2\pi}\int_{-\infty}^{\infty}\mathrm{d}x\int_{-L}^{L}\mathrm{e}^{i\alpha x}\,\mathrm{d}\alpha = \frac{1}{\pi}\int_{-\infty}^{\infty}\frac{\sin Lx}{x}\,\mathrm{d}x = \frac{1}{\pi}\int_{-\infty}^{\infty}\frac{\sin\xi}{\xi}\,\mathrm{d}\xi = 1\,.$$

§ 13. Die Unschärferelationen

Wir wollen die Vertauschungsregeln der Operatoren für den Impuls und die Koordinaten herleiten. Das Ergebnis der nacheinander ausgeführten Differentiation nach einer der Variablen x, y oder z und der Multiplikation mit einer anderen Variablen hängt nicht von der Reihenfolge dieser Operationen ab, daher gilt

$$\hat{p}_x y - y \hat{p}_x = 0 , \qquad \hat{p}_x z - z \hat{p}_x = 0 \tag{13,1}$$

und analog für $\hat{p}_y$ und $\hat{p}_z$.

Zur Ableitung der Vertauschungsregel von $\hat{p}_x$ mit x schreiben wir

$$(\hat{p}_x x - x \hat{p}_x) \psi = - i \hbar \frac{\partial}{\partial x}(x \psi) + i \hbar x \frac{\partial \psi}{\partial x} = - i \hbar \psi .$$

Die Anwendung des Operators $\hat{p}_x x - x \hat{p}_x$ bedeutet demzufolge die Multiplikation einer Funktion mit $-i \hbar$. Dasselbe gilt natürlich auch für den Kommutator von $\hat{p}_y$ und y sowie $\hat{p}_z$ und z. Wir haben also[1])

$$\begin{aligned} &\hat{p}_x x - x \hat{p}_x = - i \hbar , \qquad \hat{p}_y y - y \hat{p}_y = - i \hbar , \\ &\hat{p}_z z - z \hat{p}_z = - i \hbar . \end{aligned} \tag{13,2}$$

Die Beziehungen (13,1—2) zeigen, daß eine Komponente des Ortsvektors eines Teilchens und die beiden dazu senkrechten Impulskomponenten gleichzeitig bestimmte Werte haben können. Die Komponente des Ortsvektors und die Impulskomponenten bezüglich ein- und derselben Koordinatenachse existieren nicht gleichzeitig. Insbesondere kann sich ein Teilchen nicht in einem bestimmten Raumpunkt befinden und gleichzeitig einen bestimmten Impuls $\boldsymbol{p}$ haben.

Wir wollen jetzt voraussetzen, daß sich ein Teilchen in einem gewissen endlichen Raumgebiet befindet, dessen Abmessungen längs der drei Koordinatenachsen von der Größenordnung Δx, Δy und Δz sind. Ferner sei $\boldsymbol{p}_0$ der Mittelwert des Impulses des Teilchens. Mathematisch bedeutet das, daß die Wellenfunktion die Gestalt $\psi = u(\boldsymbol{r})\, e^{i \boldsymbol{p}_0 \boldsymbol{r}/\hbar}$ hat; dabei ist $u(\boldsymbol{r})$ eine Funktion, die nur in dem angegebenen Raumgebiet merklich von Null verschieden ist.

Wir entwickeln die Funktion ψ nach den Eigenfunktionen des Impulsoperators (d. h., wir stellen sie als FOURIER-Integral dar). Die entsprechenden Entwicklungskoeffizienten $a(\boldsymbol{p})$ werden durch die Integrale (12,12) über Funktionen der Gestalt $u(\boldsymbol{r})\, e^{i(\boldsymbol{p}_0 - \boldsymbol{p})\boldsymbol{r}/\hbar}$ gegeben. Damit ein solches Integral merklich von Null verschieden ist, dürfen die Perioden des oszillierenden Faktors $e^{i(\boldsymbol{p}_0 - \boldsymbol{p})\boldsymbol{r}/\hbar}$ im Vergleich zu den Abmessungen Δx, Δy und Δz des Gebietes, in dem die Funktion $u(\boldsymbol{r})$ von Null verschieden ist, nicht klein sein. $a(\boldsymbol{p})$ wird also nur für $\boldsymbol{p}$-Werte mit $(p_{0x} - p_x)\, \Delta x/\hbar \lesssim 1, \ldots$ merklich von Null verschieden sein. $|a(\boldsymbol{p})|^2$ gibt die Wahrscheinlichkeit für die verschiedenen Impulswerte an. Deshalb sind die Wertebereiche von p_x, p_y und p_z, in denen $a(\boldsymbol{p})$ von Null

[1]) Diese 1925 von W. HEISENBERG in Matrixform gefundenen Beziehungen dienten als Ausgangspunkt für die Schaffung der heutigen Quantenmechanik.

verschieden ist, gerade die Wertebereiche, in denen die Impulskomponenten des Teilchens in dem betrachteten Zustand liegen können. Wir bezeichnen diese Intervalle mit Δp_x, Δp_y und Δp_z und haben

$$\Delta p_x \Delta x \sim \hbar\,, \qquad \Delta p_y \Delta y \sim \hbar\,, \qquad \Delta p_z \Delta z \sim \hbar\,. \tag{13,3}$$

Diese Beziehungen (die sogenannten *Unschärferelationen*) sind von HEISENBERG (1927) gefunden worden.

Wir sehen, je genauer eine Komponente des Ortsvektors eines Teilchens bekannt ist (d. h., je kleiner Δx ist), desto größer ist die Unschärfe Δp_x des Wertes für die Impulskomponente in derselben Richtung und umgekehrt. Wenn sich insbesondere ein Teilchen in einem streng bestimmten Raumpunkt befindet ($\Delta x = \Delta y = \Delta z = 0$), dann sind $\Delta p_x = \Delta p_y = \Delta p_z = \infty$. Das heißt, daß alle Impulswerte dabei gleich wahrscheinlich sind. Wenn umgekehrt ein Teilchen einen scharf bestimmten Impuls $\boldsymbol{p}$ hat, dann sind alle Lagen im Raum gleich wahrscheinlich (das ist auch unmittelbar aus der Wellenfunktion (12,7) zu erkennen, deren Betragsquadrat überhaupt nicht von den Koordinaten abhängt).

§ 14. Der Drehimpuls

In § 12 haben wir bei der Herleitung des Impulserhaltungssatzes die Homogenität des Raumes in bezug auf ein abgeschlossenes System von Teilchen ausgenutzt. Der Raum ist aber nicht nur homogen, sondern auch isotrop, alle Raumrichtungen sind gleichwertig. Der HAMILTON-Operator für ein abgeschlossenes System darf sich daher bei einer Drehung des ganzen Systems um einen beliebigen Winkel und um eine beliebige Achse nicht ändern. Es genügt zu fordern, daß diese Bedingung für eine beliebige infinitesimale Drehung erfüllt ist.

Es sei $\delta\boldsymbol{\varphi}$ der infinitesimale Drehvektor; sein Betrag ist gleich dem Drehwinkel $\delta\varphi$, und seine Richtung gibt die Richtung der Drehachse an. Die Änderungen $\delta\boldsymbol{r}_a$ (der Ortsvektoren der Teilchen $\boldsymbol{r}_a$) sind bei einer solchen Drehung bekanntlich gleich

$$\delta\boldsymbol{r}_a = [\delta\boldsymbol{\varphi}\cdot\boldsymbol{r}_a]$$

(siehe I § 9). Eine beliebige Funktion $\psi(\boldsymbol{r}_1, \boldsymbol{r}_2, \ldots)$ geht bei dieser Transformation in die Funktion

$$\begin{aligned}\psi(\boldsymbol{r}_1 + \delta\boldsymbol{r}_1, \boldsymbol{r}_2 + \delta\boldsymbol{r}_2, \ldots) &= \psi(\boldsymbol{r}_1, \boldsymbol{r}_2, \ldots) + \sum_a \delta\boldsymbol{r}_a \nabla_a\psi \\ &= \Big(1 + \delta\boldsymbol{\varphi} \sum_a [\boldsymbol{r}_a \nabla_a]\Big)\psi(\boldsymbol{r}_1, \boldsymbol{r}_2, \ldots)\end{aligned}$$

über. Den Ausdruck

$$1 + \delta\boldsymbol{\varphi} \sum_a [\boldsymbol{r}_a \nabla_a] \tag{14,1}$$

kann man als den „Operator einer infinitesimalen Drehung" ansehen. Eine infinitesimale Drehung läßt den HAMILTON-Operator eines Systems unverändert, deswegen ist der Drehoperator mit dem Operator $\hat{H}$ vertauschbar. Da $\delta\boldsymbol{\varphi}$ ein konstanter Vektor ist, folgt aus dieser Bedingung die Beziehung

$$\Big(\sum_a [\boldsymbol{r}_a \nabla_a]\Big)\hat{H} - \hat{H}\Big(\sum_a [\boldsymbol{r}_a \nabla_a]\Big) = 0\,, \tag{14,2}$$

die einen gewissen Erhaltungssatz zum Ausdruck bringt.

Die Größe, deren Erhaltung für ein abgeschlossenes System aus der Isotropie des Raumes folgt, ist der *Drehimpuls* des Systems (vergleiche I § 9). Der Operator $\sum [\boldsymbol{r}_a \nabla_a]$ muß also bis auf einen konstanten Faktor dem Gesamtdrehimpuls des Systems entsprechen, jedes Glied in der Summe $[\boldsymbol{r}_a \nabla_a]$ gehört zu dem Drehimpuls eines einzelnen Teilchens.

Der Proportionalitätsfaktor muß gleich $-i\hbar$ gesetzt werden. Das wird unmittelbar dadurch bestätigt, daß dann der Ausdruck für den Drehimpulsoperator eines Teilchen $-i\hbar[\boldsymbol{r}\nabla] = [\boldsymbol{r}\hat{\boldsymbol{p}}]$ genau dem üblichen klassischen Ausdruck $[\boldsymbol{r}\boldsymbol{p}]$ entspricht. Wir werden fernerhin immer den in Einheiten von $\hbar$ gemessenen Drehimpuls verwenden. Den so definierten Drehimpulsoperator für ein einzelnes Teilchen werden wir mit $\hat{\boldsymbol{l}}$ und den Drehimpuls eines ganzen Systems mit $\hat{\boldsymbol{L}}$ bezeichnen. Auf diese Weise lautet der Drehimpulsoperator eines Teilchens

$$\hbar\hat{\boldsymbol{l}} = [\boldsymbol{r}\hat{\boldsymbol{p}}] = -i\hbar[\boldsymbol{r}\nabla]$$

oder in Komponenten

$$\hbar\hat{l}_x = y\hat{p}_z - z\hat{p}_y\,,\quad \hbar\hat{l}_y = z\hat{p}_x - x\hat{p}_z\,,\quad \hbar\hat{l}_z = x\hat{p}_y - y\hat{p}_x\,. \tag{14,3}$$

Für ein System in einem äußeren Feld gilt im allgemeinen kein Erhaltungssatz für den Drehimpuls. Bei einer bestimmten Symmetrie des Feldes kann der Drehimpuls jedoch trotzdem erhalten bleiben. Befindet sich das System in einem kugelsymmetrischen Feld, dann sind alle von dem Symmetriezentrum ausgehenden Raumrichtungen äquivalent. Deshalb bleibt der Drehimpuls bezüglich dieses Zentrums erhalten. Analog bleibt in einem axialsymmetrischen Feld die Komponente des Drehimpulses in Richtung der Symmetrieachse erhalten. Alle diese Erhaltungssätze, die in der klassischen Mechanik gelten, sind auch in der Quantenmechanik gültig.

Wir wollen jetzt die Vertauschungsregeln zwischen Drehimpulsoperatoren und den Orts- und Impulsoperatoren aufstellen. So ist z. B.

$$\hat{l}_x y - y\hat{l}_x = \frac{1}{\hbar}(y\hat{p}_z - z\hat{p}_y)\,y - \frac{1}{\hbar}y\,(y\hat{p}_z - z\hat{p}_y)$$

$$= -\frac{1}{\hbar}z\,(\hat{p}_y y - y\hat{p}_y) = i z\,.$$

Auf die gleiche Weise finden wir weitere Vertauschungsregeln:

$$\hat{l}_x x - x\hat{l}_x = 0\,,\quad \hat{l}_x y - y\hat{l}_x = i z\,,\quad \hat{l}_x z - z\hat{l}_x = -i y\,. \tag{14,4}$$

Zwei restliche je drei solche Gleichungen enthaltende Sätze erhalten wir durch zyklische Vertauschungen der Koordinaten (und Indizes) x, y, z.

Man überzeugt sich leicht, daß ebensolche Vertauschungsregeln auch für die Drehimpuls- und Impulsoperatoren gelten:

$$\begin{aligned} &\hat{l}_x \hat{p}_x - \hat{p}_x \hat{l}_x = 0\,, \qquad \hat{l}_x \hat{p}_y - \hat{p}_y \hat{l}_x = i\,\hat{p}_z\,, \\ &\hat{l}_x \hat{p}_z - \hat{p}_z \hat{l}_x = -\,i\,\hat{p}_y\,. \end{aligned} \tag{14,5}$$

Mit Hilfe dieser Formeln kann man leicht die Vertauschungsregeln für die Operatoren $\hat{l}_x$, $\hat{l}_y$ und $\hat{l}_z$ finden. Wir haben

$$\begin{aligned} \hbar\,(\hat{l}_x \hat{l}_y - \hat{l}_y \hat{l}_x) &= \hat{l}_x\,(z\,\hat{p}_x - x\,\hat{p}_z) - (z\,\hat{p}_x - x\,\hat{p}_z)\,\hat{l}_x \\ &= (\hat{l}_x z - z\,\hat{l}_x)\,\hat{p}_x - x\,(\hat{l}_x \hat{p}_z - \hat{p}_z \hat{l}_x) = -\,i\,y\,\hat{p}_x + i\,x\,\hat{p}_y = i\,\hbar\,\hat{l}_z\,. \end{aligned}$$

Es ist also

$$\hat{l}_y \hat{l}_z - \hat{l}_z \hat{l}_y = i\,\hat{l}_x\,, \qquad \hat{l}_z \hat{l}_x - \hat{l}_x \hat{l}_z = i\,\hat{l}_y\,, \qquad \hat{l}_x \hat{l}_y - \hat{l}_y \hat{l}_x = i\,\hat{l}_z\,. \tag{14,6}$$

Genau dieselben Beziehungen gelten auch für die Operatoren $\hat{L}_x$, $\hat{L}_y$ und $\hat{L}_z$ des Gesamtdrehimpulses. Da die Drehimpulsoperatoren für verschiedene Teilchen miteinander vertauschbar sind, ist zum Beispiel

$$\sum_a \hat{l}_{ay} \sum_a \hat{l}_{az} - \sum_a \hat{l}_{az} \sum_a \hat{l}_{ay} = \sum_a (\hat{l}_{ay} \hat{l}_{az} - \hat{l}_{az} \hat{l}_{ay}) = i \sum_a \hat{l}_{ax}\,.$$

Somit gilt

$$\hat{L}_y \hat{L}_z - \hat{L}_z \hat{L}_y = i\,\hat{L}_x\,, \quad \hat{L}_z \hat{L}_x - \hat{L}_x \hat{L}_z = i\,\hat{L}_y\,, \quad \hat{L}_x \hat{L}_y - \hat{L}_y \hat{L}_x = i\,\hat{L}_z\,. \tag{14,7}$$

Die Beziehungen (14,7) besagen, daß die drei Komponenten des Drehimpulses nicht gleichzeitig bestimmte Werte haben können (eine Ausnahme ist nur der Fall, daß alle drei Komponenten gleichzeitig gleich Null sind, s. u.). Der Drehimpuls unterscheidet sich in dieser Hinsicht wesentlich vom Impuls, dessen drei Komponenten gleichzeitig bestimmte Werte haben können.

Wir bilden aus den Operatoren $\hat{L}_x$, $\hat{L}_y$ und $\hat{L}_z$ den Operator für das Quadrat des Betrages des Drehimpulsvektors:

$$\hat{\boldsymbol{L}}^2 = \hat{L}_x^2 + \hat{L}_y^2 + \hat{L}_z^2\,. \tag{14,8}$$

Dieser Operator ist mit allen Operatoren $\hat{L}_x$, $\hat{L}_y$ und $\hat{L}_z$ vertauschbar:

$$\begin{aligned} &\hat{\boldsymbol{L}}^2 \hat{L}_x - \hat{L}_x \hat{\boldsymbol{L}}^2 = 0\,, \qquad \hat{\boldsymbol{L}}^2 \hat{L}_y - \hat{L}_y \hat{\boldsymbol{L}}^2 = 0\,, \\ &\hat{\boldsymbol{L}}^2 \hat{L}_z - \hat{L}_z \hat{\boldsymbol{L}}^2 = 0\,. \end{aligned} \tag{14,9}$$

Unter Verwendung von (14,7) haben wir tatsächlich zum Beispiel

$$\begin{aligned} \hat{L}_x^2 \hat{L}_z - \hat{L}_z \hat{L}_x^2 &= \hat{L}_x\,(\hat{L}_x \hat{L}_z - \hat{L}_z \hat{L}_x) \\ &\quad + (\hat{L}_x \hat{L}_z - \hat{L}_z \hat{L}_x)\,\hat{L}_x = -\,i\,(\hat{L}_x \hat{L}_y + \hat{L}_y \hat{L}_x)\,, \\ \hat{L}_y^2 \hat{L}_z - \hat{L}_z \hat{L}_y^2 &= i\,(\hat{L}_x \hat{L}_y + \hat{L}_y \hat{L}_x)\,, \\ \hat{L}_z^2 \hat{L}_z - \hat{L}_z \hat{L}_z^2 &= 0\,. \end{aligned}$$

Durch Addition dieser Gleichungen erhalten wir die letzte der Beziehungen (14,9).

Die Beziehungen (14,9) bedeuten physikalisch, daß das Quadrat des Drehimpulses (d. h. sein absoluter Betrag) gleichzeitig mit einer seiner Komponenten einen bestimmten Wert haben kann.

Es ist häufig bequemer, statt der Operatoren $\hat{L}_x$ und $\hat{L}_y$ die komplexen Kombinationen

$$\hat{L}_+ = \hat{L}_x + i\,\hat{L}_y\,, \qquad \hat{L}_- = \hat{L}_x - i\,L_y \tag{14,10}$$

zu verwenden. Durch direkte Rechnung kann man sich mit Hilfe von (14,7) leicht davon überzeugen, daß für diese Kombinationen die folgenden Vertauschungsregeln gelten:

$$\begin{aligned} &\hat{L}_+\hat{L}_- - \hat{L}_-\hat{L}_+ = 2\,\hat{L}_z\,, \\ &\hat{L}_z\hat{L}_+ - \hat{L}_+\hat{L}_z = \hat{L}_+\,, \qquad \hat{L}_z\hat{L}_- - \hat{L}_-\hat{L}_z = -\,\hat{L}_-\,. \end{aligned} \tag{14,11}$$

Unschwer kann man auch die Beziehung

$$\hat{\boldsymbol{L}}^2 = \hat{L}_-\hat{L}_+ + \hat{L}_z^2 + \hat{L}_z \tag{14,12}$$

verifizieren.

Wir schreiben schließlich noch die häufig verwendeten Ausdrücke für den Drehimpulsoperator eines einzelnen Teilchens in Kugelkoordinaten auf. Wir führen die Kugelkoordinaten durch die üblichen Beziehungen

$$x = r\sin\theta\cos\varphi\,, \qquad y = r\sin\theta\sin\varphi\,, \qquad z = r\cos\theta$$

ein und erhalten nach einer einfachen Rechnung die folgenden Ausdrücke:

$$\hat{l}_z = -\,i\,\frac{\partial}{\partial\varphi}\,, \tag{14,13}$$

$$\hat{l}_\pm = e^{\pm i\varphi}\left(\pm\frac{\partial}{\partial\theta} + i\operatorname{ctg}\theta\,\frac{\partial}{\partial\varphi}\right). \tag{14,14}$$

Diese Ausdrücke setzen wir in (14,12) ein und erhalten den Operator für das Quadrat des Drehimpulses eines Teilchens in der Form

$$\hat{\boldsymbol{l}}^2 = -\left[\frac{1}{\sin^2\theta}\,\frac{\partial^2}{\partial\varphi^2} + \frac{1}{\sin\theta}\,\frac{\partial}{\partial\theta}\left(\sin\theta\,\frac{\partial}{\partial\theta}\right)\right]. \tag{14,15}$$

Wir weisen darauf hin, daß dies bis auf einen Faktor der Winkelanteil des Laplace-Operators ist.

§ 15. Die Eigenwerte des Drehimpulses

Zur Bestimmung der Eigenwerte der Projektion des Drehimpulses eines Teilchens auf eine bestimmte Richtung verwendet man zweckmäßig den Ausdruck für den Drehimpulsoperator in Kugelkoordinaten; die betrachtete Richtung wählt man als Polarachse. Nach der Formel (14,13) kann man die Gleichung $\hat{l}_z\,\psi = l_z\,\psi$ in der Form

$$-\,i\,\frac{\partial\psi}{\partial\varphi} = l_z\,\psi \tag{15,1}$$

schreiben. Ihre Lösung ist

$$\psi = f(r, \theta)\, e^{i\, l_z \varphi} ,$$

wobei $f(r, \theta)$ eine beliebige Funktion von r und θ ist. Damit die Funktion ψ eine eindeutige Funktion ist, muß sie in φ mit der Periode 2π periodisch sein; daraus finden wir[1])

$$l_z = m , \qquad m = 0, \pm 1, \pm 2, \ldots \tag{15,2}$$

Die Eigenwerte l_z sind also die positiven und die negativen ganzen Zahlen einschließlich des Wertes Null. Den von φ abhängigen Faktor, der für die Eigenfunktionen des Operators $\hat{l}_z$ charakteristisch ist, bezeichnen wir mit

$$\Phi_m(\varphi) = \frac{1}{\sqrt{2\pi}}\, e^{i\, m\, \varphi} . \tag{15,3}$$

Diese Funktionen sind folgendermaßen normiert:

$$\int_0^{2\pi} \Phi_m^*(\varphi)\, \Phi_{m'}(\varphi)\, d\varphi = \delta_{m\, m'} . \tag{15,4}$$

Die Eigenwerte der z-Komponente des Gesamtdrehimpulses eines Systems sind offenbar auch die positiven und die negativen ganzen Zahlen:

$$L_z = M , \qquad M = 0, \pm 1, \pm 2, \ldots \tag{15,5}$$

(das ist richtig, weil der Operator $\hat{L}_z$ die Summe der miteinander vertauschbaren Operatoren $\hat{l}_z$ für die einzelnen Teilchen ist).

Die z-Achse ist von vornherein durch nichts ausgezeichnet. Daher ist es klar, daß man dasselbe Ergebnis für $\hat{L}_x$, $\hat{L}_y$ und überhaupt für die Komponente des Drehimpulses in einer beliebigen Richtung erhält. Alle diese Komponenten können nur ganzzahlige Werte annehmen. Dieses Ergebnis kann auf den ersten Blick paradox erscheinen, besonders wenn man es auf zwei infinitesimal benachbarte Richtungen anwendet. Man muß hier jedoch daran denken, daß die einzige gemeinsame Eigenfunktion der Operatoren $\hat{L}_x$, $\hat{L}_y$ und $\hat{L}_z$ zu dem gleichzeitigen Wert

$$L_x = L_y = L_z = 0$$

gehört. In diesem Fall ist der Drehimpulsvektor, und damit auch dessen Projektion auf eine beliebige Richtung, gleich Null. Ist dagegen einer der Eigenwerte L_x, L_y oder L_z von Null verschieden, dann gibt es keine gemeinsamen Eigenfunktionen der Operatoren $\hat{L}_x$, $\hat{L}_y$ und $\hat{L}_z$. Es existiert, mit anderen Worten, kein Zustand, in dem zwei oder drei Komponenten des Drehimpulses in verschiedenen Richtungen gleichzeitig bestimmte (von Null verschiedene)

[1]) Die allgemein übliche Bezeichnung für die Eigenwerte der Drehimpulsprojektion mit dem Buchstaben m — demselben wie für die Teilchenmasse — kann offensichtlich zu keinen Mißverständnissen führen.

Werte haben, so daß wir nur davon sprechen können, daß eine Komponente ganzzahlige Werte annimmt.

Stationäre Zustände eines Systems, die sich nur durch verschiedene Werte von M unterscheiden, haben dieselbe Energie. Das folgt bereits aus den allgemeinen Überlegungen, daß die Richtung der z-Achse von vornherein durch nichts ausgezeichnet ist. Die Energieniveaus eines Systems mit einem (von Null verschiedenen) Drehimpuls, für den ein Erhaltungssatz gilt, sind also auf jeden Fall entartet.[1]

Wir kommen jetzt zur Bestimmung der Eigenwerte des Drehimpulsquadrates und zeigen, wie man diese Werte finden kann, indem man lediglich von den Vertauschungsregeln (14,7) ausgeht. Mit ψ_M bezeichnen wir die Wellenfunktionen der stationären Zustände mit gleichen Werten bzgl. des Quadrats $\boldsymbol{L}^2$, die zu einem entarteten Energieniveau gehören.

Zunächst bemerken wir, daß es für jeden möglichen positiven Wert $M = +|M|$ einen ebenso großen negativen $M = -|M|$ gibt, da beide Richtungen der z-Achse physikalisch äquivalent sind. Wir bezeichnen mit L (positiv ganzzahlig) den größtmöglichen Wert $|M|$.

Wenden wir den Operator $\hat{L}_z \hat{L}_\pm$ auf die Eigenfunktion ψ_M des Operators $\hat{L}_z$ an, und benutzen wir die Vertauschungsregel (14,11), so erhalten wir

$$\hat{L}_z \hat{L}_\pm \psi_M = \hat{L}_\pm \hat{L}_z \psi_M \pm \hat{L}_\pm \psi_M = (M \pm 1) \hat{L}_\pm \psi_M .$$

Die Funktion $\hat{L}_\pm \psi_M$ ist demnach (bis auf einen Normierungsfaktor) die Eigenfunktion der Größe L_z zu dem Wert $M \pm 1$, und wir können schreiben

$$\psi_{M+1} = \text{const} \cdot \hat{L}_+ \psi_M , \qquad \psi_{M-1} = \text{const} \cdot \hat{L}_- \psi_M . \tag{15,6}$$

Setzt man in der ersten Gleichung von (15,6) $M = L$, dann muß identisch

$$L_+ \psi_L = 0 \tag{15,7}$$

gelten, weil es nach der Definition keine Zustände mit $M > L$ gibt. Auf diese Gleichung wenden wir den Operator $\hat{L}_-$ an und benutzen die Beziehung (14,12); es ergibt sich

$$\hat{L}_- \hat{L}_+ \psi_L = (\hat{\boldsymbol{L}}^2 - \hat{L}_z^2 - \hat{L}_z) \psi_L = 0 .$$

Da aber die ψ_M gemeinsame Eigenfunktionen der Operatoren $\hat{\boldsymbol{L}}^2$ und $\hat{L}_z$ sind, gilt

$$\hat{\boldsymbol{L}}^2 \psi_L = \boldsymbol{L}^2 \psi_L , \qquad \hat{L}_z^2 \psi_L = L^2 \psi_L , \qquad \hat{L}_z \psi_L = L \psi_L ,$$

so daß die erhaltene Gleichung

$$\boldsymbol{L}^2 = L(L+1) \tag{15,8}$$

ergibt.

[1]) Dieser Sachverhalt ist ein Spezialfall des in § 10 angegebenen allgemeinen Satzes über die Entartung der Niveaus beim Vorhandensein von mindestens zwei Erhaltungsgrößen mit nichtvertauschbaren Operatoren. Hier sind diese Größen die Drehimpuls-Komponenten.

Diese Formel gibt die gesuchten Eigenwerte des Betragsquadrates des Drehimpulses an. Die Zahl L durchläuft alle positiven ganzzahligen Werte einschließlich des Wertes Null. Für einen gegebenen Wert der Zahl L kann die Komponente $L_z = M$ des Drehimpulses die Werte

$$M = L\,, \qquad L-1, \ldots, -L \tag{15,9}$$

annehmen, d. h. insgesamt $2L+1$ verschiedene Werte. Das Energieniveau mit dem Drehimpuls L ist also $(2L+1)$-fach entartet. Von dieser Entartung spricht man gewöhnlich als von einer *Richtungsentartung* des Drehimpulses. Der Zustand mit verschwindendem Drehimpuls $L = 0$ (hierbei sind auch alle seine drei Komponenten Null) ist nicht entartet. Wir bemerken, daß die Wellenfunktion eines solchen Zustandes kugelsymmetrisch ist; dies ist schon daraus ersichtlich, daß bei einer beliebigen infinitesimal kleinen Drehung ihre Änderung im gegebenen Fall Null wird.

Der Kürze halber werden wir, wie es üblich ist, oft vom „Drehimpuls L" eines Systems sprechen, wobei wir darunter das Quadrat des Drehimpulses $L(L+1)$ verstehen werden; den Drehimpuls eines Teilchens werden wir mit dem kleinen Buchstaben l bezeichnen. Von der z-Komponente des Drehimpulses spricht man gewöhnlich kurz als von der „Projektion des Drehimpulses".

Wir wollen nun die Matrixelemente der Größen L_x, L_y für Übergänge zwischen Zuständen gleicher Energie und gleichen Drehimpulses L jedoch verschiedener Werte der Projektion M des Drehimpulses berechnen.

Aus den Gleichungen (15,6) ist ersichtlich, daß die Matrix des Operators $\hat{L}_+$ nur solche von Null verschiedene Elemente besitzt, die Übergängen $M \to M+1$ entsprechen und die Matrix des Operators $\hat{L}_-$ nur solche mit $M \to M-1$. Unter Berücksichtigung dieser Tatsache finden wir für die Diagonalmatrixelemente (für Übergänge $L, M-1 \to L, M-1$) beider Seiten der Operatorgleichung (14,12)

$$L(L+1) = (L_-)_{M-1,\,M}\,(L_+)_{M,\,M-1} + M^2 - M\,.$$

Diese Gleichung läßt sich auf Grund der aus der Hermitezität der Operatoren $\hat{L}_x$, $\hat{L}_y$ folgenden Relation

$$(L_-)_{M-1,\,M} = (L_+)^*_{M,\,M-1}$$

in

$$|(L_+)_{M,\,M-1}|^2 = L(L+1) - M(M-1) = (L-M+1)(L+M)$$

umschreiben, woraus

$$\langle M|\,L_+\,|M-1\rangle = \langle M-1|\,L_-\,|M\rangle = \sqrt{(L+M)(L-M+1)} \tag{15,10}$$

folgt (es wurde die Schreibweise (11,3) verwendet). Für die von Null verschiedenen Matrixelemente der Größen L_x und L_y selbst erhalten wir hieraus

$$\begin{aligned} \langle M|\, L_x \,|M-1\rangle &= \langle M-1|\, L_x \,|M\rangle \\ &= \frac{1}{2}\sqrt{(L+M)\,(L-M+1)}\,, \\ \langle M|\, L_y \,|M-1\rangle &= -\,\langle M-1|\, L_y \,|M\rangle \\ &= -\,\frac{i}{2}\sqrt{(L+M)\,(L-M+1)}\,. \end{aligned} \tag{15,11}$$

An dieser Stelle möchten wir die Nichtexistenz von Diagonalmatrixelementen der Größen L_x und L_y hervorheben. Da ein Diagonalmatrixelement den Mittelwert einer Größe im entsprechenden Zustand angibt, bedeutet dies, daß in Zuständen mit bestimmten Werten von L_z die Mittelwerte $\overline{L_x} = \overline{L_y} = 0$ sind. Wenn also ein bestimmter Wert der Drehimpulsprojektion bezüglich einer beliebigen Richtung im Raum vorliegt, so heißt dies, daß der Vektor $\overline{\boldsymbol{L}}$ insgesamt ebenfalls in dieser Richtung liegt.

§ 16. Die Eigenfunktionen des Drehimpulses

Durch die Vorgabe der Werte von l und m ist die Wellenfunktion eines Teilchens nicht vollständig bestimmt. Das entnimmt man bereits daraus, daß die Ausdrücke für die Operatoren dieser Größen in Kugelkoordinaten nur die Winkel θ und φ enthalten. Die Eigenfunktionen können danach noch einen beliebigen, von r abhängigen Faktor enthalten. Wir werden hier nur den für die Eigenfunktionen des Drehimpulses charakteristischen Winkelanteil der Wellenfunktion behandeln. Wir bezeichnen diesen mit $Y_{lm}(\theta, \varphi)$ und normieren ihn nach der Vorschrift

$$\int |Y_{lm}|^2 \, do = 1$$

($do = \sin\theta \, d\theta \, d\varphi$ ist das Flächenelement auf der Einheitskugel).

Die Funktionen Y_{lm} mit verschiedenen l oder m sind als Eigenfunktion der Drehimpulsoperatoren zu verschiedenen Eigenwerten automatisch zueinander orthogonal. Zusammen mit der Normierungsbedingung bedeutet dies

$$\int_0^{2\pi}\int_0^{\pi} Y^*_{l'm'}\, Y_{lm} \sin\theta \, d\theta \, d\varphi = \delta_{ll'}\,\delta_{mm'}\,. \tag{16,1}$$

Das direkte Verfahren zur Berechnung der gesuchten Funktionen ist die unmittelbare Lösung der Gleichung für die Eigenfunktionen des Operators $\hat{\boldsymbol{l}}^2$ in Kugelkoordinaten. Die Gleichung

$$\hat{\boldsymbol{l}}^2 \psi = l\,(l+1)\,\psi$$

lautet dann

$$\frac{1}{\sin\theta}\frac{\partial}{\partial\theta}\left(\sin\theta\,\frac{\partial\psi}{\partial\theta}\right) + \frac{1}{\sin^2\theta}\,\frac{\partial^2\psi}{\partial\varphi^2} + l\,(l+1)\,\psi = 0\,. \tag{16,2}$$

Diese Gleichung gestattet einen Separationsansatz für die Lösung in der Form

$$Y_{lm} = \Phi_m(\varphi)\, \Theta_{lm}(\theta)\,, \tag{16,3}$$

wobei die Φ_m Funktionen (15,3) darstellen.

Wir setzen (16,3) in (16,2) ein und erhalten für die Funktion Θ_{lm} die Gleichung

$$\frac{1}{\sin\theta}\frac{\mathrm{d}}{\mathrm{d}\theta}\left(\sin\theta\frac{\mathrm{d}\Theta_{lm}}{\mathrm{d}\theta}\right) - \frac{m^2}{\sin^2\theta}\Theta_{lm} + l\,(l+1)\,\Theta_{lm} = 0\,. \tag{16,4}$$

Diese Gleichung ist aus der Theorie der Kugelfunktionen gut bekannt. Für positive ganzzahlige Werte $l \geqq |m|$ besitzt sie Lösungen, die unseren Forderungen nach Endlichkeit und Eindeutigkeit entsprechen; es besteht also Übereinstimmung mit den oben nach der Matrizenmechanik gewonnenen Eigenwerten des Drehimpulses. Die entsprechenden Lösungen sind die sogenannten zugeordneten LEGENDREschen Polynome $P_l^m(\cos\theta)$.

Auf diese Weise ergeben sich die winkelabhängigen Anteile der Wellenfunktion als

$$Y_{lm}(\theta, \varphi) = \mathrm{const} \cdot P_l^m(\cos\theta)\, \mathrm{e}^{i m \varphi}\,, \tag{16,5}$$

d. h. vom mathematischen Standpunkt aus als auf eine bestimmte Weise normierte Kugelfunktionen. Wir schreiben an dieser Stelle nicht den allgemeinen Ausdruck für die Normierungskonstante auf, sondern geben die exakten Ausdrücke für die ersten ($l = 0, 1, 2$) normierten Kugelfunktionen an:

$$\begin{aligned}
&Y_{00} = \frac{1}{\sqrt{4\pi}}\,,\\
&Y_{10} = \sqrt{\frac{3}{4\pi}}\cos\theta\,, \qquad Y_{1,\pm 1} = \mp\sqrt{\frac{3}{8\pi}}\sin\theta\cdot \mathrm{e}^{\pm i\varphi}\,,\\
&Y_{20} = \sqrt{\frac{5}{16\pi}}\,(3\cos^2\theta - 1)\,,\\
&Y_{2,\pm 1} = \mp\sqrt{\frac{15}{8\pi}}\cos\theta\sin\theta\cdot \mathrm{e}^{\pm i\varphi}\,,\\
&Y_{2,\pm 2} = \sqrt{\frac{15}{32\pi}}\sin^2\theta\cdot \mathrm{e}^{\pm 2i\varphi}\,.
\end{aligned} \tag{16,6}$$

Für $m = 0$ werden die zugeordneten LEGENDREschen Polynome einfach LEGENDREsche Polynome $P_l(\cos\theta)$ genannt. Die entsprechenden normierten Kugelfunktionen lauten

$$Y_{l0} = \sqrt{\frac{2\,l+1}{4\pi}}\,P_l(\cos\theta)\,. \tag{16,7}$$

Für $l = 0$ (also auch $m = 0$) reduziert sich die Funktion (16,7) auf eine Konstante. Mit anderen Worten bedeutet dies, daß die Wellenfunktionen von Teilchenzuständen mit dem Drehimpuls $l = 0$ nur von r abhängen, d. h., sie besitzen die volle Kugelsymmetrie in Übereinstimmung mit der in § 15 gemachten allgemeinen Feststellung. Ferner bemerken wir, daß, falls in (16,1) eine der Kugelfunktionen Y_{00} ist, für die andere gilt:

$$\int Y_{lm}\, do = 0 \qquad (l \neq 0)\,. \tag{16,8}$$

§ 17. Die Addition von Drehimpulsen

Betrachten wir ein System, das aus zwei schwach wechselwirkenden Teilen besteht. Vernachlässigen wir die Wechselwirkung ganz, dann gilt für jeden Teil ein Drehimpulserhaltungssatz, und der Gesamtdrehimpuls $\boldsymbol{L}$ des ganzen Systems kann als Summe der Drehimpulse $\boldsymbol{L}_1$ und $\boldsymbol{L}_2$ der einzelnen Teile aufgefaßt werden. In der folgenden Näherung sind die Erhaltungssätze für $\boldsymbol{L}_1$ und $\boldsymbol{L}_2$ bei Berücksichtigung der schwachen Wechselwirkung bereits nicht mehr streng erfüllt. Die Zahlen L_1 und L_2 für die Beträge dieser Drehimpulse bleiben aber noch „gute" Quantenzahlen und sind zur näherungsweisen Beschreibung eines Zustandes des Systems geeignet.

Bei der Betrachtung solcher Systeme taucht die Frage nach dem *Additionsgesetz für Drehimpulse* auf. Wie sind die Werte von L bei gegebenen Werten von L_1 und L_2 beschaffen? Das Additionsgesetz für die Komponenten des Drehimpulses ist unmittelbar evident: Aus $\hat{L}_z = \hat{L}_{1z} + \hat{L}_{2z}$ folgt

$$M = M_1 + M_2\,. \tag{17,1}$$

Für die Operatoren der Quadrate der Drehimpulse gibt es keine so einfache Beziehung. Um das „Additionsgesetz" dafür herzuleiten, gehen wir folgendermaßen vor.

Nehmen wir als vollständiges System physikalischer Größen die Größe $\boldsymbol{L}_1^2$, $\boldsymbol{L}_2^2$, L_{1z} und L_{2z} [1]), dann wird jeder Zustand durch die Zahlenwerte L_1, L_2, M_1 und M_2 beschrieben. Für gegebene L_1 und L_2 durchlaufen die Zahlen M_1 und M_2 $(2L_1 + 1)$ bzw. $(2L_2 + 1)$ Werte, so daß es insgesamt $(2L_1 + 1) \times (2L_2 + 1)$ verschiedene Zustände mit den gleichen Werten für L_1 und L_2 gibt. Wir bezeichnen die Wellenfunktionen der Zustände bei dieser Beschreibung mit $\varphi_{L_1 L_2 M_1 M_2}$.

Statt der vier angegebenen Größen kann man auch die vier Größen $\boldsymbol{L}_1^2$, $\boldsymbol{L}_2^2$, $\boldsymbol{L}^2$ und L_z als vollständiges System wählen. Dann wird jeder Zustand durch die Zahlenwerte von L_1, L_2, L und M charakterisiert (die entsprechenden Wellenfunktionen bezeichnen wir mit $\psi_{L_1 L_2 L M}$). Für gegebene Werte von L_1 und L_2 muß es selbstverständlich wie vorher $(2L_1 + 1)(2L_2 + 1)$ verschiedene Zustände geben, d. h., für gegebene Werte von L_1 und L_2 kann das Zahlenpaar L, M $(2L_1 + 1)(2L_2 + 1)$ Wertepaare annehmen. Diese Werte kann man mit Hilfe der folgenden Überlegungen bestimmen.

[1]) Und einige andere Größen, die zusammen mit den vier angegebenen ein vollständiges System bilden. Diese übrigen Größen spielen bei den folgenden Überlegungen keine Rolle. Um die Ausdrücke abzukürzen, sprechen wir von diesen Größen überhaupt nicht und nennen die vier angegebenen Größen in diesem Sinne ein vollständiges System.

Addieren wir verschiedene zulässige Werte M_1 und M_2, so erhalten wir den entsprechenden Wert M gemäß folgender Tabelle:

M_1	M_2	M
L_1	L_2	$L_1 + L_2$
L_1	$L_1 - 1$	$L_1 + L_2 - 1$
$L_1 - 1$	L_2	
$L_1 - 1$	$L_2 - 1$	
L_1	$L_2 - 2$	$L_1 + L_2 - 2$
$L_1 - 2$	L_2	
. . . .	. . . .	. . . .

Wir sehen, daß der größtmögliche Wert M gleich $M = L_1 + L_2$ ist, wobei ihm ein einziger Zustand φ entspricht (ein einziges Wertepaar M_1, M_2). Deshalb ist auch der größtmöglichste Wert M und demzufolge auch das größtmöglichste L in den Zuständen ψ gleich $L_1 + L_2$. Ferner gibt es zwei Zustände φ mit $M = L_1 + L_2 - 1$. Folglich muß es auch zwei Zustände ψ mit diesem Wert von M geben. Der eine ist der Zustand mit $L = L_1 + L_2$ (und $M = L - 1$) und der andere offensichtlich mit $L = L_1 + L_2 - 1$ (und $M = L$). Für den Wert $M = L_1 + L_2 - 2$ gibt es drei verschiedene Zustände φ. Das bedeutet, daß neben den Werten $L = L_1 + L_2$ und $L = L_1 + L_2 - 1$ auch der Wert $L = L_1 + L_2 - 2$ möglich ist.

Diese Überlegungen kann man in genau gleicher Weise fortsetzen, solange die Zahl der Zustände für gegebenes M bei einer Verkleinerung von M um 1 sich um 1 vergrößert. Es ist leicht einzusehen, daß dies solange geschehen kann, bis M den Wert $|L_1 - L_2|$ erreicht. Bei einer weiteren Verkleinerung von M nimmt die Zahl der Zustände nicht mehr zu und bleibt gleich $2\,L_2 + 1$ (für $L_2 \leqq L_1$). Das bedeutet, daß $|L_1 - L_2|$ der kleinstmögliche Wert von L ist.

Wir gelangen also zu dem Ergebnis, daß die Zahl L für gegebene Werte von L_1 und L_2 die Werte

$$L = L_1 + L_2\,, \qquad L_1 + L_2 - 1, \ldots, |L_1 - L_2| \tag{17,2}$$

durchlaufen kann. Das sind (unter der Annahme $L_2 \leqq L_1$) insgesamt $2\,L_2 + 1$ verschiedene Werte. Man kann leicht verifizieren, daß sich tatsächlich $(2\,L_1 + 1)$ $(2\,L_2 + 1)$ verschiedene Werte für das Zahlenpaar M und L ergeben. Dabei ist wesentlich (wenn man von den $2\,L + 1$ verschiedenen Werten M für vorgegebenes L absieht), daß jedem der möglichen Werte (17,2) jeweils ein einziger Zustand entspricht.

Dieses Ergebnis kann man anschaulich mit Hilfe des sogenannten *Vektormodells* darstellen. Führt man die beiden Vektoren $\boldsymbol{L}_1$ und $\boldsymbol{L}_2$ mit den Längen L_1 und L_2 ein, dann kann man L als die ganzzahlige Länge der Vektoren $\boldsymbol{L}$ darstellen, die man aus $\boldsymbol{L}_1$ und $\boldsymbol{L}_2$ durch Vektoraddition erhält. Den größten L-Wert $(L_1 + L_2)$ erhält man bei paralleler, den kleinsten Wert $(|L_1 - L_2|)$ bei antiparalleler Lage der Vektoren $\boldsymbol{L}_1$ und $\boldsymbol{L}_2$.

In den Zuständen mit bestimmten Werten für die Drehimpulse L_1 und L_2 sowie für den Gesamtdrehimpuls L haben auch die Skalarprodukte $\boldsymbol{L}_1 \boldsymbol{L}_2$, $\boldsymbol{L}\,\boldsymbol{L}_1$ und $\boldsymbol{L}\,\boldsymbol{L}_2$ bestimmte Werte. Man kann diese Werte leicht bestimmen. Zur Berechnung von $\boldsymbol{L}_1 \boldsymbol{L}_2$ schreiben wir $\hat{\boldsymbol{L}} = \hat{\boldsymbol{L}}_1 + \hat{\boldsymbol{L}}_2$; wir quadrieren und isolieren das gemischte Produkt

$$2\,\hat{\boldsymbol{L}}_1 \hat{\boldsymbol{L}}_2 = \hat{\boldsymbol{L}}^2 - \hat{\boldsymbol{L}}_1^2 - \hat{\boldsymbol{L}}_2^2 \,.$$

Die Operatoren auf der rechten Seite ersetzen wir durch ihre Eigenwerte und erhalten so den Eigenwert des Operators auf der linken Seite der Gleichung

$$\boldsymbol{L}_1 \boldsymbol{L}_2 = \frac{1}{2} \{L\,(L+1) - L_1\,(L_1+1) - L_2\,(L_2+1)\} \,. \tag{17,3}$$

Ähnlich finden wir

$$\boldsymbol{L}\,\boldsymbol{L}_1 = \frac{1}{2} \{L\,(L+1) + L_1\,(L_1+1) - L_2\,(L_2+1)\} \,. \tag{17,4}$$

Falls $\psi^{(1)}_{L_1 M_1}$ und $\psi^{(2)}_{L_2 M_2}$ die Wellenfunktionen der zwei Teilsysteme sind, dann ist die Wellenfunktion des Gesamtsystems (wiederum bei Vernachlässigung der Wechselwirkung der Untersysteme) gleich dem Produkt der Wellenfunktionen der beiden Teilsysteme:

$$\varphi_{L_1 L_2 M_1 M_2} = \psi^{(1)}_{L_1 M_1} \psi^{(2)}_{L_2 M_2} \,. \tag{17,5}$$

Diese Zustände besitzen definierte Werte M_1 und M_2 (neben L_1 und L_2). Zustände mit bestimmten Werten L, M jedoch ergeben sich als Superpositionen von Zuständen (17,5) mit unterschiedlichen Wertepaaren M_1, M_2 unter der Nebenbedingung $M = M_1 + M_2$. Ihre Wellenfunktionen sind Linearkombinationen der Gestalt

$$\psi_{L_1 L_2 L M} = \sum_{M_1, M_2} C^{L_1 L_2 L M}_{L_1 L_2 M_1 M_2}\, \varphi_{L_1 L_2 M_1 M_2} \tag{17,6}$$

mit wohldefinierten Koeffizienten C, die von allen ihnen in Form von Indizes zugeordneten Quantenzahlen abhängen. Diese Koeffizienten werden als *Koeffizienten der Vektoraddition* oder als CLEBSH-GORDAN-*Koeffizienten* bezeichnet.

§ 18. Auswahlregeln bezüglich des Drehimpulses

Wir sahen, daß sowohl in der klassischen Mechanik als auch in der Quantenmechanik der Drehimpulserhaltungssatz aus der Isotropie des Raumes bezüglich eines abgeschlossenen Systems folgt. Schon darin zeigt sich der Zusammenhang des Drehimpulses mit den Symmetrieeigenschaften hinsichtlich Drehungen. In der Quantenmechanik jedoch äußert sich dieser Zusammenhang besonders stark; er wird hier überhaupt zum Schlüssel für das Verständnis des Drehimpulses und dies um so mehr, da hier die klassische Definition des Drehimpulses eines Teilchens als das Produkt $[\boldsymbol{r}\,\boldsymbol{p}]$ wegen der Unmöglichkeit. Drehimpuls- und Impulsvektor gleichzeitig zu messen, ihren unmittelbaren Sinn verliert.

In § 16 wurde ersichtlich, daß eine Vorgabe der Werte von l und m die Winkelabhängigkeit der Teilchenwellenfunktion und damit auch alle ihre Symmetrieeigenschaften bezüglich Drehungen festlegt. In allgemeinster Form lassen sich diese Eigenschaften durch Angabe der Transformationsvorschrift für die Wellenfunktionen bei Drehungen des Koordinatensystems formulieren.

Die Wellenfunktion ψ_{LM} eines Systems von Teilchen (mit vorgegebenen Werten von L und M) bleibt nur bei einer Drehung des Koordinatensystems um die z-Achse unverändert.[1]) Eine beliebige Drehung jedoch, die die Richtung der z-Achse ändert, führt dazu, daß die Drehimpulsprojektion auf die neue z-Achse schon keinen definierten Wert mehr besitzt. Dies bedeutet, daß die Wellenfunktion bezüglich der neuen Koordinatenachsen im allgemeinen in eine Superposition (Linearkombination) aus $2L + 1$ Funktionen übergeht, die den (für festes L) möglichen M-Werten entsprechen. Man kann in diesem Zusammenhang davon sprechen, daß sich bei Drehungen des Koordinatensystems die $2L + 1$ Funktionen ψ_{LM} untereinander transformieren.[2]) Das entsprechende Transformationsgesetz (d. h. die funktionelle Abhängigkeit der Koeffizienten in der Linearkombination von den Drehwinkeln der Koordinatenachsen) wird vollständig durch Angabe des Wertes von L bestimmt. Auf diese Weise erlangt der Drehimpuls L die Bedeutung einer Quantenzahl, welche die Systemzustände nach ihren Transformationseigenschaften bezüglich Drehungen des Koordinatensystems klassifiziert. Dieser Gesichtspunkt für das Verständnis des Drehimpulses in der Quantenmechanik ist insbesondere im Zusammenhang damit wesentlich, daß er nicht unmittelbar an eine explizite Winkelabhängigkeit der Wellenfunktionen gebunden ist; die Vorschrift, nach der sich die Wellenfunktionen untereinander transformieren, kann für sich allein formuliert werden, d. h. ohne Bezug auf diese Abhängigkeit.

Wir wollen nun zeigen, wie man, ausgehend vom oben dargelegten Standpunkt, *Auswahlregeln* (bezüglich des Drehimpulses) für die Matrixelemente verschiedener Größen auffinden kann, d. h. Regeln, die angeben, für welche Übergänge die Matrixelemente von Null verschieden sein können.

Dazu bemerken wir zunächst, daß im rein abstrakt mathematischen Sinn der Begriff des Drehimpulses als gewisses Klassifizierungskennzeichen nicht nur auf Wellenfunktionen sondern auch auf andere physikalische Größen anwendbar ist. So entspricht z. B. jeder skalaren Größe (d. h. einer Größe, die sich bei Koordinatentransformationen überhaupt nicht ändert) der „Drehimpuls" $L = 0$ in dem Sinne, daß $2L + 1 = 1$ für $L = 0$ gilt, daß also insgesamt nur

[1]) Das heißt bis auf einen unwesentlichen Phasenfaktor.

[2]) In der Terminologie der Mathematik spricht man davon, daß diese Funktionen sogenannte *irreduzible Darstellungen der Drehgruppe* realisieren. Die Anzahl der sich untereinander transformierenden Funktionen heißt *Dimension* einer Darstellung, wobei vorausgesetzt wird, daß diese Zahl durch keinerlei Wahl anderer Funktionen, die aus den ersten durch beliebige Linearkombinationen gebildet werden, verringert werden kann.

eine einzige Größe vorliegt, die sich in sich selbst transformiert.[1]) Analog kann man einer vektoriellen Größe den „Drehimpuls“ $L = 1$ zuordnen, wobei berücksichtigt ist, daß sich bei Drehungen des Koordinatensystems drei unabhängige Vektorkomponenten untereinander transformieren. Verwenden wir zur Angabe der Vektorkomponenten die sphärischen Winkel θ, φ, die die Richtung des Vektors festlegen, so erhalten wir

$$\begin{aligned} A_+ &\equiv A_x + i\,A_y = A \sin\theta\, e^{i\varphi} && (M = 1)\,, \\ A_- &\equiv A_x - i\,A_y = A \sin\theta\, e^{-i\varphi} && (M = -1)\,, \\ A_z &\equiv A \cos\theta && (M = 0)\,. \end{aligned} \tag{18,1}$$

Ein Vergleich dieser Ausdrücke mit (16,6) macht deutlich, daß der Komponente A_z die „Drehimpulsprojektion“ $M = 0$ entspricht, während den komplexen Kombinationen A_+ und A_- die Werte $M = 1$ und $M = -1$ entsprechen.

Zur Vereinfachung und um die Überlegungen anschaulicher zu gestalten, werden wir solche Größen behandeln, die Einteilchenzustände charakterisieren (Zustände eines freien Teilchens bzw. eines Teilchens im zentralsymmetrischen äußeren Feld). Es möge f irgendeine skalare physikalische Größe sein. Untersuchen wir nun ihre Matrixelemente zwischen Zuständen definierter Werte von l und m:

$$\langle n'\, l'\, m' |\, f\, | n\, l\, m \rangle = \int \psi^*_{l'm'}\, \hat{f}\, \psi_{lm}\, \mathrm{d}V\,. \tag{18,2}$$

Hierbei sind n, n' (neben l, m) weitere Indizes zur Festlegung der Zustände des Teilchens.

Den drei Faktoren im Integranden ($\psi^*_{l'm'}$, f und ψ_{lm}) kann man in der angegebenen Reihenfolge jeweils ein aus „Drehimpuls und Drehimpulsprojektion“ bestehendes Wertepaar zuordnen: $(l', -m')$, $(0, 0)$, (l, m) (komplexe Konjugation der Wellenfunktion ändert das Vorzeichen im Exponenten des Faktors $e^{im\varphi}$ in (16,5), d. h., das Vorzeichen der Drehimpulsprojektion wird faktisch geändert). Wir addieren auf alle mögliche Art diese „Drehimpulse“ zu einem „Gesamtdrehimpuls“ und einer „Gesamtdrehimpulsprojektion“ (diese seien mit Λ und μ bezeichnet). Damit sind auch die Transformationseigenschaften derjenigen Funktionen klar, nach denen man im Sinne einer Linearkombination den Integranden in (18,2) prinzipiell entwickeln kann:

$$\psi^*_{l'm'}\, \hat{f}\, \psi_{lm} = \sum_{\Lambda} a_{\Lambda\mu}\, \psi_{\Lambda\mu} \qquad (\mu = m - m')\,. \tag{18,3}$$

In (18,3) sind $a_{\Lambda\mu}$ Konstanten und $\psi_{\Lambda\mu}$ Funktionen, die bezüglich ihrer Transformationseigenschaften mit den Eigenfunktionen des Drehimpulses übereinstimmen. Zur Beantwortung der aufgeworfenen Frage nach den Auswahlregeln ist es jedoch nicht notwendig, diese Entwicklung explizit durchzuführen. Es

[1]) Um keine Unklarheiten aufkommen zu lassen, sei betont, daß unter diesem Gesichtspunkt die Wellenfunktionen ψ_{LM} (mit $L \neq 1$) keine „Skalare“ sind; sämtliche $2L + 1$ Funktionen ψ_{LM} mit unterschiedlichen M-Werten müssen (von diesem Standpunkt aus) als Komponenten einer einzigen vielkomponentigen Größe angesehen werden.

genügt zu bemerken, daß bei den Winkelintegrationen alle Glieder der Summe, ausgenommen das Glied mit $\Lambda = \mu = 0$, Null werden (wegen der Eigenschaft (16,8)). Deshalb kann das Matrixelement (18,2) nur dann von Null verschieden sein, wenn in der Entwicklung (18,3) die Werte $\Lambda = \mu = 0$ auch wirklich realisiert sind. Nun kann man jedoch bei der Addition zweier Drehimpulse l und l' den Wert $\Lambda = 0$ nur erhalten, wenn $l' = l$ ist.

Demnach gelangen wir zu dem Schluß, daß die Matrixelemente eines Skalars nur für solche Übergänge von Null verschieden sein können, die nicht mit einer Änderung des Drehimpulses und seiner Projektion verbunden sind:

$$l' = l \,, \qquad m' = m \,. \tag{18,4}$$

Da eine Vorgabe von m nur die Orientierung des Systems bezüglich der Koordinatenachsen festlegt, eine skalare Größe f jedoch nicht von dieser Orientierung abhängt, kann man darüber hinaus behaupten, daß die Matrixelemente $\langle n' \, l \, m | \, f \, | n \, l \, m \rangle$ nicht von m abhängen.

Auf analoge Weise kann man die Matrixelemente $\langle n' \, l' \, m' | \, \boldsymbol{A} \, | n \, l \, m \rangle$ eines Vektors $\boldsymbol{A}$ finden. Letzterem wird der ,,Drehimpuls" 1 zugeordnet. Addieren wir zu ihm den Drehimpuls l, so erhalten wir die Werte $l + 1, l, l - 1$ (falls $l \neq 0$ gilt; für $l = 0$ liefert die Addition nur den alleinigen Wert 1). Die sich anschließende Addition mit dem Drehimpuls l' muß zum ,,Gesamtdrehimpuls" $\Lambda = 0$ führen, sofern wir ein von Null verschiedenes Integral wünschen. Dazu muß l' mit einem der aus der vorangegangenen Addition erhaltenen Werten übereinstimmen, d. h., es sind zugelassen

$$l' = l \,, \quad l \pm 1 \,, \tag{18,5}$$

wobei zusätzlich Übergänge zwischen Zuständen mit $l' = l = 0$ verboten sind.

Die Auswahlregeln bezüglich der Drehimpulsprojektion m sind verschieden für die einzelnen Vektorkomponenten. Unter Berücksichtigung von (18,1) kann man leicht die folgenden Regeln finden:

$$\begin{aligned} &\text{für} \quad A_+ = A_x + i\,A_y: \qquad && M' = M + 1 \,, \\ &\text{für} \quad A_- = A_x - i\,A_y: \qquad && M' = M - 1 \,, \\ &\text{für} \quad A_z: \qquad && M' = M \,. \end{aligned} \tag{18,6}$$

Die Matrixelemente einer vektoriellen Größe sind M-abhängig. Man kann zeigen (wir werden uns hier nicht damit aufhalten), daß diese Abhängigkeit darüber hinaus universellen Charakter trägt, indem sie eindeutig aus den Transformationseigenschaften der Drehimpulseigenfunktionen folgt.

Schließlich seien noch solche Größen erwähnt, die sich als symmetrische Tensoren 2. Stufe in der Form A_{ik} darstellen lassen. Ein derartiger Tensor besitzt 6 verschiedene Komponenten. Hinsichtlich ihrer Transformationseigenschaften stellt die Gesamtheit dieser Komponenten jedoch kein einheitliches Ganzes dar. Der Grund liegt darin, daß die Spur des Tensors (d. h. die Summe $A_{ii} = A_{xx} + A_{yy} + A_{zz}$) ein Skalar ist; dieser Skalar muß aus der Zahl der zu transformierenden Größen ausgeschlossen werden, d. h., es muß ein Tensor mit der Spur Null betrachtet werden. Ein solcher Tensor heißt *irreduzibel*; er besitzt 5 unabhängige Komponenten, und somit kann ihm der „Drehimpuls" $L = 2$ $(2L + 1 = 5)$ zugeordnet werden.[1])

Obwohl wir hier von Matrixelementen eines Teilchens sprachen, möchten wir betonen, daß in Wirklichkeit alle Resultate Folgen allgemeiner Transformationseigenschaften der Wellenfunktionen waren. Sie sind deshalb in gleichem Maße auch für ein beliebiges System von Teilchen gültig, falls der Drehimpuls eine Erhaltungsgröße darstellt.

§ 19. Die Parität eines Zustandes

Neben Parallelverschiebung und Drehung des Koordinatensystems (Invarianz bezüglich dieser Transformationen bedeutet Homogenität und Isotropie des Raumes) gibt es noch eine weitere Transformation, die den HAMILTON-Operator eines abgeschlossenen Systems invariant läßt. Das ist die sogenannte *Inversion*, die eine gleichzeitige Umkehrung der Vorzeichen aller Koordinaten, d. h. eine Umkehrung der Richtungen aller Koordinatenachsen, beinhaltet. Dabei geht ein Rechtssystem in ein Linkssystem und umgekehrt ein Linkssystem in ein Rechtssystem über. Invarianz des HAMILTON-Operators bezüglich einer solchen Transformation bedeutet, daß der Raum bezüglich Spiegelungen symmetrisch ist.[2]) In der klassischen Mechanik führt die Invarianz der HAMILTON-Funktion bezüglich einer Inversion zu keinerlei neuen Erhaltungssätzen. In der Quantenmechanik allerdings ist die Situation wesentlich anders.

Wir führen den symbolischen *Inversions-* oder *Paritätsoperator* $\hat{P}$ ein, der bei einer Anwendung auf die Wellenfunktion die Vorzeichen der Koordinaten umkehrt:

$$\hat{P}\,\psi(\boldsymbol{r}) = \psi(-\boldsymbol{r})\,. \tag{19,1}$$

Die Eigenwerte P dieses Operators sind leicht zu finden; sie sind über die Gleichung

$$\hat{P}\,\psi(\boldsymbol{r}) = P\,\psi(\boldsymbol{r}) \tag{19,2}$$

definiert, wobei zu bemerken ist, daß zweimalige Anwendung des Inversionsoperators auf die Identität zurückführt — die Argumente der Funktion ändern sich überhaupt nicht. Mit anderen Worten haben wir also $\hat{P}^2\,\psi = P^2\,\psi = \psi$, d. h. $P^2 = 1$, und daraus

$$P = \pm 1\,. \tag{19,3}$$

[1]) Als Beispiel für eine solche physikalische Größe sei das elektrische Quadrupolmoment eines Systems genannt.

[2]) Invariant bezüglich einer Inversion ist darüber hinaus auch der HAMILTON-Operator eines Systems von Teilchen, die sich in einem Zentralfeld befinden (wobei der Koordinatensprung im Feldzentrum liegen muß).

Das heißt, die Eigenfunktionen des Inversionsoperators ändern sich bei seiner Anwendung überhaupt nicht, oder sie ändern ihr Vorzeichen. Im ersten Falle heißt die Wellenfunktion (und der zugehörige Zustand) *gerade*, im zweiten Falle *ungerade*.

Invarianz des HAMILTON-Operators bezüglich einer Inversion (d. h. Kommutativität der Operatoren $\hat{P}$ und $\hat{H}$) liefert folglich das *Gesetz von der Erhaltung der Parität*: Wenn ein Zustand eines abgeschlossenen Systems eine bestimmte Parität besitzt (d. h., wenn er gerade oder ungerade ist), dann bleibt diese Parität im Laufe der Zeit erhalten.[1])

Bezüglich einer Inversion ist auch der Drehimpulsoperator invariant. Eine Inversion verändert die Vorzeichen sowohl der Koordinaten als auch der Differentialoperatoren nach den Koordinaten, und deshalb bleiben die Operatoren (14,3) unverändert. Mit anderen Worten, der Inversionsoperator kommutiert mit dem Drehimpulsoperator, und dies bedeutet, daß das System gleichzeitig eine bestimmte Parität und bestimmte Werte des Drehimpulses L und seiner Projektion M besitzen kann.

Für die Matrixelemente verschiedener physikalischer Größen existieren bestimmte Auswahlregeln bezüglich der Parität.

Betrachten wir zunächst skalare Größen. Hierbei hat man *echte Skalare*, die sich bei einer Inversion überhaupt nicht ändern, und *Pseudoskalare*, die bei einer Inversion das Vorzeichen umkehren, zu unterscheiden (ein Pseudoskalar ist zum Beispiel das Skalarprodukt eines axialen mit einem polaren Vektor).

Es ist leicht zu sehen, daß für eine echte skalare Größe f nur solche Matrixelemente von Null verschieden sein können, die Übergängen zwischen Zuständen gleicher Parität entsprechen. In der Tat, ein Matrixelement der Größe f für einen Übergang zwischen Zuständen unterschiedlicher Parität ist gegeben durch das Integral

$$f_{ug} = \int \psi_u^* \hat{f} \psi_g \, dq ,$$

wobei die Funktion ψ_g gerade und die Funktion ψ_u ungerade ist. Bei einer Umkehrung der Vorzeichen aller Koordinaten ändert der Ausdruck unter dem Integral das Vorzeichen. Andererseits kann sich das über den ganzen Raum genommene Integral durch eine Bezeichnungsänderung der Integrationsvariablen nicht ändern. Daraus folgt $f_{ug} = - f_{ug}$, d. h. $f_{ug} = 0$. Umgekehrt sind für eine pseudoskalare Größe nur solche Matrixelemente von Null verschieden, die Übergängen zwischen Zuständen unterschiedlicher Parität entsprechen.

Auf analoge Weise kann man Auswahlregeln für Vektorgrößen erhalten. Dabei muß man daran denken, daß gewöhnliche, d. h. *polare Vektoren*, bei einer Inversion das Vorzeichen umkehren, jedoch *axiale Vektoren* (wie z. B. der Drehimpulsvektor als Vektorprodukt aus den zwei polaren Vektoren $\boldsymbol{p}$ und $\boldsymbol{r}$) sich bei dieser Transformation nicht ändern. Wenn wir dies berück-

[1]) Um Mißverständnisse auszuschließen, sei daran erinnert, daß es sich um die nichtrelativistische Theorie handelt. In der Natur existieren Wechselwirkungen (sie gehören in das Gebiet der relativistischen Theorie), welche die Paritätserhaltung zerstören — siehe § 90.

sichtigen, dann finden wir, daß für einen polaren Vektor nur solche Matrixelemente, die Übergängen zwischen Zuständen unterschiedlicher Parität entsprechen, und bezüglich axialer Vektoren nur diejenigen Matrixelemente für Übergänge gleicher Parität von Null verschieden sind.

Wir wollen die Parität für den Zustand eines Teilchens mit dem Drehimpuls l bestimmen. Die Spiegelung ($x \to -x$, $y \to -y$, $z \to -z$) bedeutet für Kugelkoordinaten die Transformation

$$r \to r\,, \qquad \theta \to \pi - \theta\,, \qquad \varphi \to \varphi + \pi\,. \tag{19,4}$$

Die Winkelabhängigkeit der Wellenfunktion eines Teilchens wird durch die Eigenfunktion Y_{lm} (16,5) des Drehimpulses gegeben. Ersetzt man φ durch $\varphi + \pi$, so wird der Faktor $e^{im\varphi}$ mit $(-1)^m$ multipliziert. Beim Ersetzen von θ durch $\pi - \theta$ geht $P_l^m(\cos\theta)$ in $P_l^m(-\cos\theta) = (-1)^{l-m}\, P_l^m(\cos\theta)$ über. Die ganze Funktion wird also mit $(-1)^l$ multipliziert (was in Übereinstimmung mit dem oben Gesagten nicht von m abhängt). Die Parität eines Zustandes mit gegebenem Wert von l ist demnach

$$P = (-1)^l\,. \tag{19,5}$$

Wir sehen, daß alle Zustände mit geradzahligem l gerade und mit ungeradzahligem l ungerade sind. Die Parität eines Zustandes hängt nur von l, jedoch nicht von m ab.

Jetzt wollen wir die *Regel für die Addition der Paritäten* aufstellen. Wie wir wissen, ist die Wellenfunktion Ψ eines aus zwei unabhängigen Teilen bestehenden Systems das Produkt aus den Wellenfunktionen Ψ_1 und Ψ_2 dieser Teile. Wenn die beiden letzteren dieselbe Parität haben (d. h., beide ändern ihr Vorzeichen bei einer Vorzeichenänderung aller Koordinaten, oder beide ändern ihr Vorzeichen dabei nicht), dann ist die Wellenfunktion des gesamten Systems offenbar gerade. Haben dagegen Ψ_1 und Ψ_2 verschiedene Parität, dann wird die Funktion Ψ ungerade. Diesen Sachverhalt kann man durch die Formel

$$P = P_1\, P_2 \tag{19,6}$$

ausdrücken, wo P die Parität des Gesamtsystems und P_1, P_2 die Paritäten seiner Untersysteme bedeuten. Selbstverständlich läßt sich diese Regel auf den Fall eines Systems verallgemeinern, das aus einer beliebigen Anzahl nichtwechselwirkender Teilsysteme besteht.

Handelt es sich bei dem betrachteten System insbesondere um Teilchen in einem kugelsymmetrischen Feld (und kann man die Wechselwirkung zwischen den Teilchen als schwach ansehen), dann ist die Parität des gesamten Systems

$$P = (-1)^{l_1 + l_2 + \cdots}\,. \tag{19,7}$$

Im Exponenten steht hier die algebraische Summe der Drehimpulse l_i, die im allgemeinen nicht gleich ihrer „Vektorsumme“ ist, d. h. nicht gleich dem Drehimpuls L des Systems.

Zerfällt ein abgeschlossenes System (unter dem Einfluß der in dem System selbst wirkenden Kräfte) in verschiedene Teile, dann müssen der Gesamtdrehimpuls und die Parität erhalten bleiben. Dieser Sachverhalt kann den Zerfall eines Systems unmöglich machen, selbst wenn dieser energetisch möglich wäre.

Betrachten wir z. B. ein Atom, das sich in einem geraden Zustand mit dem Drehimpuls $L = 0$ befindet. Es soll energetisch möglich sein, daß es in ein freies Elektron und in ein Ion in einem ungeraden Zustand mit demselben Drehimpuls $L = 0$ zerfällt. Wie man leicht sieht, kann dieser Zerfall faktisch nicht stattfinden (er ist, wie man sagt, *verboten*). Wegen des Drehimpulserhaltungssatzes muß das freie Elektron ebenfalls den Drehimpuls Null haben und befindet sich deshalb in einem geraden Zustand $\left(I = (-1)^0 = +1\right)$. Dann würde aber der Zustand des Systems Ion + freies Elektron ungerade sein, während der ursprüngliche Zustand des Atoms gerade war.

Die SCHRÖDINGER-Gleichung

III

§ 20. Die SCHRÖDINGER-Gleichung

Die Gestalt der Wellengleichung eines physikalischen Systems wird bestimmt durch seinen HAMILTON-Operator, der auf Grund dessen fundamentale Bedeutung im gesamten mathematischen Apparat der Quantenmechanik gewinnt.

Die Form des HAMILTON-Operators eines freien Teilchens ergibt sich schon aus allgemeinen Forderungen, die mit der Homogenität und Isotropie des Raumes sowie dem GALILEIschen Relativitätsprinzip in Verbindung stehen. In der klassischen Mechanik führen diese Forderungen zu einer quadratischen Abhängigkeit der Energie des Teilchens von seinem Impuls: $E = p^2/2\,m$; die Konstante m wird als Teilchenmasse bezeichnet (siehe I § 4). In der Quantenmechanik führen die gleichen Forderungen zu einer ebensolchen Beziehung zwischen den Eigenwerten von Energie und Impuls, die gleichzeitig meßbare Erhaltungsgrößen (für ein freies Teilchen) darstellen.

Damit nun die Beziehung $E = p^2/2\,m$ für alle Eigenwerte von Energie und Impuls gilt, muß sie auch zwischen den zugehörigen Operatoren gelten:

$$\hat{H} = \frac{1}{2\,m}(\hat{p}_x^2 + \hat{p}_y^2 + \hat{p}_z^2)\,. \tag{20,1}$$

Wir setzen hier (12,4) ein und erhalten den HAMILTON-Operator für ein sich frei bewegendes Teilchen in der Form

$$\hat{H} = -\frac{\hbar^2}{2\,m}\Delta\,, \tag{20,2}$$

worin $\Delta = \partial^2/\partial x^2 + \partial^2/\partial y^2 + \partial^2/\partial z^2$ der LAPLACE-Operator ist.

Für ein System nicht wechselwirkender Teilchen ist der HAMILTON-Operator gleich der Summe der HAMILTON-Operatoren für die einzelnen Teilchen:

$$\hat{H} = -\frac{\hbar^2}{2}\sum_a \frac{1}{m_a}\Delta_a \tag{20,3}$$

(der Index a bezeichnet die einzelnen Teilchen, Δ_a ist der LAPLACE-Operator, in dem nach den Koordinaten des a-ten Teilchens differenziert wird).

In der klassischen (nichtrelativistischen) Mechanik wird die Wechselwirkung der Teilchen durch ein additives Glied in der HAMILTON-Funktion beschrieben, und zwar durch die potentielle Energie der Wechselwirkung $U(\boldsymbol{r}_1, \boldsymbol{r}_2, \ldots)$, die eine Funktion der Teilchenkoordinaten ist. In der Quantenmechanik wird die

Wechselwirkung der Teilchen ebenfalls durch Addition dieser Funktion zum HAMILTON-Operator des Systems erfaßt:

$$\hat{H} = -\frac{\hbar^2}{2} \sum_a \frac{\Delta_a}{m_a} + U(\boldsymbol{r}_1, \boldsymbol{r}_2, \ldots) \,. \tag{20,4}$$

Das erste Glied kann man als den Operator für die kinetische Energie ansehen, das zweite als Operator für die potentielle Energie. Der letztere reduziert sich auf die einfache Multiplikation mit der Funktion U. Aus dem Grenzübergang zur klassischen Mechanik folgt, daß diese Funktion mit derjenigen für die potentielle Energie in der klassischen Mechanik übereinstimmen muß. Insbesondere ist der HAMILTON-Operator für ein Teilchen in einem äußeren Feld

$$\hat{H} = \frac{\hat{\boldsymbol{p}}^2}{2\,m} + U(x, y, z) = -\frac{\hbar^2}{2\,m}\Delta + U(x, y, z) \,, \tag{20,5}$$

wobei $U(x, y, z)$ die potentielle Energie des Teilchens in dem äußeren Feld ist.

Setzen wir die Ausdrücke (20,2–5) in die allgemeine Gleichung (8,1) ein, dann erhalten wir die Wellengleichungen für die entsprechenden Systeme. Wir schreiben hier die Wellengleichung für ein Teilchen in einem äußeren Feld auf:

$$i\,\hbar \frac{\partial \Psi}{\partial t} = -\frac{\hbar^2}{2\,m}\Delta\Psi + U(x, y, z)\,\Psi \,. \tag{20,6}$$

Die Gleichung (10,2) zur Bestimmung der stationären Zustände nimmt die folgende Gestalt an:

$$\frac{\hbar^2}{2\,m}\Delta\psi + [E - U(x, y, z)]\,\psi = 0 \,. \tag{20,7}$$

E. SCHRÖDINGER hat 1926 die Gleichungen (20,6–7) angegeben; sie heißen SCHRÖDINGER-*Gleichungen.*

Für ein freies Teilchen hat die SCHRÖDINGER-Gleichung (20,7) die Gestalt

$$\frac{\hbar^2}{2\,m}\Delta\psi + E\,\psi = 0 \,. \tag{20,8}$$

Sie hat für einen beliebigen positiven Energiewert im gesamten Raum Lösungen. Für Zustände definierter Bewegungsrichtungen sind die Eigenfunktionen des Impulsoperators (12,7) diese Lösungen, wobei $E = p^2/2\,m$ gilt. Die vollständigen (zeitabhängigen) Wellenfunktionen der stationären Zustände haben dann die Gestalt

$$\Psi = \text{const} \cdot e^{-\frac{i}{\hbar}(E\,t - \boldsymbol{p}\,\boldsymbol{r})} \,. \tag{20,9}$$

Jede solche Funktion beschreibt einen Zustand, in dem das Teilchen eine bestimmte Energie E und einen bestimmten Impuls $\boldsymbol{p}$ hat. Das ist eine *ebene Welle,* die sich in $\boldsymbol{p}$-Richtung ausbreitet, die Frequenz $E/\hbar$ und den Wellenzahlvektor $\boldsymbol{k} = \boldsymbol{p}/\hbar$ hat (die entsprechende Wellenlänge $\lambda = 2\,\pi\,\hbar/p$ heißt die DE BROGLIE-*Wellenlänge* des Teilchens).[1])

[1]) Die Vorstellung einer mit einem Teilchen verknüpften Welle wurde zum ersten Mal von L. DE BROGLIE im Jahre 1924 eingeführt.

Das Energiespektrum eines sich frei bewegenden Teilchens ist also ein kontinuierliches Spektrum und erstreckt sich von 0 bis $+\infty$. Jeder Eigenwert (mit der einzigen Ausnahme $E = 0$) ist entartet; dabei handelt es sich um eine unendlichfache Entartung. Tatsächlich gehört zu jedem von Null verschiedenen Wert von E eine unendliche Menge von Eigenfunktionen (20,9), die sich durch die Richtung des Vektors $\boldsymbol{p}$ unterscheiden, während der absolute Betrag von $\boldsymbol{p}$ immer derselbe ist.

§ 21. Die Stromdichte

In der klassischen Mechanik hängt die Geschwindigkeit $\boldsymbol{v}$ eines Teilchens mit seinem Impuls über die Beziehung $\boldsymbol{p} = m\,\boldsymbol{v}$ zusammen. Diese Gleichung gilt in der Quantenmechanik, wie nicht anders zu erwarten ist, für die entsprechenden Operatoren. Davon überzeugt man sich leicht, indem man den Operator $\hat{\boldsymbol{v}} = \hat{\dot{\boldsymbol{r}}}$ nach der allgemeinen Regel (9,2) für die Zeitdifferentiation von Operatoren berechnet. Verwenden wir den Ausdruck (20,5) für den Hamilton-Operator, so können wir schreiben

$$\hat{\boldsymbol{v}} = \frac{i}{\hbar}(\hat{H}\,\boldsymbol{r} - \boldsymbol{r}\,\hat{H}) = -\frac{i\hbar}{2m}(\Delta\,\boldsymbol{r} - \boldsymbol{r}\,\Delta)\,.$$

Um den hier auftretenden Kommutator zu bestimmen, wenden wir ihn auf eine beliebige Funktion ψ an:

$$\Delta(\boldsymbol{r}\,\psi) - \boldsymbol{r}(\Delta\psi) = 2(\nabla\psi)\,.$$

Wegen $-i\hbar\,\nabla = \hat{\boldsymbol{p}}$ folgt also

$$\hat{\boldsymbol{v}} = \frac{\hat{\boldsymbol{p}}}{m}\,. \tag{21,1}$$

Dieselben Beziehungen gelten offensichtlich auch zwischen den Eigenwerten der Geschwindigkeit und des Impulses und zwischen deren Mittelwerten in einem beliebigen Zustand.

Die Geschwindigkeit kann wie der Impuls eines Teilchens nicht gleichzeitig mit den Koordinaten einen bestimmten Wert haben. Die Geschwindigkeit multipliziert mit dem infinitesimalen Zeitelement dt bestimmt die Verschiebung eines Teilchens nach der Zeit dt. Die Tatsache, daß die Geschwindigkeit nicht gleichzeitig mit dem Ortsvektor existieren kann, bedeutet daher: Wenn sich ein Teilchen zu einer gewissen Zeit in einem bestimmten Raumpunkt befindet, dann wird es bereits in einem infinitesimal benachbarten folgenden Zeitpunkt keine bestimmte Lage im Raum mehr haben.

Wir wollen weiter den Operator der Beschleunigung bestimmen. Es ist

$$\hat{\dot{\boldsymbol{v}}} = \frac{i}{\hbar}(\hat{H}\,\hat{\boldsymbol{v}} - \hat{\boldsymbol{v}}\,\hat{H}) = \frac{i}{m\hbar}(\hat{H}\,\hat{\boldsymbol{p}} - \hat{\boldsymbol{p}}\,\hat{H}) = \frac{1}{m}(U\,\nabla - \nabla\,U)\,.$$

Um den Sinn des so erhaltenen Operators zu klären, wenden wir ihn wiederum auf ein beliebiges ψ an:

$$U(\nabla\,\psi) - \nabla(U\,\psi) = -(\nabla U)\,\psi\,.$$

Demzufolge finden wir

$$m\hat{\dot{v}} = -\nabla U\,. \tag{21,2}$$

Diese Operatorgleichung stimmt in ihrer Form mit der Bewegungsgleichung (der NEWTONschen Gleichung) der klassischen Mechanik genau überein.

Das Integral $\int |\Psi|^2\,\mathrm{d}V$ über ein endliches Volumen V ist die Aufenthaltswahrscheinlichkeit eines Teilchens in diesem Volumen. Wir berechnen die zeitliche Ableitung dieser Größe und haben

$$\frac{\mathrm{d}}{\mathrm{d}t}\int_V |\Psi|^2\,\mathrm{d}V = \int_V \left(\Psi\frac{\partial\Psi^*}{\partial t} + \Psi^*\frac{\partial\Psi}{\partial t}\right)\mathrm{d}V$$

$$= \frac{i}{\hbar}\int_V (\Psi\,\hat{H}^*\,\Psi^* - \Psi^*\,\hat{H}^*\,\Psi)\,\mathrm{d}V\,.$$

Setzen wir hier

$$\hat{H} = \hat{H}^* = -\frac{\hbar^2}{2\,m}\Delta + U(x, y, z)$$

ein und verwenden die Identität

$$\Psi\,\Delta\Psi^* - \Psi^*\,\Delta\Psi = \operatorname{div}(\Psi\,\nabla\Psi^* - \Psi^*\,\nabla\Psi)\,,$$

dann erhalten wir

$$\frac{\mathrm{d}}{\mathrm{d}t}\int_V |\Psi|^2\,\mathrm{d}V = -\int_V \operatorname{div}\boldsymbol{j}\,\mathrm{d}V\,,$$

wobei $\boldsymbol{j}$ den folgenden Vektor bedeutet:

$$\boldsymbol{j} = \frac{i\,\hbar}{2\,m}(\Psi\,\mathrm{grad}\,\Psi^* - \Psi^*\,\mathrm{grad}\,\Psi) = \frac{1}{2}(\Psi^*\,\hat{\boldsymbol{v}}\,\Psi + \Psi\,\boldsymbol{v}^*\,\Psi^*)\,. \tag{21,3}$$

Das Integral über $\operatorname{div}\boldsymbol{j}$ kann mit Hilfe des GAUSSschen Satzes in ein Oberflächenintegral über eine geschlossene Fläche S umgeformt werden, die das Volumen V umschließt:

$$\frac{\mathrm{d}}{\mathrm{d}t}\int_V |\Psi|^2\,\mathrm{d}V = -\oint_S \boldsymbol{j}\,\mathrm{d}\boldsymbol{f}\,.^{1)} \tag{21,4}$$

Der Vektor $\boldsymbol{j}$ kann also als Vektor der *Wahrscheinlichkeitsstromdichte* oder kurz als *Stromdichtevektor* bezeichnet werden. Das Oberflächenintegral über diesen Vektor ist die Wahrscheinlichkeit dafür, daß ein Teilchen in der Zeiteinheit diese Oberfläche durchdringt.

Der Vektor $\boldsymbol{j}$ und die Wahrscheinlichkeitsdichte $|\Psi|^2$ genügen der Gleichung

$$\frac{\partial|\Psi|^2}{\partial t} + \operatorname{div}\boldsymbol{j} = 0\,, \tag{21,5}$$

die der klassischen Kontinuitätsgleichung (I § 55) analog ist.

[1]) Das Oberflächenelement $\mathrm{d}\boldsymbol{f}$ ist wie immer als der Vektor definiert, dessen Betrag gleich der Fläche $\mathrm{d}f$ des Elements ist und der die Richtung der äußeren Normalen bezüglich dieses Flächenelements besitzt.

Die Wellenfunktion der freien Bewegung, die ebene Welle (20,9), möge so normiert sein, daß sie einen Teilchenstrom der Stromdichteeinheit beschreibt (d. h. einen Strom, bei dem im Mittel durch die Flächeneinheit senkrecht zur Stromrichtung in der Zeiteinheit ein Teilchen fliegt). Eine solche Funktion ist

$$\Psi = \frac{1}{\sqrt{v}} e^{-\frac{i}{\hbar}(Et - \boldsymbol{p}\boldsymbol{r})}, \tag{21,6}$$

worin v die Teilchengeschwindigkeit bedeutet. In der Tat, setzen wir diese Wellenfunktion in (21,3) ein, so erhalten wir $\boldsymbol{j} = \boldsymbol{p}/mv$, d. h. den Einheitsvektor in Bewegungsrichtung.

§ 22. Allgemeine Eigenschaften der Lösungen der SCHRÖDINGER-Gleichung

Die Bedingungen, denen die Lösungen der SCHRÖDINGER-Gleichung genügen müssen, haben einen sehr allgemeinen Charakter. Vor allem muß die Wellenfunktion (zusammen mit ihren ersten Ableitungen) im ganzen Raum eindeutig und stetig sein). Die Forderung nach Stetigkeit der Ableitungen drückt aus, daß die Stromdichte stetig sein soll.

Wenn das Feld $U(x, y, z)$ nirgends unendlich wird, dann muß auch die Wellenfunktion im ganzen Raum endlich sein. Diese Bedingung muß auch dann erfüllt sein, wenn U in einem gewissen Punkt gegen $-\infty$ geht, aber nicht zu stark.[1])

Es sei $U_{\min}$ der kleinste Wert der Funktion $U(x, y, z)$. Da der HAMILTON-Operator eines Teilchens in zwei Glieder zerfällt (in den Operator der kinetischen Energie $\hat{T}$ und den der potentiellen Energie) ist der Mittelwert der Energie in einem beliebigen Zustand gleich der Summe $\overline{E} = \overline{T} + \overline{U}$. Alle Eigenwerte des Operators $\hat{T}$ (der mit dem HAMILTON-Operator eines freien Teilchens übereinstimmt) sind aber positiv; deshalb ist auch der Mittelwert $\overline{T} \geqq 0$. Wegen der offensichtlichen Ungleichung $\overline{U} > U_{\min}$ ist auch $\overline{E} > U_{\min}$. Weil diese Ungleichung für einen beliebigen Zustand gilt, ist klar, daß sie auch für alle Eigenwerte der Energie zutrifft:

$$E_n > U_{\min} . \tag{22,1}$$

Wir wollen ein Teilchen in einem Kraftfeld betrachten, das im Unendlichen verschwindet. Die Funktion $U(x, y, z)$ definieren wir wie üblich so, daß sie im Unendlichen verschwindet. Es ist leicht zu sehen, daß das Spektrum der negativen Energieeigenwerte dann diskret ist, d. h., alle Zustände mit $E < 0$

[1]) Genau genommen muß dies langsamer als $-1/r^2$ geschehen, wobei r der Abstand zum Punkt ist. Wenn das Potential schneller als $-1/r^2$ gegen $-\infty$ strebt, dann kann man zeigen, daß der „Grund"-Zustand einem Teilchen entspricht, welches sich genau im Punkt $r = 0$ befindet, d. h., es erfolgt ein „Sturz" des Teilchens in diesen Punkt.

in einem Feld, das im Unendlichen verschwindet, sind gebundene Zustände. In der Tat, die stationären Zustände des kontinuierlichen Spektrums entsprechen bis ins Unendliche reichenden Bewegungen; in einem solchen Zustand befindet sich das Teilchen irgendwo im unendlichen Raum (siehe § 10). In hinreichend großen Entfernungen kann man jedoch das Vorhandensein des Feldes vernachlässigen, und die Bewegung eines Teilchens kann als freie Bewegung angesehen werden. Bei einer freien Bewegung kann die Energie aber nur positiv sein.

Umgekehrt bilden die positiven Eigenwerte ein kontinuierliches Spektrum und entsprechen einer ins Unendliche reichenden Bewegung. Für $E > 0$ hat die SCHRÖDINGER-Gleichung im allgemeinen (in dem betrachteten Feld) keine Lösungen, für die das Integral $\int |\psi|^2 \, dV$ konvergiert.

In der Quantenmechanik kann sich ein Teilchen bei einer endlichen Bewegung auch in den Raumgebieten aufhalten, in denen $E < U$ ist. Die Aufenthaltswahrscheinlichkeit $|\psi|^2$ geht mit zunehmender Eindringtiefe in diesen Bereich rasch gegen Null, ist aber in allen endlichen Entfernungen von Null verschieden. In dieser Hinsicht besteht ein prinzipieller Unterschied zur klassischen Mechanik, nach der ein Teilchen in ein Gebiet mit $U > E$ überhaupt nicht eindringen kann. Nach der klassischen Mechanik kann ein Teilchen in einen solchen Bereich nicht eindringen, weil für $E < U$ die kinetische Energie negativ würde, d. h., die Geschwindigkeit wäre imaginär, was unsinnig wäre. In der Quantenmechanik sind die Eigenwerte der kinetischen Energie ebenfalls positiv, trotzdem kommen wir hier zu keinem Widerspruch. Wenn durch einen Meßprozeß ein Teilchen in einem gewissen Raumpunkt lokalisiert wird, dann wird im Ergebnis dieses Prozesses der Zustand des Teilchens so gestört, daß es überhaupt aufhört, irgendeine bestimmte kinetische Energie zu haben.

Illustrieren wir das Gesagte durch Beispiele der eindimensionalen Bewegung. Unter einer solchen versteht man die Bewegung im Felde $U(x)$, das nur von einer Koordinate abhängt. Die Bewegung in y- und z-Richtung geschieht frei, während diejenige entlang der x-Achse durch eine eindimensionale SCHRÖDINGER-Gleichung bestimmt wird:

$$\frac{d^2\psi}{dx^2} + \frac{2m}{\hbar^2}[E - U(x)]\,\psi = 0 . \tag{22,2}$$

Im Falle des in Abb. 1a dargestellten „Potentialtopfes" ist für die Energien $E < 0$ der Bewegungstyp räumlich begrenzt (finit) und das entsprechende

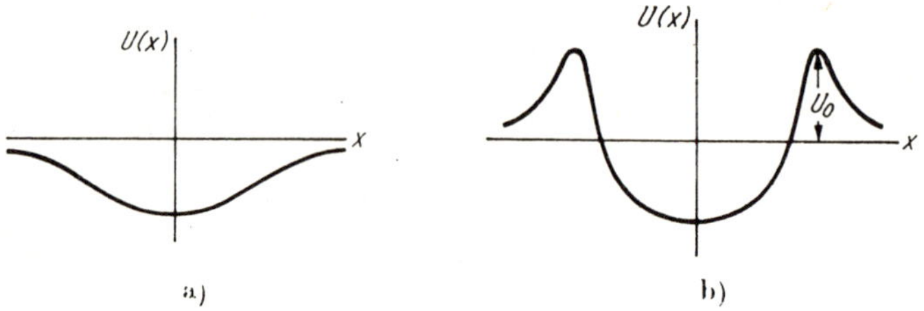

Abb. 1

Energieniveauspektrum diskret. Energien $E > 0$ jedoch führen zu einem kontinuierlichen Spektrum, wobei die Bewegung räumlich unbegrenzt (infinit) ist. Wir bestimmen in beiden Fällen für große Entfernungen x die asymptotische Gestalt der Wellenfunktionen. Da für $x \to \pm\infty$ $U \to 0$ gilt, kann man im Falle großer Entfernungen in Gleichung (22,2) das Feld U im Vergleich zu E vernachlässigen und erhält so

$$\frac{d^2\psi}{dx^2} + \frac{2m}{\hbar^2} E\,\psi = 0\,. \tag{22,3}$$

Im Falle $E > 0$ ist dies die Gleichung der eindimensionalen, freien Bewegung. Ihre allgemeine Lösung hat die Gestalt

$$\psi = a_1\, e^{ikx} + a_2\, e^{-ikx}, \qquad k = \frac{1}{\hbar}\sqrt{2mE}\,, \tag{22,4}$$

d. h., sie stellt sich dar als Superposition zweier ebener Wellen, die jeweils der Bewegung in bzw. entgegengesetzt zur Richtung der x-Achse entsprechen. Jedes Energieniveau ist hierbei zweifach entartet gemäß den zwei Möglichkeiten der Bewegung in entgegengesetzten Richtungen.

Für Energien $E < 0$ erweist sich von den zwei unabhängigen Lösungen der Differentialgleichung zweiter Ordnung (22,2) nur eine als zulässig und zwar diejenige, die den Grenzbedingungen genügt, daß die Wellenfunktion einer räumlich begrenzten Bewegung für $x \to \pm\infty$ gegen Null streben muß. Unter der Voraussetzung großer Entfernungen gelangen wir von neuem zu Gleichung (22,3). Ihre Lösung besitzt jedoch jetzt die asymptotische Gestalt

$$\psi = \text{const}\cdot e^{\mp \varkappa x} \quad \text{für} \quad x \to \pm\infty \quad \left(\varkappa = \frac{1}{\hbar}\sqrt{2m\,|E|}\right), \tag{22,5}$$

d. h., sie klingt hinreichend weit entfernt innerhalb des im Rahmen der klassischen Mechanik unzugänglichen Bereiches exponentiell ab (die zweite Lösung der Gleichung (22,3) wächst für $x \to \pm\infty$ über alle Grenzen an).

Falls man nur Aussagen über den finiten bzw. den infiniten Bewegungscharakter macht, so werden im Rahmen des betrachteten Feldtyps (Abb. 1a) in der klassischen Mechanik und der Quantenmechanik beide Möglichkeiten unter den gleichen Gegebenheiten realisiert (entsprechend $E < 0$ und $E > 0$). Dies gilt jedoch schon nicht mehr für das in Abb. 1b dargestellte Feld, wo der Potentialtopf von einem „Potentialwall" endlicher Höhe U_0 umgeben ist. Die Bewegung ist hier nach wie vor für $E < 0$ finit. In der klassischen Mechanik wäre sie für eine Bewegung innerhalb des Topfes und Energien $0 < E < U_0$ auch finit. In der Quantenmechanik jedoch ist die Bewegung für alle Energien $E > 0$ infinit, wobei E sowohl größer als auch kleiner als die Höhe der Potentialbarriere sein kann. Ein Teilchen (mit $E > 0$), das sich zu einem bestimmten Zeitpunkt „innerhalb des Topfes" befindet, kann im weiteren „die Barriere durchdringen" und sich außerhalb der Grenzen des Potentialtopfes befinden.

Auf diese Weise läßt die Quantenmechanik eine infinite Bewegung unter Bedingungen zu, die sie in der klassischen Mechanik ausschlössen. Die Natur dieser Erscheinung, des Durchgangs durch eine Potentialschwelle (sie wird noch ausführlich in § 28 untersucht werden), hängt mit dem oben erwähnten Umstand zusammen, daß die Wellenfunktion innerhalb des in der klassischen Mechanik unzugänglichen Bewegungsbereiches nicht streng Null wird.

Die SCHRÖDINGER-Gleichung in der allgemeinen Form $\hat{H}\,\psi = E\,\psi$ kann aus dem Variationsprinzip

$$\delta \int \psi^* (\hat{H} - E)\,\psi\,dq = 0 \tag{22,6}$$

gewonnen werden. Da ψ komplex ist, kann man ψ und ψ^* unabhängig voneinander variieren. Bei Variation von ψ^* haben wir

$$\int \delta\psi^* (\hat{H} - E)\,\psi\,dq = 0\,.$$

Wegen der Willkür von $\delta\psi^*$ erhalten wir daraus die gesuchte Gleichung $\hat{H}\,\psi = E\,\psi$. Die Variation von ψ liefert nichts Neues: Sie liefert nur die konjugiert komplexe Gleichung $\hat{H}^*\,\psi^* = E\,\psi^*$.

Mit den Methoden der Variationsrechnung kann eine Reihe wichtiger Theoreme über allgemeine Eigenschaften von Wellenfunktionen stationärer Teilchenzustände bewiesen werden.

Die Wellenfunktion ψ_0 des Grundzustandes verschwindet für keine endlichen Koordinatenwerte (oder wie man sagt, sie hat keine Knoten). Sie hat, mit anderen Worten, im ganzen Raum dasselbe Vorzeichen. Daraus folgt, daß die Wellenfunktionen ψ_n $(n > 0)$ der anderen stationären Zustände, die zu ψ_0 orthogonal sind, bestimmt Knoten haben (wenn ψ_n ebenfalls nur ein Vorzeichen hätte, dann könnte das Integral $\int \psi_0\,\psi_n\,dq$ nicht verschwinden).

Da ψ_0 keine Knoten hat, kann ferner das Energieniveau des Grundzustandes nicht entartet sein. Wir wollen das Gegenteil annehmen; ψ_0 und ψ_0' seien zwei verschiedene Eigenfunktionen zu dem Energieniveau E_0. Jede Linearkombination $c\,\psi_0 + c'\,\psi_0'$ ist auch eine Eigenfunktion. Durch geeignete Wahl der Konstanten c und c' kann man aber immer erreichen, daß diese Funktion in einem beliebigen vorgegebenen Raumpunkt verschwindet, d. h., wir würden eine Eigenfunktion mit Knoten erhalten.

Für eine eindimensionale Bewegung ist darüber hinaus der sogenannte *Knotensatz* richtig: Die Wellenfunktion $\psi_n(x)$ eines diskreten Spektrums, die zu dem der Größe nach $(n + 1)$-ten Eigenwert E_n gehört, besitzt (für endliche Werte von x) n Nullstellen.

§ 23. Die Zeitumkehr

Die SCHRÖDINGER-Gleichung für die Wellenfunktionen stationärer Zustände wie auch die ihren Lösungen auferlegten Bedingungen sind reell. Deshalb können ihre Lösungen ψ immer reell gewählt werden. Auf Grund dessen erweisen sich die zu nicht entarteten Energieniveaus gehörenden Eigenfunktionen automatisch als reell (bis auf einen unwesentlichen Phasenfaktor). In der Tat genügt ψ^* derselben Gleichung wie auch ψ und ist demzufolge Eigenfunktion zu dem gleichen Energiewert. Wenn dieser Wert nicht entartet ist, dann müssen folglich ψ und ψ^* dem Wesen nach übereinstimmen, d. h., sie können sich nur durch einen konstanten Phasenfaktor unterscheiden. Wellenfunktionen allerdings, die zu ein und demselben entarteten Energieniveau gehören, sind nicht unbedingt reell. Mittels einer geeigneten Auswahl ihrer Linearkombinationen kann man jedoch immer einen Satz reeller Funktionen erhalten.

Die vollständigen (von der Zeit abhängigen) Wellenfunktionen Ψ werden durch eine Gleichung bestimmt, in deren Koeffizienten i eingeht. Diese Gleichung behält jedoch beim Übergang von t zu $-t$ ihre Gestalt bei, wenn man gleichzeitig zum konjugiert Komplexen übergeht. Deshalb kann man die Funktionen Ψ immer so wählen, daß sich Ψ und Ψ^* nur durch das Vorzeichen der Zeit unterscheiden. Dieses Resultat ist uns bereits aus den Formeln (10,1), (10,3) bekannt.

Die Gleichungen der klassischen Mechanik ändern sich bekanntlich bei einer Zeitumkehr nicht, d. h. beim Umkehren des Vorzeichens der Zeit. Wie wir sehen, äußert sich in der Quantenmechanik die Symmetrie bezüglich der beiden Zeitrichtungen darin, daß die Wellengleichung unverändert bleibt, wenn man das Vorzeichen von t ändert und gleichzeitig Ψ durch Ψ^* ersetzt.

Wir möchten jedoch hervorheben, daß sich diese Symmetrie hier nur auf die Wellengleichung bezieht. Sie bezieht sich nicht auf den unmittelbaren Meßprozeß, der in der Quantenmechanik eine fundamentale Rolle spielt. Dieser besitzt hier einen „doppelsinnigen" Charakter; seine Rollen in bezug auf Vergangenheit und Zukunft sind verschieden. Hinsichtlich der Vergangenheit bestätigt er die Wahrscheinlichkeiten für die verschiedenen möglichen Ergebnisse, die sich gemäß demjenigen Zustand vorhersagen lassen, der durch die vorausgehende Messung geschaffen wurde. Bezüglich der Zukunft schafft er einen neuen Zustand (wir werden in § 37 darauf zurückkommen). Unmittelbar in der Natur des quantenmechanischen Meßprozesses wurzelt also eine tiefgehende Nichtumkehrbarkeit.

Diese Nichtumkehrbarkeit besitzt schwerwiegende prinzipielle Bedeutung. Obwohl die Grundgleichungen der Quantenmechanik an und für sich symmetrisch sind bezüglich einer Vorzeichenänderung der Zeit (in dieser Hinsicht unterscheidet sich die Quantenmechanik nicht von der klassischen Mechanik), bringt jedoch die Nichtumkehrbarkeit des Meßprozesses für die quantenmechanischen Erscheinungen eine physikalische Nichtäquivalenz der beiden Zeitrichtungen mit sich, d. h., sie führt zu einem Unterschied zwischen Zukunft und Vergangenheit.

§ 24. Der Potentialtopf

Als einfaches Beispiel einer eindimensionalen Bewegung untersuchen wir die Bewegung in einem rechteckigen Potentialtopf, wie er in Abb. 2 dargestellt ist (da es hier bequemer ist, zählen wir die Energie vom Boden des Potentialtopfes aus und nicht vom Wert der potentiellen Energie im Unendlichen). Uns interessieren die Zustände finiter Bewegung, die zum diskreten Energiespektrum $0 < E < U_0$ gehören.

Im Bereich $0 < x < a$ haben wir die SCHRÖDINGER-Gleichung

$$\psi'' + k^2 \psi = 0 ,$$

$$k = \frac{1}{\hbar} \sqrt{2 m E} \tag{24,1}$$

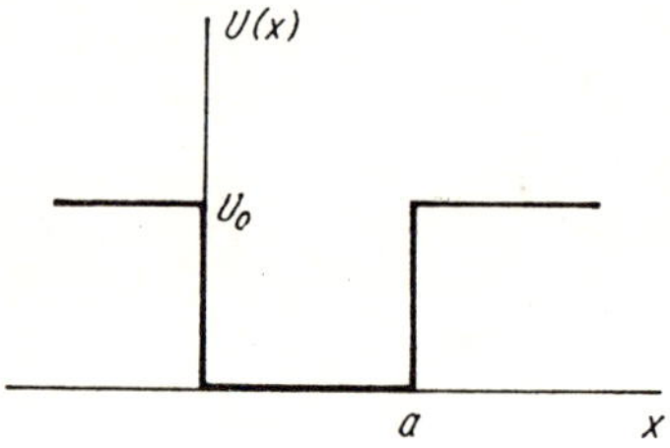

Abb. 2

(der Strich bedeutet Differentiation nach x), während außerhalb des Potentialtopfes

$$\psi'' - \varkappa^2 \psi = 0 , \qquad \varkappa = \frac{1}{\hbar} \sqrt{2 m (U_0 - E)} \tag{24,2}$$

gilt. An den Stellen $x = 0$ und $x = a$ müssen die Lösungen dieser Gleichungen so aneinander anschließen, daß ψ und ψ' stetig sind.

Die im Unendlichen verschwindende Lösung der Gleichung (24,2) ist

$$\psi = \text{const} \cdot e^{\mp \varkappa x} \tag{24,3}$$

(die Vorzeichen $-$ und $+$ gehören zu den Bereichen $x > a$ und $x < 0$). Statt der Stetigkeit von ψ und ψ' am Rande des Potentialtopfes fordert man zweckmäßig die Stetigkeit von ψ und der logarithmischen Ableitung ψ'/ψ. Unter der Berücksichtigung von (24,3) erhalten wir die Randbedingung in der Form

$$\frac{\psi'}{\psi} = \mp \varkappa . \tag{24,4}$$

Wir verweilen hier nicht bei der Bestimmung der Energieniveaus in einem Potentialtopf beliebiger Tiefe U_0 (siehe Aufgabe 2) und besprechen nur den Grenzfall unendlich hoher Wände vollständig.

Für $U_0 \to \infty$ wird die Funktion (24,3) identisch Null. Es versteht sich von selbst, daß das Teilchen überhaupt nicht in den Bereich vordringen kann, in dem die potentielle Energie Unendlich ist. Wir haben also die Lösung der Gleichung (24,1) unter der Randbedingung

$$\psi = 0 \qquad \text{für} \qquad x = 0, a \tag{24,5}$$

aufzufinden. Eine solche Lösung suchen wir in der Form einer „stehenden Welle“

$$\psi = c \sin (k x + \delta) . \tag{24,6}$$

Die Bedingung $\psi = 0$ für $x = 0$ liefert $\delta = 0$; desweiteren ergibt die Bedingung für $x = 0$ $\sin k\, a = 0$, woraus $k\, a = \pi\,(n + 1)$ mit $n = 0, 1, 2, \ldots$ folgt.

Auf diese Weise lauten die Energieniveaus des Teilchens im Potentialtopf

$$E_n = \frac{\pi^2\, \hbar^2}{2\, m\, a^2}\,(n + 1)^2\,, \qquad n = 0, 1, 2, \ldots \tag{24,7}$$

Insbesondere ist die Energie des Grundzustandes als $E_0 = \pi^2\, \hbar^2/2\, m\, a^2$ gegeben. Wir bemerken, daß dieses Resultat im Einklang mit der Unschärferelation steht: Bei einer Ortsunschärfe $\sim a$ ist die Unschärfe des Impulses und damit auch die Größenordnung des Impulses selbst $\sim \hbar/a$; die dazugehörige Energie ist $\sim (\hbar/a)^2/m$.

Die normierten Wellenfunktionen der stationären Zustände lauten

$$\psi_n = \sqrt{\frac{2}{a}}\, \sin \frac{\pi\,(n+1)\,x}{a}\,. \tag{24,8}$$

Entsprechend dem Knotensatz wird die Funktion $\psi_n(x)$ innerhalb des Bewegungsgebietes n mal Null (die unmittelbaren Grenzen dieses Gebietes, im vorliegenden Fall die Punkte $x = 0$ und $x = a$, werden beim Abzählen der Nullstellen ausgeschlossen).

In einem eindimensionalen Potentialtopf beliebiger Form liegt in jedem Fall mindestens ein Energieniveau, selbst dann, wenn die Tiefe des Topfes sehr klein ist (siehe z.B. Aufgabe 2). Diese Eigenschaft ist jedoch nur für den eindimensionalen Fall spezifisch; sie existiert nicht im realeren Falle eines dreidimensionalen Potentialtopfes. Wenn die Tiefe $|U|$ eines solchen Topfes

$$|U| \ll \frac{\hbar^2}{m\, a^2} \tag{24,9}$$

ist (wobei a die Größenordnung der Linearabmessungen des Topfes ist), dann liegt in ihm kein einziges diskretes Energieniveau. Mit anderen Worten, falls der Topf nicht hinreichend tief ist, so gibt es in ihm keine gebundenen Zustände; das Teilchen kann nicht von dem Potentialtopf „eingefangen" werden. Wir unterstreichen, daß diese Eigenschaft reinen Quantencharakter besitzt; in der klassischen Mechanik kann ein Teilchen eine finite Bewegung in einem beliebigen Potentialtopf ausführen. Der Ursprung dieser Eigenschaft wird in § 32 erläutert werden (in der Aufgabe 1, § 30 wird sie durch direkte Rechnung für den Spezialfall eines kugelsymmetrischen Potentialtopfes gezeigt werden).

Aufgaben

1. Es ist die Wahrscheinlichkeitsverteilung der verschiedenen Impulswerte für den Grundzustand der eindimensionalen Bewegung eines Teilchens in einem unendlich tiefen rechteckigen Potentialtopf zu bestimmen.

Lösung. Die Wahrscheinlichkeit für den Impulswert p im Intervall $\mathrm{d}p$ ist $|a(p)|^2\, \mathrm{d}p$, wobei $a(p)$ im eindimensionalen Fall durch

$$a(p) = \frac{1}{\sqrt{2\pi\hbar}} \int_0^a \psi_0(x)\, e^{-\frac{i}{\hbar}p\,x}\, \mathrm{d}x$$

gegeben ist (vergleiche (12,12)). Setzen wir hier $\psi_0(x)$ aus (24,8) ein und rechnen wir das Integral aus, so erhalten wir die Wahrscheinlichkeitsverteilung

$$|a(p)|^2 = \frac{4\pi\hbar^3 a}{(p^2 a^2 - \pi^2\hbar^2)^2}\cos^2\frac{p a}{2\hbar}.$$

2. Es sind die Energieniveaus für das in Abb. 2 dargestellte Potential zu berechnen.

Lösung. Die Bedingung (24,4) an den Topfgrenzen liefert die Gleichungen

$$k \operatorname{ctg}\delta = -k \operatorname{ctg}(a k + \delta) = \varkappa \equiv \sqrt{\frac{2m}{\hbar^2}U_0 - k^2}$$

oder

$$\sin\delta = -\sin(k a + \delta) = \frac{k\hbar}{\sqrt{2 m U_0}}.$$

Durch Elimination von δ erhalten wir die transzendente Gleichung

$$k a = (n+1)\pi - 2 \arcsin\frac{k\hbar}{\sqrt{2 m U_0}} \tag{1}$$

(wobei $n = 0, 1, 2, \ldots$ ist, und die Werte von arcsin zwischen 0 und $\pi/2$ genommen werden).

Die Wurzeln dieser Gleichung bestimmen die Energieniveaus $E = k^2\hbar^2/2m$, wobei die Werte von n die Niveaus in der Reihenfolge wachsender Energie durchnumerieren. Insgesamt ist die Anzahl der Niveaus (für endliches U_0) endlich.

Gleichung (1) kann man durch Einführen der Variablen ξ und des Parameters γ gemäß

$$\xi = \frac{k a}{2}, \qquad \gamma = \frac{\hbar}{a}\sqrt{\frac{2}{m U_0}}$$

in einer zweckmäßigeren Form aufschreiben. So erhalten wir für gerades n die Gleichung

$$\cos\xi = \pm\gamma\xi, \tag{2}$$

wobei diejenigen ihrer Wurzeln genommen werden müssen, für die $\operatorname{tg}\xi > 0$ ist. Für ungerades n bekommen wir die Gleichung

$$\sin\xi = \pm\gamma\xi. \tag{3}$$

Hierbei sind diejenigen ihrer Wurzeln zu nehmen, für die $\operatorname{tg}\xi < 0$ gilt.

Speziell haben wir für einen flachen Topf, für den $U_0 \ll \hbar^2/ma^2$ ist, $\gamma \gg 1$, so daß die Gleichung (3) überhaupt keine Wurzeln besitzt. Gleichung (2) andererseits besitzt eine Wurzel (für das Pluszeichen auf der rechten Seite), die gleich

$$\xi \approx \frac{1}{\gamma}\left(1 - \frac{1}{2\gamma^2}\right)$$

st. In diesem Falle liegt also im Topf nur ein Niveau,

$$E_0 = \frac{2\xi^2\hbar^2}{m a^2} \approx U_0 - \frac{m a^2}{2\hbar^2}U_0^2,$$

das sich nahe dem oberen Rand befindet.

3. Es sind die Energieniveaus eines Teilchens zu bestimmen, das sich in einem rechteckigen „Potentialkasten" der Kantenlängen a, b, c bewegt. Innerhalb des Kastens sei $U = 0$ und außerhalb $U = \infty$.

Lösung. Die freie Bewegung des Teilchens innerhalb des Kastens vollzieht sich in jeder der drei Bewegungsrichtungen unabhängig von den beiden übrigen. Deshalb ergeben sich die Energieniveaus einfach als Summen von drei Ausdrücken der Form (24,7):

$$E_{n_1 n_2 n_3} = \frac{\pi^2 \hbar^2}{2m}\left(\frac{n_1^2}{a^2} + \frac{n_2^2}{b^2} + \frac{n_3^2}{c^2}\right), \qquad n_1, n_2, n_3 = 1, 2, \ldots$$

Die Intervalle zwischen den Niveaus streben gegen Null bei einer Vergrößerung der Kastenabmessungen. Für die stationären Zustände lauten die Wellenfunktionen

$$\psi_{n_1 n_2 n_3} = \sqrt{\frac{8}{a\,b\,c}}\sin\frac{\pi n_1 x}{a}\sin\frac{\pi n_2 y}{b}\sin\frac{\pi n_3 z}{c},$$

wobei die x-, y- und z-Achse entlang der Kastenkanten gerichtet sind.

§ 25. Der lineare harmonische Oszillator

Wir betrachten ein Teilchen, das eindimensionale, kleine Schwingungen ausführt (einen sogenannten *linearen harmonischen Oszillator*). Die potentielle Energie dieses Teilchens ist bekanntlich $m\omega^2 x^2/2$, wobei ω in der klassischen Mechanik die Eigenfrequenz ist (siehe I § 17). Dementsprechend ist der HAMILTON-Operator für einen Oszillator

$$\hat{H} = \frac{\hat{p}^2}{2m} + \frac{m\omega^2 x^2}{2}. \tag{25,1}$$

Da die potentielle Energie für $x \to \pm\infty$ gegen Unendlich strebt, kann das Teilchen nur eine finite Bewegung ausführen. Dementsprechend ist das gesamte Energieeigenwertspektrum diskret.

Wir wollen die Energieniveaus des Oszillators mit Hilfe der Matrizenmechanik bestimmen.[1]) Dazu gehen wir von der „Bewegungsgleichung" in der Form (21,2) aus; im vorliegenden Falle liefert sie

$$\hat{\ddot{x}} + \omega^2 x = 0. \tag{25,2}$$

In Matrixschreibweise lautet diese Gleichung

$$(\ddot{x})_{mn} + \omega^2 x_{mn} = 0.$$

Für die Matrixelemente der Beschleunigung haben wir nach (11,8) $(\ddot{x})_{mn} = i\,\omega_{mn}(\dot{x})_{mn} = -\,\omega_{mn}^2 x_{mn}$. Deshalb erhalten wir

$$(\omega_{mn}^2 - \omega^2)\,x_{mn} = 0.$$

Daraus ist ersichtlich, daß alle Matrixelemente x_{mn} gleich Null sind bis auf diejenigen, für die $\omega_{mn} = \pm\,\omega$ ist. Wir numerieren alle stationären Zustände so, daß die Frequenzen $\pm\,\omega$ zu den Übergängen $n \to n \mp 1$ gehören, d. h. $\omega_{n,\,n\mp1} = \pm\,\omega$. Dann sind nur die Matrixelemente $x_{n,\,n\pm1}$ von Null verschieden.

Es wird vorausgesetzt, daß die Wellenfunktionen ψ_n reell gewählt worden sind. Da x eine reelle Größe ist, sind auch alle Matrixelemente x_{mn} reell. Die Hermitezitätsbedingung (11,10) besagt jetzt, daß die Matrix x_{mn} symmetrisch ist: $x_{mn} = x_{nm}$.

[1]) Dies wurde (1925) von W. HEISENBERG noch vor dem Auffinden der Wellengleichung durch E. SCHRÖDINGER getan.

Zur Berechnung der von Null verschiedenen Matrixelemente von x verwenden wir die Vertauschungsregel

$$\hat{\dot{x}}\hat{x} - \hat{x}\hat{\dot{x}} = -i\frac{\hbar}{m},$$

in Matrixschreibweise

$$(\dot{x}\,x)_{mn} - (x\,\dot{x})_{mn} = -\frac{i\hbar}{m}\delta_{mn}.$$

Mit Hilfe der Multiplikationsregel für Matrizen (11,12) erhalten wir daraus für $m = n$

$$i\sum_l (\omega_{nl}\,x_{nl}\,x_{ln} - x_{nl}\,\omega_{ln}\,x_{ln}) = 2\,i\sum_l \omega_{nl}\,x_{nl}^2 = -i\frac{\hbar}{m}.$$

In dieser Summe sind nur die Glieder mit $l = n \pm 1$ von Null verschieden, so daß sich

$$(x_{n+1,\,n})^2 - (x_{n,\,n-1})^2 = \frac{\hbar}{2\,m\,\omega} \tag{25,3}$$

ergibt.

Wir schließen aus dieser Gleichung, daß die Größen $(x_{n+1,\,n})^2$ eine arithmetische Folge bilden. Diese Folge ist nach oben nicht beschränkt, sie ist aber unbedingt nach unten beschränkt, weil in ihr nur positive Glieder enthalten sein können. Bisher haben wir nur die relative Anordnung der Zustandsindizes n, aber nicht deren absolute Werte festgelegt. Wir können daher willkürlich einen Wert von n auswählen, der zu dem ersten, dem Grundzustand des Oszillators, gehören soll. Wir setzen diesen Wert gleich Null. Dementsprechend muß man $x_{0,\,-1}$ als identisch gleich Null ansehen. Die wiederholte Anwendung der Gleichungen (25,3) mit $n = 0, 1, \ldots$ ergibt

$$(x_{n,\,n-1})^2 = \frac{n\,\hbar}{2\,m\,\omega}.$$

Wir erhalten also endgültig den folgenden Ausdruck für die von Null verschiedenen Matrixelemente von x:

$$x_{n,\,n-1} = x_{n-1,\,n} = \sqrt{\frac{n\,\hbar}{2\,m\,\omega}}. \tag{25,4}$$

Die Matrix des Operators $\hat{H}$ ist diagonal, und die Matrixelemente H_{nn} sind die gesuchten Energieeigenwerte E_n des Oszillators. Um diese zu berechnen, schreiben wir

$$\begin{aligned} H_{nn} = E_n &= \frac{m}{2}\left[(\dot{x}^2)_{nn} + \omega^2 (x^2)_{nn}\right] \\ &= \frac{m}{2}\left[\sum_l i\,\omega_{nl}\,x_{nl}\,i\,\omega_{ln}\,x_{ln} + \omega^2 \sum_l x_{nl}\,x_{ln}\right] \\ &= \frac{m}{2}\sum_l (\omega^2 + \omega_{nl}^2)\,x_{ln}^2. \end{aligned}$$

In der Summe über l sind nur die Glieder mit $l = n \pm 1$ von Null verschieden. Wir setzen (25,4) ein und erhalten

$$E_n = \left(n + \frac{1}{2}\right)\hbar\,\omega\,, \qquad n = 0, 1, 2, \ldots \tag{25,5}$$

Die Energieniveaus des Oszillators sind also äquidistant angeordnet, der Abstand zwischen zwei benachbarten Niveaus ist $\hbar\,\omega$. Die Energie des Grundzustandes ($n = 0$) ist $\hbar\,\omega/2$; wir betonen, daß sie von Null verschieden ist.

Das Ergebnis (25,5) kann man auch durch Lösen der SCHRÖDINGER-Gleichung erhalten. Für den Oszillator hat diese Gleichung die Form

$$\frac{d^2\psi}{dx^2} + \frac{2\,m}{\hbar^2}\left(E - \frac{m\,\omega^2\,x^2}{2}\right)\psi = 0\,. \tag{25,6}$$

Hier führt man zweckmäßig statt der Koordinate x die dimensionslose Variable ξ durch die Beziehung

$$\xi = \sqrt{\frac{m\,\omega}{\hbar}}\,x \tag{25,7}$$

ein. Dann erhalten wir

$$\psi'' + \left(\frac{2\,E}{\hbar\,\omega} - \xi^2\right)\psi = 0 \tag{25,8}$$

(der Strich bedeutet hier die Ableitung nach ξ).

Für große ξ kann man $2\,E/\hbar\,\omega$ gegenüber ξ^2 vernachlässigen. Die Gleichung $\psi'' = \xi^2\,\psi$ hat die asymptotischen Integrale $\psi = e^{\pm\,\xi^2/2}$ (die Differentiation dieser Funktion ergibt unter Vernachlässigung von Gliedern niedrigerer Ordnung in ξ tatsächlich $\psi'' = \xi^2\,\psi$). Da die Wellenfunktion für $x = \pm\,\infty$ endlich bleiben muß, muß man im Exponenten das negative Vorzeichen wählen. Nach dem Gesagten erscheint es natürlich, in der Gleichung (25,8) die Substitution

$$\psi = e^{-\,\xi^2/2}\,\chi(\xi) \tag{25,9}$$

vorzunehmen. Für die Funktion $\chi(\xi)$ erhalten wir mit der Bezeichnung $2E/\hbar\,\omega - 1 = 2\,n$

$$\chi'' - 2\,\xi\,\chi' + 2\,n\,\chi = 0\,. \tag{25,10}$$

Die Funktion $\chi(\xi)$ muß dabei für alle endlichen ξ endlich sein, für $\xi = \pm\,\infty$ darf sie gegen unendlich gehen, aber nicht schneller als eine endliche Potenz von ξ (so daß die Funktion ψ verschwindet).

Wir suchen die Lösung der Gleichung (25,10) in Gestalt der Reihe

$$\chi = \sum_{s=0}^{\infty} a_s\,\xi^s\,. \tag{25,11}$$

Durch ihr Einsetzen in die Gleichung erhalten wir

$$\sum_{s=2}^{\infty} a_s\,s\,(s-1)\,\xi^{s-2} - 2\sum_{s=0}^{\infty} a_s\,s\,\xi^s + 2\,n\sum_{s=0}^{\infty} a_s\,\xi^s = 0\,.$$

In der ersten Summe nehmen wir eine Umbenennung des Summationsindexes vor, indem wir s durch $s + 2$ ersetzen. Dann folgt

$$\sum_{s=0}^{\infty} [a_{s+2}\,(s + 1)\,(s + 2) + 2\,(n - s)\,a_s]\,\xi^s = 0\,.$$

Damit diese Gleichung identisch erfüllt ist, muß für jede Potenz von ξ der zugehörige Koeffizient Null sein. Daraus finden wir die Rekursionsformel

$$a_{s+2} = -\frac{2\,(n - s)}{(s + 1)\,(s + 2)}\,a_s\,, \tag{25,12}$$

die die Koeffizienten aufeinanderfolgender Glieder der Reihe (25,11) verknüpft. In erster Linie sehen wir, daß die Reihe entweder nur geradzahlige oder nur ungeradzahlige Potenzen von ξ enthält. Um die oben aufgestellte Bedingung zu erfüllen, darf diese Reihe nur Glieder endlicher Potenzen enthalten, d. h., sie muß bei einem gewissen endlichen s abbrechen. Aus (25,12) ist ersichtlich, daß dafür n eine ganze positive Zahl sein muß: Die Reihe bricht dann mit dem Glied der Potenz $s = n$ ab, d. h., sie führt auf ein Polynom vom Grade n. Auf diese Weise gelangen wir wieder zu dem uns schon bekannten Ergebnis (25,5) für die Energieeigenwerte.

Wir schreiben nur für den Grundzustand des Oszillators die Wellenfunktion in expliziter Form auf. Für $n = 0$ reduziert sich das Polynom auf eine Konstante. Bestimmen wir sie so, daß die Wellenfunktion der Normierungsbedingung

$$\int_{-\infty}^{\infty} \psi_0^2(x)\,\mathrm{d}x = 1$$

genügt, dann erhalten wir

$$\psi_0(x) = \left(\frac{m\,\omega}{\pi\,\hbar}\right)^{1/4} \mathrm{e}^{-\frac{m\,\omega}{2\,\hbar}\,x^2}\,. \tag{25,13}$$

Wie es sein muß, hat diese Funktion keine Nullstellen für endliches x.

Aufgabe

Es ist die Wahrscheinlichkeitsverteilung für die verschiedenen Impulswerte im Grundzustand eines Oszillators zu bestimmen.

Lösung. Analog zur Aufgabe 1, § 24 berechnen wir das Integral

$$a(p) = \frac{1}{\sqrt{2\,\pi\,\hbar}} \int_{-\infty}^{\infty} \psi_0(x)\,\mathrm{e}^{-\frac{i}{\hbar}\,p\,x}\,\mathrm{d}x\,.$$

Nach der Substitution $x + i\,p/m\,\omega = z$ führt es sich auf das POISSONsche Integral zurück, und man erhält

$$|a(p)|^2 = \frac{1}{\sqrt{\pi\,m\,\hbar\,\omega}}\exp\left(-\frac{p^2}{m\,\hbar\,\omega}\right).$$

§ 26. Die quasiklassische Wellenfunktion

Sind die DE BROGLIE-Wellenlängen der Teilchen klein im Vergleich zu den Abmessungen, die die spezifischen Bedingungen einer gegebenen Aufgabe charakterisieren, dann kommen die Eigenschaften des Systems klassischen nahe. In § 6 wurde schon die allgemeine Gestalt der Wellenfunktionen in solchen *quasiklassischen* Fällen angegeben, und in §§ 12 und 14 wurde diese zur Herleitung quantenmechanischer Operatoren für grundlegende physikalische Größen benutzt. Jetzt wollen wir eingehender verfolgen, auf welche Weise in der SCHRÖDINGER-Gleichung der Grenzübergang zum quasiklassischen Fall vor sich geht.

In § 6 wurde festgestellt, daß der Grenzübergang von der Quantenmechanik zur klassischen Mechanik, formal gesehen, der Grenzübergang $\hbar \to 0$ ist. Im quasiklassischen Fall kann man folglich $\hbar$ als kleinen Parameter betrachten und den Ausdruck

$$\Psi = a\, e^{\frac{i}{\hbar} S} \tag{26,1}$$

(in dem die Größen a und S als nicht von $\hbar$ abhängig angenommen werden) als Anfang einer Entwicklung der Wellenfunktion nach Potenzen dieses Parameters. Schreiben wir den Ausdruck (26,1) als $\{(i\, S + \hbar \ln a)/\hbar\}$, dann sehen wir, daß er dem Beginn einer Entwicklung des Exponenten entspricht, wobei nur die ersten beiden Glieder berücksichtigt wurden. Deshalb müssen auch in den folgenden Rechnungen nur die Terme bis zur ersten Potenz in $\hbar$ mitgenommen werden.

Der Einfachheit halber werden wir ein Teilchen im äußeren Feld behandeln. Setzen wir (26,1) in die SCHRÖDINGER-Gleichung (20,6) ein, so erhalten wir bei Ausführung der Differentiationen und bei Berücksichtigung nur solcher Glieder, die proportional den ersten beiden Potenzen von $\hbar$ sind,

$$a \frac{\partial S}{\partial t} - i\,\hbar \frac{\partial a}{\partial t} + \frac{a}{2\,m} (\nabla S)^2 - \frac{i\,\hbar}{2\,m} a\, \Delta S - \frac{i\,\hbar}{m} \nabla S\, \nabla a + U\, a = 0\,. \tag{26,2}$$

Da die Glieder nullter und erster Ordnung in $\hbar$ jedes für sich genommen Null werden müssen, finden wir hieraus die zwei Gleichungen

$$\frac{\partial S}{\partial t} + \frac{1}{2\,m} (\nabla S)^2 + U = 0\,, \tag{26,3}$$

$$\frac{\partial a}{\partial t} + \frac{a}{2\,m} \Delta S + \frac{1}{m} \nabla S\, \nabla a = 0\,. \tag{26,4}$$

Wie zu erwarten, ist die erste von ihnen die HAMILTON-JACOBI-Gleichung für die Wirkung S des Teilchens (siehe I § 31). Die zweite Gleichung, (26,4), kann nach Multiplikation mit $2\,a$ in die Gestalt

$$\frac{\partial a^2}{\partial t} + \operatorname{div}\left(a^2 \frac{\Delta S}{m}\right) = 0 \tag{26,5}$$

umgeschrieben werden. Diese Gleichung besitzt einen anschaulichen physikalischen Sinn. Das Quadrat $|\Psi|^2 = a^2$ ist die Aufenthaltswahrscheinlichkeitsdichte des Teilchens im Raum; $\nabla S/m = \boldsymbol{p}/m$ ist die klassische Teilchengeschwindigkeit $\boldsymbol{v}$. Deshalb stellt Gleichung (26,5) nichts anderes dar als eine Kontinuitätsgleichung, die zum Ausdruck bringt, daß sich die Wahrscheinlichkeitsdichte nach den Gesetzen der klassischen Mechanik „ausbreitet", und zwar mit der klassischen Geschwindigkeit $\boldsymbol{v}$ in jedem Raumpunkt.

Für stationäre Zustände, d. h. bei vorgegebener Energie E, ergibt sich die Wirkung als

$$S = -E\,t + S_0(x, y, z)\,, \tag{26,6}$$

wobei S_0 eine Funktion der Koordinaten darstellt (die sogenannte „verkürzte Wirkung"), die der Gleichung

$$\frac{1}{2\,m}(\nabla S_0)^2 + U = E \tag{26,7}$$

genügt. Die Amplitude a der Wellenfunktion ihrerseits hängt im Falle stationärer Zustände nicht von der Zeit ab und genügt der Gleichung

$$\operatorname{div}\,(a^2\,\nabla S) = 0\,. \tag{26,8}$$

Wir wollen nun die quasiklassische Funktion für stationäre Zustände im Falle einer eindimensionalen Bewegung eines Teilchens im Felde $U(x)$ in expliziter Form aufschreiben. In Gleichung (26,7) haben wir dann $(\nabla S_0)^2 = (\mathrm{d}S_0/\mathrm{d}x)^2$, so daß ihre Lösung

$$S_0 = \pm \int p\,\mathrm{d}x\,, \qquad p(x) = \sqrt{2\,m\,(E-U)} \tag{26,9}$$

lautet. Der Ausdruck $p(x)$ unter dem Integral stellt weiter nichts dar als den klassischen Impuls des Teilchens, ausgedrückt als Funktion von den Koordinaten. Aus (26,8) finden wir nun

$$\frac{\mathrm{d}}{\mathrm{d}x}(a^2\,p) = 0\,, \qquad a^2\,p = \mathrm{const}\,,$$

so daß $a = \mathrm{const}/\sqrt{p}$ gilt. Auf diese Weise erhalten wir die allgemeine Lösung der SCHRÖDINGER-Gleichung in der Gestalt

$$\psi = \frac{C_1}{\sqrt{p}}\,\mathrm{e}^{\frac{i}{\hbar}\int p\,\mathrm{d}x} + \frac{C_2}{\sqrt{p}}\,\mathrm{e}^{-\frac{i}{\hbar}\int p\,\mathrm{d}x} \tag{26,10}$$

mit C_1, C_2 als konstante Koeffizienten.

Das Auftreten des Faktors $1/\sqrt{p}$ in der Wellenfunktion kann einfach erklärt werden. Die Aufenthaltswahrscheinlichkeit eines Teilchens in den Punkten mit Koordinaten zwischen x und $x + \mathrm{d}x$ wird durch das Quadrat $|\psi|^2$ gegeben, d. h., sie ist im wesentlichen proportional zu $1/p$. Das ist gerade so, wie man es für ein „quasiklassisches Teilchen" erwarten würde, da bei einer klassischen

Bewegung die Zeit, die ein Teilchen in dem Intervall dx verbringt, umgekehrt proportional zur Geschwindigkeit (oder dem Impuls) des Teilchens ist.

In den „klassisch nicht erlaubten“ Raumgebieten mit $E < U(x)$ ist die Funktion $p(x)$ rein imaginär, so daß die Exponenten reell werden. Die Wellenfunktion für diese Bereiche schreiben wir in der Form

$$\psi = \frac{C_1'}{\sqrt{|p|}} e^{-\frac{1}{\hbar}\int |p|\, dx} + \frac{C_2'}{\sqrt{|p|}} e^{\frac{1}{\hbar}\int |p|\, dx}. \tag{26,11}$$

Klären wir nun etwas genauer die Bedingung für die Anwendbarkeit der erhaltenen Resultate. Diejenigen Glieder in Gleichung (26,2), die $\hbar$ enthalten, müssen sehr klein sein im Vergleich zu den Gliedern ohne $\hbar$. Vergleichen wir z. B. die Terme

$$\frac{a}{2m}(\nabla S)^2 = \frac{a}{2m}\left(\frac{dS}{dx}\right)^2 = \frac{a}{2m}p^2,$$

$$\frac{i\hbar a}{2m}\Delta S = \frac{i\hbar a}{2m}\frac{d^2S}{dx^2} = \frac{i\hbar a}{2m}\frac{dp}{dx}.$$

Die Bedingung, daß der zweite im Vergleich zum ersten klein ist, lautet $(\hbar/p^2)|dp/dx| \ll 1$ oder

$$\left|\frac{d\lambda\!\!\!^{-}}{dx}\right| \ll 1 \tag{26,12}$$

mit $\lambda\!\!\!^{-} = \lambda/2\pi$ und $\lambda(x) = 2\pi\hbar/p(x)$ als de Broglie-Wellenlänge des Teilchens, die mit Hilfe der klassischen Funktion $p(x)$ als Funktion von x ausgedrückt ist. Auf diese Weise erhalten wir eine quantitative Bedingung dafür, wann die Bewegung quasiklassisch ist: Die Wellenlänge des Teilchens darf sich auf einer Strecke von der Größenordnung der Wellenlänge selbst wenig ändern. Die hier hergeleiteten Formeln sind in denjenigen Raumbereichen nicht anwendbar, in denen diese Bedingung nicht erfüllt ist.

Die quasiklassische Näherung ist offenkundig in der Nähe von *Umkehrpunkten* nicht anwendbar, d. h. nahe jener Punkte, an denen entsprechend der klassischen Mechanik das Teilchen anhalten und sich danach in entgegengesetzte Richtung bewegen würde. Diese Punkte bestimmen sich aus der Gleichung $p(x) = 0$. Für $p \to 0$ strebt die de Broglie-Wellenlänge gegen Unendlich und kann auf keinen Fall als klein angenommen werden.

§ 27. Die Quantisierungsvorschrift nach Bohr und Sommerfeld

Die im vorigen Paragraphen gewonnenen Formeln gestatten die Herleitung einer Vorschrift für die Bestimmung der quantenmechanischen Energieniveaus im quasiklassischen Falle. Dazu betrachten wir eine finite eindimensionale Bewegung eines Teilchens in einem Potentialtopf; der klassisch zulässige Bereich $a \leqq x \leqq b$ wird durch zwei Umkehrpunkte begrenzt (Abb. 3).[1])

Die Randbedingungen für die Wellenfunktion bestehen in den Forderungen, daß sie innerhalb jedes der zwei klassisch nicht erlaubten Gebiete *I* und *III* so abklingt, um schließlich für $x \to \pm \infty$ Null zu werden. Desweiteren wissen

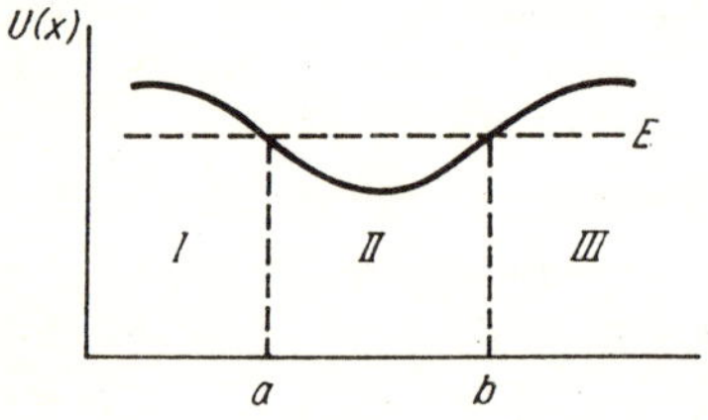

Abb. 3

wir, daß die allgemeine Lösung der SCHRÖDINGER-Gleichung für diese Bereiche die Gestalt (26,11) und für das Gebiet *II* die Form (26,10) besitzt. Aus den obigen Bedingungen könnte man für jeden der Bereiche *I*—*III* konstante Koeffizienten zu diesen Lösungen bestimmen, indem man die Lösungen an den Grenzen, d. h. den Punkten $x = a$ und $x = b$, aneinander „anschlösse". Allerdings ist eine unmittelbare Verwirklichung eines solchen „Anschlusses" deshalb nicht möglich, weil gerade in der Nähe dieser Punkte die quasiklassische Näherung (in der die Funktionen (26, 10—11) berechnet werden) nicht anwendbar ist.

Diese Komplikation fällt weg, wenn man sich auf eine erste, gröbere Näherung beschränkt. Sie besteht darin, daß die Randbedingungen, die das Nullwerden der Wellenfunktion im Unendlichen fordern, durch solche ersetzt werden, die das Nullwerden schon in den Punkten $x = a$ und $x = b$ verlangen.

Im klassischen Grenzfall sind diese Punkte die absoluten Bewegungsgrenzen, die das Teilchen in keinem Falle überwindet. Obwohl in der quasiklassischen Näherung das Teilchen auch in die klassisch nicht zulässigen Gebiete vordringen kann, klingen jedoch die Wellenfunktionen in ihnen sehr schnell ab. Dieser Umstand ist die Grundlage für die angegebene Ersetzung der Randbedingungen.

Die Randbedingung $\psi = 0$ an der Stelle $x = a$ führt für die Wellenfunktion im Gebiet *II* zu dem Ausdruck

$$\psi = \frac{C}{\sqrt{p}} \sin \frac{1}{\hbar} \int\limits_a^x p \, \mathrm{d}x \, . \tag{27,1}$$

[1]) In der klassischen Mechanik würde ein Teilchen in einem solchen Feld eine periodische Bewegung mit der Periode

$$T = 2 \int\limits_a^b \frac{\mathrm{d}x}{v} = 2\, m \int\limits_a^b \frac{\mathrm{d}x}{p}$$

vom Punkt a zum Punkt b und wieder zurück ausführen (v — Teilchengeschwindigkeit).

Auf die gleiche Weise würden wir andererseits durch Realisieren der Bedingung $\psi = 0$ im Punkte $x = b$

$$\psi = \frac{C'}{\sqrt{p}} \sin \frac{1}{\hbar} \int_x^b p \, dx$$

erhalten. Damit diese beiden Ausdrücke im gesamten Bereich übereinstimmen, muß die Summe ihrer Phasen (diese Summe ist eine konstante Größe) ein ganzzahliges Vielfaches von π sein:

$$\frac{1}{\hbar} \int_a^b p \, dx = n \pi \tag{27,2}$$

(wobei $C = (-1)^n C'$ gilt). In anderer Form kann man dies als

$$\oint p \, dx = 2 \pi \hbar n \tag{27,3}$$

schreiben; hierbei wird das Integral über eine vollständige Periode der klassischen Teilchenbewegung genommen (von a bis b und wieder zurück). Das ist genau die Bedingung, die im quasiklassischen Fall die stationären Zustände eines Teilchens bestimmt. Sie entspricht der *Quantisierungsvorschrift nach* BOHR *und* SOMMERFELD für die alte (*korrespondenzmäßige*) Quantenmechanik.

Da in der quasiklassischen Näherung $\hbar$ die Rolle eines kleinen Parameters spielt, stellt der Ausdruck auf der linken Seite von Gleichung (27,2) eine große Größe dar. Das Gleiche trifft folglich auch auf die ganze Zahl n zu. Die Phase der Wellenfunktion (27,1) durchläuft den Bereich von 0 im Punkte $x = a$ bis $n\pi$ für $x = b$, so daß der Sinus innerhalb dieses Intervalls $n - 1 \approx n$ mal Null wird. Auf diese Weise bestimmt die ganze Zahl n die Anzahl der Nullstellen der Wellenfunktion. Sie spielt entsprechend dem Knotensatz (§ 22) dadurch die Rolle einer Quantenzahl, die aufeinanderfolgende gequantelte Energieniveaus durchnumeriert.[1])

Die Tatsache, daß die quasiklassische Näherung ihren Ausdruck in großen Quantenzahlen n findet, hat einen einfachen und anschaulichen Hintergrund. Es ist offensichtlich, daß der Abstand zwischen benachbarten Nullstellen der Wellenfunktion der Größenordnung nach mit der DE BROGLIE-Wellenlänge übereinstimmt. Für große n ist dieser Abstand klein $(\sim (b - a)/n)$, so daß die Wellenlänge klein ist im Vergleich zu den Abmessungen des Bewegungsbereiches.

Ausgehend von der Quantisierungsvorschrift (27,3) kann man den allgemeinen Charakter der Verteilung der Niveaus im Energiespektrum erkennen. ΔE sei der Abstand zwischen zwei benachbarten Niveaus, d. h. zwischen Ni-

[1]) Eine genauere Untersuchung, die die exakten (und nicht quasiklassischen) Lösungen der SCHRÖDINGER-Gleichung in der Nähe der Umkehrpunkte benutzt, führt zum Ersetzen der ganzen Zahl n in (27,2—3) durch $n + 1/2$. Sie zeigt ferner, daß die Anzahl der Nullstellen der Wellenfunktion für endliche Abstände im gesamten Bewegungsbereich exakt n ist.

veaus, die sich in ihrer Quantenzahl n um 1 unterscheiden. ΔE ist (für große n) im Vergleich zur Energie der Niveaus selbst klein. Auf Grund von (27,3) können wir deshalb

$$\Delta E \oint \frac{\partial p}{\partial E}\, dx = 2\pi\hbar$$

schreiben. Es ist aber $\partial E/\partial p = v$, so daß

$$\oint \frac{\partial p}{\partial E}\, dx = \oint \frac{dx}{v} = T$$

wird. Wir erhalten daher

$$\Delta E = \frac{2\pi}{T}\hbar = \hbar\,\omega\,. \tag{27,4}$$

Der Abstand zwischen zwei benachbarten Energieniveaus ist also gleich $\hbar\,\omega$. Für eine ganze Reihe benachbarter Niveaus (für die die Differenz der Zahlen n klein gegenüber n selbst ist) kann man die zugehörigen Frequenzen ω genähert als gleich ansehen. Wir kommen daher zu dem Schluß, daß die Niveaus jeweils in einem kleinen Abschnitt des quasiklassischen Teils des Spektrums äquidistant in Abständen von $\hbar\,\omega$ angeordnet sind. Dieses Ergebnis konnte man übrigens von vornherein erwarten, weil die zu den Übergängen zwischen verschiedenen Energieniveaus gehörigen Frequenzen im quasiklassischen Fall ganzzahlige Vielfache der klassischen Frequenz ω sein müssen.

Es ist interessant zu verfolgen, was im klassischen Grenzfall aus den Matrixelementen irgendeiner physikalischen Größe f wird. Wir gehen davon aus, daß der Mittelwert $\bar{f}$ für einen quantenmechanischen Zustand in der Grenze einfach in den klassischen Wert dieser Größe übergehen muß, wenn der Zustand selbst im klassischen Grenzfall die Bewegung eines Teilchens mit einer bestimmten Bahnkurve beschreibt. Zu einem solchen Zustand gehört ein Wellenpaket (siehe § 6), das man durch Superposition einiger stationärer Zustände mit benachbarten Energiewerten erhält. Die Wellenfunktion eines derartigen Zustandes ist

$$\Psi = \sum_n a_n \Psi_n\,.$$

Die Koeffizienten a_n sind dabei nur in einem kleinen Intervall Δn der Quantenzahl n von Null verschieden, $1 \ll \Delta n \ll n$. Die Zahl n wird als groß vorausgesetzt, weil die stationären Zustände quasiklassisch sein sollen. Nach der Definition ist der Mittelwert von f

$$\bar{f} = \int \Psi^* \hat{f}\, \Psi\, dx = \sum_n \sum_m a_m^* a_n f_{mn}\, e^{i\,\omega_{mn} t}\,.$$

Ersetzen wir die Summation über n und m durch die Summation über n und die Differenz $s = m - n$, dann wird

$$\bar{f} = \sum_n \sum_s a_{n+s}^* a_n f_{n+s,\,n}\, e^{i\,\omega s t}\,.$$

Gemäß (27,4) haben wir dabei $\omega_{mn} = s\,\omega$ geschrieben.

Die mit Hilfe der quasiklassischen Wellenfunktionen berechneten Matrixelemente f_{nm} werden mit zunehmender Differenz $m - n$ rasch kleiner. Gleichzeitig sind sie langsam veränderliche Funktionen der Zahl n selbst (bei festgehaltenem $m - n$). Auf Grund dessen können wir näherungsweise

$$\bar{f} = \sum_n \sum_s a_n^* a_n f_s e^{i\omega s t} = \sum_n |a_n|^2 \sum_s f_s e^{i\omega s t}$$

mit der Bezeichnung

$$f_s = f_{\bar{n}+s,\bar{n}}$$

schreiben. $\bar{n}$ ist ein gewisser Mittelwert der Quantenzahl in dem Intervall Δn. Wegen $\sum_n |a_n|^2 = 1$ wird

$$\bar{f} = \sum_s f_s e^{i\omega s t}. \tag{27,5}$$

Die erhaltene Summe ist eine gewöhnliche FOURIER-Reihe. Im klassischen Grenzfall muß $\bar{f}$ mit der klassischen Größe $f(t)$ übereinstimmen. Daher gehen die Matrixelemente f_{mn} im klassischen Grenzfall in die Komponenten f_{m-n} der FOURIER-Entwicklung der klassischen Funktion $f(t)$ über.

Die Beziehung (27,3) kann man noch auf andere Weise interpretieren. Das Integral $\oint p\, dx$ ist die Fläche, die von der geschlossenen klassischen Phasenbahn des Teilchens begrenzt wird (d. h. von der Kurve in der p, x-Ebene, dem Phasenraum des Teilchens). Teilen wir diese Fläche in Zellen mit jeweils dem Flächeninhalt $2\pi\hbar$ ein, so erhalten wir insgesamt n Zellen. n ist aber die Zahl der gequantelten Zustände mit Energien, die nicht größer als ihr vorgegebener (der betrachteten Phasenbahn entsprechende) Wert sind. Auf diese Weise können wir sagen, daß im quasiklassischen Fall jedem gequantelten Zustand *eine Zelle im Phasenraum* mit dem Flächeninhalt $2\pi\hbar$ entspricht. Anders ausgedrückt, die Zahl der Zustände, die zum Volumenelement $\Delta p\, \Delta x$ des Phasenraumes gehören, ist

$$\frac{\Delta p\, \Delta x}{2\pi\hbar}. \tag{27,6}$$

Wenn man anstelle des Impulses den Wellenzahlvektor $k = p/\hbar$ einführt, dann schreibt sich diese Zahl als $\Delta k\, \Delta x/2\pi$. Wie nicht anders zu erwarten ist, stimmt sie mit dem Ausdruck für die Anzahl der Eigenschwingungen eines Wellenfeldes überein (siehe I § 76).

Die wichtige Begriffsbildung von „Zellen" im Phasenraum bezieht sich nicht nur auf die eindimensionale Bewegung, die wir hier betrachteten, sondern schlechthin auf jede quasiklassische Bewegung. Das ist nach der obigen Bemerkung über den Zusammenhang mit der Zahl der Eigenschwingungen eines Wellenfeldes in dem gegebenen Volumen klar. Allgemein enthält das Volumenelement des Phasenraumes eines Systems mit s Freiheitsgraden

$$\frac{\Delta q_1 \ldots \Delta q_s\, \Delta p_1 \ldots \Delta p_s}{(2\pi\hbar)^s} \tag{27,7}$$

Quantenzustände. Speziell ist die freie Bewegung in einem hinreichend großen Raumvolumen Ω[1]) immer quasiklassisch. Die Zahl der Quantenzustände für eine derartige Bewegung mit Impulskomponenten in vorgegebenen Intervallen Δp_x, Δp_y, Δp_z ist gleich

$$\frac{\Omega\, \Delta p_x\, \Delta p_y\, \Delta p_z}{(2\,\pi\,\hbar)^3}. \tag{27,8}$$

Die Vorstellung von einem Teilchen, das sich in einem großen, jedoch endlichen Raumbereich Ω bewegt, wird manchmal mit dem Ziel verwendet, die Behandlung eines kontinuierlichen durch diejenige eines diskreten Zustandsspektrums zu ersetzen, wodurch eine Vereinfachung beim Aufschreiben der Formeln erreicht wird (wir werden diesen Kunstgriff im zweiten Teil dieses Buches verwenden). Für eine Bewegung in einem endlichen Volumen durchlaufen die Eigenwerte der Impulskomponenten diskrete Zahlenfolgen (wobei die Intervalle zwischen benachbarten Werten umgekehrt proportional zu den Linearabmessungen des Bereiches sind und bei ihrer Vergrößerung gegen Null streben). Die Verteilungsdichte dieser Werte in einer solchen Folge (die Zustandsdichte) wird durch Ausdruck (27,8) bestimmt. Die normierten Wellenfunktionen (ebene Wellen) für die stationären Zustände eines derartigen diskreten Spektrums haben das Aussehen

$$\psi(\boldsymbol{r}) = \frac{1}{\sqrt{\Omega}}\, \mathrm{e}^{i\,\boldsymbol{p}\,\boldsymbol{r}} \tag{27,9}$$

(wie man sagt, sind sie „auf 1 Teilchen im Volumen Ω“ normiert).

§ 28. Der Durchgangskoeffizient

Uns interessiert jetzt die Bewegung eines Teilchens in einem Feld, wie es in Abb. 4 dargestellt ist: $U(x)$ wächst monoton von einem konstanten Wert ($U = 0$ für $x \to -\infty$) bis zu einem anderen ($U = U_0$ für $x \to +\infty$). Nach der klassischen Mechanik wird ein Teilchen, das sich in diesem Feld mit der Energie $E < U_0$ von links nach rechts bewegt, bis an die *Potentialschwelle*

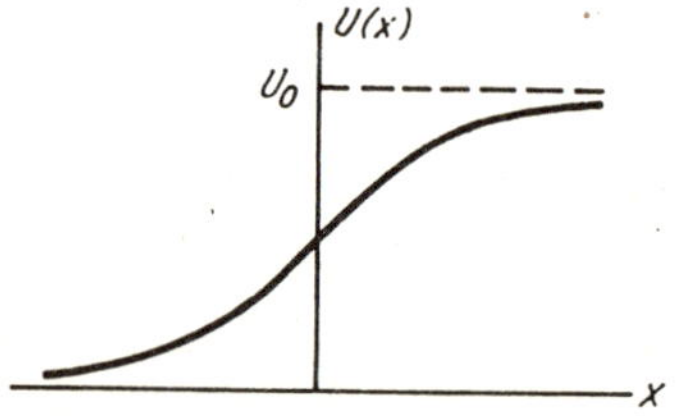

Abb. 4

[1]) Überall dort, wo das Einführen eines „Normierungsvolumens“ nötig wird, werden wir es mit dem Buchstaben Ω bezeichnen. Dieses Volumen ist eine fiktive Größe, die stets aus den physikalischen Endresultaten herausfällt und deren Einführung nur aus Gründen der Bequemlichkeit hinsichtlich des zu erörternden Sachverhaltes erfolgt.

herankommen, daran reflektiert und sich in entgegengesetzte Richtung in Bewegung setzen. Für $E > U_0$ bewegt sich das Teilchen mit verminderter Geschwindigkeit in der ursprünglichen Richtung weiter. In der Quantenmechanik tritt eine neue Erscheinung auf: Sogar für $E > U_0$ kann das Teilchen von der Potentialschwelle reflektiert werden. Die Reflexionswahrscheinlichkeit muß man prinzipiell folgendermaßen ausrechnen.

Das Teilchen soll sich von links nach rechts bewegen. Für große positive x-Werte muß die Wellenfunktion ein Teilchen beschreiben, das „über die Schwelle" hinweg gegangen ist und sich in positiver x-Richtung bewegt, d. h., sie muß für $x \to \infty$ die asymptotische Gestalt

$$\psi \approx A\, e^{i k_2 x}, \qquad k_2 = \frac{1}{\hbar}\sqrt{2m(E - U_0)} \tag{28,1}$$

haben (A ist eine Konstante). Um eine Lösung der SCHRÖDINGER-Gleichung zu finden, die dieser Randbedingung genügt, berechnen wir den asymptotischen Ausdruck für $x \to -\infty$. Er ist eine Linearkombination der beiden Lösungen der Gleichung für die freie Bewegung:

$$x \to -\infty: \quad \psi \approx e^{i k_1 x} + B\, e^{-i k_1 x}, \qquad k_1 = \frac{1}{\hbar}\sqrt{2mE}\,. \tag{28,2}$$

Das erste Glied entspricht einem auf die Schwelle zulaufenden Teilchen (ψ sei so normiert, daß der Koeffizient dieses Gliedes gleich 1 ist). Das zweite Glied stellt ein an der Schwelle reflektiertes Teilchen dar. Die Wahrscheinlichkeitsstromdichte in der einlaufenden Welle ist proportional k_1, in der reflektierten proportional $k_1|B|^2$ und in der durchgegangenen proportional $k_2|A|^2$. Wir definieren den *Durchgangskoeffizienten* D für das Teilchen als das Verhältnis der Wahrscheinlichkeitsstromdichte in der durchgegangenen Welle zu der Stromdichte in der einfallenden Welle:

$$D = \frac{k_2}{k_1}|A|^2\,. \tag{28,3}$$

Analog kann man den *Reflexionskoeffizienten* R als das Verhältnis der Stromdichte der reflektierten Welle zur Stromdichte der einfallenden Welle definieren. Offensichtlich ist $R = 1 - D$:

$$R = |B|^2 = 1 - \frac{k_2}{k_1}|A|^2 \tag{28,4}$$

(diese Beziehung zwischen A und B ist automatisch erfüllt).

Bewegt sich ein Teilchen mit einer Energie $E < U_0$ von links nach rechts, dann ist k_2 rein imaginär, und die Wellenfunktion klingt für $x \to +\infty$ exponentiell ab. Der reflektierte Strom ist gleich dem einfallenden, d. h., das Teilchen wird an der Potentialschwelle total reflektiert.

Auf analoge Weise wird die Erscheinung des Durchganges eines Teilchens durch eine *Potentialbarriere* (oder *Potentialwall*) behandelt, d. h. des Durchgangs durch einen Raumbereich, in welchem die potentielle Energie die Gesamtenergie des Teilchens übersteigt (in Abb. 5 ist eine eindimensionale Barriere dargestellt). In § 22 wurde schon erwähnt, daß in der Quantenmechanik ein auf eine Barriere auftreffendes Teilchen diese mit einer von Null verschiedenen Wahrscheinlichkeit „durchdringen" kann. Die Durchlässigkeit der Barriere für auf sie einfallende Teilchen kann man mittels des Durchgangskoeffizienten charakterisieren, der wiederum definiert wird als das Verhältnis der Dichten von durchgehendem zu einfallendem Teilchenstrom.

Abb. 5

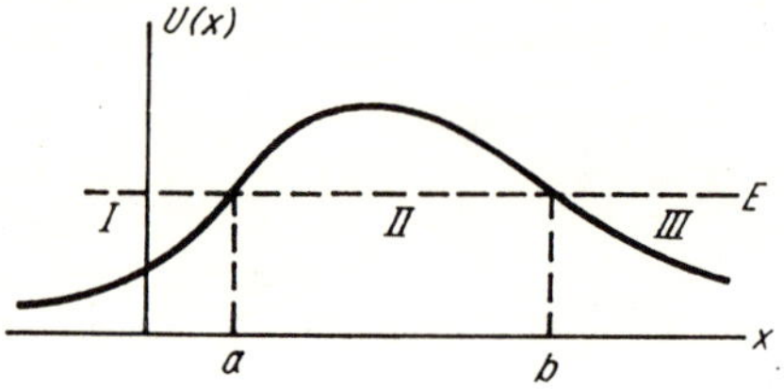

Diesen Koeffizienten kann man in allgemeiner Form für eine eindimensionale Potentialbarriere abschätzen, die der Bedingung genügt, quasiklassisch zu sein. Wir erinnern daran, daß sich entsprechend dieser Bedingung (siehe (26,12)) der „klassische Impuls" $p(x)$ des Teilchens und mit ihm die potentielle Energie $U(x)$ selbst hinreichend langsam mit x ändern müssen. Dies bedeutet, daß die Potentialbarriere einen geringen Anstieg besitzen und damit breit sein muß, so daß der Durchgangskoeffizient im quasiklassischen Falle klein wird.

Die Teilchen mögen von links, aus dem Bereich I (Abb. 5), auf die Barriere einfallen. Im „klassisch nichterreichbaren" Gebiet II nimmt die Wellenfunktion von links nach rechts nach dem Gesetz

$$\psi \sim \exp\left(-\frac{1}{\hbar}\int_a^x |p| \, dx\right), \qquad |p| = \sqrt{2m(U-E)}$$

exponentiell ab (vgl. (26,11)), wobei sie sich verhältnismäßig langsam ändert; hier und im weiteren lassen wir Faktoren bei der Exponentialfunktion weg. Am anderen Rand der Barriere (im Punkte $x = b$) hat sich die Wellenfunktion um den Faktor

$$\exp\left(-\frac{1}{\hbar}\int_a^b |p| \, dx\right)$$

im Vergleich zu ihrem Anfangswert in der einfallenden Welle (im Punkte $x = a$) verkleinert. Die Stromdichte ist proportional dem Betragsquadrat der Wellenfunktion (wiederum nur bis auf langsam veränderliche Faktoren). Deshalb ist das Verhältnis der Dichten von durchgehendem zu einfallendem Strom gleich

$$D \sim \exp\left(-\frac{2}{\hbar}\int_a^b |p| \, dx\right). \tag{28,5}$$

Diese Abschätzung für den Durchgangskoeffizienten durch eine Potentialbarriere bleibt auch in solchen (realeren) Fällen richtig, in denen die Barriere nicht als Ganzes, sondern nur für den überwiegenden Teil ihrer Ausdehnung quasiklassisch ist. Solche Fälle liegen vor, wrnn die auf einer Seite schwach ansteigende Kurve der potentiellen Energie auf der anderen derart steil abfällt, daß die quasiklassische Näherung nicht anwendbar wird. Die allgemeine Bedingung für eine Anwendbarkeit der Formel (28,5) besteht darin, daß die im Exponenten stehende Größe groß sein muß.

Aufgaben

1. Es ist der Reflexionskoeffizient an einer rechteckigen Potentialstufe zu bestimmen; die Energie des Teilchens sei $E > U_0$ (Abb. 6).

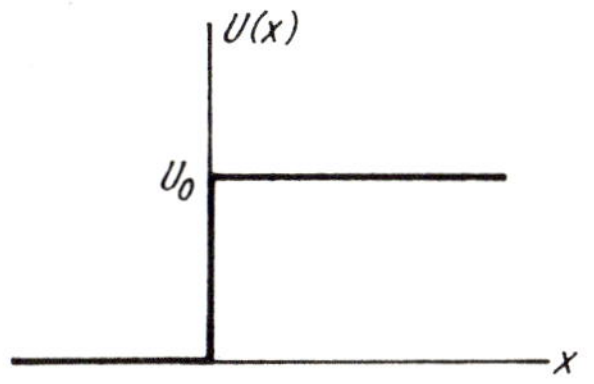

Abb. 6

Lösung. In dem ganzen Bereich $x > 0$ hat die Wellenfunktion die Form (28,1), in dem Bereich $x < 0$ die Form (28,2). Die Konstanten A und B werden aus den Anschlußbedingungen für ψ und $\mathrm{d}\psi/\mathrm{d}x$ bei $x = 0$ bestimmt:

$$1 + B = A\,, \qquad k_1(1 - B) = k_2 A\,;$$

daraus ergeben sich

$$A = \frac{2k_1}{k_1 + k_2}\,, \qquad B = \frac{k_1 - k_2}{k_1 + k_2}\,.$$

Der Reflexionskoeffizient (28,4) ist[1])

$$R = \left(\frac{k_1 - k_2}{k_1 + k_2}\right)^2 = \left(\frac{p_1 - p_2}{p_1 + p_2}\right)^2.$$

Für $E = U_0$ ($k_2 = 0$) wird R gleich 1, für $E \to \infty$ strebt R wie $R = (U_0/4E)^2$ gegen Null.

2. Man berechne den Durchgangskoeffizienten für einen rechteckigen Potentialwall (Abb. 7).

Lösung. Es sei $E > U_0$, und das einlaufende Teilchen bewege sich von links nach rechts. Wir haben dann für die Wellenfunktion in den verschiedenen Bereichen die folgenden

[1]) Im klassischen Grenzfall muß der Reflexionskoeffizient Null werden. Indessen enthält der gefundene Ausdruck überhaupt keine Quantenkonstante. Dieser scheinbare Widerspruch klärt sich folgendermaßen auf. Dem klassischen Grenzfall entspricht eine de Broglie-Wellenlänge des Teilchens $\lambda \sim \hbar/p$, die im Vergleich zu den für das Problem charakteristischen Abmessungen klein ist, d. h., verglichen mit Abständen, in denen sich das Feld $U(x)$ merklich ändert. In dem behandelten schematischen Beispiel ist dieser Abstand gleich Null (im Punkt $x = 0$), so daß der Grenzübergang nicht ausgeführt werden kann.

Ausdrücke:

für $x < 0$: $\quad \psi = e^{i k_1 x} + A\, e^{-i k_1 x}$,

für $0 < x < a$: $\quad \psi = B\, e^{i k_2 x} + B'\, e^{-i k_2 x}$,

für $x > a$: $\quad \psi = C\, e^{i k_1 x}$

Abb. 7

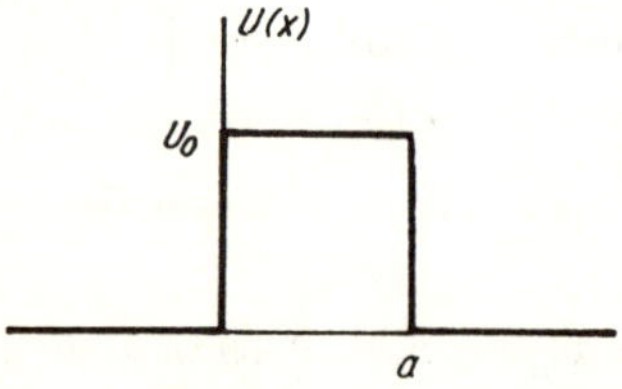

(auf der Seite $x > a$ darf nur die durchgegangene Welle vorhanden sein, die sich in positiver x-Richtung ausbreitet). Die Konstanten A, B, B' und C werden aus den Anschlußbedingungen für ψ und $d\psi/dx$ in den Punkten $x = 0$ und $x = a$ bestimmt. Der Durchgangskoeffizient ist definiert als $D = k_1|C|^2/k_1 = |C|^2$. Die Rechnungen ergeben

$$D = \frac{4\, k_1^2\, k_2^2}{(k_1^2 - k_2^2)^2 \sin^2 a\, k_2 + 4\, k_1^2\, k_2^2}.$$

Für $E < U_0$ ist k_2 eine rein imaginäre Größe. Den entsprechenden Ausdruck für D erhält man, indem man k_2 durch $i\,\varkappa_2$, mit $\hbar\,\varkappa_2 = \sqrt{2\,m\,(U_0 - E)}$, ersetzt:

$$D = \frac{4\, k_1^2\, \varkappa_2^2}{(k_1^2 + \varkappa_2^2)^2 \operatorname{sh}^2 a\, \varkappa_2 + 4\, k_1^2\, \varkappa_2^2}.$$

3. Es ist nach Formel (28,5) der Durchgangskoeffizient für die in Abb. 8 dargestellte Potentialbarriere abzuschätzen; $U(x) = 0$ für $x < 0$, $U(x) = U_0 - F\,x$ für $x > 0$.

Abb. 8

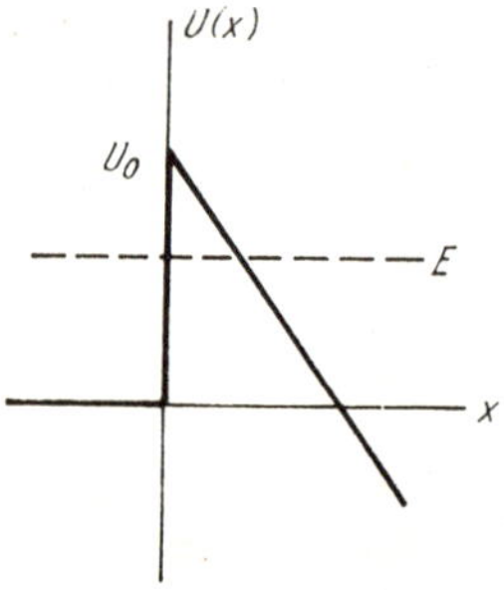

Lösung. Eine einfache Rechnung führt zu dem Ergebnis

$$D \sim \exp\left[-\frac{4\sqrt{2\,m}}{3\,\hbar\,F}(U_0 - E)^{3/2}\right].$$

4. Es ist die Wahrscheinlichkeit für den Austritt eines Teilchens (mit dem Drehimpuls Null) aus einem kugelsymmetrischen Potentialtopf abzuschätzen; $U(r) = -U_0$ für $r < r_0$, für $r > r_0$ jedoch COULOMB-Abstoßung: $U(r) = \alpha/r$ (Abb. 9).

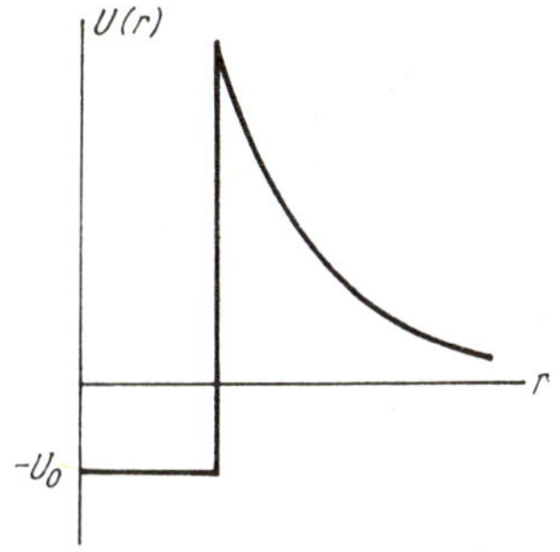

Abb. 9

Lösung. Gemäß (28,5) haben wir[1])

$$w \sim \exp\left[-\frac{2}{\hbar}\int_{r_0}^{\alpha/E}\sqrt{2m\left(\frac{\alpha}{r}-E\right)}\,dr\right]$$

und die Berechnung des Integrals gibt

$$w \sim \exp\left\{-\frac{2\alpha}{\hbar}\left[\sqrt{\frac{2m}{E}}\arccos\sqrt{\frac{E r_0}{\alpha}}-\sqrt{\frac{E r_0}{\alpha}\left(1-\frac{E r_0}{\alpha}\right)}\right]\right\}.$$

Im Grenzfall $r_0 \to 0$ geht diese Formel über in

$$w \sim \exp\left(-\frac{\pi\alpha}{\hbar}\sqrt{\frac{2m}{E}}\right) = \exp\left(-\frac{2\pi\alpha}{\hbar v}\right).$$

Diese Formeln sind anwendbar, wenn der Exponent groß ist, d. h. $\alpha/\hbar v \gg 1$ gilt.

§ 29. Die Bewegung im kugelsymmetrischen Feld

Das Problem der Bewegung zweier miteinander wechselwirkender Teilchen kann in der Quantenmechanik auf ein Einkörperproblem zurückgeführt werden. Das geschieht ähnlich wie in der klassischen Mechanik (I § 11). Der Hamilton-Operator zweier mit dem Potential $U(r)$ (r ist der Abstand zwischen den Teilchen) wechselwirkender Teilchen (mit den Massen m_1 und m_2) hat die Form

$$\hat{H} = -\frac{\hbar^2}{2m_1}\Delta_1 - \frac{\hbar^2}{2m_2}\Delta_2 + U(r)\,. \tag{29,1}$$

Darin sind Δ_1 und Δ_2 die Laplace-Operatoren in bezug auf die Koordinaten der Teilchen. Wir führen statt der Ortsvektoren der Teilchen, $\boldsymbol{r}_1$ und $\boldsymbol{r}_2$, die neuen Variablen $\boldsymbol{R}$ und $\boldsymbol{r}$ ein:

$$\boldsymbol{r} = \boldsymbol{r}_2 - \boldsymbol{r}_1\,, \qquad \boldsymbol{R} = \frac{m_1\boldsymbol{r}_1 + m_2\boldsymbol{r}_2}{m_1+m_2} \tag{29,2}$$

[1]) Hier wird der Umstand benutzt, daß sich das Problem der Bewegung eines Teilchens (mit Drehimpuls gleich Null) im Zentralfeld auf dasjenige einer eindimensionalen Bewegung mit derselben potentiellen Energie zurückführen läßt — siehe § 30.

($\boldsymbol{r}$ — Vektor des gegenseitigen Abstandes, $\boldsymbol{R}$ — Radiusvektor zum Massenschwerpunkt der Teilchen). Eine einfache Rechnung ergibt

$$\hat{H} = -\frac{\hbar^2}{2(m_1+m_2)}\Delta_R - \frac{\hbar^2}{2m}\Delta + U(r) \tag{29,3}$$

(Δ_R und Δ sind die LAPLACE-Operatoren bezüglich der Komponenten von $\boldsymbol{R}$ und $\boldsymbol{r}$, $m_1 + m_2$ ist die Gesamtmasse des Systems, $m = m_1 m_2/(m_1 + m_2)$ ist die sogenannte reduzierte Masse).

Der HAMILTON-Operator zerfällt also in die Summe aus zwei unabhängigen Teilen. Dementsprechend kann man $\psi(\boldsymbol{r}_1, \boldsymbol{r}_2)$ als Produkt $\varphi(\boldsymbol{R})\,\psi(\boldsymbol{r})$ ansetzen. Die Funktion $\varphi(\boldsymbol{R})$ beschreibt dabei die Bewegung des Schwerpunktes (als freie Bewegung eines Teilchens mit der Masse $m_1 + m_2$). $\psi(\boldsymbol{r})$ beschreibt die Relativbewegung der Teilchen (als Bewegung eines Teilchens mit der Masse m in dem kugelsymmetrischen Feld $U = U(r)$).

Die SCHRÖDINGER-Gleichung für die Bewegung eines Teilchens in einem kugelsymmetrischen Feld hat die Gestalt

$$\Delta\psi + \frac{2m}{\hbar^2}[E - U(r)]\,\psi = 0\,. \tag{29,4}$$

Wir verwenden den bekannten Ausdruck für den LAPLACE-Operator in Kugelkoordinaten und schreiben diese Gleichung in der Form

$$\frac{1}{r^2}\frac{\partial}{\partial r}\left(r^2\frac{\partial\psi}{\partial r}\right) + \frac{1}{r^2}\left[\frac{1}{\sin\theta}\frac{\partial}{\partial\theta}\left(\sin\theta\,\frac{\partial\psi}{\partial\theta}\right) + \frac{1}{\sin^2\theta}\frac{\partial^2\psi}{\partial\varphi^2}\right] + \frac{2m}{\hbar^2}[E - U(r)]\,\psi = 0\,. \tag{29,5}$$

Führen wir hier den Operator $\hat{\boldsymbol{l}}^2$ (14,15) für das Quadrat des Drehimpulses ein, so erhalten wir

$$\frac{\hbar^2}{2m}\left[-\frac{1}{r^2}\frac{\partial}{\partial r}\left(r^2\frac{\partial\psi}{\partial r}\right) + \frac{\hat{\boldsymbol{l}}^2}{r^2}\,\psi\right] + U(r)\,\psi = E\,\psi\,. \tag{29,6}$$

Bei der Bewegung in einem kugelsymmetrischen Feld bleibt der Drehimpuls erhalten. Wir betrachten die stationären Zustände mit bestimmten Werten des Drehimpulses l und seiner Projektion m. Die Winkelabhängigkeit der Wellenfunktionen wird durch Vorgabe der Werte l und m festgelegt. Dementsprechend suchen wir die Lösungen der Gleichung (26,6) in der Gestalt

$$\psi = R(r)\,Y_{lm}(\theta, \varphi)\,. \tag{29,7}$$

Berücksichtigen wir, daß eine Eigenfunktion des Drehimpulses der Gleichung $\hat{\boldsymbol{l}}^2\,Y_{lm} = l\,(l+1)\,Y_{lm}$ genügt, dann erhalten wir für die Radialfunktion $R(r)$ die folgende Gleichung:

$$\frac{1}{r^2}\frac{\mathrm{d}}{\mathrm{d}r}\left(r^2\frac{\mathrm{d}R}{\mathrm{d}r}\right) - \frac{l\,(l+1)}{r^2}R + \frac{2m}{\hbar^2}[E - U(r)]\,R = 0 \tag{29,8}$$

Wir merken an, daß diese Gleichung die Werte $l_z = m$ überhaupt nicht enthält. Dies entspricht der uns schon bekannten $(2\,l+1)$-fachen Richtungsentartung von Niveaus bezüglich des Drehimpulses.

Wir wollen uns mit der Untersuchung des Radialanteils der Wellenfunktionen beschäftigen. Durch die Substitution

$$R(r) = \frac{\chi(r)}{r} \tag{29,9}$$

wird aus der Gleichung (29,8)

$$\frac{d^2\chi}{dr^2} + \left[\frac{2m}{\hbar^2}(E - U) - \frac{l(l+1)}{r^2}\right]\chi = 0\,. \tag{29,10}$$

Wir nehmen an, daß die potentielle Energie $U(r)$, sollte sie auch für $r \to 0$ unendlich werden, langsamer ansteigt als $1/r^2$, d. h. der Bedingung

$$r^2\, U(r) \to 0 \qquad \text{für} \qquad r \to 0 \tag{29,11}$$

genügt. Damit wird (im Falle eines Feldes, für das $U \to -\infty$ bei $r \to 0$ gilt) die Möglichkeit eines ,,Sturzes" des Teilchens ins Zentrum ausgeschlossen, wie bereits in der Fußnote auf Seite 61 erwähnt wurde. Demzufolge bleibt die Wellenfunktion (und mit ihr die Wahrscheinlichkeitsdichte $|\psi|^2$) im gesamten Raum einschließlich des Punktes $r = 0$ endlich. Die Funktion $\chi = r\,R$ ihrerseits muß folglich für $r = 0$ Null sein:

$$\chi(0) = 0\,. \tag{29,12}$$

Die Gleichung (29,10) stimmt formal mit der SCHRÖDINGER-Gleichung für eine eindimensionale Bewegung in einem Feld mit der potentiellen Energie

$$U_l(r) = U(r) + \frac{\hbar^2}{2m}\frac{l(l+1)}{r^2} \tag{29,13}$$

überein; das zweite Glied kann man als Zentrifugalenergie bezeichnen. Das Problem der Bewegung in einem kugelsymmetrischen Feld wird also auf das Problem einer eindimensionalen Bewegung in einem Bereich zurückgeführt, der auf einer Seite beschränkt ist (Randbedingung $\chi = 0$ für $r = 0$). ,,Eindimensionalen Charakter" besitzt auch die Normierungsbedingung für Funktionen χ, die sich aus dem Integral

$$\int_0^\infty |R|^2\, r^2\, dr = \int_0^\infty |\chi|^2\, dr = 1 \tag{29,14}$$

bestimmt.

Zusammen mit der Randbedingung (29,12) wird durch Vorgabe eines (zulässigen) Energiewertes die Lösung der Gleichung (29,10) vollständig bestimmt. Das bedeutet, daß bei einer Bewegung in einem Zentralfeld ein Zustand völlig durch die Werte E, l, m festgelegt wird: Energie, Drehimpuls und seine Projektion bilden zusammen einen vollständigen Satz physikalischer Größen für eine solche Bewegung.

Da die Bewegung in einem kugelsymmetrischen Feld auf eine eindimensionale Bewegung zurückgeführt worden ist, kann man den Knotensatz anwenden (siehe § 22). Wir ordnen die Energieeigenwerte (des diskreten Spektrums) bei gegebenem l nach wachsenden Werten der Energie und numerieren sie mit den

Ordnungszahlen n_r. Dem niedrigsten Niveau wird die Nummer $n_r = 0$ zugeordnet. n_r gibt dann die Zahl der Knoten in dem Radialanteil der Wellenfunktion für endliche r-Werte an (der Punkt $r = 0$ wird nicht mitgezählt). Die Zahl n_r wird die *radiale Quantenzahl* genannt. Die Zahl l heißt bei einer Bewegung in einem kugelsymmetrischen Feld manchmal *azimutale Quantenzahl*, m nennt man die *magnetische Quantenzahl.*

Für die Bezeichnung der Zustände mit verschiedenen Drehimpulswerten l gibt es eine allgemein übliche Symbolik. Die Zustände werden nach der folgenden Zuordnung mit den Buchstaben des lateinischen Alphabets bezeichnet:

$$\begin{array}{lcccccccc} l = & 0 & 1 & 2 & 3 & 4 & 5 & 6 & 7\ldots \\ & s & p & d & f & g & h & i & k\ldots \end{array} \qquad (29,15)$$

Wir wollen die Gestalt der Radialfunktion in der Nähe des Koordinatenursprungs bestimmen. Für kleine r suchen wir $R(r)$ in der Form $R = \text{const} \cdot r^s$. Setzen wir das in die Gleichung

$$\frac{\mathrm{d}}{\mathrm{d}r}\left(r^2 \frac{\mathrm{d}R}{\mathrm{d}r}\right) - l\,(l+1)\,R = 0$$

ein, die man aus (29,8) durch Multiplikation mit r^2 und anschließenden Grenzübergang $r \to 0$ erhält, dann finden wir (unter Berücksichtigung von (29,11))

$$s\,(s+1) = l\,(l+1)\,.$$

Daraus ergibt sich $s = l$ oder $s = -(l+1)$. Die Lösung mit $s = -(l+1)$ erfüllt die erforderlichen Bedingungen nicht; sie wird für $r = 0$ unendlich. Es bleibt also die Lösung mit $s = l$ übrig, d. h., in der Nähe des Koordinatenursprungs sind die Wellenfunktionen der Zustände mit gegebenem l proportional zu r^l:

$$R_l \approx \text{const} \cdot r^l\,. \qquad (29,16)$$

Die Wahrscheinlichkeit, daß sich das Teilchen in einer Entfernung vom Zentrum zwischen r und $r + \mathrm{d}r$ befindet, wird durch die Größe $r^2|R|^2$ gegeben und ist daher proportional zu $r^{2(l+1)}$. Sie geht im Koordinatenursprung um so schneller gegen Null, je größer der Wert von l ist.

§ 30. Kugelwellen

Die ebene Welle (20,9) beschreibt einen stationären Zustand, in dem das Teilchen einen bestimmten Impuls $\boldsymbol{p}$ (und die Energie $E = p^2/2\,m$) hat. Wir wollen jetzt solche stationären Zustände eines freien Teilchens betrachten (*Kugelwellen*), in denen es neben der Energie bestimmte Werte für den Betrag und die Projektion des Drehimpulses hat. Statt der Energie führen wir zweckmäßigerweise den Betrag des Wellenzahlvektors ein:

$$k = \frac{1}{\hbar}\sqrt{2\,m\,E}\,. \qquad (30,1)$$

Die Wellenfunktion eines Zustandes mit dem Drehimpuls l und der Projektion m ist

$$\psi_{klm} = R_{kl}(r)\, Y_{lm}(\theta, \varphi) \,. \tag{30,2}$$

Die Radialfunktion wird dabei durch die Gleichung

$$R''_{kl} + \frac{2}{r} R'_{kl} + \left[k^2 - \frac{l(l+1)}{r^2}\right] R_{kl} = 0 \tag{30,3}$$

(Gleichung (29,8) ohne $U(r)$) bestimmt. Die zum (bzgl. k) kontinuierlichen Spektrum gehörenden Wellenfunktionen ψ_{klm} genügen der Orthonormierungsbedingung

$$\int \psi^*_{k'l'm'} \psi_{klm} \, \mathrm{d}V = \delta_{ll'} \delta_{mm'} \delta(k' - k) \,.$$

Für verschiedene l, l' und m, m' wird die Orthogonalität durch die winkelabhängigen Anteile der Wellenfunktionen gewährleistet. Die Radialfunktionen müssen nach der Vorschrift

$$\int_0^\infty r^2 R_{k'l} R_{kl} \, \mathrm{d}r = \delta(k' - k) \tag{30,4}$$

normiert werden.

Für $l = 0$ kann man die Gleichung (30,3) auch als

$$\frac{\mathrm{d}^2}{\mathrm{d}r^2}(r R_{k0}) + k^2 r R_{k0} = 0 \tag{30,5}$$

schreiben. Ihre für $r = 0$ endliche und nach der Vorschrift (30,4) normierte Lösung ist

$$R_{k0} = \sqrt{\frac{2}{\pi}} \frac{\sin kr}{r} \,. \tag{30,6}$$

Um die Richtigkeit der Normierung zu überprüfen, schreiben wir

$$\int_0^\infty r^2 R_{k'0} R_{k0} \, \mathrm{d}r = \frac{2}{\pi} \int_0^\infty \sin k'r \sin kr \cdot \mathrm{d}r$$

$$= \frac{1}{\pi} \int_0^\infty \cos (k' - k) r \cdot \mathrm{d}r + \frac{1}{\pi} \int_0^\infty \cos (k' + k) r \cdot \mathrm{d}r \,. \tag{30,7}$$

Gemäß der Formel

$$\int_0^\infty \cos \alpha x \cdot \mathrm{d}x = \pi \delta(\alpha) \tag{30,8}$$

liefert das erste Integral in (30,7) die geforderte δ-Funktion; das zweite Integral wird Null, da $k + k' \neq 0$ gilt.[1])

[1]) Formel (30,8) folgt aus (12,9) durch Abspalten des Realteils in beiden Gleichungsseiten und durch Ersetzen des Integrals mit den Grenzen $-\infty$ und ∞ durch das mit zwei zu multiplizierende Integral von 0 bis ∞.

Für $l \neq 0$ haben die Funktionen R_{kl} ein kompliziertes Aussehen. Sie können sich jedoch für große Entfernungen r von (30,6) nur durch die Phase der trigonometrischen Funktion unterscheiden. Dies folgt daraus, daß man für $r \to \infty$ in der Gleichung (30,3) das Glied $l\,(l+1)/r^2$ weglassen kann und die Gleichung sich damit nicht von derjenigen für $l = 0$ unterscheidet (da eine solche Gleichung sich jedoch nur auf Bereiche großer r bezieht, entfällt die Möglichkeit, eine der beiden unabhängigen Lösungen aus der Endlichkeitsbedingung für $r = 0$ auszuwählen). Die Phasenänderung erweist sich im Vergleich zu dem Fall $l = 0$ als $\pi\, l/2$, so daß sich für große Entfernungen die asymptotische Gestalt

$$R_{kl} \approx \sqrt{\frac{2}{\pi}}\, \frac{\sin\,(k\,r - \pi\, l/2)}{r} \tag{30,9}$$

ergibt.[1])

Ein analoger asymptotischer Ausdruck gilt nicht nur für den Radialanteil der Wellenfunktion einer freien Bewegung, sondern auch für die Bewegung (mit positiver Energie) in einem beliebigen Feld, das für $r \to \infty$ genügend schnell abnimmt.[2]) In großen Entfernungen können wir in der SCHRÖDINGER-Gleichung sowohl das Feld als auch die Zentrifugalenergie vernachlässigen, und wir erhalten wiederum für R_{kl} eine Gleichung der Form (30,5). Die allgemeine Lösung dieser Gleichung ist

$$R_{kl} \approx \sqrt{\frac{2}{\pi}}\, \frac{1}{r} \sin\left(k\,r - \frac{\pi\,l}{2} + \delta_l\right). \tag{30,10}$$

Darin ist δ_l eine konstante *Phasenverschiebung*; das Glied $-l\,\pi/2$ im Argument des Sinus ist deshalb eingeführt worden, damit bei Abwesenheit des Feldes $\delta_l = 0$ ist. Die konstante Phase δ_l wird durch die Randbedingung (R_{kl} soll für $r \to 0$ endlich sein) festgelegt, für die die exakte SCHRÖDINGER-Gleichung gelöst werden muß, und kann nicht allgemein berechnet werden. Die Phasen δ_l sind selbstverständlich Funktionen von l und von k; sie sind ein wesentliches Charakteristikum für die Eigenfunktionen des kontinuierlichen Spektrums.

Wir betrachten ein freies Teilchen, das sich mit bestimmtem Impuls $p = k\,\hbar$ in positiver z-Richtung bewegt. Die Wellenfunktion eines solchen Teilchens hat die Gestalt

$$\psi = \text{const} \cdot e^{i\,k\,z} = \text{const} \cdot e^{i\,k\,r\cos\theta}\,. \tag{30,11}$$

Wir entwickeln diese Funktion nach den Wellenfunktionen ψ_{klm} für die freie Bewegung mit bestimmten Drehimpulsen. Da die Funktion (30,11) axialsymmetrisch zur z-Achse ist, können in die Entwicklung nur diejenigen Funk-

[1]) Die für $r = 0$ endlich bleibende Lösung der Gleichung (30,3) läßt sich durch die BESSEL-Funktion mit halbzahligem Index ausdrücken:

$$R_{kl} = J_{l+1/2}(k\,r)/\sqrt{k\,r}\,.$$

Der bekannte asymptotische Ausdruck für die BESSEL-Funktionen führt auf (30,9).

[2]) Genauer, das Feld $U(r)$ muß schneller abklingen als $1/r$.

tionen eingehen, die von dem Winkel φ unabhängig sind, d. h. die Funktionen mit $m = 0$. Diese Funktionen sind $\psi_{kl0} = \text{const} \cdot P_l(\cos\theta)\, R_{kl}$, und demzufolge muß die gesuchte Entwicklung die Gestalt

$$e^{ikz} = \sum_{l=0}^{\infty} a_l\, R_{kl}(r)\, P_l(\cos\theta) \tag{30,12}$$

besitzen, worin die a_l konstante Koeffizienten bedeuten.

Zur Bestimmung dieser Koeffizienten multiplizieren wir Gleichung (30,12) mit $P_l(\cos\theta)\sin\theta$ und integrieren beide Seiten über $d\theta$. Berücksichtigen wir die Orthogonalität der Polynome P_l für verschiedene l sowie den Wert des Normierungsintegrals

$$\int_0^{\pi} P_l^2(\cos\theta)\sin\theta\, d\theta = \frac{2}{2l+1}, \tag{30,13}$$

dann erhalten wir

$$\int_0^{\pi} e^{ikr\cos\theta} P_l(\cos\theta)\sin\theta\, d\theta = a_l \frac{2}{2l+1} R_{kl}(r)\,. \tag{30,14}$$

Das Integral auf der linken Seite der Gleichung läßt sich für das Gebiet großer r leicht berechnen, da man dann alle Glieder mit höheren Potenzen von $1/r$ vernachlässigen kann. Im Rahmen dieser Genauigkeit erhalten wir nach Einführen der neuen Integrationsvariablen $\mu = \cos\theta$ durch partielle Integration

$$\int_{-1}^{1} e^{ikr\mu} P_l(\mu)\, d\mu \approx P_l(\mu) \left.\frac{e^{ikr\mu}}{ikr}\right|_{-1}^{1} = \frac{e^{ikr} - (-1)^l e^{-ikr}}{ikr}$$

(hierbei wurden außerdem die bekannten Relationen $P_l(1) = 1$, $P_l(-1) = (-1)^l$ verwendet). Diesen Ausdruck kann man in der Form

$$\frac{2\,i^l}{kr} \sin\left(kr - \frac{\pi l}{2}\right)$$

aufschreiben, so daß schließlich Gleichung (30,14) mit den R_{kl} aus (30,9)

$$a_l = \sqrt{\frac{\pi}{2}}\, \frac{i^l}{k} (2l+1) \tag{30,15}$$

liefert. Mit diesen Koeffizienten nimmt die Entwicklung (30,12) für große Entfernungen r die folgende asymptotische Form an:

$$e^{ikz} \approx \frac{1}{kr} \sum_{l=0}^{\infty} i^l (2l+1)\, P_l(\cos\theta) \sin\left(kr - \frac{\pi l}{2}\right). \tag{30,16}$$

Diese Entwicklung werden wir im weiteren, in der Theorie der Streuung eines Teilchens, benötigen.

Aufgaben

1. Es sind die Energieniveaus für die Bewegung eines Teilchens mit dem Drehimpuls $l = 0$ in einem kugelsymmetrischen Potentialtopf zu bestimmen: $U(r) = -U_0$ für $r < a$ und $U(r) = 0$ für $r > a$.

Lösung. Für $l = 0$ hängt die Wellenfunktion nur von r ab. Für das Innere des Potentialtopfs lautet die SCHRÖDINGER-Gleichung

$$\frac{1}{r}\frac{d^2}{dr^2}(r\psi) + k^2\psi = 0\,, \qquad k = \frac{1}{\hbar}\sqrt{2m(U_0 - |E|)}\,.$$

Die für $r = 0$ endliche Lösung ist

$$\psi = A\frac{\sin kr}{r}\,.$$

Für $r > a$ haben wir die Gleichung

$$\frac{1}{r}\frac{d^2}{dr^2}(r\psi) - \varkappa^2\psi = 0\,, \qquad \varkappa = \frac{1}{\hbar}\sqrt{2m|E|}\,.$$

Die im Unendlichen verschwindende Lösung ist

$$\psi = A'\frac{e^{-\varkappa r}}{r}.$$

Die Anschlußbedingung für die logarithmische Ableitung von ψr bei $r = a$ ergibt

$$k \operatorname{ctg} ka = -\varkappa = -\sqrt{\frac{2mU_0}{\hbar^2} - k^2} \tag{1}$$

oder

$$\sin ka = \pm ka\sqrt{\frac{\hbar^2}{2ma^2U_0}}\,ka\,. \tag{2}$$

Durch diese Gleichung werden implizit die Energieniveaus bestimmt (es müssen diejenigen Wurzeln der Gleichung genommen werden, für die $\operatorname{ctg} ka < 0$ ist, wie aus (1) folgt). Das erste dieser Niveaus (das Niveau mit $l = 0$) ist gleichzeitig das niedrigste mögliche Energieniveau, d. h., es entspricht dem Grundzustand des Teilchens.

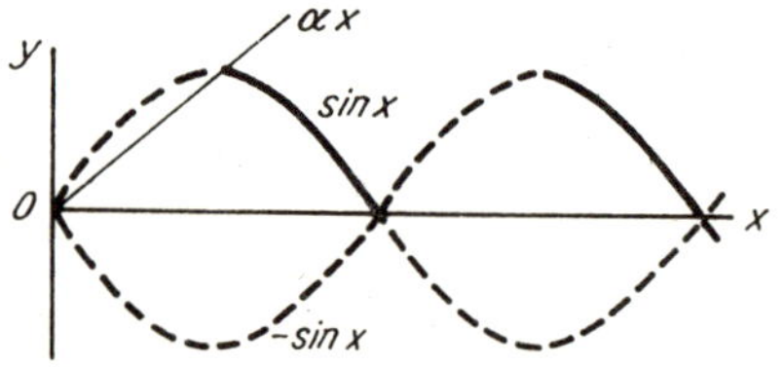

Abb. 10

Ist der Potentialtopf zu flach (U_0 zu klein), dann gibt es überhaupt keine negativen Energieniveaus, d. h., das Teilchen kann nicht vom Potentialtopf „festgehalten werden". Das kann man an Hand der Gleichung (2) mit Hilfe der folgenden graphischen Konstruktion leicht einsehen. Die Wurzeln einer Gleichung der Gestalt $\pm \sin x = \alpha x$ werden durch die Schnittpunkte der Geraden $y = \alpha x$ mit den Kurven $y = \pm \sin x$ dargestellt. Wir müssen dabei nur diejenigen Schnittpunkte berücksichtigen, für die $\operatorname{ctg} x < 0$ ist. Die entsprechenden Teile der Kurven $y = \pm \sin x$ sind in Abb. 10 durch eine ausgezogene Linie wiedergegeben. Für zu großes α (zu kleines U_0) gibt es, wie wir sehen, überhaupt keine solchen Schnittpunkte.

2. Für den räumlichen harmonischen Oszillator (ein Teilchen in dem Feld $U = m\,\omega^2 r^2/2$) sind die Energieniveaus und der Grad ihrer Entartung zu bestimmen.

Lösung. Die Schrödinger-Gleichung für ein Teilchen in dem Feld $U = 1/2\, m \times \omega^2 (x^2 + y^2 + z^2)$ erlaubt die Separation der Variablen, so daß man drei Gleichungen wie für je einen linearen Oszillator erhält. Die Energieniveaus sind deshalb

$$E = \hbar\,\omega \left(n_1 + n_2 + n_3 + \frac{3}{2}\right) \equiv \hbar\,\omega \left(n + \frac{3}{2}\right).$$

Der Entartungsgrad des n-ten Niveaus ist gleich der Zahl der Möglichkeiten, n als Summe dreier positiver ganzer Zahlen[1]) (einschließlich der Zahl 0) darzustellen; diese ist

$$\frac{1}{2}(n+1)(n+2).$$

§ 31. Die Bewegung im Coulomb-Feld

Betrachten wir nun die Bewegung eines Elektrons im Wasserstoffatom oder im wasserstoffähnlichen Ion, d. h. im Felde eines Kernes der Ladung $+Ze$. Setzt man voraus, daß der Kern unbeweglich ist, dann reduziert sich die Problemstellung auf die Frage nach der Bewegung eines Teilchens im anziehenden Coulomb-Feld

$$U = -\frac{Z\,e^2}{r}. \tag{31,1}$$

Von den in § 22 dargelegten allgemeinen Überlegungen her ist sofort klar, daß das Spektrum der positiven Energieeigenwerte E kontinuierlich und dasjenige negativer Energien diskret ist. Das letztere wiederum entspricht gebundenen Elektronenzuständen und interessiert uns hier.

Bei Aufgaben, die mit dem Coulomb-Feld verknüpft sind, ist es zweckmäßig, für alle Größen spezielle Maßeinheiten, sogenannte atomare Maßeinheiten, zu verwenden. Und zwar werden als Maßeinheiten für Masse, Länge und Zeit entsprechend

$$m = 9{,}11 \cdot 10^{-28}\,\mathrm{g}, \qquad \frac{\hbar^2}{m\,e^2} = 0{,}529 \cdot 10^{-8}\,\mathrm{cm}\,,$$

$$\frac{\hbar^3}{m\,e^4} = 2{,}42 \cdot 10^{-17}\,\mathrm{s}$$

(m — Elektronenmasse) gewählt; die atomare Längeneinheit nennt man *Bohrscher Radius*. Alle übrigen Einheiten werden hieraus abgeleitet; so lautet die Energieeinheit[2])

$$\frac{m\,e^4}{\hbar^2} = 4{,}36 \cdot 10^{-11}\,\mathrm{erg} = 27{,}21\,\mathrm{eV}\,.$$

Die atomare Ladungseinheit ist die Elementarladung $e = 4{,}80 \cdot 10^{-10}$ CGSE. Den Übergang zu atomaren Einheiten kann man in den Formeln dadurch vollziehen, daß man in ihnen $e = 1$, $m = 1$, $\hbar = 1$ setzt.

[1]) Mit anderen Worten ist dies die Zahl der Möglichkeiten, n gleichartige Kugeln auf drei Kästen zu verteilen.

[2]) Die Hälfte dieser Energie trägt die Bezeichnung Ry — Rydberg.

Die Gleichung (29,8) für die Radialfunktionen hat die Gestalt

$$\frac{d^2R}{dr^2}+\frac{2}{r}\frac{dR}{dr}-\frac{l(l+1)}{r^2}R+\frac{2m}{\hbar^2}\left(E+\frac{Ze^2}{r}\right)R=0 \tag{31,2}$$

oder in den neuen Einheiten

$$\frac{d^2R}{dr^2}+\frac{2}{r}\frac{dR}{dr}-\frac{l(l+1)}{r^2}R+2\left(E+\frac{Z}{r}\right)R=0\,. \tag{31,3}$$

Statt des Parameters E und der Variablen r führen wir die neuen Größen

$$n=\frac{Z}{\sqrt{-2E}},\qquad \varrho=\frac{2rZ}{n} \tag{31,4}$$

ein (für negative E ist n eine positive reelle Zahl). Aus der Gleichung (31,3) wird nach dem Einsetzen von (31,4)

$$R''+\frac{2}{\varrho}R'+\left[-\frac{1}{4}+\frac{n}{\varrho}-\frac{l(l+1)}{\varrho^2}\right]R=0 \tag{31,5}$$

(die Striche bedeuten die Ableitung nach ϱ).

Für kleine ϱ ist die Lösung, die den notwendigen Endlichkeitsbedingungen genügt, proportional zu ϱ^l (siehe (29,16)). Zur Untersuchung des asymptotischen Verhaltens von R für große ϱ lassen wir in (31,5) die Glieder mit $1/\varrho$ und $1/\varrho^2$ weg und erhalten

$$R''=\frac{R}{4}$$

und daraus $R=e^{\pm\varrho/2}$. Die uns interessierende, im Unendlichen verschwindende Lösung verhält sich für große ϱ folglich wie $e^{-\varrho/2}$.

Auf Grund dessen substituiert man natürlich

$$R=\varrho^l\,e^{-\varrho/2}\,w(\varrho)\,; \tag{31,6}$$

danach lautet die Gleichung (31,5)

$$\varrho w''+(2l+2-\varrho)w'+(n-l-1)w=0\,. \tag{31,7}$$

Die Lösung dieser Gleichung darf im Unendlichen nicht schneller als eine endliche Potenz von ϱ divergieren, für $\varrho=0$ muß sie endlich sein.

Wir gehen nach dem genau gleichen Konzept wie in § 25 vor und suchen die Lösung in Gestalt einer Reihe

$$w=\sum_{s=0}^{\infty}a_s\,\varrho^s\,. \tag{31,8}$$

Setzen wir diese in (31,7) ein, so finden wir

$$\sum_{s=1}^{\infty}\left[a_s\,s\,(s-1)+(2l+2)\,a_s\,s\right]\varrho^{s-1}$$
$$+\sum_{s=0}^{\infty}\left[-a_s\,s+a_s\,(n-l-1)\right]\varrho^s=0$$

oder nach Ersetzen des Summationsindexes s in der ersten Summe durch $s + 1$

$$\sum_{s=0}^{\infty} [a_{s+1} (s + 1) (s + 2 l + 2) + a_s (n - l - 1 - s)] \varrho^s = 0 .$$

Durch Nullsetzen der Entwicklungskoeffizienten finden wir die Rekursionsformel

$$a_{s+1} = - a_s \frac{n - l - 1 - s}{(s + 1) (s + 2 l + 2)} . \tag{31,9}$$

Hieraus folgern wir, daß die Reihe (31,8) auf ein Polynom (der Ordnung $n - l - 1$) führt, wenn $n = l + 1, l + 2, \ldots$ ist.

Die Zahl n muß auf diese Weise positiv ganzzahlig sein, wobei für gegebenes l gilt:

$$n \geqq l + 1 . \tag{31,10}$$

Nach der Definition (31,4) des Parameters n haben wir

$$E = - \frac{Z^2}{2 n^2}, \qquad n = 1, 2, \ldots \tag{31,11}$$

Damit sind die Energieniveaus des diskreten Spektrums im COULOMB-Feld bestimmt. Es gibt unendlich viele Niveaus zwischen dem Grundzustand $E_1 = - 1/2$ und Null. Die Abstände zwischen zwei aufeinanderfolgenden Niveaus werden mit zunehmendem n immer kleiner; bei der Annäherung an den Wert $E = 0$ liegen die Niveaus immer dichter, sie häufen sich bei $E = 0$, wo sich das diskrete Spektrum an das kontinuierliche anschließt. In den üblichen Einheiten lautet die Formel (31,11)[1])

$$E = - \frac{Z^2 m e^4}{2 \hbar^2 n^2} . \tag{31,12}$$

Die ganze Zahl n heißt die *Hauptquantenzahl*. Die in § 29 definierte radiale Quantenzahl ist

$$n_r = n - l - 1 .$$

Für einen festen Wert der Hauptquantenzahl kann die Zahl l die Werte

$$l = 0, 1, \ldots, n - 1 \tag{31,13}$$

annehmen, das sind insgesamt n verschiedene Werte. In den Ausdruck (31,11) für die Energie geht nur die Hauptquantenzahl n ein. Alle Zustände mit verschiedenen l, aber den gleichen n, haben die gleiche Energie. Jeder Eigenwert ist also nicht nur in bezug auf die magnetische Quantenzahl m entartet (wie bei jeder Bewegung in einem kugelsymmetrischen Feld), sondern auch in bezug auf die Zahl l. Diese letztere Entartung (man nennt sie *zufällig*) ist eine Eigen-

[1]) Formel (31,12) wurde erstmalig von N. BOHR im Jahre 1913 noch vor der Schaffung der Quantenmechanik angegeben. In der Quantenmechanik wurde sie von W. PAULI (1926) aus der Matrizenmechanik und einige Monate später von E. SCHRÖDINGER mit Hilfe der Wellengleichung hergeleitet.

art des Coulomb-Feldes. Zu jedem Wert von l gehören, wie wir wissen, $2l + 1$ verschiedene Werte von m. Der Entartungsgrad des n-ten Energieniveaus ist deshalb

$$\sum_{l=0}^{n-1} (2l + 1) = n^2 . \tag{31,14}$$

Wir werden nicht den allgemeinen Ausdruck für die Wellenfunktionen des Elektrons aufschreiben, sondern beschränken uns auf die Wellenfunktion für seinen Grundzustand. Für $n = 1$, $l = 0$ liefert die Reihe (31,8) eine Konstante; das Gleiche trifft auch für den Winkelanteil der Wellenfunktion Y_{00} zu. Deshalb lautet die Wellenfunktion

$$\psi = \frac{Z^{3/2}}{\sqrt{\pi}} e^{-Zr} . \tag{31,15}$$

Sie ist durch die übliche Bedingung

$$\int |\psi|^2 \, dV \equiv 4\pi \int_0^\infty r^2 |\psi|^2 \, dr = 1$$

normiert.

Der „Radius" eines Atoms wird durch diejenige Entfernung r charakterisiert, in der ein merklicher Abfall der Dichte $|\psi|^2$ für die Aufenthaltswahrscheinlichkeit der Elektronen eintritt. Im Falle des Wasserstoffatoms ($Z = 1$) ergibt sich als Größenordnung dieser Entfernung gerade die atomare Längeneinheit, wie dies aus (31,15) ersichtlich ist. In üblichen Einheiten ist das der Bohrsche Radius $a_B = \hbar^2/m e^2$. Die Größenordnung für die Elektronengeschwindigkeit im Atom wird aus der Unschärferelation bestimmt: $m v \sim \hbar/a_B$, woraus $v \sim e^2/\hbar$ folgt.

Aufgaben

1. Es ist die Wahrscheinlichkeitsverteilung für die verschiedenen Impulswerte im Grundzustand des Wasserstoffatoms ($Z = 1$) zu bestimmen.

Lösung. Die Wellenfunktion in der $\boldsymbol{p}$-Darstellung erhält man aus (31,15) als Integral (12,12). Das Integral wird durch Übergang zu Kugelkoordinaten berechnet, wobei die z-Achse mit der $\boldsymbol{p}$-Richtung übereinstimmt:

$$a(\boldsymbol{p}) = \frac{1}{(2\pi)^{3/2}} \int \psi(\boldsymbol{r})\, e^{-i\boldsymbol{p}\boldsymbol{r}} \, dV = \frac{1}{\pi\sqrt{2}} \int_0^\infty \int_{-1}^{1} e^{-r - i p r \cos\theta} \, d\cos\theta \cdot r^2 \, dr .$$

Im Ergebnis dessen erhalten wir

$$a(\boldsymbol{p}) = \frac{2\sqrt{2}}{\pi} \frac{1}{(1 + p^2)^2} .$$

Die Wahrscheinlichkeitsdichte im $\boldsymbol{p}$-Raum ist $|a(\boldsymbol{p})|^2$.

2. Es ist das mittlere Potential des Feldes zu berechnen, das vom Kern und von dem Elektron im Grundzustand des Wasserstoffatoms erzeugt wird.

Lösung. Am einfachsten bestimmt man das mittlere Potential φ_e der *Elektronenhülle* in einem beliebigen Punkt $\boldsymbol{r}$ als kugelsymmetrische Lösung der POISSON-Gleichung mit der Ladungsdichte $\varrho = - |\psi|^2$:

$$\frac{1}{r} \frac{d^2}{dr^2} (r \varphi_e) = - 4 \pi \varrho = 4 e^{-2r} .$$

Wir integrieren diese Gleichung und wählen die Konstanten so, daß $\varphi_e(0)$ endlich und $\varphi_e(\infty) = 0$ ist. Dann addieren wir das Potential des Kernfeldes und erhalten

$$\varphi = \frac{1}{r} + \varphi_e(r) = \left(\frac{1}{r} + 1\right) e^{-2r} .$$

Für $r \ll 1$ haben wir $\varphi \approx 1/r$ (Kernfeld), und für $r \gg 1$ ist das Potential $\varphi \approx e^{-2r}$ (Abschirmung des Kerns durch das Elektron).

IV Störungstheorie

§ 32. Zeitunabhängige Störungen

Nur für relativ wenige, sehr einfache Fälle kann eine exakte Lösung der SCHRÖDINGER-Gleichung gefunden werden. Die meisten Probleme der Quantenmechanik führen auf zu komplizierte Gleichungen, die man nicht mehr exakt lösen kann. Häufig kommen jedoch in den Problemstellungen Größen verschiedener Größenordnungen vor; darunter können auch kleine Größen sein. Wenn man diese kleinen Größen vernachlässigt, kann sich das Problem so vereinfachen, daß eine exakte Lösung möglich wird. In einem solchen Fall ist der erste Schritt bei der Bewältigung des vorliegenden physikalischen Problems die exakte Lösung des vereinfachten Problems. Der nächste Schritt besteht dann in der genäherten Berechnung der Korrekturen infolge der kleinen Größen, die bei dem vereinfachten Problem weggelassen worden sind. Die allgemeine Methode zur Berechnung dieser Korrekturen heißt *Störungstheorie*.

Der HAMILTON-Operator des gegebenen physikalischen Systems soll nach Voraussetzung die Gestalt

$$\hat{H} = \hat{H}_0 + \hat{V}$$

haben, wobei $\hat{V}$ eine kleine Korrektur (*Störung*) zu dem „ungestörten" Operator $\hat{H}_0$ sein soll. In §§ 32 und 33 werden wir eine Störung $\hat{V}$ behandeln, die nicht explizit von der Zeit abhängt (dasselbe wird auch von $\hat{H}_0$ vorausgesetzt). Die notwendigen Bedingungen dafür, daß man den Operator $\hat{V}$ als klein gegenüber dem Operator $\hat{H}$ ansehen kann, werden später abgeleitet werden.

Das Problem der Störungstheorie kann für ein diskretes Spektrum folgendermaßen formuliert werden. Es wird vorausgesetzt, daß die Eigenfunktionen $\psi_n^{(0)}$ und die Eigenwerte $E_n^{(0)}$ des diskreten Spektrums des ungestörten Operators $\hat{H}_0$ bekannt sind, d. h., es sind die exakten Lösungen der Gleichung

$$\hat{H}_0 \psi^{(0)} = E^{(0)} \psi^{(0)} \tag{32,1}$$

bekannt. Zu bestimmen sind Näherungslösungen der Gleichung

$$\hat{H} \psi = (\hat{H}_0 + \hat{V}) \psi = E \psi , \tag{32,2}$$

d. h. Näherungsausdrücke für die Eigenfunktionen ψ_n und die Eigenwerte E_n des gestörten Operators $\hat{H}$.

In diesem Paragraphen werden wir voraussetzen, daß alle Eigenwerte des Operators $\hat{H}_0$ nicht entartet sind. Außerdem werden wir zur Vereinfachung der Rechnungen annehmen, daß es nur das diskrete Eigenwertspektrum gibt.

Man führt die Rechnungen zweckmäßig von allem Anfang an in der Matrixschreibweise durch. Dazu entwickeln wir die gesuchte Funktion ψ nach den Funktionen $\psi_n^{(0)}$:

$$\psi = \sum_m c_m \psi_m^{(0)} . \tag{32,3}$$

Diese Entwicklung setzen wir in (32,2) ein und erhalten

$$\sum_m c_m (E_m^{(0)} + \hat{V}) \psi_m^{(0)} = \sum_m c_m E \psi_m^{(0)} .$$

Wir multiplizieren diese Gleichung von beiden Seiten mit $\psi_k^{(0)*}$, integrieren darüber und finden

$$(E - E_k^{(0)}) c_k = \sum_m V_{km} c_m . \tag{32,4}$$

Hier ist die Matrix V_{km} des Störoperators $\hat{V}$ eingeführt worden, die mit Hilfe der ungestörten Funktionen $\psi_m^{(0)}$ bestimmt wird:

$$V_{km} = \int \psi_k^{(0)*} \hat{V} \psi_m^{(0)} \, dq . \tag{32,5}$$

Wir setzen die Koeffizienten c_m und die Energie E als Reihen an:

$$E = E^{(0)} + E^{(1)} + E^{(2)} + \cdots , \qquad c_m = c_m^{(0)} + c_m^{(1)} + c_m^{(2)} + \cdots .$$

Darin sind die Größen $E^{(1)}$ und $c_m^{(1)}$ von derselben Größenordnung wie die Störung $\hat{V}$. $E^{(2)}$ und $c_m^{(2)}$ sind Größen zweiter Ordnung usw.

Zur Bestimmung der Korrekturen zum n-ten Eigenwert und zu der zugehörigen Eigenfunktion setzen wir $c_n^{(0)} = 1$ und $c_m^{(0)} = 0$ für $m \neq n$. Bei der Berechnung der ersten Näherung setzen wir $E = E_n^{(0)} + E_n^{(1)}$ und $c_k = c_k^{(0)} + c_k^{(1)}$ in die Gleichung (32,4) ein und nehmen nur die Glieder erster Ordnung mit. Die Gleichung für $k = n$ ergibt

$$E_n^{(1)} = V_{nn} = \int \psi_n^{(0)*} \hat{V} \psi_n^{(0)} \, dq . \tag{32,6}$$

In erster Näherung ist also die Korrektur zum Energieeigenwert $E_n^{(0)}$ gleich dem Mittelwert der Störung im Zustand $\psi_n^{(0)}$.

Die Gleichung (32,4) liefert für $k \neq n$

$$c_k^{(1)} = \frac{V_{kn}}{E_n^{(0)} - E_k^{(0)}} \qquad (k \neq n) . \tag{32,7}$$

$c_n^{(1)}$ bleibt willkürlich und muß so gewählt werden, daß die Funktion $\psi_n = \psi_n^{(0)} + \psi_n^{(1)}$ bis einschließlich Glieder erster Ordnung normiert ist. Dazu müssen wir $c_n^{(1)} = 0$ setzen. Tatsächlich ist die Funktion

$$\psi_n^{(1)} = \sum_m{}' \frac{V_{mn}}{E_n^{(0)} - E_m^{(0)}} \psi_m^{(0)} \tag{32,8}$$

(der Strich an dem Summenzeichen bedeutet, daß das Glied mit $m = n$ bei der Summation über m auszulassen ist) orthogonal zu $\psi_n^{(0)}$, und das Integral über $|\psi_n^{(0)} + \psi_n^{(1)}|^2$ unterscheidet sich nur durch eine Größe zweiter Ordnung von 1.

Die Formel (32,8) gibt die Korrektur zu den Wellenfunktionen in erster Näherung an. Aus dieser Korrektur ist nebenbei auch zu sehen, wie die Bedingung für die Anwendbarkeit der behandelten Methode der Störungstheorie beschaffen ist. Es muß nämlich die Ungleichung

$$|V_{mn}| \ll |E_n^{(0)} - E_m^{(0)}| \tag{21,9}$$

gelten, d. h., die Matrixelemente des Operators $\hat{V}$ müssen klein sein gegenüber den entsprechenden Differenzen zwischen den ungestörten Energieniveaus.

Wir wollen ferner die Korrektur zum Eigenwert $E_n^{(0)}$ in zweiter Ordnung berechnen. Dazu setzen wir $E = E_n^{(0)} + E_n^{(1)} + E_n^{(2)}$ und $c_k = c_k^{(0)} + c_k^{(1)} + c_k^{(2)}$ in (32,4) ein und betrachten nur die Glieder zweiter Ordnung. Die Gleichung für $k = n$ ergibt

$$E_n^{(2)} c_n^{(0)} = \sum_m{}' V_{nm} c_m^{(1)};$$

daraus folgt

$$E_n^{(2)} = \sum_m{}' \frac{|V_{mn}|^2}{E_n^{(0)} - E_m^{(0)}} \tag{32,10}$$

(wir haben $c_m^{(1)} = V_{mn}/(E_n^{(0)} - E_m^{(0)})$ eingesetzt und $V_{mn} = V_{nm}^*$ benutzt, was wegen der Hermitezität des Operators $\hat{V}$ gilt).

In der zweiten Näherung ist die Korrektur zur Energie des Grundzustandes immer negativ. Wenn $E_n^{(0)}$ der kleinste Wert ist, dann sind tatsächlich alle Glieder in der Summe (32,10) negativ.

Die erhaltenen Ergebnisse kann man unmittelbar für den Fall verallgemeinern, daß der Operator $\hat{H}_0$ auch ein kontinuierliches Spektrum hat (wobei nach wie vor ein gestörter Zustand des diskreten Spektrums untersucht wird). Zu diesem Zweck braucht man nur zu den Summen über das diskrete Spektrum die entsprechenden Integrale über das kontinuierliche Spektrum zu addieren.

Für Zustände eines kontinuierlichen Spektrums tritt die Frage nach einer Veränderung der Energieniveaus offensichtlich überhaupt nicht auf, und es kann nur die Rede sein von einer Berechnung der Korrekturen zu den Eigenfunktionen.

Wir erwähnen in diesem Zusammenhang den Fall, in dem die potentielle Energie eines Teilchens, das sich in einem schwachen äußeren Feld — einem hinreichend flachen Potentialtopf — befindet, die Rolle der Störung spielt. Die ungestörte SCHRÖDINGER-Gleichung ist dann einfach die Gleichung für die Bewegung des Teilchens, wobei die Energien positiv sind und ein kontinuierliches Spektrum bilden.

Am Ende von § 24 wurde erwähnt, daß in einem solchen Potentialtopf keine gebundenen Zustände, d. h. keine negativen Energieniveaus, existieren. In der Tat, für die Energie $E = 0$ liefert die ungestörte Wellenfunktion der freien Bewegung eine Konstante: $\psi^{(0)} = \text{const}$. Da für die Korrektur $\psi^{(1)} \ll \psi^{(0)}$

gilt, ist klar, daß die gestörte Wellenfunktion $\psi = \psi^{(0)} + \psi^{(1)}$ für die Bewegung im Potentialtopf nirgends Null wird. Eine derartige Eigenfunktion ohne Knoten gehört zum Grundzustand (§ 22). Mit anderen Worten, $E = 0$ erweist sich als kleinstmöglicher Energiewert des Teilchens.

Die Bedingung für die Anwendbarkeit der Störungstheorie auf diesen Fall besteht in der Forderung, daß die Tiefe des Potentialtopfes $|U|$ klein ist im Vergleich zu der mittleren kinetischen Energie, die ein Teilchen besäße, dessen Bewegung auf das Innere des Potentialtopfes beschränkt ist. Entsprechend der Unschärferelation wäre der Impuls eines solchen Teilchens $p \sim \hbar/a$ (worin a die Größenordnung der linearen Abmessungen des Topfes ist), woraus sich die in § 24 genannte Bedingung $|U| \ll \hbar^2/m\, a^2$ ergibt.[1])

Aufgaben

Man berechne die Energieniveaus des anharmonischen linearen Oszillators mit dem Hamilton-Operator

$$\hat{H} = \frac{\hat{p}^2}{2\,m} + \frac{m\,\omega^2\,x^2}{2} + \alpha\,x^3 + \beta\,x^4 .$$

Lösung. Unter Verwendung des Ausdruckes (25,4) für die Matrixelemente von x kann man die Matrixelemente für x^3 und x^4 unmittelbar durch Matrizenmultiplikation erhalten. Die von Null verschiedenen Matrixelemente von x^3 sind

$$(x^3)_{n-3,\,n} = (x^3)_{n,\,n-3} = \left(\frac{\hbar}{2\,m\,\omega}\right)^{3/2} \sqrt{n\,(n-1)\,(n-2)}\,,$$

$$(x^3)_{n-1,\,n} = (x^3)_{n,\,n-1} = 3\left(\frac{\hbar}{2\,m\,\omega}\right)^{3/2} n^{3/2} .$$

In dieser Matrix fehlen die Diagonalelemente, so daß es von dem Glied $\alpha\,x^3$ im Hamilton-Operator in erster Näherung keine Korrektur gibt (das Glied $\alpha\,x^3$ wird als Störung des harmonischen Oszillators angesehen). In der zweiten Näherung ist die von diesem Glied stammende Korrektur von derselben Größenordnung wie die Korrektur von dem Glied $\beta\,x^4$ in erster Näherung. Die Diagonalelemente der Matrix für x^4 sind

$$(x^4)_{n,\,n} = \left(\frac{\hbar}{m\,\omega}\right)^2 \frac{3}{4}\,(2\,n^2 + 2\,n + 1) .$$

Mit Hilfe der Formeln (32,6) und (32,10) finden wir schließlich folgenden genäherten Ausdruck für die Energieniveaus des anharmonischen Oszillators:

$$E_n = \hbar\,\omega\left(n + \frac{1}{2}\right) - \frac{15}{4}\,\frac{\alpha^2}{\hbar\,\omega}\left(\frac{\hbar}{m\,\omega}\right)^3 \left(n^2 + n + \frac{11}{30}\right) + \frac{3\,\beta}{2}\left(\frac{\hbar}{m\,\omega}\right)^2 \left(n^2 + n + \frac{1}{2}\right).$$

§ 33. Die Säkulargleichung

Wir wenden uns jetzt dem Fall zu, daß der ungestörte Operator $\hat{H}_0$ entartete Eigenwerte hat. Die zu ein und demselben Energieeigenwert $E_n^{(0)}$ gehörigen

[1]) Der ein- bzw. zweidimensionale Potentialtopf (das Feld hängt nur von einer bzw. nur von zwei Koordinaten ab) ist bzgl. zwei Dimensionen bzw. einer Dimension unendlich ausgedehnt. Deshalb ist die angegebene Bedingung unerfüllbar. Mit diesem Umstand hängt die Nichtanwendbarkeit der Störungstheorie auf die Bewegung (mit kleiner Energie) in einem solchen Potentialtopf zusammen. Demzufolge kann auch nicht auf das Fehlen gebundener Zustände geschlossen werden.

Eigenfunktionen bezeichnen wir mit $\psi_n^{(0)}, \psi_{n'}^{(0)}, \ldots$ Die Wahl dieser Funktionen ist, wie wir wissen, nicht eindeutig. Man kann statt dieser Funktionen s (s ist der Grad der Entartung des Niveaus $E_n^{(0)}$) unabhängige Linearkombinationen davon wählen. Die Willkür bei der Wahl der Funktionen geht jedoch verloren, wenn wir von den Wellenfunktionen fordern, daß sie sich unter dem Einfluß einer kleinen Störung nur wenig ändern.

Vorläufig werden wir unter den $\psi_n^{(0)}, \psi_{n'}^{(0)}, \ldots$ irgendwelche willkürlich gewählte ungestörte Eigenfunktionen verstehen. Die richtigen Funktionen für die nullte Näherung sind Linearkombinationen der Gestalt $c_n^{(0)} \psi_n^{(0)} + c_{n'}^{(0)} \psi_{n'}^{(0)} + \cdots$ Die Koeffizienten in diesen Linearkombinationen werden zusammen mit den Korrekturen zu den Eigenwerten in erster Näherung folgendermaßen berechnet.

Wir schreiben die Gleichungen (32,4) mit $k = n, n', \ldots$ auf und setzen in erster Näherung $E = E_n^{(0)} + E^{(1)}$ ein. Für die Größen c_k kann man dabei die Werte in nullter Näherung nehmen: $c_n = c_n^{(0)}, c_{n'} = c_{n'}^{(0)}, \ldots; c_m = 0$ für $m \neq n, n', \ldots$ Es ergibt sich

$$E^{(1)} c_n^{(0)} = \sum_{n'} V_{nn'} c_{n'}^{(0)}$$

oder

$$\sum_{n'} (V_{nn'} - E^{(1)} \delta_{nn'}) c_{n'}^{(0)} = 0; \qquad (33,1)$$

n und n' durchlaufen dabei alle Werte, die zur Numerierung der Zustände zu dem gegebenen ungestörten Eigenwert $E_n^{(0)}$ notwendig sind. Dieses lineare homogene Gleichungssystem für die Größen $c_n^{(0)}$ hat nur dann nichttriviale Lösungen, wenn die Koeffizientendeterminante verschwindet. Wir erhalten deshalb die Gleichung

$$|V_{nn'} - E^{(1)} \delta_{nn'}| = 0\,. \qquad (33,2)$$

Das ist eine Gleichung s-ten Grades in $E^{(1)}$, sie hat im allgemeinen s verschiedene reelle Wurzeln. Diese Wurzeln sind in erster Näherung die gesuchten Korrekturen zu den Eigenwerten. Die Gleichung (39,2) heißt *Säkulargleichung*.[1])

Setzen wir die Wurzeln der Gleichung (33,2) in das System (33,1) ein und lösen das letztere, dann finden wir die Koeffizienten $c_n^{(0)}$. Damit bekommen wir auch die Eigenfunktionen in nullter Näherung.

Infolge der Störung verschwindet im allgemeinen die ursprüngliche Entartung des Energieniveaus (die Wurzeln der Gleichung (33,2) sind im allgemeinen verschieden), die Störung „hebt" die Entartung „auf". Die Entartung kann dabei vollkommen oder nur teilweise aufgehoben werden (in letzterem Fall verbleibt nach dem Einschalten der Störung eine geringere Entartung als vorher).

[1]) Diese Bezeichnung stammt aus der Himmelsmechanik.

Aufgaben

1. Man bestimme die Korrekturen zum Eigenwert in erster Näherung und die richtigen Funktionen nullter Näherung für ein zweifach entartetes Niveau.

Lösung. Die Gleichung (33,2) ist hier

$$\begin{vmatrix} V_{11} - E^{(1)} & V_{12} \\ V_{21} & V_{22} - E^{(1)} \end{vmatrix} = 0$$

(die Indizes 1 und 2 entsprechen den beiden willkürlich gewählten ungestörten Eigenfunktionen $\psi_1^{(0)}$ und $\psi_2^{(0)}$ zu dem gegebenen zweifach entarteten Niveau). Wir lösen diese Gleichung und finden

$$E^{(1)} = \frac{1}{2}[V_{11} + V_{22} \pm \hbar\,\omega^{(1)}], \qquad \hbar\,\omega^{(1)} = \sqrt{(V_{11} - V_{22})^2 + 4\,|V_{12}|^2}, \tag{1}$$

wobei die Bezeichnung $\hbar\,\omega^{(1)}$ für die Differenz der zwei Korrekturwerte $E^{(1)}$ eingeführt wurde. Durch Lösen der Gleichung (33,1) mit diesen Werten $E^{(1)}$ erhalten wir die Koeffizienten in den normierten richtigen Funktionen nullter Ordnung $\psi^{(0)} = c_1^{(0)}\,\psi_1^{(0)} + c_2^{(0)}\,\psi_2^{(0)}$ zu

$$\begin{aligned} c_1^{(0)} &= \left\{\frac{V_{12}}{2\,|V_{12}|}\left[1 \pm \frac{V_{11} - V_{22}}{\hbar\,\omega^{(1)}}\right]\right\}^{1/2}, \\ c_2^{(0)} &= \pm\left\{\frac{V_{21}}{2\,|V_{12}|}\left[1 \mp \frac{V_{11} - V_{22}}{\hbar\,\omega^{(1)}}\right]\right\}^{1/2}. \end{aligned} \tag{2}$$

2. Zur Zeit $t = 0$ befinde sich ein System in dem Zustand $\psi_1^{(0)}$, der zu einem zweifach entarteten Niveau gehört. Mit welcher Wahrscheinlichkeit befindet sich das System zu einer späteren Zeit t in dem anderen Zustand $\psi_2^{(0)}$ mit derselben Energie? Der Übergang erfolge unter der Wirkung einer konstanten Störung.

Lösung. Wir stellen die richtigen Funktionen nullter Näherung auf:

$$\psi = c_1\,\psi_1 + c_2\,\psi_2, \qquad \psi' = c_1'\,\psi_1 + c_2'\,\psi_2.$$

Darin sind c_1, c_2 und c_1', c_2' die beiden Koeffizientenpaare, die durch die Formeln (2) der Aufgabe 1 gegeben werden (die Indizes $^{(0)}$ lassen wir der Kürze halber bei allen Größen weg). Umgekehrt ist

$$\psi_1 = \frac{c_2'\,\psi - c_2\,\psi'}{c_1\,c_2' - c_1'\,c_2}.$$

Die Funktionen ψ und ψ' gehören zu den Zuständen mit den gestörten Energien $E + E^{(1)}$ und $E + E^{(1)\prime}$; $E^{(1)}$ und $E^{(1)\prime}$ sind die beiden Werte der Korrektur (1) der Aufgabe 1. Wir führen die Zeitfaktoren ein und gehen zu den zeitabhängigen Wellenfunktionen über:

$$\Psi_1 = \frac{e^{-iEt/\hbar}}{c_1\,c_2' - c_1'\,c_2}\,[c_2'\,\psi\,e^{-iE^{(1)}t/\hbar} - c_2\,\psi'\,e^{-iE^{(1)\prime}t/\hbar}]$$

(zur Zeit $t = 0$ ist $\Psi_1 = \psi_1$). Schließlich drücken wir ψ und ψ' wieder durch ψ_1 und ψ_2 aus und erhalten Ψ_1 als Linearkombination aus ψ_1 und ψ_2 mit zeitabhängigen Koeffizienten. Das Betragsquadrat des Koeffizienten von ψ_2 gibt die gesuchte Übergangswahrscheinlichkeit w_{12} an. Unter Berücksichtigung von (1) und (2) ergibt die Rechnung

$$w_{12} = 2\,\frac{|V_{12}|^2}{(\hbar\,\omega^{(1)})^2}\,[1 - \cos\omega^{(1)}\,t)].$$

Wir sehen, daß die Wahrscheinlichkeit mit der Frequenz $\omega^{(1)}$ periodisch schwankt.

§ 34. Zeitabhängige Störungen

Wir wollen uns jetzt mit dem Studium explizit zeitabhängiger Störungen befassen. In diesem Falle kann man nicht von Korrekturen zu den Energieeigenwerten sprechen, denn die Energie bleibt für einen zeitabhängigen HAMILTON-Operator (der gestörte Operator $\hat{H} = \hat{H}_0 + \hat{V}(t)$ ist zeitabhängig) nicht erhalten, so daß es überhaupt keine stationären Zustände gibt. Hier besteht das Problem, aus den Wellenfunktionen der stationären Zustände des ungestörten Systems die Wellenfunktionen des gestörten Systems näherungsweise zu berechnen.

Zu diesem Zweck verwenden wir eine ähnliche Methode wie die Methode der Variation der Konstanten bei der Lösung von linearen Differentialgleichungen.[1]) $\Psi_k^{(0)}$ seien die Wellenfunktionen (mit dem Zeitfaktor) der stationären Zustände des ungestörten Systems. Eine beliebige Lösung der ungestörten Wellengleichung kann dann als Summe $\Psi = \sum_k a_k \Psi_k^{(0)}$ geschrieben werden. Wir werden jetzt die Lösung der gestörten Gleichung

$$i\hbar \frac{\partial \Psi}{\partial t} = (\hat{H}_0 + \hat{V})\,\Psi \tag{34,1}$$

als Summe

$$\Psi = \sum_k a_k(t)\,\Psi_k^{(0)} \tag{34,2}$$

ansetzen, wobei die Entwicklungskoeffizienten Funktionen der Zeit sind. Setzen wir (34,2) in (34,1) ein und beachten, daß die Funktionen $\Psi_k^{(0)}$ der Gleichung

$$i\hbar \frac{\partial \Psi_k^{(0)}}{\partial t} = \hat{H}_0\,\Psi_k^{(0)}$$

genügen, dann erhalten wir

$$i\hbar \sum_k \Psi_k^{(0)} \frac{\mathrm{d}a_k}{\mathrm{d}t} = \sum_k a_k\,\hat{V}\,\Psi_k^{(0)}\,.$$

Wir multiplizieren beide Seiten der Gleichung von links mit $\Psi_m^{(0)*}$ und integrieren; danach haben wir

$$i\hbar \frac{\mathrm{d}a_m}{\mathrm{d}t} = \sum_k V_{mk}(t)\,a_k \tag{34,3}$$

mit

$$V_{mk}(t) = \int \Psi_m^{(0)*}\,\hat{V}\,\Psi_k^{(0)}\,\mathrm{d}q = V_{mk}\,\mathrm{e}^{i\omega_{mk}t}\,, \qquad \omega_{mk} = \frac{1}{\hbar}\left(E_m^{(0)} - E_k^{(0)}\right);$$

das sind die Matrixelemente der Störung mit dem Zeitfaktor (man muß übrigens beachten, daß die Größen V_{mk} für explizit zeitabhängiges V ebenfalls Funktionen der Zeit sind).

[1]) Die Anwendung dieser Methode in der Quantenmechanik geht auf P. A. M. DIRAC zurück (1926).

Als ungestörte Wellenfunktion nehmen wir die Wellenfunktion des i-ten stationären Zustandes; dazu gehören die folgenden Werte für die Koeffizienten in (34,2): $a_i^{(0)} = 1$ und $a_k^{(0)} = 0$ für $k \neq i$. Zur Bestimmung der ersten Näherung schreiben wir a_k als $a_k = a_k^{(0)} + a_k^{(1)}$. Auf der rechten Seite der Gleichung (34,3) (die schon die kleinen Größen V_{mk} enthält) setzen wir $a_k = a_k^{(0)}$ ein. Das ergibt

$$i\hbar \frac{\mathrm{d}a_k^{(1)}}{\mathrm{d}t} = V_{ki}(t)\,. \tag{34,4}$$

Um anzugeben, für welche ungestörte Funktion die Korrektur berechnet wird, führen wir einen zweiten Index für die Koeffizienten a_k ein und schreiben

$$\Psi_i = \sum_k a_{ki}(t)\, \Psi_k^{(0)}\,. \tag{34,5}$$

Dementsprechend schreiben wir das Ergebnis der Integration über die Gleichung (34,4) als

$$a_{ki}^{(1)} = -\frac{i}{\hbar}\int V_{ki}(t)\,\mathrm{d}t = -\frac{i}{\hbar}\int V_{ki}\,\mathrm{e}^{i\omega_{ki}t}\,\mathrm{d}t\,. \tag{34,6}$$

Damit sind die Wellenfunktionen in erster Näherung bestimmt.

Die Wahl der Grenzen in den Integralen (34,6) hängt von den Bedingungen der konkreten Aufgabe ab. Die Störung $V(t)$ soll z.B. nach Voraussetzung insgesamt nur während eines endlichen Zeitintervalls wirken (oder $V(t)$ soll für $t \to \pm\infty$ genügend schnell abklingen). Vor der Einwirkung der Störung (oder in der Grenze $t \to -\infty$) soll sich das System im i-ten stationären Zustand (des diskreten Spektrums) befunden haben. In einem beliebigen späteren Zeitpunkt wird das System durch die Funktion (34,5) beschrieben. In erster Näherung ist dabei

$$\begin{aligned} a_{ki} &= a_{ki}^{(1)} = -\frac{i}{\hbar}\int_{-\infty}^{t} V_{ki}\,\mathrm{e}^{i\omega_{ki}t}\,\mathrm{d}t \qquad (k \neq i)\,, \\ a_{ii} &= 1 + a_{ii}^{(1)} = 1 - \frac{i}{\hbar}\int_{-\infty}^{t} V_{ii}\,\mathrm{d}t\,. \end{aligned} \tag{34,7}$$

Die Integrationsgrenzen in (34,7) sind so gewählt, daß alle $a_{ki}^{(1)}$ für $t \to -\infty$ verschwinden. Nach der Einwirkung der Störung (oder in der Grenze $t \to \infty$) nehmen die Koeffizienten a_{ki} die konstanten Werte $a_{ki}(\infty)$ an, und das System befindet sich in einem Zustand mit der Wellenfunktion

$$\Psi = \sum_k a_{ki}(\infty)\, \Psi_k^{(0)}\,,$$

die wieder der ungestörten Wellengleichung genügt, aber von der ursprünglichen Funktion $\Psi_i^{(0)}$ verschieden ist. Nach den allgemeinen Regeln gibt das Betragsquadrat des Koeffizienten $a_{ki}(\infty)$ die Wahrscheinlichkeit dafür an, daß das System die Energie $E_k^{(0)}$ hat, d. h., daß es sich in dem k-ten stationären Zustand befindet.

Das System kann also unter dem Einfluß der Störung aus dem ursprünglichen stationären Zustand in einen beliebigen anderen Zustand übergehen. Der Einheitlichkeit halber verabreden wir, hier und in den folgenden Paragraphen den Anfangszustand durch den Index i und den Endzustand durch den Index f zu kennzeichnen. Die Wahrscheinlichkeit für den Übergang $i \to f$ ist gleich

$$W = \frac{1}{\hbar^2} \left| \int_{-\infty}^{\infty} V_{fi}\, e^{i \omega_{fi} t}\, dt \right|^2 . \tag{34,8}$$

Ändert sich die Störung $V(t)$ während eines Zeitintervalls der Größenordnung $1/\omega_{fi}$ nur wenig, dann wird der Wert des Integrals in (34,8) sehr klein: Durch die Anwesenheit des oszillierenden, das Vorzeichen ändernden Faktors $\exp(i\, \omega_{fi}\, t)$ im Integranden hebt sich das Integral auf. Im Grenzfall einer beliebig langsamen Änderung der Störung strebt die Wahrscheinlichkeit für einen Übergang, der mit einer Energieänderung verbunden ist (d. h. mit einer von Null verschiedenen Frequenz ω_{fi}), gegen Null. Bei hinreichend langsamer (*adiabatischer*) Änderung der einwirkenden Störung verbleibt ein System, das sich in einem nicht entarteten stationären Zustand befunden hat, in demselben Zustand.

§ 35. Übergänge im kontinuierlichen Spektrum

Eine der wichtigsten Anwendungen der Störungstheorie ist die Berechnung der Übergangswahrscheinlichkeiten im kontinuierlichen Spektrum unter dem Einfluß einer konstanten (zeitunabhängigen) Störung. Hierzu gehören die verschiedenen Streuprozesse, d. h. Prozesse, bei denen sich das System im Anfangs- und im Endzustand als die Gesamtheit der aneinander streuenden Teilchen darstellt, und die Wechselwirkung zwischen ihnen die Rolle der Störung übernimmt. Zur Kategorie der Erscheinungen, die von der weiter unten darzulegenden Methode erfaßt werden, gehören auch Prozesse, in deren Verlauf ein System (das sich in einem gewissen seiner gebundenen Zustände befindet) in sich frei bewegende Teile zerfällt. Um klare Verhältnisse zu schaffen, werden wir zunächst speziell den letzten Fall im Blickwinkel haben.[1])

Wir bezeichnen mit dem Symbol ν die Gesamtheit der Größen, die eine, die Zustände des kontinuierlichen Spektrums charakterisierende, kontinuierliche Zahlenfolge durchlaufen. Unter $d\nu$ verstehen wir das Produkt der Differentiale dieser Größen. Die ungestörten Wellenfunktionen des kontinuierlichen Spektrums nehmen wir als auf die δ-Funktion bezüglich der Größe ν normiert an (so können die Größen ν die Impulskomponenten freier Teilchen sein; ihre

[1]) Zustände, die zum diskreten Spektrum eines Systems gehören und zerfallen können, sind, streng genommen, keine stationären sondern quasistationäre Zustände (siehe weiter unten, § 38). Dieser Umstand ist für die hier anzustellenden Untersuchungen unwesentlich. Wir werden jedoch auf diese Frage in § 102 zurückkommen.

Wellenfunktionen müssen dann auf die δ-Funktion als Funktion des Impulses normiert sein). Mit einer solchen Normierung nimmt die Entwicklung der Wellenfunktion die Gestalt

$$\Psi = \sum_k a_k(t)\, \Psi_k^{(0)} + \int a_\nu(t)\, \Psi_\nu^{(0)}\, \mathrm{d}\nu \tag{35,1}$$

(anstelle von (34,2)) an, worin die Summe über das gesamte diskrete und das Integral über das gesamte kontinuierliche Spektrum genommen wird; hierbei ist $|a_\nu(t)|^2\, \mathrm{d}\nu$ die Wahrscheinlichkeit dafür, das System (zum Zeitpunkt t) in einem Zustand aus dem Intervall zwischen ν und $\nu + \mathrm{d}\nu$ anzutreffen (vergleiche § 5).

So möge sich zum Zeitpunkt $t = 0$ das System im Anfangszustand befinden, den wir durch den Index i kennzeichnen. Es soll die Wahrscheinlichkeit für seinen Übergang in den Zustand f gefunden werden, für den die Größen ν Werte im Intervall $\mathrm{d}\nu_f$ annehmen.

Ändern wir in entsprechender Weise die Bezeichnung der Indizes in (34,6) ab, und führen wir die Integration (für nicht zeitabhängiges V_{fi}) durch, dann erhalten wir

$$a_{fi} = -\frac{i}{\hbar}\int_0^t V_{fi}\, \mathrm{e}^{i\omega_{fi}t}\, \mathrm{d}t = V_{fi}\,\frac{1 - \mathrm{e}^{i\omega_{fi}t}}{\hbar\,\omega_{fi}}\,. \tag{35,2}$$

Die untere Integrationsgrenze wurde in Übereinstimmung mit der festgelegten Anfangsbedingung so gewählt, daß für $t = 0$ $a_{fi} = 0$ gilt.

Das Betragsquadrat des Ausdruckes (35,2) ist gleich

$$|a_{fi}|^2 = |V_{fi}|^2\,\frac{\sin^2\frac{\omega_{fi}}{2}t}{\hbar^2\,\omega_{fi}^2}\,. \tag{35,3}$$

Es ist leicht zu sehen, daß die hier stehende Funktion für großes t proportional zu t wird.

Dazu bemerken wir, daß folgende Formel gilt:

$$\lim_{t\to\infty}\frac{\sin^2\alpha t}{\pi t\,\alpha^2} = \delta(\alpha)\,. \tag{35,4}$$

In der Tat ist für $\alpha \neq 0$ der aufgeschriebene Grenzwert gleich Null, während wir für $\alpha = 0$ $\sin^2\alpha t/\alpha^2 t$ haben, so daß der Grenzwert Unendlich wird. Integrieren wir also über $\mathrm{d}\alpha$ in den Grenzen von $-\infty$ bis $+\infty$, so erhalten wir (mit der Substitution $\alpha t = \xi$)

$$\frac{1}{\pi}\int_{-\infty}^{\infty}\frac{\sin^2\alpha t}{t\,\alpha^2}\,\mathrm{d}\alpha = \frac{1}{\pi}\int_{-\infty}^{\infty}\frac{\sin^2\xi}{\xi^2}\,\mathrm{d}\xi = 1\,.$$

Demzufolge besitzt die Funktion auf der linken Seite der Gleichung (35,4) tatsächlich alle Eigenschaften einer δ-Funktion.

Gemäß dieser Formel können wir für große t

$$|a_{fi}|^2 = \frac{1}{\hbar^2} |V_{fi}|^2 \pi t \delta\left(\frac{\omega_{fi}}{2}\right)$$

oder (indem wir in Betracht ziehen, daß $\delta(\alpha x) = \delta(x)/\alpha$ gilt)

$$|a_{fi}|^2 = \frac{2\pi}{\hbar} |V_{fi}|^2 \delta(E_f - E_i) t \tag{35,5}$$

schreiben.

Der Ausdruck $|a_{fi}|^2 \, d\nu_f$ ist die Wahrscheinlichkeit für einen Übergang aus dem Anfangszustand in einen Zustand aus dem Intervall $d\nu_f$. Wir sehen, daß sie für großes t proportional der seit dem Zeitpunkt $t = 0$ verflossenen Zeitspanne wird. Ohne den Faktor t gibt dieser Ausdruck die auf die Zeiteinheit bezogene Übergangswahrscheinlichkeit dw an (eine solche *Übergangswahrscheinlichkeit pro Zeiteinheit* hat im Gegensatz zu der dimensionslosen Wahrscheinlichkeit (34,7) die Dimension 1/s):

$$dw = \frac{2\pi}{\hbar} |V_{fi}|^2 \delta(E_f - E_i) \, d\nu_f . \tag{35,6}$$

Diese Wahrscheinlichkeit ist nur für Übergänge zwischen Zuständen mit den Energien $E_f = E_i$ von Null verschieden, wie es in Übereinstimmung mit dem Energieerhaltungssatz zu erwarten ist. Die Anwesenheit der δ-Funktionen in (35,6), die diese Gesetzmäßigkeit zum Ausdruck bringt, bedeutet natürlich nicht, daß die Wahrscheinlichkeit für $E_f = E_i$ unendlich wird, was sinnlos wäre; tatsächlich verschwindet die δ-Funktion bei einer Integration über ein endliches Intervall von Zuständen. Sind die Zustände des kontinuierlichen Spektrums nicht entartet, dann kann man unter $d\nu_f$ allein nur die Energiewerte verstehen. In diesem Falle führt die Integration (35,6) über $d\nu_f = dE_f$ zu folgendem Wert für die Übergangswahrscheinlichkeit:

$$w = \frac{2\pi}{\hbar} |V_{fi}|^2 . \tag{35,7}$$

Formel (35,6) ist auch in jenen Fällen anwendbar, in denen der Anfangszustand ebenfalls zum kontinuierlichen Spektrum gehört (dies tritt bei Streuproblemen auf; ein entsprechendes Anwendungsbeispiel wird in § 67 gegeben werden). Es ist jedoch notwendig zu bemerken, daß in solchen Fällen die durch Formel (35,6) bestimmte Größe dw nicht unmittelbar die Übergangswahrscheinlichkeit ist; auch besitzt sie nicht die Dimension (1/s). Der Ausdruck (35,6) ist proportional zur Zahl der Übergänge in der Zeiteinheit, jedoch hängen seine Dimension und sein genauer Sinn davon ab, auf welche Weise die Anfangswellenfunktionen des kontinuierlichen Spektrums normiert sind (so kann sich dw als Streuquerschnitt erweisen, siehe z. B. § 67).

§ 36. Zwischenzustände

Es kann vorkommen, daß das Matrixelement V_{fi} für den betrachteten Übergang Null wird. Dann gibt die Formel (35,6) keine Antwort auf die gestellte

Frage, und man muß sich zur Bestimmung der Übergangswahrscheinlichkeit der nächsthöheren Näherung der Störungstheorie bedienen.

Zusammen mit V_{fi} wird auch das Zusatzglied $a_{fi}^{(1)}$ Null. Für das Korrekturglied zweiter Ordnung $a_{fi}^{(2)}$ ergibt Gleichung (34,3)

$$i\hbar\frac{\mathrm{d}a_{fi}^{(2)}}{\mathrm{d}t} = \sum_k V_{fk}\,\mathrm{e}^{i\omega_{fk}t}\,a_{ki}^{(1)}\,, \tag{36,1}$$

worin die Summation über die Zustände läuft, für die die Übergangsmatrixelemente $k \to f$ von Null verschieden sind. Die Korrekturglieder 1. Ordnung $a_{ki}^{(1)}$ werden durch die Gleichungen

$$i\hbar\frac{\mathrm{d}a_{ki}^{(1)}}{\mathrm{d}t} = V_{ki}\,\mathrm{e}^{i\omega_{ki}t}$$

bestimmt (vergleiche (34,4)), woraus

$$a_{ki}^{(1)} = -\frac{V_{ki}}{\hbar\,\omega_{ki}}(\mathrm{e}^{i\omega_{ki}t} - 1)$$

folgt. Setzen wir diesen Ausdruck in (36,1) ein, und führen wir die Integration aus, dann erhalten wir

$$a_{fi}^{(2)} = \frac{i}{\hbar^2}\sum_k \frac{V_{fk}\,V_{ki}}{\omega_{ki}}\int_0^t (\mathrm{e}^{i\omega_{fi}t} - \mathrm{e}^{i\omega_{fk}t})\,\mathrm{d}t\,.$$

Im Integral muß nur der erste Term mitgenommen werden, der bei Integration den kleinen Nenner ω_{fi} liefert. In diesem Sinne folgt

$$a_{fi}^{(2)} = \left(\sum_k \frac{V_{fk}\,V_{ki}}{\hbar\,\omega_{ki}}\right)\frac{\mathrm{e}^{i\omega_{fi}t} - 1}{\hbar\,\omega_{fi}}\,.$$

Dieser Ausdruck unterscheidet sich von (35,2) nur dadurch, daß das Matrixelement V_{fi} durch die in Klammern stehende Summe ersetzt ist. Demgemäß erhalten wir anstelle von (35,6)

$$\mathrm{d}w = \frac{2\pi}{\hbar}\left|\sum_k \frac{V_{fk}\,V_{ki}}{E_i - E_k}\right|^2 \delta(E_f - E_i)\,\mathrm{d}\nu_f\,. \tag{36,2}$$

Von den Zuständen k, für die die Matrixelemente V_{fk} und V_{ki} von Null verschieden sind, spricht man in diesem Zusammenhang als von *Zwischenzuständen* für den Übergang $i \to f$. Anschaulich kann man sagen, daß dieser Übergang gewissermaßen in zwei Etappen realisiert wird; $i \to k$ und $k \to f$ (es versteht sich jedoch von selbst, daß man einer solchen Beschreibung keine wörtliche Bedeutung zumessen kann).

§ 37. Die Unschärferelation für die Energie

Betrachten wir ein System aus zwei schwach miteinander wechselwirkenden Teilen. Wir setzen voraus, daß diese Teile zu einer gewissen Zeit bestimmte Energiewerte haben, die wir mit E bzw. ε bezeichnen wollen. Nach einem gewissen Zeitintervall Δt soll die Energie erneut gemessen werden. Diese Messung liefert gewisse Werte E' und ε', die im allgemeinen von E und ε verschieden sind. Man kann leicht die Größenordnung des wahrscheinlichsten Wertes der Differenz $E' + \varepsilon' - E - \varepsilon$ berechnen, die bei der Messung beobachtet wird.

Nach der Formel (35,3) ist die Übergangswahrscheinlichkeit für das System, (nach der Zeit t) unter dem Einfluß einer zeitunabhängigen Störung aus dem Zustand mit der Energie E in den Zustand mit der Energie E' überzugehen, proportional

$$\frac{1}{(E' - E)^2} \sin^2 \frac{E' - E}{2\hbar} t .$$

Der wahrscheinlichste Wert der Differenz $E' - E$ hat demnach die Größenordnung $\hbar/t$.

Wir wenden dieses Ergebnis auf unser betrachtetes System an (die Wechselwirkung zwischen den Teilen des Systems ist die Störung) und erhalten

$$|E + \varepsilon - E' - \varepsilon'| \, \Delta t \sim \hbar . \tag{37,1}$$

Je kleiner das Zeitintervall Δt ist, desto größer ist also die beobachtete Energieänderung. Es ist wesentlich, daß die Größenordnung der Energieänderung $\hbar/\Delta t$ nicht von der Größe der Störung abhängt. Die durch die Beziehung (37,1) gegebene Energieänderung wird sogar bei einer beliebig schwachen Wechselwirkung zwischen den beiden Teilen des Systems beobachtet. Dieses Ergebnis hat einen rein quantenmechanischen Charakter und einen tiefen physikalischen Sinn. Es zeigt, daß der Energieerhaltungssatz zu der Quantenmechanik mit Hilfe zweier Messungen nur mit einer Genauigkeit der Größenordnung $\hbar/\Delta t$ nachgeprüft werden kann: Δt ist das Zeitintervall zwischen den Messungen.

Die Beziehung (37,1) bezeichnet man oft als die Unschärferelation für die Energie. Man muß jedoch betonen, daß sie einen wesentlich anderen Sinn hat als die Unschärferelation $\Delta p \, \Delta x \sim \hbar$ für Ort und Impuls. In der letzteren sind Δp und Δx die Orts- und Impulsunschärfen zu ein und demselben Zeitpunkt. Sie zeigen, daß diese beiden Größen nicht gleichzeitig scharf bestimmte Werte haben können. Die Energien E und ε können dagegen in jedem beliebigen Zeitpunkt mit beliebiger Genauigkeit gemessen werden. Die Größe $(E + \varepsilon) - (E' + \varepsilon')$ in (37,1) ist die Differenz der beiden zu zwei verschiedenen Zeitpunkten genau gemessenen Energiewerte $E + \varepsilon$, sie ist keineswegs eine Unschärfe in dem Energiewert zu einer bestimmten Zeit.

Wir wollen E als die Energie eines Systems und ε als die Energie eines „Meßgerätes" ansehen. Dann können wir sagen, daß die Wechselwirkungsenergie von System und Gerät nur mit einer Genauigkeit bis $\hbar/\Delta t$ berücksichtigt werden kann. Mit ΔE, $\Delta\varepsilon$, ... bezeichnen wir die Meßfehler für die entsprechenden Größen. Im günstigsten Fall, wenn ε und ε' genau bekannt sind ($\Delta\varepsilon = \Delta\varepsilon' = 0$), haben wir

$$\Delta(E - E') \sim \frac{\hbar}{\Delta t} . \tag{37,2}$$

Aus dieser Beziehung kann man wichtige Schlüsse über die Messung des Impulses ziehen. Der Meßprozeß für den Impuls eines Teilchens (wir werden weiter von einem Elektron sprechen) besteht aus dem Stoß des Elektrons mit einem anderen („Meß"-)Teilchen, dessen Impulse vor und nach dem Stoß als genau bekannt angesehen werden können. Auf diesen Prozeß müssen die Erhaltungssätze für Impuls und Energie angewendet werden. Der letztere kann aber, wie wir gesehen haben, nur mit einer Genauigkeit bis zu der Größenordnung $\hbar/\Delta t$ angewandt werden; Δt ist dabei die Zeitspanne zwischen Beginn und Ende des betrachteten Prozesses.

Zur Vereinfachung der weiteren Überlegungen ziehen wir einen idealisierten Gedankenversuch heran: Das „Meß"-Teilchen sei ein ideal reflektierender ebener Spiegel. Es spielt dann nur die eine Impulskomponente senkrecht zur Spiegelebene eine Rolle. Impuls- und Energiesatz ergeben zur Bestimmung des Impulses P des Teilchens die Gleichungen

$$p' + P' - p - P = 0\,, \tag{37,3}$$

$$|\varepsilon' + E' - \varepsilon - E| \sim \frac{\hbar}{\Delta t} \tag{37,4}$$

(P und E sind Impuls und Energie des Teilchens, p und ε die entsprechenden Größen des Spiegels; die Buchstaben ohne und mit Strichen gehören zu den entsprechenden Größen vor und nach dem Stoß). Die Größen p, p', ε, ε' für das „Meß"-Teilchen können als genau bekannt angesehen werden, d. h., ihre Fehler sind gleich Null. Aus den angegebenen Gleichungen erhalten wir dann für die Fehler in den übrigen Größen

$$\Delta P = \Delta P'\,, \qquad \Delta E' - \Delta E \sim \frac{\hbar}{\Delta t}\,.$$

Es ist aber $\Delta E = \frac{\partial E}{\partial P} \Delta P = v\,\Delta P$ mit der Geschwindigkeit v des Elektrons (vor dem Stoß); ähnlich gilt auch $\Delta E' = v'\,\Delta P' = v'\,\Delta P$. Deshalb haben wir

$$(v_x' - v_x)\,\Delta P_x \sim \frac{\hbar}{\Delta t}\,. \tag{37,5}$$

Wir haben hier die Indizes x, y an Geschwindigkeit und Impuls angehängt, um zu unterstreichen, daß diese Beziehung für jede Komponente einzeln gilt.

Das ist auch die gesuchte Beziehung. Sie besagt, daß eine Messung des Elektronenimpulses (bei vorgegebener Genauigkeit ΔP) unbedingt mit einer Geschwindigkeitsänderung des Elektrons verbunden ist (d. h. auch mit einer Änderung des Impulses selbst). Je kürzer der eigentliche Meßprozeß ist, desto größer ist diese Änderung. Die Geschwindigkeitsänderung kann nur für $\Delta t \to \infty$ beliebig klein gemacht werden. Eine Impulsmessung über eine lange Zeit kann aber überhaupt nur für ein freies Teilchen einen Sinn haben. Hier tritt besonders klar hervor, daß die Impulsmessung nach kurzen Zeitabständen nicht reproduzierbar ist und daß die Messung in der Quantenmechanik eine Doppelrolle spielt: Man muß zwischen den Meßwerten einer Größe und dem Wert unterscheiden, der als Ergebnis des Meßprozesses geschaffen wird.[1])

§ 38. Quasistationäre Zustände

Man kann die am Anfang dieses Paragraphen gegebene Herleitung auf Grund der Störungstheorie auch unter einem anderen Gesichtspunkt sehen, wenn man sie auf den Zerfall eines Systems unter dem Einfluß irgendeiner Störung anwendet. E_0 sei ein Energieniveau des Systems; bei der Berechnung dieses Niveaus sei die Möglichkeit eines Zerfalls völlig vernachlässigt worden. Mit τ wollen wir die *Lebensdauer* dieses Zustandes des Systems bezeichnen, d. h. die reziproke Zerfallswahrscheinlichkeit w pro Zeiteinheit:

$$\tau = \frac{1}{w}. \tag{38,1}$$

Nach demselben Verfahren finden wir dann

$$|E_0 - E - \varepsilon| \sim \frac{\hbar}{\tau};$$

E und ε sind die Energien der beiden Teile, in die das System zerfällt. Aus der Summe $E + \varepsilon$ kann man auf die Energie des Systems vor dem Zerfall schließen. Die erhaltene Beziehung besagt daher, daß die Energie eines Systems, das zerfallen kann, in einem *quasistationären* Zustand nur bis auf eine Unschärfe der Größenordnung $\hbar/\tau$ bestimmt werden kann.

Ein System, das zerfallen kann, besitzt, streng genommen, kein diskretes Energiespektrum. Das aus ihm beim Zerfall herausfliegende Teilchen entweicht ins Unendliche; in diesem Sinne ist die Bewegung des Systems unbegrenzt, und deshalb ist das Energiespektrum kontinuierlich.

Es kann sich jedoch erweisen, daß die Zerfallswahrscheinlichkeit des Systems sehr klein ist (das einfachste Beispiel dieser Art ist ein Teilchen, das von einer hinreichend hohen und breiten Potentialschwelle umgeben ist). Für solche Systeme mit einer kleinen Zerfallswahrscheinlichkeit kann man den Begriff der *quasistationären* Zustände einführen, in denen sich die Teilchen im Verlauf einer längeren Zeit „innerhalb des Systems" bewegen können und es nur nach Ablauf einer bedeutenden Zeitspanne verlassen. Das Energiespektrum dieser Zustände wird *quasidiskret*; es besteht aus einer Reihe verschmierter Niveaus, deren Breiten sich aus ihren Lebensdauern bestimmen. Als quantitatives Charakteristikum für die Niveaubreite kann man die Größe

$$\Gamma = \frac{\hbar}{\tau} = \hbar w \tag{38,2}$$

[1]) Die Beziehung (37,5) sowie die physikalische Interpretation der Unschärferelation für die Energie stammen von N. Bohr (1928).

ansehen. Die Breite der quasidiskreten Niveaus ist klein im Vergleich zu den Abständen zwischen ihnen.

Bei der Betrachtung der quasistationären Zustände kann man folgende Methode anwenden. Bis jetzt betrachteten wir immer die Lösung der SCHRÖDINGER-Gleichung mit einer Randbedingung, die die Endlichkeit der Wellenfunktion im Unendlichen fordert. Anstelle dieser werden wir jetzt diejenige Lösung suchen, die im Unendlichen durch eine auslaufende Kugelwelle dargestellt wird ($\psi \sim e^{ikr}/r$); das entspricht einem Teilchen, das aus dem System beim Zerfall herausfliegt. Weil diese Randbedingung komplex ist, kann man nicht erwarten, daß die Energieeigenwerte reell sein müssen. Tatsächlich erhalten wir bei der Lösung der SCHRÖDINGER-Gleichung einen Satz komplexer Eigenwerte, die wir als

$$E = E_0 - \frac{i\Gamma}{2} \tag{38,3}$$

schreiben werden, wobei E_0 und Γ zwei positive Größen sind.

Es ist leicht zu sehen, worin der physikalische Sinn der komplexen Energiewerte liegt. Der Zeitfaktor der Wellenfunktion eines quasistationären Zustandes hat die Gestalt

$$e^{-\frac{i}{\hbar}Et} = e^{-\frac{i}{\hbar}E_0 t}\, e^{-\frac{\Gamma}{2\hbar}t}.$$

Deshalb sind alle Wahrscheinlichkeiten, die durch die Quadrate des Betrages der Wellenfunktion bestimmt sind, nach dem Gesetz $e^{-\Gamma t/\hbar}$ zeitlich gedämpft. Nach diesem Gesetz ist auch die Wahrscheinlichkeit, das Teilchen „innerhalb des Systems" zu finden, gedämpft.

Mit einer breiten Palette quasistationärer Zustände haben wir es auf dem Gebiet nicht sehr hochenergetischer Kernreaktionen zu tun, die das Stadium der Bildung von *Compound-Kernen* durchlaufen.[1]) Das anschauliche physikalische Bild der dabei stattfindenden Prozesse besteht darin, daß das auf den Kern fallende Teilchen (z. B. ein Neutron), das mit den Nukleonen des Kerns wechselwirkt, mit ihm „verschmolzen" wird und ein zusammengesetztes System bildet, in dem die durch das Teilchen eingebrachte Energie auf viele Nukleonen verteilt wird. Die (im Vergleich zu den „Perioden" der Nukleonenbewegung im Kern) große Lebensdauer der quasistationären Zustände hängt damit zusammen, daß während der meisten Zeit die Energie auf viele Teilchen verteilt wird, so daß jedes von ihnen eine Energie besitzt, die nicht dazu ausreicht, um aus dem Kern herauszufliegen und die Anziehung der restlichen Teilchen zu überwinden. Nur relativ selten konzentriert sich eine hinreichend große Energie auf ein Teilchen und führt zum Zerfall des Kerns.

[1]) Die Vorstellung vom Compound-Kern wurde 1936 von N. BOHR entwickelt.

Der Spin

V

§ 39. Der Spin

Betrachten wir ein zusammengesetztes Teilchen (sagen wir einen Atomkern), das als Ganzes ruht und sich in einem bestimmten inneren Zustand befindet. Außer definierter innerer Energie besitzt es des weiteren auch einen der Größe nach definierten Drehimpuls L, der mit der Bewegung der Teilchen innerhalb des Kernes zusammenhängt. Bei gegebenem Drehimpuls L besteht noch die Möglichkeit für, wie wir wissen, $2L + 1$ verschiedene Orientierungen im Raum.

In § 18 wurde ausgeführt, daß der wesentliche Aspekt für das Verständnis des Drehimpulses in der Quantenmechanik darin besteht, daß diese Größe durch die Symmetrieeigenschaften der Systemzustände in bezug auf Drehungen im Raum bestimmt wird. Bei Drehungen des Koordinatensystems nämlich transformieren sich die $2L + 1$ Wellenfunktionen ψ_{LM}, die den verschiedenen Werten der Drehimpulsprojektion M entsprechen, untereinander nach einer wohldefinierten Regel.

In einer solchen Formulierung wird die Frage nach dem Ursprung des Drehimpulses unwesentlich, und wir gelangen zwanglos zu der Vorstellung vom „Eigendrehimpuls", der einem Teilchen unabhängig davon zugeschrieben werden muß, ob es ein „zusammengesetztes" oder „elementares" Teilchen darstellt.

Auf diese Weise macht es sich in der Quantenmechanik notwendig, einem Teilchen einen gewissen „Eigendrehimpuls" zuzuordnen, der nicht an seine Bewegung im Raum gebunden ist. Diese Eigenschaft der Elementarteilchen ist eine spezifische Quanteneigenschaft (die beim Übergang $\hbar \to 0$ verschwindet) und erlaubt prinzipiell keine klassische Interpretation.[1])

Der Eigendrehimpuls eines Teilchens heißt dessen *Spin*. Im Unterschied dazu nennt man den mit der Bewegung des Teilchens im Raum verknüpften Drehimpuls den *Bahndrehimpuls*. Es kann sich dabei sowohl um ein Elementarteilchen als auch um ein Teilchen handeln, das zwar zusammengesetzt ist, sich aber bei bestimmten Erscheinungen wie ein elementares Teilchen verhält (zum Beispiel um einen Atomkern). Wir wollen den Spin eines Teilchens (der wie der Bahndrehimpuls in Vielfachen von $\hbar$ gemessen wird) mit $\mathbf{s}$ bezeichnen.[2])

[1]) So wäre es zum Beispiel völlig unsinnig, sich den Eigendrehimpuls eines Elementarteilchens als Ergebnis der Rotation des Teilchens um „seine eigene Achse" vorzustellen.

[2]) Die physikalische Idee von der Existenz eines Eigendrehimpulses des Elektrons stammt von G. E. Uhlenbeck und S. Goudsmit aus dem Jahre 1925. 1927 wurde der Spin von W. Pauli in die Quantenmechanik eingeführt.

Für Teilchen, die einen Spin besitzen, muß die Beschreibung eines Zustandes mit Hilfe der Wellenfunktion nicht nur die Bestimmung der Aufenthaltswahrscheinlichkeit des Teilchens im Raum gewährleisten, sondern auch die Bestimmung der Wahrscheinlichkeiten für seine verschiedenen möglichen Spinorientierungen. Mit anderen Worten muß die Wellenfunktion nicht nur von den drei kontinuierlichen Variablen, den Teilchenkoordinaten, sondern auch von einer diskreten *Spinvariablen* abhängen, die die Größe der Spinprojektion bezüglich einer gewissen herausgegriffenen Raumrichtung (z-Achse) angibt und eine endliche Anzahl diskreter Werte (die wir im weiteren mit den Buchstaben σ bezeichnen werden) durchläuft.

$\psi(x, y, z; \sigma)$ möge eine solche Funktion sein. Im Grunde genommen stellt sie die Gesamtheit einiger unterschiedlicher Funktionen der Koordinaten dar, die den verschiedenen Werten von σ entsprechen; von diesen Funktionen werden wir als von den *Spinkomponenten* der Wellenfunktion sprechen. In diesem Zusammenhang bestimmt das Integral

$$\int |\psi(x, y, z; \sigma)|^2 \, \mathrm{d}V$$

die Wahrscheinlichkeit dafür, daß das Teilchen einen definierten Wert σ besitzt. Andererseits ist die Wahrscheinlichkeit dafür, daß sich das Teilchen bei beliebigem σ im Volumenelement $\mathrm{d}V$ befindet,

$$\sum_{\sigma} |\psi(x, y, z; \sigma)|^2 .$$

Der quantenmechanische Operator für den Spin wirkt bei seiner Anwendung auf die Wellenfunktion unmittelbar auf die Spinvariable σ. Mit anderen Worten, er transformiert in irgendeiner bestimmten Weise die Komponenten der Wellenfunktion untereinander. Die Gestalt dieses Operators wird weiter unten festgestellt werden. Von vornherein ist jedoch schon klar, daß die Operatoren für die drei Spinkomponenten $\hat{s}_x$, $\hat{s}_y$, $\hat{s}_z$ ebensolchen Vertauschungsregeln genügen wie auch die Operatoren für den Bahndrehimpuls. Die allgemeine Definition der Drehimpulsoperatoren ergibt sich aus ihrer Verknüpfung mit den Operatoren für infinitesimal kleine Drehungen. In § 14 wurde bei der Herleitung der Ausdrücke und später der Vertauschungsregeln für diese Operatoren zum Verständnis angenommen, daß sie auf Funktionen von Koordinaten wirken. Tatsächlich jedoch drücken diese Regeln Eigenschaften von Drehungen aus und sind wie diese unabhängig davon, auf welches mathematische Objekt sie angewendet werden; sie besitzen demzufolge universellen Charakter.

Bei Kenntnis der Vertauschungsregeln kann man die möglichen Werte des Absolutbetrages des Spins und der Spinkomponenten bestimmen. Die ganze Ableitung in § 15 (Formeln (15,6—8)) war allein auf den Vertauschungsrelationen aufgebaut und ist daher in ganzem Umfange auch hier anwendbar. Man muß in diesen Formeln lediglich unter $\boldsymbol{L}$ jetzt $\boldsymbol{s}$ verstehen. Aus den Formeln (15,6) folgt für die Eigenwerte der z-Komponente des Spins eine Zahlenfolge, bei der sich eine Zahl von der vorhergehenden jeweils um 1 unterscheidet. Wir können jetzt aber nicht behaupten, daß diese Werte ganzzahlig sein müssen, wie es für die Projektion l_z des Bahndrehimpulses der Fall war (die zu Beginn von § 15 angegebene Herleitung ist hier nicht anwendbar, da sie auf einen für den Bahndrehimpuls spezifischen Ausdruck des Operators $\hat{l}_z$ beruht, der auf eine Funktion der Koordinaten wirkt).

Die Folge der Eigenwerte s_z ist nach oben und nach unten begrenzt. Die Grenzen haben denselben absoluten Betrag und entgegengesetzte Vorzeichen, wir bezeichnen sie mit $\pm s$. Die Differenz $2\,s$ zwischen dem größten und dem kleinsten Wert von s_z muß eine ganze Zahl oder Null sein. Die Zahl s kann demnach die Werte 0, 1/2, 1, 3/2, . . . annehmen.

Die Eigenwerte des Quadrates des Spins sind also

$$\mathbf{s}^2 = s\,(s + 1); \tag{39,1}$$

s kann darin entweder eine ganze Zahl (einschließlich der Null) sein oder halbzahlige Werte annehmen. Bei vorgegebenem s kann die Komponente $s_z = \sigma$ die Werte $s, s - 1, \ldots, -s$, insgesamt $2\,s + 1$ Werte durchlaufen. Ebensoviele Komponenten hat, entsprechend dem oben Gesagten, die Wellenfunktion eines Teilchens mit dem Spin s. [1])

Die Mehrzahl der Elementarteilchen (darunter Elektronen, Protonen, Neutronen, μ-Mesonen) besitzt den Spin 1/2. Es existieren jedoch auch Elementarteilchen mit anderen Spins (so besitzen π-Mesonen und K-Mesonen den Spin 0).

Der Gesamtdrehimpuls eines Teilchens (wir bezeichnen ihn mit $\boldsymbol{j}$) ergibt sich durch Addition des Bahndrehimpulses $\boldsymbol{l}$ und des Spins $\mathbf{s}$. Die zugehörigen Operatoren wirken auf Funktionen ganz verschiedener Veränderlicher und kommutieren natürlich miteinander. Die Eigenwerte des Gesamtdrehimpulses

$$\boldsymbol{j} = \boldsymbol{l} + \mathbf{s} \tag{39,2}$$

erhält man nach derselben Regel im „Vektormodell" wie die Summe der Bahndrehimpulse zweier verschiedener Teilchen (§ 17). Für gegebene Werte von l und s kann der Gesamtdrehimpuls die Werte $l + s, l + s - 1, \ldots, |l - s|$ annehmen. Ein Elektron (Spin 1/2) mit von Null verschiedenem Bahndrehimpuls l kann den Gesamtdrehimpuls $j = l \pm 1/2$ haben; für $l = 0$ hat der Drehimpuls j natürlich nur den einen Wert $j = 1/2$.

Der Operator für den Gesamtdrehimpuls $\boldsymbol{J}$ eines Systems von Teilchen ist die Summe der Operatoren für die Drehimpulse $\boldsymbol{j}$ der einzelnen Teilchen, so daß seine Werte wieder durch die Regeln des Vektormodells bestimmt werden. Man kann den Drehimpuls $\boldsymbol{J}$ in der Form $\boldsymbol{J} = \boldsymbol{L} + \boldsymbol{S}$ darstellen; dabei kann man $\boldsymbol{S}$ als den Gesamtspin und $\boldsymbol{L}$ als den gesamten Bahndrehimpuls bezeichnen.

Zusammen mit den Vertauschungsregeln besitzen auch die Formeln (15,11) für die Matrixelemente der Drehimpulskomponenten universellen Charakter (d. h., sie sind für einen beliebigen Drehimpuls gültig). Desweiteren bleiben

[1]) Da für jede Teilchensorte s eine feste Zahl ist, wird der Spindrehimpuls $\hbar\,s$ beim Grenzübergang zur klassischen Mechanik ($\hbar \to 0$) Null. Für den Bahndrehimpuls hat eine solche Überlegung keinen Sinn. Beim Übergang zur klassischen Mechanik streben gleichzeitig $\hbar$ gegen Null und l gegen Unendlich, so daß das Produkt $\hbar\,l$ endlich bleibt.

auch (bei entsprechender Abänderung der Bezeichnungen) die in § 18 bezüglich des Drehimpulses aufgestellten Auswahlregeln für die Matrixelemente der verschiedenen physikalischen Größen richtig.

§ 40. Der Spinoperator

Im folgenden (in diesem und den §§ 41, 42) werden wir uns nicht für die Ortsabhängigkeit der Wellenfunktionen interessieren. Wenn wir zum Beispiel vom Verhalten der Funktionen $\psi(\sigma)$ bei einer Drehung des Koordinatensystems sprechen, dann kann man sich vorstellen, daß sich das Teilchen im Koordinatenursprung befindet. Seine Koordinaten bleiben dann bei einer solchen Drehung unverändert, und die erhaltenen Ergebnisse sind gerade für das Verhalten der Funktion $\psi(\sigma)$ bezüglich der Spinvariablen σ charakteristisch.

Die Variable σ unterscheidet sich von den gewöhnlichen Variablen (den Koordinaten) dadurch, daß sie nur diskrete Werte annimmt. Die allgemeinste Gestalt eines linearen Operators, der auf eine Funktion der diskreten Variablen σ wirkt, ist

$$\hat{f}\,\psi(\sigma) = \sum_{\sigma'} f_{\sigma\sigma'}\,\psi(\sigma')\,, \tag{40,1}$$

wobei die $f_{\sigma\sigma'}$ Konstanten sind.

Es ist leicht zu sehen, daß diese Größen mit den nach der üblichen Regel (11.6) bezüglich der Eigenfunktionen des Operators $\hat{s}_z$ definierten Matrixelementen des Operators $\hat{f}$ zusammenfallen. Die Koordinatenintegration in der Definition (11,6) wird jetzt durch die Summation über die diskrete Variable ersetzt, so daß die Definition für ein Matrixelement die Form

$$f_{\sigma_2\sigma_1} = \sum_{\sigma} \psi^*_{\sigma_2}(\sigma)\,[\hat{f}\,\psi_{\sigma_1}(\sigma)] \tag{40,2}$$

annimmt. $\psi_{\sigma_1}(\sigma)$ und $\psi_{\sigma_2}(\sigma)$ sind hier Eigenfunktionen des Operators $\hat{s}_z$, die zu den Eigenwerten $s_z = \sigma_1$ und $s_z = \sigma_2$ gehören; jede Funktion dieser Art entspricht einem Zustand, in dem das Teilchen einen definierten Wert s_z besitzt, d. h., von allen Komponenten der Wellenfunktion ist nur eine von Null verschieden[1]):

$$\psi_{\sigma_1}(\sigma) = \delta_{\sigma_1\sigma}\,, \qquad \psi_{\sigma_2}(\sigma) = \delta_{\sigma_2\sigma}\,. \tag{40,3}$$

Gemäß (40,1) haben wir

$$\hat{f}\,\psi_{\sigma_1}(\sigma) = \sum_{\sigma'} f_{\sigma\sigma'}\,\psi_{\sigma_1}(\sigma') = \sum_{\sigma'} f_{\sigma\sigma'}\,\delta_{\sigma_1\sigma'} = f_{\sigma\sigma_1}\,.$$

[1]) Genauer müßte man

$$\psi_{\sigma_1}(x, y, z; \sigma) = \psi(x, y, z)\,\delta_{\sigma_1\sigma}, \ldots$$

schreiben; in (40,3) sind die in unserem Zusammenhang unwesentlichen Koordinatenfunktionen weggelassen.

Wir betonen ein weiteres Mal die Notwendigkeit, zwischen gegebenem Eigenwert s_z (σ_1 bzw. σ_2) und der unabhängigen Variablen σ zu unterscheiden!

Setzen wir diesen Ausdruck zusammen mit $\psi_{\sigma_z}(\sigma)$ in (40,2) ein, dann wird letztere Gleichung identisch befriedigt, womit die aufgestellte Behauptung bewiesen ist.

Demnach können die auf die Wellenfunktionen eines Teilchens mit dem Spin s wirkenden Operatoren als $(2\,s+1)$-reihige Matrizen dargestellt werden. Insbesondere haben wir für die Spinoperatoren selbst

$$\hat{s}_x\,\psi(\sigma) = \sum_{\sigma'} (s_x)_{\sigma\sigma'}\,\psi(\sigma'), \ldots \tag{40,4}$$

Gemäß dem oben Gesagten (siehe das Ende von § 39) stimmen die Matrizen $\hat{s}_x, \hat{s}_y, \hat{s}_z$ mit den in § 15 erhaltenen Matrizen der Größen L_x, L_y, L_z überein, wenn man nur in den Formeln (15,11) die Buchstaben L und M durch die Buchstaben s und σ ersetzt. Damit haben wir direkt die Spinoperatoren bestimmt.

In dem sehr wichtigen Fall Spin 1/2 ($s = 1/2, \sigma = \pm 1/2$) sind diese Matrizen zweireihig. Man schreibt sie in der Form

$$\hat{s}_x = \frac{1}{2}\sigma_x\,, \qquad \hat{s}_y = \frac{1}{2}\sigma_y\,, \qquad \hat{s}_z = \frac{1}{2}\sigma_z \tag{40,5}$$

mit[1])

$$\sigma_x = \begin{pmatrix} 0 & 1 \\ 1 & 0 \end{pmatrix}, \qquad \sigma_y = \begin{pmatrix} 0 & -i \\ i & 0 \end{pmatrix}, \qquad \sigma_z = \begin{pmatrix} 1 & 0 \\ 0 & -1 \end{pmatrix}. \tag{40,6}$$

Die Matrizen (40,6) heißen PAULI-*Matrizen*. Wir bemerken, daß die Matrix s_z diagonal ist, wie es auch für die Matrix sein muß, die bezüglich der Eigenfunktionen des ihr äquivalenten Operators $\hat{s}_z$ dargestellt wird.

§ 41. Spinoren

Wir gehen nun zu einer ausführlicheren Betrachtung der Spineigenschaften der Wellenfunktionen über.

Die Wellenfunktion eines Teilchens mit dem Spin 0 besitzt insgesamt eine sich bei Drehungen des Koordinatensystems nicht ändernde Komponente, d. h., sie ist ein Skalar.

Für die Wellenfunktionen von Teilchen mit Spin ungleich Null geben wir zunächst ihr Verhalten bei Drehungen um die z-Achse an. Der Operator für eine infinitesimal kleine Drehung bezüglich der z-Achse um den Winkel $\delta\varphi$ wird mit Hilfe des Drehimpulsoperators (im gegebenen Fall des Spinoperators)

[1]) In der Matrizenschreibweise (40,6) werden die Zeilen und Spalten durch die σ-Werte durchnumeriert, wobei die Zeilennummer dem ersten und die Spaltennummer dem zweiten Index eines Matrixelements entspricht. Im vorliegenden Fall sind diese Nummern 1/2, $-1/2$. Anwendung eines solchen Operators bedeutet gemäß Regel (40,1) Multiplikation der σ-ten Zeile der Matrix mit den Komponenten der Wellenfunktion, die in Form einer Spalte angeordnet sind: $\psi = \begin{pmatrix} \psi(1/2) \\ \psi(-1/2) \end{pmatrix}$.

durch $1 + i\,\delta\varphi \cdot \hat{s}_z$ ausgedrückt. Deshalb gehen im Ergebnis der Drehung die Funktionen $\psi(\sigma)$ in $\psi(\sigma) + \delta\psi(\sigma)$ über, wobei

$$\delta\psi(\sigma) = i\,\delta\varphi \cdot \hat{s}_z\,\psi(\sigma)$$

gilt. Nun ist jedoch $\hat{s}_z$ eine diagonale Matrix, und ihre Diagonalelemente stimmen mit den Eigenwerten $s_z = \sigma$ überein. Deshalb ist $\hat{s}_z\,\psi(\sigma) = \sigma\,\psi(\sigma)$, so daß

$$\delta\psi(\sigma) = i\,\sigma\,\psi(\sigma) \cdot \delta\varphi$$

folgt. Schreiben wir diese Gleichung nun als Differentialgleichung $\mathrm{d}\psi/\mathrm{d}\varphi = i\,\sigma\,\psi$ und integrieren sie, so finden wir den Wert der Funktion $\psi(\sigma)$ nach der Drehung um einen beliebigen endlichen Winkel φ; wir erhalten, kennzeichnen wir diesen Wert durch einen Strich an der Funktion,

$$\psi(\sigma)' = \psi(\sigma)\,\mathrm{e}^{i\sigma\varphi}\,. \tag{41,1}$$

Speziell werden bei einer Drehung um den Winkel $\varphi = 2\,\pi$ alle Komponenten $\psi(\sigma)$ mit dem gleichen Faktor

$$\mathrm{e}^{2\pi i\sigma} = (-1)^{2\sigma} = (-1)^{2s}$$

multipliziert (die Zahlen $2\,\sigma$ sind offensichtlich immer geradzahlig für geradzahliges $2\,s$ und ungeradzahlig für ungeradzahliges $2\,s$). Demzufolge gehen bei einer vollen Drehung des Koordinatensystems um die Achse die Wellenfunktionen von Teilchen mit ganzzahligem Spin in ihrem Ausgangswert über, während diejenigen für Teilchen mit halbzahligem Spin ihr Vorzeichen ändern.

Die Wellenfunktionen eines Teilchens mit Spin 1/2 (z. B. eines Elektrons) besitzen zwei Komponenten: $\psi(1/2)$ und $\psi(-1/2)$. Zwecks späterer Verallgemeinerungen kennzeichnen wir diese Komponenten durch einen oberen Index, der die Werte 1 und 2 durchläuft, wobei gilt:

$$\psi^1 = \psi(1/2)\,, \qquad \psi^2 = \psi(-1/2)\,. \tag{41,2}$$

Bei einer beliebigen Drehung des Koordinatensystems transformieren sich ψ^1 und ψ^2 untereinander, d. h., sie werden einer linearen Transformation unterworfen:

$$\psi^{1'} = \alpha\,\psi^1 + \beta\,\psi^2\,, \qquad \psi^{2'} = \gamma\,\psi^1 + \delta\,\psi^2\,. \tag{41,3}$$

Die Koeffizienten $\alpha, \beta, \gamma, \delta$ sind im allgemeinen komplex und Funktionen der Drehwinkel. Sie sind durch bestimmte Beziehungen miteinander verknüpft, die im weiteren abgeleitet werden.

Betrachten wir ein System aus zwei Elektronen (der Bahndrehimpuls bezüglich der relativen Bewegung möge Null sein). Sein Gesamtspin kann $S = 0$ oder $S = 1$ sein. Im ersten Falle verhält sich das System als Ganzes wie ein Teilchen mit dem Spin 0, so daß seine Wellenfunktion ein Skalar sein muß. Wenn man andererseits annimmt, daß die Teilchen nicht miteinander wechselwirken, dann muß sich die Wellenfunktion des Systems in Gestalt von Produkten aus Wellenfunktionen der einzelnen Teilchen (die wir mit ψ und φ bezeichnen) darstellen lassen. Es ist leicht einzusehen, daß sie aus den Komponenten von ψ und φ als bilineare Form gebildet werden muß, die in den Indizes 1 und 2 antisymmetrisch ist:

$$\frac{1}{\sqrt{2}}(\psi^1 \varphi^2 - \psi^2 \varphi^1) \,. \tag{41,4}$$

In der Tat ergibt eine einfache Rechnung mit Hilfe von (41,3)

$$\frac{1}{\sqrt{2}}(\psi^{1'} \varphi^{2'} - \psi^{2'} \varphi^{1'}) = (\alpha\,\delta - \beta\,\gamma)\frac{1}{\sqrt{2}}(\psi^1 \varphi^2 - \psi^2 \varphi^1) \,,$$

d. h. die Größe (41,4) transformiert sich bei einer Drehung des Koordinatensystems in sich selbst. Dies bedeutet, daß sie ein Skalar ist, wobei gelten muß:

$$\alpha\,\delta - \beta\,\gamma = 1 \,. \tag{41,5}$$

Damit haben wir auch eine der gesuchten Beziehungen.

Der Ausdruck

$$|\psi^1|^2 + |\psi^2|^2 = \psi^1 \psi^{1*} + \psi^2 \psi^{2*}$$

für die Aufenthaltswahrscheinlichkeit eines Teilchens in einem bestimmten Raumpunkt muß offensichtlich auch ein Skalar sein. Vergleichen wir ihn mit dem Skalar (41,4), so erkennen wir, daß sich die zu ψ^1 und ψ^2 konjugiert komplexen Komponenten ψ^{1*} und ψ^{2*} der Wellenfunktion wie ψ^2 bzw. $-\psi^1$ transformieren müssen; d. h., es muß gelten

$$\psi^{1*'} = \delta\,\psi^{1*} - \gamma\,\psi^{2*} \,, \qquad \psi^{2*'} = -\beta\,\psi^{1*} + \alpha\,\psi^{2*} \,.$$

Schreiben wir andererseits die konjugiert komplexen Gleichungen (41,3) auf,

$$\psi^{1*'} = \alpha^*\,\psi^{1*} + \beta^*\,\psi^{2*} \,, \qquad \psi^{2*'} = \gamma^*\,\psi^{1*} + \delta^*\,\psi^{2*} \,,$$

und vergleichen sie mit den vorstehenden, so finden wir noch eine weitere Beziehung zwischen den Koeffizienten α, β, γ und δ:

$$\alpha = \delta^* \,, \qquad \beta = -\gamma^* \,. \tag{41,6}$$

Wegen der Beziehungen (41,5—6) enthalten die vier komplexen Größen α, β, γ und δ in Wirklichkeit insgesamt nur drei unabhängige reelle Parameter. Diese entsprechen gerade den drei Drehwinkeln bei der Drehung eines dreidimensionalen Koordinatensystems.

Eine zweikomponentige Größe $\psi = \begin{pmatrix}\psi^1\\ \psi^2\end{pmatrix}$, die sich bei Drehungen des Koordinatensystems nach der Vorschrift (41,3) transformiert, heißt *Spinor 1. Stufe* oder einfach *Spinor*. Demnach stellt die Wellenfunktion eines Teilchens mit dem Spin 1/2 einen Spinor dar.

Kehren wir zu dem System aus zwei Elektronen zurück, und betrachten wir jetzt seine Zustände mit dem Spin $S = 1$. Seine Wellenfunktion muß drei Komponenten besitzen, die den Spinprojektionen $+1$, 0, -1 entsprechen. Dies sind aus Produkten von Komponenten der Spinoren ψ und φ aufgebaute Ausdrücke, die in ihren Indizes symmetrisch sind und sich bei Transformationen

(41,3) untereinander transformieren:

$$\psi^1 \varphi^1 , \qquad \frac{1}{\sqrt{2}} (\psi^1 \varphi^2 + \psi^2 \varphi^1) , \qquad \psi^2 \varphi^2 . \tag{41,7}$$

Die Projektion σ des Gesamtspins des Systems ist gleich der Summe der Spinprojektionen beider Elektronen. Deshalb ergibt sich die Zuordnung der Funktionen (41,7) hinsichtlich der Werte σ eindeutig aus der Bedeutung der Spinindizes 1 und 2, die die Werte für die Spinprojektionen der einzelnen Elektronen angeben: So besitzt die erste dieser Funktionen als Indizes zweimal die 1 und entspricht deshalb der Projektion $\sigma = 1/2 + 1/2 = 1$; die zweite Funktion hat als Indizes jeweils einmal die 1 und einmal die 2, so daß $\sigma = 1/2 - 1/2 = 0$ ist; für die dritte Funktion mit der 2 als den beiden Indizes haben wir schließlich $\sigma = -1/2 - 1/2 = -1$.

Es versteht sich von selbst, daß die Spineigenschaften der Wellenfunktionen, die ja im Grunde genommen durch ihre Eigenschaften in bezug auf Drehungen des Koordinatensystems gegeben sind, für ein Teilchen mit dem Spin 1 und für ein System von Teilchen mit dem Gesamtspin 1 identisch sind. Deshalb besitzt das Resultat (41,7) auch allgemeineren Charakter: Die Wellenfunktion eines beliebigen Teilchens mit dem Spin 1 stellt einen, wie man sagt, *symmetrischen Spinor 2. Stufe* dar. Allgemein heißt eine Gesamtheit von vier Größen $\psi^{11}, \psi^{22}, \psi^{12}, \psi^{21}$, die sich bei Drehungen des Koordinatensystems wie die Produkte aus den entsprechenden Komponenten zweier Spinoren 1. Stufe transformieren (selbstverständlich brauchen sie sich in Wirklichkeit keineswegs auf derartige Produkte zurückführen lassen) Spinor 2. Stufe.[1]) Für einen symmetrischen Spinor 2. Stufe gilt $\psi^{12} = \psi^{21}$, so daß er im ganzen drei unabhängige Komponenten besitzt.[2]) Ihr Zusammenhang mit den Komponenten der Wellenfunktion $\psi(\sigma)$ ergibt sich aus den Formeln

$$\psi(1) = \psi^{11} , \qquad \psi(0) = \sqrt{2}\,\psi^{12} , \qquad \psi(-1) = \psi^{22} . \tag{41,8}$$

Die Wellenfunktion eines Teilchens mit dem Spin 1 kann auch als 3-dimensionaler Vektor $\boldsymbol{\psi}$ dargestellt werden. Das ist schon daraus ersichtlich, daß ein 3-dimensionaler Vektor eine Gesamtheit von ebenso vielen (drei) Größen ist, die sich bei Drehungen des Koordinatensystems untereinander transformieren. Die Zuordnung zwischen den Komponenten eines symmetrischen Spinors 2. Stufe und den Vektorkomponenten geschieht über folgende Formeln:

$$\psi^{11} = -(\psi_x - i\,\psi_y) , \qquad \psi^{22} = \psi_x + i\,\psi_y , \qquad \psi^{12} = \psi_z . \tag{41,9}$$

Ihr Sinn besteht darin, daß sowohl die auf den linken Seiten der Gleichungen stehenden Spinorkomponenten als auch die rechts stehenden Kombinationen

[1]) Dies ist ähnlich dem Fall eines Tensors 2. Stufe, einer Gesamtheit von Größen, die sich wie Produkte von Vektorkomponenten transformieren.

[2]) Ein antisymmetrischer Spinor 2. Stufe besitzt jedoch insgesamt nur eine unabhängige Komponente ($\psi^{11} = \psi^{22} = 0$, $\psi^{12} = -\psi^{21}$). Ihre Eigenschaften stimmen mit denjenigen der weiter oben betrachteten Größen (41,4) überein. Mit anderen Worten läßt sich ein antisymmetrischer Spinor 2. Stufe auf einen Skalar zurückführen.

aus den Vektorkomponenten sich nach ein und derselben Vorschrift transformieren. Von der Richtigkeit dieser Übereinstimmung kann man sich anhand einer Drehung um die z-Achse überzeugen, für die sich die Transformationsvorschrift bezüglich der Spinoren aus (41,1) ergibt.[1]) Andererseits kann man aus dem allgemein bekannten Transformationsgesetz für Vektorkomponenten bei einer beliebigen Drehung der Koordinatenachsen durch Vergleich mit den Formeln (41,9) die allgemeine Transformationsvorschrift für Spinoren finden (d. h. die Abhängigkeit der Transformationskoeffizienten (41,3) von den Drehwinkeln); wir werden uns aber hier nicht damit aufhalten.

Im allgemeinen Falle schließlich eines Teilchens mit beliebigem Spin stellt die Wellenfunktion einen in allen seinen Indizes symmetrischen Spinor $2s$-ter Stufe dar. Es ist leicht zu sehen, daß die Zahl der unabhängigen Komponenten eines solchen Spinors, wie es auch sein muß, gleich $2s + 1$ ist. Da die Anordnung der Indizes für einen symmetrischen Spinor unwesentlich ist, sind tatsächlich nur diejenigen Komponenten voneinander verschieden, in deren Indizes $2s$ Einsen und 0 Zweien, $2s - 1$ Einsen und eine Zwei usw. bis 0 Einsen und $2s$ Zweien vorkommen.[2])

§ 42. Die Polarisation von Elektronen

Eine wichtige, für Teilchen mit dem Spin 1/2 (wir werden von Elektronen sprechen) spezifische Eigenschaft besteht darin, daß, wenn der Zustand eines Elektrons durch eine gewisse Wellenfunktion beschrieben wird, eine solche Raumrichtung existiert, längs derer die Spinprojektion den definierten Wert $s_z = 1/2$ besitzt. Diese Richtung kann man als *Polarisationsrichtung* des Elektrons bezeichnen, während man vom Elektron in einem solchen Zustand sagt, es sei *vollständig polarisiert.*

In der Tat kann man die Richtung der z-Achse derart wählen, daß eine von den Komponenten (z. B. ψ^2) eines gegebenen Spinors $\psi = \begin{pmatrix}\psi^1\\ \psi^2\end{pmatrix}$ — der Wellen-

[1]) Entsprechend (41,1) und (41,2) haben wir

$$\psi^{1'} = e^{i\varphi/2}\,\psi^1\,, \qquad \psi^{2'} = e^{-i\varphi/2}\,\psi^2\,,$$

worin $\psi^{1'}, \psi^{2'}$ die Spinorkomponenten bezüglich des Koordinatensystems sind, das gegenüber dem Ausgangssystem um den Winkel φ um die z-Achse gedreht ist. Für die Komponenten eines 2stufigen Spinors gilt deshalb

$$\psi^{11'} = e^{i\varphi}\,\psi^{11}\,, \qquad \psi^{12'} = \psi^{12}\,, \qquad \psi^{22'} = e^{-i\varphi}\,\psi^{22}\,.$$

Durch eben diese Formeln sind die Vektorkomponenten $\psi_x - i\,\psi_y, \psi_z, \psi_x + i\,\psi_y$ in beiden Koordinatensystemen verknüpft.

[2]) In der Terminologie der Mathematik spricht man davon, daß die symmetrischen Spinoren 1., 2., 3., ... Stufe alle irreduziblen Darstellungen der Drehgruppe realisieren (vergleiche die Fußnote auf Seite 50). Die Dimension dieser Darstellungen bestimmt sich gemäß $2s + 1$ und durchläuft alle Werte 1, 2, 3, ... für $s = 0, 1/2, 1, \ldots$ Die durch die Eigenfunktionen des Bahndrehimpulses ψ_{LM} (von denen die Rede in § 18 war) realisierten Darstellungen sind ein Spezialfall, der den Dimensionen 1, 3, 5, ... entspricht.

funktion eines Teilchens mit dem Spin 1/2 — Null wird. Dies ist schon daraus ersichtlich, daß eine Richtung im Raum durch zwei Größen festgelegt wird (z. B. in Kugelkoordinaten durch zwei Winkel), d. h., die Zahl der uns zur Verfügung stehenden Parameter ist genau gleich derjenigen Anzahl von Größen (Real- und Imaginärteil des komplexen ψ^2), die wir Null setzen wollen. Die Gleichung $\psi^2 = 0$ ihrerseits bedeutet die Wahrscheinlichkeit Null für den Eigenwert $s_z = -1/2$. Wir weisen darauf hin, daß es für ein Teilchen mit dem Spin $s > 1/2$ unmöglich wäre, auf die gleiche Weise alle Komponenten der Wellenfunktionen mit Ausnahme einer einzigen Null zu setzen, da ihre Anzahl einfach zu groß ist.

Die z-Achse möge in Polarisationsrichtung des Elektrons gewählt sein. Offensichtlich ist auch der gemittelte Spinvektor $\bar{\mathbf{s}}$ entlang dieser Achse gerichtet, wobei er dem Betrag nach 1/2 ist. Wir wollen die Wahrscheinlichkeiten $w_\pm$ für die Werte $s_{z'} = \pm 1/2$ der Spinprojektion bezüglich einer anderen Richtung (Achse z') bestimmen, die mit der z-Achse den Winkel θ einschließt. Projizieren wir $\bar{\mathbf{s}}$ auf die z'-Achse, dann finden wir für den Mittelwert des Spins entlang dieser Achse $\bar{s}_z = 1/2 \cos\theta$. Gemäß der Definition für die Wahrscheinlichkeiten $w_\pm$ haben wir andererseits

$$\bar{s}_{z'} = \frac{1}{2}(w_+ - w_-)\,.$$

Berücksichtigen wir ferner, daß $w_+ + w_- = 1$ gilt, so finden wir

$$w_+ = \cos^2\frac{\theta}{2}\,, \qquad w_- = \sin^2\frac{\theta}{2}\,. \tag{42,1}$$

Neben vollständig polarisierten existieren auch solche Zustände eines Elektrons, die man als *teilweise polarisiert* bezeichnen kann. Diese Zustände werden (in Hinblick auf ihre Spineigenschaften) nicht durch Wellenfunktionen sondern durch Dichtematrizen beschrieben, d. h., sie sind (hinsichtlich des Spins) gemischte Zustände (eine analoge Begriffsbildung für Bahnzustände von Teilchen wurde in § 7 eingeführt).

Wir gelangen in natürlicher Weise zur Methodik der Beschreibung solcher Zustände, indem wir zunächst genau die Definition für den Mittelwert des Spinvektors in einem reinen Zustand (einem Zustand vollständiger Polarisation) betrachten. Gemäß der Definition von Operatoren physikalischer Größen haben wir für einen Zustand mit der Wellenfunktion ψ [1])

$$\bar{\mathbf{s}} = \sum_\alpha \psi^{\alpha *}(\hat{\mathbf{s}}\,\psi^\alpha)\,, \tag{42,2}$$

[1]) Es sei daran erinnert, daß in diesem Paragraphen (wie auch in §§ 40, 41) unser Interesse nicht der Koordinatenabhängigkeit der Wellenfunktionen gilt, und deshalb in (42,2) die Raumintegration nicht aufgeführt ist. Dabei wird für die Normierung des Spinors ψ

$$|\psi^1|^2 + |\psi^2|^2 = 1\,.$$

angenommen.

wobei die Summierung bezüglich der Spinvariablen σ in Form einer Summation über die Spinorkomponenten geschieht; mit den Buchstaben α, β bezeichnen wir in diesem Paragraphen die die Werte 1 und 2 durchlaufenden Spinorindizes. Des weiteren fassen wir die PAULI-Matrizen $\sigma_x, \sigma_y, \sigma_z$ als Komponenten eines Matrixcharakter tragenden Vektors auf, für den wir als Bezeichnung den fettgedruckten Buchstaben $\boldsymbol{\sigma}$ verwenden. Gemäß (40,1) heißt Anwendung des Spinoperators $\hat{\mathbf{s}} = 1/2\, \boldsymbol{\sigma}$

$$\hat{\mathbf{s}}\, \psi^\alpha = \frac{1}{2} \sum_\beta \boldsymbol{\sigma}^{\alpha\beta}\, \psi^\beta ,$$

worin $\boldsymbol{\sigma}^{\alpha\beta}$ Matrixelemente bedeuten. Deshalb kann man den Ausdruck (42,2) als

$$\bar{\mathbf{s}} = \frac{1}{2} \sum_{\alpha,\beta} \varrho^{\beta\alpha}\, \boldsymbol{\sigma}^{\alpha\beta} \tag{42,3}$$

mit

$$\varrho^{\beta\alpha} = \psi^\beta\, \psi^{\alpha *} \tag{42,4}$$

schreiben. Offensichtlich gilt

$$(\varrho^{\alpha\beta})^* = \varrho^{\beta\alpha} \tag{42,5}$$

und auf Grund der Normierungsvorschrift für Wellenfunktionen

$$\varrho^{11} + \varrho^{22} = 1\,. \tag{42,6}$$

Im allgemeinen Falle nun einer teilweisen Polarisation wird der Zustand des Elektrons durch eine *Polarisationsdichtematrix*

$$\varrho^{\alpha\beta} = \begin{pmatrix} \varrho^{11} & \varrho^{12} \\ \varrho^{21} & \varrho^{22} \end{pmatrix}$$

beschrieben, die den Bedingungen (42,5—6) genügt und $\bar{\mathbf{s}}$ entsprechend (42,3) bestimmt; jedoch im Unterschied zu einem reinen Zustand zerfallen die Elemente dieser Matrix nicht in Produkte (42,4). Der Betrag des Vektors $\bar{\mathbf{s}}$ kann Werte von 0 bis 1/2 annehmen. Vollständiger Polarisation entspricht der Wert 1/2 und dem umgekehrten Fall eines nichtpolarisierten Zustandes der Wert 0.

Die vier komplexen Größen $\varrho^{\alpha\beta}$ sind acht reellen Parametern äquivalent, jedoch sind infolge der fünf Relationen (42,5—6) nur drei von ihnen voneinander unabhängig. Gerade so viele Größen (Komponenten) enthält der reelle Vektor $\bar{\mathbf{s}}$. Es ist deshalb klar, daß sich eine Reihe von Größen untereinander in eindeutiger Weise bestimmen. Mit anderen Worten ist der Polarisationszustand eines Teilchens mit dem Spin 1/2 völlig durch Angabe des Mittelwertes für den Spinvektor bestimmt.

Der Mittelwert für die z-Komponente des Spins lautet

$$\bar{s}_z = \frac{1}{2} \sum_{\alpha,\beta} \sigma_z^{\alpha\beta}\, \varrho^{\beta\alpha} = \frac{1}{2} (\varrho^{11} - \varrho^{22})\,.$$

Hieraus ist ersichtlich, daß ϱ^{11} und ϱ^{22} die Wahrscheinlichkeiten für die Eigenwerte $s_z = 1/2$ und $s_z = -1/2$ sind. Die Größe ϱ^{12} hängt mit den Mittelwerten für s_x und s_y zusammen. Unter Verwendung der Matrizen σ_x, σ_y aus (40,6) überzeugt man sich leicht davon, daß gilt

$$\varrho^{12} = \bar{s}_x - i\,\bar{s}_y\,.$$

§ 43. Ein Teilchen im Magnetfeld

Ein Teilchen mit Spin besitzt desweiteren auch ein bestimmtes magnetisches Eigenmoment $\boldsymbol{\mu}$. Der ihm entsprechende quantenmechanische Operator ist proportional dem Operator $\hat{\mathbf{s}}$, d. h., er kann in der Gestalt

$$\hat{\boldsymbol{\mu}} = \mu \frac{\hat{\boldsymbol{s}}}{s} \tag{43,1}$$

geschrieben werden, wobei s die Größe des Teilchenspins ist, und μ eine für das Teilchen charakteristische Konstante bedeutet. Die Eigenwerte der Projektion des magnetischen Moments sind gleich $\mu_z = \mu\,\sigma/s$. Hieraus ist ersichtlich, daß der Koeffizient μ (der gewöhnlich auch einfach als Größe des magnetischen Moments bezeichnet wird) den größtmöglichsten Wert μ_z, der sich für $\sigma = s$ ergibt, darstellt.

Der Ausdruck $\mu/\hbar s$ gibt das Verhältnis von magnetischem Eigenmoment eines Teilchens zu seinem mechanischen Eigendrehimpuls an (sofern beide in Richtung der z-Achse liegen). Bekanntlich ist dieses Verhältnis bezüglich des gewöhnlichen (Bahn-) Drehimpulses gleich $e/2\,m\,c$ (siehe I § 66). Der Proportionalitätsfaktor zwischen magnetischem Eigenmoment und Spin eines Teilchens hat jedoch einen anderen Wert. Für ein Elektron ist er gleich $-|e|/m\,c$, d. h. um den Faktor Zwei größer als der übliche Wert (im weiteren werden wir sehen, daß man einen solchen Wert aus der relativistischen DIRAC-Gleichung erhält). Folglich ist das magnetische Eigenmoment eines Elektrons (Spin 1/2) gleich $-\mu_B$ mit

$$\mu_B = \frac{|e|\,\hbar}{2\,m\,c} = 0{,}927 \cdot 10^{-20}\ \text{erg/Gauß}. \tag{43,2}$$

Diese Größe heißt BOHR*sches Magneton.*

Das magnetische Moment schwerer Teilchen wird gewöhnlich in Kernmagnetonen gemessen, die als $e\,\hbar/2\,m_p\,c$ mit m_p als Protonenmasse definiert sind. Für das magnetische Eigenmoment eines Protons gibt das Experiment 2,79 Kernmagnetonen, wobei das Moment parallel zum Spin ist. Das magnetische Moment eines Neutrons ist antiparallel zum Spin und gleich 1,91 Kernmagnetonen.

Wenden wir nun unsere Aufmerksamkeit der Tatsache zu, daß die auf beiden Seiten der Gleichung (43,1) stehenden Größen $\boldsymbol{\mu}$ und $\mathbf{s}$ hinsichtlich ihres Vektorcharakters erwartungsgemäß übereinstimmen: Beide sind axiale Vektoren (sie sind jeweils als Vektorprodukte zweier polarer Vektoren definiert). Eine genau analoge Gleichung für das elektrische Dipolmoment $\boldsymbol{d}$ ($\boldsymbol{d} = \text{const} \cdot \mathbf{s}$)

stände im Widerspruch zur Inversionssymmetrie: Bei einer Inversion würde sich das relative Vorzeichen bezüglich beider Seiten dieser Gleichung ändern.[1])

Wir wollen klären, in welcher Form man die SCHRÖDINGER-Gleichung für ein Teilchen schreiben muß, das sich sowohl in einem äußeren elektrischen als auch in einem äußeren magnetischen Feld bewegt.

In der klassischen Theorie hat die HAMILTON-Funktion für ein geladenes Teilchen im elektromagnetischen Feld die Gestalt

$$H = \frac{1}{2m}\left(\boldsymbol{p} - \frac{e}{c}\boldsymbol{A}\right)^2 + e\,\Phi ,$$

wobei Φ das skalare Potential, $\boldsymbol{A}$ das Vektorpotential des Feldes und $\boldsymbol{p}$ der generalisierte Teilchenimpuls sind (siehe I § 43). Falls das Teilchen keinen Spin besitzt, geschieht der Übergang zur Quantenmechanik in der üblichen Art: Der generalisierte Impuls muß durch den Operator $\hat{\boldsymbol{p}} = -\,i\,\hbar\,\nabla$ ersetzt werden, und wir erhalten den HAMILTON-Operator[2])

$$\hat{H} = \frac{1}{2m}\left(\hat{\boldsymbol{p}} - \frac{e}{c}\boldsymbol{A}\right) + e\,\Phi . \tag{43,3}$$

Wenn jedoch das Teilchen einen Spin besitzt, dann ist ein derartiges Vorgehen nicht ausreichend. Dies liegt daran, daß das magnetische Eigenmoment eines Teilchens unmittelbar mit dem Magnetfeld wechselwirkt. In der klassischen HAMILTON-Funktion tritt diese Wechselwirkung überhaupt nicht auf, da der Spin selbst, einen reinen Quanteneffekt verkörpernd, beim Übergang zum klassischen Grenzfall verschwindet. Den richtigen Ausdruck für den HAMILTON-Operator erhält man, indem man in (43,3) ein zusätzliches Glied $-\,\hat{\boldsymbol{\mu}}\,\boldsymbol{H}$ einführt, das der Energie eines magnetischen Moments $\boldsymbol{\mu}$ im Felde $\boldsymbol{H}$ entspricht.[3]) Demzufolge besitzt der HAMILTON-Operator für ein sich in einem Magnetfeld befindendes Teilchen mit Spin die Gestalt

$$\hat{H} = \frac{1}{2m}\left(\hat{\boldsymbol{p}} - \frac{e}{c}\boldsymbol{A}\right)^2 - \hat{\boldsymbol{\mu}}\,\boldsymbol{H} . \tag{43,4}$$

Die Gleichung $\hat{H}\,\psi = E\,\psi$ für die Eigenwerte dieses Operators stellt dann die gesuchte verallgemeinerte SCHRÖDINGER-Gleichung für den Fall einer Bewegung im Magnetfeld dar. In dieser Gleichung ist die Wellenfunktion ψ ein Spinor der Stufe $2\,s + 1$.

[1]) Wir bemerken, daß eine solche Gleichung (und damit auch unmittelbar die Existenz eines elektrischen Dipolmoments eines Elementarteilchens) der Symmetrie bezüglich der Zeitumkehr widerspräche: Eine Vorzeichenumkehr hinsichtlich der Zeit ändert das elektrische Dipolmoment nicht, jedoch ändert sich das Vorzeichen des Spins (das ist z. B. aus der Definition dieser Größen bezüglich der Bahnbewegung ersichtlich; in die Definition von $\boldsymbol{d}$ gehen nur die Koordinaten ein, während in derjenigen für das magnetische Moment außerdem die Teilchengeschwindigkeit auftritt).

[2]) Wir bezeichnen hier den generalisierten Impuls mit demselben Buchstaben $\boldsymbol{p}$ wie auch den gewöhnlichen Impuls (anstelle von $\boldsymbol{P}$ in I § 43), um zu unterstreichen, daß ihm der gleiche Operator entspricht.

[3]) Die Wahl gleicher Buchstaben für Feldstärke und HAMILTON-Operator kann hier nicht zu Verwechslungen führen, da der HAMILTON-Operator mit einem Dach versehen ist.

§ 44. Die Bewegung im homogenen Magnetfeld

Wir wollen die Energieniveaus eines Elektrons in einem konstanten homogenen Magnetfeld bestimmen.

Die z-Achse legen wir in Richtung des Feldes $\boldsymbol{H}$, und das Vektorpotential des Feldes schreiben wir als

$$A_x = -H\,y\,, \qquad A_y = A_z = 0 \tag{44,1}$$

(es ist leicht zu verifizieren, daß rot $\boldsymbol{A}$ tatsächlich mit $\boldsymbol{H}$ übereinstimmt). Der HAMILTON-Operator des Elektrons (mit der Ladung $e = -|e|$ und dem magnetischen Moment $\mu = -\mu_B$) nimmt dann die folgende Gestalt an:

$$\hat{H} = \frac{1}{2m}\left(\hat{p}_x + \frac{eH}{c}y\right)^2 + \frac{\hat{p}_y^2}{2m} + \frac{\hat{p}_z^2}{2m} - \frac{eH}{mc}\hat{s}_z\,. \tag{44,2}$$

Wir bemerken zunächst, daß der Operator $\hat{s}_z$ mit dem HAMILTON-Operator kommutiert (da letzterer die Operatoren der anderen Spinkomponenten nicht enthält). Dies bedeutet, daß die Projektion des Spins in z-Richtung erhalten bleibt und daß man deshalb $\hat{s}_z$ durch den Eigenwert $s_z = \sigma$ ersetzen kann. Nach dieser Ersetzung wird die Spinabhängigkeit der Wellenfunktion unwesentlich und man kann ψ in der SCHRÖDINGER-Gleichung als gewöhnliche Koordinatenfunktion auffassen. Für diese Funktion haben wir die Gleichung

$$\frac{1}{2m}\left[\left(\hat{p}_x + \frac{eH}{c}y\right)^2 + \hat{p}_y^2 + \hat{p}_z^2\right]\psi - \frac{eH}{mc}\sigma\psi = E\psi\,. \tag{44,3}$$

Der HAMILTON-Operator (44,2) enthält nicht explizit die Koordinaten x und z. Deshalb kommutieren mit ihm auch die Operatoren $\hat{p}_x$ und $\hat{p}_z$ (Differentiation nach x und z), d. h., die x- und z-Komponente des generalisierten Impulses bleiben erhalten. Dementsprechend suchen wir ψ in der Gestalt

$$\psi = e^{\frac{i}{\hbar}(p_x x + p_z z)}\chi(y)\,. \tag{44,4}$$

Die Eigenwerte p_x und p_z durchlaufen alle Werte von $-\infty$ bis $+\infty$. Da $A_z = 0$ ist, fällt die z-Komponente des generalisierten Impulses p_z mit der Komponente des gewöhnlichen Impulses zusammen: $p_z = m\,v_z$. Somit kann die Geschwindigkeit des Elektrons in Feldrichtung beliebige Werte annehmen; man kann sagen, daß die Bewegung längs der z-Achse „nicht quantisiert wird".

Setzen wir (44,4) in (44,3) ein, so erhalten wir folgende Gleichung für die Funktion χ:

$$\chi'' + \frac{2m}{\hbar^2}\left[E - \omega_H\sigma - \frac{p_z^2}{2m} - \frac{m}{2}\omega_H^2\,(y - y_0)^2\right]\chi = 0\,,$$

wobei die Bezeichnungen $y_0 = -c\,p_x/e\,H$ und

$$\omega_H = \frac{|e|\,H}{m\,c} \tag{44,5}$$

eingeführt wurden. Diese Gleichung stimmt formal mit der SCHRÖDINGER-Gleichung (25,6) für einen linearen Oszillator überein, der mit der Frequenz ω_H um den Punkt $y = y_0$ schwingt. Deshalb können wir sofort schließen, daß die Konstante $(E - \sigma\,\omega_H - p_z^2/2\,m)$, die die Rolle der Energie des Oszillators spielt, die Werte $(n + 1/2)\,\hbar\,\omega_H$ annehmen kann, wobei n ganze Zahlen sind.

Wir erhalten so folgenden Ausdruck für die Energieniveaus eines Elektrons im homogenen Magnetfeld:

$$E = \left(n + \frac{1}{2} + \sigma\right)\hbar\,\omega_H + \frac{p_z^2}{2\,m}\,. \tag{44,6}$$

Das erste Glied in (44,6) liefert die diskreten Energiewerte, die der Bewegung in der zur Feldrichtung orthogonalen Ebene entsprechen; sie werden LANDAU-*Niveaus* genannt.[1])

[1]) Dieses Problem wurde erstmalig von L. D. LANDAU (1930) im Zusammenhang mit dem des Diamagnetismus von Elektronen in Metallen untersucht.

Identische Teilchen

VI

§ 45. Das Prinzip der Ununterscheidbarkeit gleichartiger Teilchen

In der klassischen Mechanik verlieren gleichartige Teilchen (sagen wir Elektronen) trotz der Identität ihrer physikalischen Eigenschaften ihre „Individualität" nicht. Man kann sich nämlich die Teilchen eines gegebenen physikalischen Systems „durchnumeriert" vorstellen und dann die Bewegung jedes einzelnen Teilchens auf dessen Bahnkurve verfolgen. In einem beliebigen Zeitpunkt können die Teilchen wieder identifiziert werden.

In der Quantenmechanik ist die Sachlage ganz anders, wie unmittelbar aus dem Unbestimmtheitsprinzip folgt. Wir haben bereits mehrfach darauf hingewiesen, daß der Begriff der Bahnkurve eines Elektrons wegen des Unbestimmtheitsprinzips seinen Sinn vollkommen verliert. Ist die Lage eines Elektrons in einem bestimmten Zeitpunkt genau bekannt, dann haben seine Koordinaten schon in einem infinitesimal benachbarten Zeitpunkt überhaupt keinen bestimmten Wert mehr. Lokalisieren wir die Elektronen und numerieren sie zu einem gewissen Zeitpunkt durch, so haben wir dadurch nichts für ihre Identifizierung in späteren Zeitpunkten gewonnen. Wenn wir eines der Elektronen in einem anderen Zeitpunkt an einer Stelle des Raumes lokalisieren, dann können wir nicht angeben, welches der Elektronen an diesen Punkt gelangt ist.

In der Quantenmechanik gibt es also prinzipiell keine Möglichkeit, ein einzelnes von gleichartigen Teilchen gesondert zu verfolgen und damit die Teilchen zu unterscheiden. Man kann sagen, daß gleichartige Teilchen ihre „Individualität" in der Quantenmechanik vollkommen verlieren. Die Tatsache, daß Teilchen gleichartige physikalische Eigenschaften haben, hat hier eine sehr tief liegende Bedeutung: Sie bewirkt die völlige Ununterscheidbarkeit der Teilchen.

Dieses sogenannte *Prinzip der Ununterscheidbarkeit* gleichartiger Teilchen spielt eine grundlegende Rolle in der quantenmechanischen Untersuchung von Systemen aus gleichartigen Teilchen. Wir beginnen mit der Behandlung eines Systems aus nur zwei Teilchen. Wegen der Identität der Teilchen müssen die Zustände des Systems, die einfach durch Vertauschung der beiden Teilchen miteinander entstehen, physikalisch völlig äquivalent sein. Bei einer solchen Vertauschung kann sich die Wellenfunktion des Systems nur um einen unwesentlichen Phasenfaktor ändern. $\psi(\xi_1, \xi_2)$ sei die Wellenfunktion des Systems, ξ_1 und ξ_2 sollen die Gesamtheiten der drei Koordinaten und der Spinprojektion der beiden Teilchen bezeichnen. Es muß dann

$$\psi(\xi_1, \xi_2) = e^{i\alpha}\, \psi(\xi_2, \xi_1)$$

mit einer reellen Konstanten α gelten. Bei nochmaliger Vertauschung kommen wir zum Ausgangszustand zurück, während die Funktion ψ mit $e^{2i\alpha}$ multipliziert wird. Daraus folgt $e^{2i\alpha} = 1$ oder $e^{i\alpha} = \pm 1$. Es ist also $\psi(\xi_1, \xi_2) = \pm \psi(\xi_2, \xi_1)$.

Wir gelangen zu dem Resultat, daß es insgesamt zwei Möglichkeiten gibt: Die Wellenfunktion kann entweder symmetrisch (d. h., sie ändert sich bei einer Vertauschung der Teilchen überhaupt nicht) oder antisymmetrisch sein (d. h., sie ändert ihr Vorzeichen bei einer Vertauschung). Offensichtlich müssen die Wellenfunktionen für alle Zustände ein und desselben Systems dasselbe Symmetrieverhalten haben. Anderenfalls wäre die Wellenfunktion eines Zustandes, der durch Überlagerung von Zuständen mit verschiedenem Symmetrieverhalten entsteht, weder symmetrisch noch antisymmetrisch.

Dieses Ergebnis kann man unmittelbar auf Systeme mit beliebig vielen gleichartigen Teilchen verallgemeinern. Besitzt irgendein Paar dieser Teilchen die Eigenschaft, sagen wir, durch symmetrische Wellenfunktionen beschrieben zu werden, dann hat auch jedes andere solche Teilchenpaar dieselbe Eigenschaft; das ist unmittelbar evident, weil die Teilchen gleichartig sind. Die Wellenfunktion gleichartiger Teilchen darf sich also bei der Vertauschung eines beliebigen Teilchenpaares entweder überhaupt nicht ändern, oder sie muß bei der Vertauschung eines beliebigen Paares ihr Vorzeichen wechseln (das gilt auch für eine beliebige Vertauschung von Teilchen miteinander). Im ersten Falle spricht man von einer *symmetrischen*, im zweiten Falle von einer *antisymmetrischen* Wellenfunktion.

Je nach der Art der Teilchen werden diese durch symmetrische oder durch antisymmetrische Wellenfunktionen beschrieben. Durch antisymmetrische Funktionen beschriebene Teilchen gehorchen der FERMI-DIRAC-*Statistik* und heißen *Fermionen*; durch symmetrische Funktionen beschriebene Teilchen gehorchen der BOSE-EINSTEIN-*Statistik* und werden *Bosonen* genannt.[1])

Im weiteren werden wir sehen (§ 87), daß aus den Gesetzen der relativistischen Quantenmechanik ein eindeutiger Zusammenhang zwischen der Statistik, der die Teilchen unterworfen sind, und ihrem Spin folgt: Teilchen mit halbzahligem Spin sind Fermionen, Teilchen mit ganzzahligem Spin sind Bosonen.

Die Statistik zusammengesetzter Teilchen wird dadurch bestimmt, ob diese eine gerade oder eine ungerade Anzahl von elementaren Fermionen enthalten. Die Vertauschung zweier gleichartiger zusammengesetzter Teilchen ist tatsächlich der gleichzeitigen Vertauschung einiger Paare gleichartiger Elementarteilchen äquivalent. Die Vertauschung von Bosonen ändert die Wellenfunktion

[1]) Diese Terminologie hängt mit der Bezeichnung der Statistik für ein ideales Gas zusammen, das aus Teilchen mit antisymmetrischen bzw. symmetrischen Wellenfunktionen besteht. Tatsächlich haben wir es hier nicht nur mit verschiedenen Statistiken zu tun, sondern dem Wesen nach auch mit einer verschiedenen Mechanik. Die FERMI-Statistik wurde von E. FERMI 1926 für Elektronen vorgeschlagen, ihr Zusammenhang mit der Quantenmechanik (1926) von P. A. M. DIRAC hergestellt. Die BOSE-Statistik wurde von D. BOSE für Lichtquanten vorgeschlagen und von A. EINSTEIN (1924) verallgemeinert.

überhaupt nicht, die Vertauschung von Fermionen ändert ihr Vorzeichen. Daher gehorchen zusammengesetzte Teilchen mit einer ungeraden Anzahl von elementaren Fermionen der FERMI-Statistik, Teilchen mit einer geraden Anzahl von elementaren Fermionen sind der BOSE-Statistik unterworfen. Dieses Ergebnis steht natürlich im Einklang mit der oben angegebenen allgemeinen Regel; denn ein zusammengesetztes Teilchen hat einen ganzzahligen oder einen halbzahligen Spin, je nachdem, ob es aus einer geraden oder einer ungeraden Anzahl von Teilchen mit halbzahligem Spin aufgebaut ist.

Die Atomkerne mit einem nicht geradzahligen Atomgewicht (d. h. ein Zustand aus einer ungeraden Zahl von Protonen und Neutronen) befolgen die FERMI-Statistik, diejenigen mit geradzahligem Atomgewicht gehorchen der BOSE-Statistik. Für die Atome selbst, die außer den Kernen auch Elektronen enthalten, wird die Statistik offensichtlich dadurch bestimmt, ob die Summe aus Atomgewicht und Ordnungszahl geradzahlig ist oder nicht.

Behandeln wir ein System aus N gleichartigen Teilchen. Die Wechselwirkung zwischen den Teilchen soll vernachlässigt werden können. $\psi_1, \psi_2, \ldots$ seien die Wellenfunktionen der verschiedenen stationären Zustände, in denen sich jedes einzelne der Teilchen befinden kann. Den Zustand des Gesamtsystems kann man durch die Nummern der Zustände angeben, in denen sich die einzelnen Teilchen befinden. Es erhebt sich die Frage, wie die Wellenfunktion Ψ des Gesamtsystems aus den Funktionen $\psi_1, \psi_2, \ldots$ aufgebaut werden muß.

Es seien $p_1, p_2, \ldots, p_N$ die Nummern der Zustände, in denen sich die einzelnen Teilchen befinden (darunter können auch gleiche Nummern sein). Für ein System aus Bosonen ist die Wellenfunktion $\Psi(\xi_1, \xi_2, \ldots, \xi_N)$ eine Summe von Produkten der Art

$$\psi_{p_1}(\xi_1)\, \psi_{p_2}(\xi_2) \cdots \psi_{p_N}(\xi_N) \tag{45,1}$$

mit allen möglichen Permutationen der verschiedenen Indizes $p_1, p_2, \ldots$ Diese Summe besitzt offenkundig die erforderliche Symmetrieeigenschaft. Für ein System aus zwei Teilchen, die sich in verschiedenen Zuständen ($p_1 \neq p_2$) befinden, ist z. B.

$$\psi(\xi_1, \xi_2) = \frac{1}{\sqrt{2}} [\psi_{p_1}(\xi_1)\, \psi_{p_2}(\xi_2) + \psi_{p_1}(\xi_2)\, \psi_{p_2}(\xi_1)]\,. \tag{45,2}$$

Der Faktor $1/\sqrt{2}$ ist wegen der Normierung eingeführt worden (alle Funktionen $\psi_1, \psi_2, \ldots$ sind zueinander orthogonal und werden als normiert vorausgesetzt). Im allgemeinen Falle eines Systems mit beliebiger Anzahl N von Teilchen lautet die normierte Wellenfunktion

$$\psi = \left(\frac{N_1!\, N_2! \ldots}{N!}\right)^{1/2} \sum \psi_{p_1}(\xi_1)\, \psi_{p_2}(\xi_2) \cdots \psi_{p_N}(\xi_N)\,, \tag{45,3}$$

wobei die Summe über alle Permutationen der verschiedenen Indizes $p_1, p_2, \ldots, p_N$ genommen wird und die Zahlen N_i angeben, wie viele von diesen Indizes gleiche Werte i besitzen (dabei ist $\sum N_i = N$). Bei einer Integration des Quadrates $|\psi|^2$ über $d\xi_1\, d\xi_2 \cdots d\xi_N$ werden alle Glieder mit Ausnahme nur der Absolutquadrate aller Summanden Null;[1]) da die Gesamtzahl der Summanden in (45,3) offensichtlich gleich

$$\frac{N!}{N_1!\,N_2!\ldots}$$

ist, erhält man hieraus den Normierungsfaktor in (45,3).

Für ein System aus Fermionen ist die Wellenfunktion ψ eine antisymmetrische Linearkombination von Produkten (45,1). So haben wir für ein System aus zwei Teilchen

$$\psi = \frac{1}{\sqrt{2}}\left[\psi_{p_1}(\xi_1)\,\psi_{p_2}(\xi_2) - \psi_{p_1}(\xi_2)\,\psi_{p_2}(\xi_1)\right]. \tag{45,4}$$

Im allgemeinen Falle von N Teilchen läßt sich die Wellenfunktion des Systems in Form einer Determinante aufschreiben:

$$\psi = \frac{1}{\sqrt{N!}}\begin{vmatrix} \psi_{p_1}(\xi_1) & \psi_{p_1}(\xi_2) & \cdots & \psi_{p_1}(\xi_N) \\ \psi_{p_2}(\xi_1) & \psi_{p_2}(\xi_2) & \cdots & \psi_{p_2}(\xi_N) \\ \cdots & \cdots & \cdots & \cdots \\ \psi_{p_N}(\xi_1) & \psi_{p_N}(\xi_2) & \cdots & \psi_{p_N}(\xi_N) \end{vmatrix}. \tag{45,5}$$

Der Vertauschung zweier Teilchen entspricht hier die Vertauschung zweier Spalten der Determinante; bei einer solchen Vertauschung ändert sich bekanntlich das Vorzeichen der Determinante.

Aus dem Ausdruck (45,5) ergibt sich das folgende wichtige Resultat. Wenn unter den Ziffern $p_1, p_2, \ldots$ zwei gleiche sind, dann werden zwei Zeilen der Determinante gleich, und die ganze Determinante verschwindet identisch. Sie ist nur dann von Null verschieden, wenn alle Ziffern $p_1, p_2, \ldots$ voneinander verschieden sind. In einem System gleichartiger Fermionen können sich also nicht gleichzeitig zwei (oder mehr) Teilchen in ein und demselben Zustand befinden. Das ist das sogenannte PAULI-*Prinzip* (1925).

§ 46. Die Austauschwechselwirkung

In der SCHRÖDINGER-Gleichung ist nicht berücksichtigt, daß die Teilchen auch einen Spin haben können. Durch diesen Mangel werden aber diese Gleichung und alle mit ihrer Hilfe gewonnenen Ergebnisse nicht wertlos. Das liegt daran, daß die elektrische Wechselwirkung der Teilchen nicht vom Spin abhängt.[2]) Mathematisch bedeutet dies, daß im HAMILTON-Operator eines Systems von Teilchen mit elektrischer Wechselwirkung (in Abwesenheit eines Magnetfeldes) der Spinoperator nicht vorkommt. Wird der HAMILTON-Operator auf die

[1]) Unter einer $d\xi$-Integration wird (hier und in §§ 46, 47) vereinbarungsgemäß Integration bezüglich der Koordinaten und gleichzeitige Summation über σ verstanden.

[2]) Dies ist nur für die nichtrelativistische Näherung richtig. Bei Berücksichtigung relativistischer Effekte hängt die Wechselwirkung geladener Teilchen vom Spin ab.

Wellenfunktion angewendet, dann wirkt er in keiner Weise auf die Spinvariablen. Jede Komponente der Wellenfunktion genügt daher tatsächlich einer SCHRÖDINGER-Gleichung. Die Wellenfunktion des Systems kann daher als Produkt

$$\psi(\xi_1, \xi_2, \ldots) = \chi(\sigma_1, \sigma_2, \ldots)\,\varphi(\boldsymbol{r}_1, \boldsymbol{r}_2, \ldots) \tag{46,1}$$

der Funktion φ, die nur von den Koordinaten der Teilchen abhängt, mit der Funktion χ, die nur von den Teilchenspins abhängt, geschrieben werden (die erste werden wir *Ortsanteil* oder *orbitale*, die zweite *Spin*-Wellenfunktion nennen). Die SCHRÖDINGER-Gleichung bestimmt ihrem Wesen nach nur die Ortsfunktion φ und läßt die Funktion χ willkürlich. Immer dann, wenn uns der Spin der Teilchen nicht interessiert, können wir folglich die SCHRÖDINGER-Gleichung verwenden und nur die Ortsfunktion als Wellenfunktion ansehen, wie es auch in der ganzen bisherigen Darstellung getan worden ist.

Trotz der erwähnten Unabhängigkeit der elektrischen Wechselwirkung von Teilchen von deren Spin existiert eine eigenartige Abhängigkeit der Energie eines Systems von dessen Gesamtspin. Diese Abhängigkeit folgt letzten Endes aus dem Prinzip von der Ununterscheidbarkeit gleichartiger Teilchen.

Wir wollen ein System aus insgesamt nur zwei gleichartigen Teilchen betrachten. Durch Lösen der SCHRÖDINGER-Gleichung finden wir eine Reihe von Energieniveaus; zu jedem gehört eine bestimmte symmetrische oder antisymmetrische Wellenfunktion $\varphi(\boldsymbol{r}_1, \boldsymbol{r}_2)$. Da die Teilchen gleichartig sind, ist der HAMILTON-Operator (und daher auch die SCHRÖDINGER-Gleichung) des Systems gegenüber einer Vertauschung derselben invariant. Sind die Energieniveaus nicht entartet, dann kann sich die Funktion $\varphi(\boldsymbol{r}_1, \boldsymbol{r}_2)$ bei einer Vertauschung der Koordinaten $\boldsymbol{r}_1$ und $\boldsymbol{r}_2$ nur um einen konstanten Faktor ändern. Durch nochmalige Vertauschung überzeugen wir uns davon, daß dieser Faktor nur ± 1 sein kann.[1])

Zunächst setzen wir voraus, daß die Teilchen den Spin Null haben. Für solche Teilchen gibt es überhaupt keinen Spinfaktor, und die Wellenfunktion reduziert sich auf die Funktion $\varphi(\boldsymbol{r}_1, \boldsymbol{r}_2)$ allein, die symmetrisch sein muß (da Teilchen mit dem Spin Null der BOSE-Statistik gehorchen). Es können also nicht alle Energieniveaus, die man beim formalen Lösen der SCHRÖDINGER-Gleichung erhält, tatsächlich realisiert werden; diejenigen, zu denen antisymmetrische Funktionen φ gehören, kommen für das betrachtete System nicht in Frage.

Die Vertauschung zweier gleichartiger Teilchen ist einer Inversion des Koordinatensystems äquivalent (dessen Ursprung auf der Mitte der Verbindungsgeraden beider Teilchen liegt). Andererseits muß sich die Wellenfunktion φ bei einer Inversion mit dem Faktor $(-1)^l$ multiplizieren, wobei l der Bahndrehimpuls der Relativbewegung der beiden Teilchen ist (siehe § 19). Wir stellen diese Überlegungen dem oben Gesagten gegenüber und gelangen zu dem

[1]) Liegt Entartung vor, so kann man immer solche Linearkombinationen der zu diesem Niveau gehörigen Funktionen wählen, die dieser Bedingung auch genügen.

Schluß, daß ein System aus zwei gleichartigen Teilchen mit dem Spin Null nur einen geradzahligen Bahndrehimpuls haben kann.

Jetzt wollen wir annehmen, daß das System aus zwei Teilchen mit dem Spin 1/2 besteht (sagen wir, aus zwei Elektronen). Die gesamte Wellenfunktion des Systems (d. h. das Produkt der Funktion $\varphi(\boldsymbol{r}_1, \boldsymbol{r}_2)$ mit der Spinfunktion $\chi(\sigma_1, \sigma_2)$) muß bei einer Vertauschung der beiden Elektronen unbedingt antisymmetrisch sein. Bei einer symmetrischen Ortsfunktion muß die Spinfunktion antisymmetrisch sein oder umgekehrt. Wir werden die Spinfunktion in spinorieller Form schreiben, d. h. als Spinor zweiter Stufe $\chi^{\alpha\beta}$. Jeder Index dieses Spinors entspricht dem Spin eines der Elektronen. Zu der in den Spins der beiden Teilchen symmetrischen Funktion gehört ein symmetrischer Spinor ($\chi^{\alpha\beta} = \chi^{\beta\alpha}$), zu der antisymmetrischen Funktion ein antisymmetrischer Spinor ($\chi^{\alpha\beta} = -\chi^{\beta\alpha}$). Wir wissen aber, daß ein symmetrischer Spinor zweiter Stufe ein System mit dem Gesamtspin 1 beschreibt. Der antisymmetrische Spinor reduziert sich auf einen Skalar, das entspricht dem Spin Null.

Wir finden also das folgende Ergebnis: Die Energieniveaus mit symmetrischen Lösungen $\varphi(\boldsymbol{r}_1, \boldsymbol{r}_2)$ der SCHRÖDINGER-Gleichung können faktisch nur realisiert werden, wenn der Gesamtspin des Systems Null ist, d. h., wenn die Spins der beiden Elektronen „antiparallel" gerichtet sind und addiert Null ergeben. Die Energiewerte mit antisymmetrischen Funktionen $\varphi(\boldsymbol{r}_1, \boldsymbol{r}_2)$ verlangen den Gesamtspin 1, d. h., die Spins der beiden Elektronen müssen „parallel" sein.

Es hängt, mit anderen Worten, von dem Gesamtspin des Systems ab, welche Energiewerte der Elektronen möglich sind. Auf Grund dessen kann man von einer eigenartigen Wechselwirkung der Teilchen sprechen, die diese Abhängigkeit hervorbringt. Diese Wechselwirkung heißt *Austauschwechselwirkung*. Sie ist ein reiner Quanteneffekt und verschwindet (wie auch der Spin selbst) beim Grenzübergang zur klassischen Mechanik vollkommen.

§ 47. Die zweite Quantisierung. Der Fall der BOSE-Statistik

Für die quantenmechanische Untersuchung von Systemen, die aus sehr vielen, beliebig miteinander wechselwirkenden gleichartigen Teilchen bestehen, ist eine besondere Methode der Behandlung nützlich; diese Methode ist unter dem Namen *zweite Quantisierung* bekannt. In der relativistischen Theorie wird sie überhaupt unumgänglich. Dort hat man es mit Systemen zu tun, bei denen die Teilchenzahl selbst veränderlich ist.[1])

Mit $\psi_1(\xi), \psi_2(\xi), \ldots$ bezeichnen wir ein gewisses vollständiges System orthonormierter Wellenfunktionen stationärer Einteilchenzustände. Als solche wählt man gewöhnlich ebene Wellen — Wellenfunktionen eines freien Teilchens für bestimmte Werte des Impulses (und der Spinprojektion). Um das Zustands-

[1]) Die Methode der zweiten Quantisierung wurde von P. A. M. DIRAC (1927) für Photonen in Anwendung auf die Strahlungstheorie entwickelt und später von E. WIGNER und P. JORDAN (1928) auf FERMI-Teilchen ausgedehnt.

spektrum auf ein diskretes zurückzuführen, betrachtet man dabei die Bewegung der Teilchen in einem großen, jedoch endlichen Raumbereich Ω (wie dies am Ende von § 27 erklärt wurde).

In einem System freier Teilchen bleiben die Teilchenimpulse einzeln erhalten. Dadurch stellen auch die *Besetzungszahlen* für die Zustände – die Zahlen $N_1, N_2, \ldots$, welche angeben, wieviel Teilchen sich in jedem der Zustände $\psi_1, \psi_2, \ldots$ befinden – Erhaltungsgrößen dar. In einem System wechselwirkender Teilchen bleiben die einzelnen Teilchenimpulse und damit die Besetzungszahlen schon keine Erhaltungsgrößen mehr. Im Hinblick auf ein solches System kann man nur von einer Wahrscheinlichkeitsverteilung für die verschiedenen Besetzungszahlen sprechen. Wir stellen uns das Ziel, einen mathematischen Apparat aufzubauen, in dem die Besetzungszahlen (und nicht die Koordinaten und Spinprojektionen der Teilchen) unmittelbar die Rolle der unabhängigen Variablen übernehmen.

In einem solchen Apparat wird der Zustand eines Systems durch eine, wie man sagt, „Wellenfunktion im Raum der Besetzungszahlen" beschrieben, die wir als $\Phi(N_1, N_2, \ldots; t)$ bezeichnen (um ihren Unterschied zu einer gewöhnlichen, von den Koordinaten und den Spins abhängenden Wellenfunktion $\Psi(\xi_1, \xi_2, \ldots, \xi_N; t)$ hervorzuheben). Das Betragsquadrat $|\Phi|^2$ bestimmt die Wahrscheinlichkeit für die verschiedenen Werte der Zahlen $N_1, N_2, \ldots$

Entsprechend einer solchen Wahl der unabhängigen Variablen müssen auch die Operatoren für die verschiedenen physikalischen Größen (unter ihnen der HAMILTON-Operator des Systems) hinsichtlich ihrer Anwendung auf Funktionen von Besetzungszahlen formuliert werden. Zu einer derartigen Formulierung kann man kommen, wenn man von der gewöhnlichen Matrizendarstellung von Operatoren ausgeht. Dabei müssen die mit den Wellenfunktionen der stationären Zustände eines Systems nichtwechselwirkender Teilchen zu bildenden Matrixelemente der Operatoren untersucht werden. Dadurch, daß man diese Zustände durch Angabe definierter Werte für die Besetzungszahlen beschreiben kann, wird der Charakter einer Anwendung der Operatoren auf diese Veränderlichen klar.

Betrachten wir zunächst Systeme von Teilchen, die der BOSE-Statistik gehorchen.

Es sei $\hat{f}_a^{(1)}$ der auf das a-te Teilchen bezogene Operator irgendeiner physikalischen Größe, d. h., er wirkt nur auf Funktionen von ξ_a. Wir führen den in allen Teilchen symmetrischen Operator

$$\hat{F}^{(1)} = \sum_a \hat{f}_a^{(1)} \tag{47,1}$$

ein (Summation über alle Teilchen) und bestimmen dessen Matrixelemente mit Hilfe der Wellenfunktion (45,3). Zuerst kann man sich leicht überlegen, daß die Matrixelemente nur für Übergänge ohne Änderung der Zahlen $N_1, N_2, \ldots$ (Diagonalelemente) und für Übergänge, bei denen eine dieser Zahlen um 1 vergrößert und eine andere um 1 verkleinert wird, von Null verschieden sind.

Da jeder Operator $f_a^{(1)}$ nur auf eine Funktion in dem Produkt $\psi_{p_1}(\xi_1)\,\psi_{p_2}(\xi_2)\cdots$ $\cdots\psi_{p_N}(\xi)_N$ wirkt, können seine Matrixelemente nur für Übergänge, die Zustandsänderungen eines Teilchens beschreiben, von Null verschieden sein. Das bedeutet, daß die Zahl der Teilchen in einem Zustand um 1 verringert wird und dementsprechend in einem anderen um 1 erhöht wird. Die Berechnung dieser Matrixelemente ist im wesentlichen sehr einfach; man kann sie leichter selbst durchführen, als ihre Wiedergabe verfolgen. Deshalb geben wir nur das Ergebnis der Rechnung an. Die Nichtdiagonalelemente sind

$$\langle N_i, N_k - 1|\, F^{(1)}\, |N_i - 1, N_k\rangle = f_{ik}^{(1)} \sqrt{N_i N_k}\,. \tag{47,2}$$

Dabei haben wir nur diejenigen Indizes hingeschrieben, in denen das Matrixelement nicht diagonal ist, die anderen haben wir der Kürze halber weggelassen. $f_{ik}^{(1)}$ ist das Matrixelement

$$f_{ik}^{(1)} = \int \psi_i^*(\xi)\, \hat{f}^{(1)}\, \psi_k(\xi)\, \mathrm{d}\xi\,. \tag{47,3}$$

Man muß hierbei bedenken, daß sich die Operatoren $\hat{f}_a^{(1)}$ nur durch die Bezeichnung der Veränderlichen unterscheiden, auf die sie wirken. Die Integrale $f_{ik}^{(1)}$ hängen daher vom Index a nicht ab. Die Diagonalelemente der Matrix für $F^{(1)}$ sind die Mittelwerte der Größe $F^{(1)}$ in den Zuständen $\Psi_{N_1 N_2 \ldots}$. Die Rechnung ergibt

$$\overline{F^{(1)}} = \sum_i f_{ii}^{(1)} N_i\,. \tag{47,4}$$

Wir führen jetzt die bei der Methode der zweiten Quantisierung grundlegenden Operatoren $\hat{a}_i$ ein, die nicht mehr auf Ortsfunktionen wirken, sondern auf Funktionen von Besetzungszahlen. Dazu geben wir folgende Definition. Bei Anwendung auf die Funktion $\Phi(N_1, N_2, \ldots)$ erniedrigt der Operator $\hat{a}_i$ den Wert der Variablen N_i um 1, gleichzeitig wird die Wellenfunktion mit $\sqrt{N_i}$ multipliziert:

$$\hat{a}_i\, \Phi(N_1, N_2, \ldots, N_i, \ldots) = \sqrt{N_i}\, \Phi(N_1, N_2, \ldots, N_i - 1, \ldots)\,. \tag{47,5}$$

Man kann sagen, daß der Operator $\hat{a}_i$ die Zahl der Teilchen im i-ten Zustand um 1 verringert (man nennt ihn daher *Vernichtungsoperator* der Teilchen). Man kann ihn als Matrix darstellen, deren einziges von Null verschiedenes Element das folgende ist:

$$\langle N_i - 1|\, \hat{a}_i\, |N_i\rangle = \sqrt{N_i}\,. \tag{47,6}$$

Der zu $\hat{a}_i$ adjungierte Operator $\hat{a}_i^+$ wird laut Definition (siehe (11,9)) durch die Matrix mit den Elementen

$$\langle N_i|\, \hat{a}_i^+\, |N_i - 1\rangle = \langle N_i - 1|\, \hat{a}_i\, |N_i\rangle^* = \sqrt{N_i} \tag{47,7}$$

dargestellt, d. h., bei der Anwendung auf die Funktion $\Phi(N_1, N_2, \ldots)$ vergrößert er die Zahl N_i um 1:

$$\hat{a}_i^+\, \Phi(N_1, N_2, \ldots, N_i, \ldots) = \sqrt{N_i + 1}\, \Phi(N_1, N_2, \ldots, N_i + 1, \ldots)\,. \tag{47,8}$$

Der Operator $\hat{a}_i^+$ vergrößert mit anderen Worten die Zahl der Teilchen im i-ten Zustand um 1 (man nennt ihn daher *Erzeugungsoperator* der Teilchen).

Das Operatorprodukt $\hat{a}_i^+ \hat{a}_i$ bewirkt bei der Anwendung auf die Wellenfunktion offensichtlich nur die Multiplikation mit einer Konstanten, alle Veränderlichen $N_1, N_2, \ldots$ bleiben dabei unverändert: Der Operator $\hat{a}_i$ verkleinert N_i um 1, $\hat{a}_i^+$ bringt es auf den Ausgangswert zurück. Die unmittelbare Multiplikation der Matrizen (47,6) und (47,7) zeigt in der Tat, daß $\hat{a}_i^+ \hat{a}_i$ durch eine Diagonalmatrix mit den Diagonalelementen N_i dargestellt wird. Man kann

$$\hat{a}_i^+ \hat{a}_i = N_i \tag{47,9}$$

schreiben. Analog finden wir

$$\hat{a}_i \hat{a}_i^+ = N_i + 1 \,. \tag{47,10}$$

Die Differenz dieser Ausdrücke liefert die Vertauschungsregel für die Operatoren $\hat{a}_i$ und $\hat{a}_i^+$:

$$\hat{a}_i \hat{a}_i^+ - \hat{a}_i^+ \hat{a}_i = 1 \,. \tag{47,11}$$

Operatoren mit verschiedenen Indizes i und k wirken auf verschiedene Veränderliche (N_i und N_k) und sind daher vertauschbar:

$$\hat{a}_i \hat{a}_k - \hat{a}_k \hat{a}_i = 0 \,, \qquad \hat{a}_i \hat{a}_k^+ - \hat{a}_k^+ \hat{a}_i = 0 \qquad (i \neq k) \,. \tag{47,12}$$

Ausgehend von den angegebenen Eigenschaften der Operatoren $\hat{a}_i$ und $\hat{a}_i^+$ kann man leicht erkennen, daß der Operator

$$\hat{F}^{(1)} = \sum_{i,k} f_{ik}^{(1)} \hat{a}_i^+ \hat{a}_k \tag{47,13}$$

mit dem Operator (47,1) übereinstimmt. Tatsächlich stimmen alle Matrixelemente, die man mit Hilfe von (47,6—7) berechnen kann, mit den Elementen (47,2) überein. Dieses Ergebnis ist sehr wichtig. In der Formel (47,13) sind die Größen $f_{ik}^{(1)}$ einfach Zahlen. Es ist uns damit gelungen, einen gewöhnlichen Operator, der auf Ortsfunktionen wirkt, durch einen Operator auszudrücken, der auf die Funktionen der neuen Variablen, der Besetzungszahlen N_i, wirkt.

Das erhaltene Resultat kann leicht auch für Operatoren anderer Gestalt verallgemeinert werden. Es sei

$$\hat{F}^{(2)} = \sum_{a>b} \hat{f}_{ab}^{(2)} \,. \tag{47,14}$$

Darin ist $\hat{f}_{ab}^{(2)}$ der Operator einer physikalischen Größe, die sich sofort auf ein Teilchenpaar bezieht; er wirkt daher auf Funktionen von ξ_a und ξ_b. Analoge Rechnungen zeigen, daß ein solcher Operator nach der Relation

$$\hat{F}^{(2)} = \frac{1}{2} \sum_{i,k,l,m} (f^{(2)})_{lm}^{ik} \hat{a}_i^+ \hat{a}_k^+ \hat{a}_m \hat{a}_l \tag{47,15}$$

durch die Operatoren $\hat{a}_i$ und $\hat{a}_i^+$ ausgedrückt werden kann; dabei ist

$$(f^{(2)})_{lm}^{ik} = \int \int \psi_i^*(\xi_1)\, \psi_k^*(\xi_2)\, \hat{f}^{(2)}\, \psi_l(\xi_1)\, \psi_m(\xi_2)\, d\xi_1\, d\xi_2 \,.$$

Die Verallgemeinerung dieser Formeln für in allen Teilchen symmetrische Operatoren beliebiger anderer Gestalt ist unmittelbar evident.

Mit Hilfe obiger Formeln kann man auch den HAMILTON-Operator des tatsächlich untersuchten physikalischen Systems aus N miteinander wechselwirkenden gleichartigen Teilchen durch die Operatoren $\hat{a}_i$, $\hat{a}_i^+$ ausdrücken. Der HAMILTON-Operator eines solchen Systems ist selbstverständlich in allen Teilchen symmetrisch. Wenn sich die Wechselwirkung im System auf eine paarweise Wechselwirkung der Teilchen zurückführen läßt, dann hat der HAMILTON-Operator die Gestalt

$$\hat{H} = \sum_a \hat{H}_a^{(1)} + \sum_{a>b} U^{(2)}(\boldsymbol{r}_a, \boldsymbol{r}_b)\,. \tag{47,16}$$

Hier ist $\hat{H}_a^{(1)}$ der Teil des HAMILTON-Operators, der nur von den Koordinaten eines (des a-ten) Teilchens abhängt, d. h. der HAMILTON-Operator des freien Teilchens

$$\hat{H}_a^{(1)} = -\frac{\hbar^2}{2m}\Delta_a\,. \tag{47,17}$$

Die Funktion $U^{(2)}(\boldsymbol{r}_a, \boldsymbol{r}_b)$ ist die Wechselwirkungsenergie zweier Teilchen. Wenden wir auf (47,16) die Formeln (47,13) und (47,15) an, so erhalten wir

$$\hat{H} = \sum_{i,k} H_{ik}^{(1)}\,\hat{a}_i^+\,\hat{a}_k + \frac{1}{2}\sum_{i,k,l,m} (U^{(2)})_{lm}^{ik}\,\hat{a}_i^+\,\hat{a}_k^+\,\hat{a}_m\,\hat{a}_l\,. \tag{47,18}$$

Damit ergibt sich der gesuchte Ausdruck des HAMILTON-Operators als Operator, der auf Funktionen der Besetzungszahlen wirkt.

Für ein System aus nicht miteinander wechselwirkenden Teilchen bleibt in dem Ausdruck (47,18) nur das erste Glied stehen:

$$\hat{H} = \sum_{i,k} H_{ik}^{(1)}\,\hat{a}_i^+\,\hat{a}_k\,. \tag{47,19}$$

Nimmt man als Funktionen ψ_i (wie vereinbart) die Eigenfunktionen des HAMILTON-Operators $\hat{H}^{(1)}$ des freien Teilchens, dann ist die Matrix $H_{ik}^{(1)}$ diagonal, und die Diagonalelemente sind die Energieeigenwerte ε_i des Teilchens. Es ist also

$$\hat{H} = \sum_i \varepsilon_i\,\hat{a}_i^+\,\hat{a}_i\,. \tag{47,20}$$

Ersetzen wir den Operator $\hat{a}_i^+\,\hat{a}_i$ durch seine Eigenwerte (47,9), dann erhalten wir für die Energieniveaus des Systems

$$E = \sum_i \varepsilon_i N_i\,. \tag{47,21}$$

Das ist ein triviales Ergebnis, das man bekommen muß.

Der hier entwickelte Apparat der zweiten Quantisierung kann durch die Einführung der sogenannten ψ-Operatoren

$$\hat{\psi}(\xi) = \sum_i \psi_i(\xi)\,\hat{a}_i\,, \qquad \hat{\psi}^+(\xi) = \sum_i \psi_i^*(\xi)\,\hat{a}_i^+ \tag{47,22}$$

in einer geschlosseneneren Form dargestellt werden; die Veränderlichen ξ werden dabei als Parameter angesehen. Aus den obigen Ausführungen über die Operatoren $\hat{a}_i$ und $\hat{a}_i^+$ ist klar, daß der Operator $\hat{\psi}$ die Gesamtzahl der Teilchen in dem System um 1 verringert, während sie der Operator $\hat{\psi}^+$ um 1 vergrößert.[1])

Mit Hilfe der ψ-Operatoren erhält der HAMILTON-Operator $\hat{H}$ aus (47,18) die Gestalt

$$\hat{H} = \int \hat{\psi}^+(\xi)\, \hat{H}^{(1)}\, \hat{\psi}(\xi)\, d\xi$$
$$+ \frac{1}{2} \iint \hat{\psi}^+(\xi)\, \psi^+(\xi')\, U^{(2)}\, \hat{\psi}(\xi') \hat{\psi}(\xi)\, d\xi\, d\xi' . \tag{47,23}$$

Davon überzeugt man sich leicht durch direktes Einsetzen der ψ-Operatoren (47,22).

Der Operator $\hat{\psi}^+ \hat{\psi}$, der aus den ψ-Operatoren ähnlich dem Produkt $\psi^* \psi$ aufgebaut ist, welches die Wahrscheinlichkeitsdichte für ein Teilchen im Zustand mit der Wellenfunktion ψ bestimmt, heißt Teilchenzahldichteoperator. Das Integral

$$\hat{N} = \int \hat{\psi}^+ \hat{\psi}\, d\xi \tag{47,24}$$

spielt im Apparat der zweiten Quantisierung die Rolle des Operators für die Gesamtteilchenzahl im System. Setzen wir hierin die ψ-Operatoren in der Form (47,22) ein, und berücksichtigen wir die Orthonormiertheit der Wellenfunktionen ψ_i, erhalten wir in der Tat

$$\hat{N} = \sum_i \hat{a}_i^+ \hat{a}_i . \tag{47,25}$$

Jedes Glied dieser Summe ist ein Teilchenzahloperator für einen Zustand i, dessen Eigenwerte gemäß (47,9) gleich den Besetzungszahlen N_i sind; die Summe wiederum aus allen diesen Zahlen ergibt die Gesamtzahl der Teilchen im System. Für Systeme mit gegebenen Teilchenzahlen sind diese Feststellungen (wie auch die Eigenschaften des HAMILTON-Operators (47,19) eines Systems freier Teilchen) trivial. Wir werden jedoch sehen, daß ihre Verallgemeinerung in der relativistischen Theorie zu neuen, keineswegs trivialen Ergebnissen führt.

§ 48. Die zweite Quantisierung. Der Fall der FERMI-Statistik

Alles Prinzipielle der Methode der zweiten Quantisierung bleibt auch für Systeme aus gleichartigen Fermionen ohne Abänderungen gültig. Die konkreten Formeln für die Matrixelemente der Größen und für die Operatoren $\hat{a}_i$ sind natürlich andere.

[1]) Es sei auf die Analogie zwischen den Ausdrücken (47,22) und der Entwicklung $\psi = \sum a_i \psi_i$ einer beliebigen Wellenfunktion bezüglich eines gewissen vollständigen Systems von Funktionen hingewiesen. Man könnte deshalb denken, diese Entwicklung würde von neuem einer Quantisierung unterworfen. Hiervon ist die Bezeichnung zweite Quantisierung für die dargelegten Methoden abgeleitet.

Wir werden hier nicht die entsprechenden Rechnungen im einzelnen durchführen, sondern nur die in ihnen enthaltenen wesentlichen Gesichtspunkte hervorheben, die sich bezüglich der Rechnungen im vorigen Paragraphen unterscheiden.

Die Wellenfunktion $\psi_{N_1 N_2 \dots}$ besitzt jetzt die Gestalt (45,5). Wie schon gezeigt, können unter den Zahlen $p_1, p_2, \dots$, die die besetzten Zustände numerieren, keine gleichen vorkommen, da im umgekehrten Falle die Determinante Null wird. Mit anderen Worten können die Besetzungszahlen N_i nur die Werte 0 und 1 annehmen.

Wegen der Antisymmetrie der Funktion (45,5) tritt uns zunächst das Problem der Wahl ihres Vorzeichens entgegen. Im Falle der BOSE-Statistik gab es dieses Problem nicht, weil das einmal gewählte Vorzeichen wegen der Symmetrie der Wellenfunktion bei allen Vertauschungen der Teilchen erhalten blieb. Um das Vorzeichen der Funktion (45,5) in bestimmter Weise festzulegen, treffen wir die folgende Vereinbarung. Wir numerieren ein für allemal alle Zustände ψ_i mit fortlaufenden Zahlen. Dann füllen wir die Zeilen der Determinante (45,5) immer so aus, daß $p_1 < p_2 < p_3 < \cdots < p_N$ gilt. In den Spalten stehen dabei Funktionen verschiedener Veränderlicher in der Reihenfolge $\xi_1, \xi_2, \dots, \xi_N$. Das Vorzeichen der Wellenfunktion hängt auf diese Weise von der Gesamtheit der Nummern $p_1, p_2, \dots$ ab, d. h. von allen Besetzungszahlen.

Im Ergebnis dessen erweisen sich auch die Vorzeichen der Matrixelemente für die Teilchenerzeugungs- und Teilchenvernichtungsoperatoren als von ihnen abhängig. Und zwar zeigt sich, daß diese Operatoren definiert werden müssen als Matrizen mit einem einzigen von Null verschiedenen Element, das gleich ist

$$\langle 0_i | a_i | 1_i \rangle = \langle 1_i | a_i^+ | 0_i \rangle = (-1)^{\sum_{k=1}^{i-1} N_k} . \tag{48,1}$$

Durch Matrizenmultiplikation kann man sich davon überzeugen, daß die Produkte $\hat{a}_i^+ \hat{a}_i$ und $\hat{a}_i \hat{a}_i^+$ diagonal sind, wobei

$$\hat{a}_i^+ \hat{a}_i = N_i , \qquad \hat{a}_i \hat{a}_i^+ = 1 - N_i \tag{48,2}$$

gilt, und ihre Summe

$$\hat{a}_i \hat{a}_i^+ + \hat{a}_i^+ \hat{a}_i = 1 \tag{48,3}$$

ist. Wenden wir nun unser Augenmerk darauf, daß die Produkte $\hat{a}_i^+ \hat{a}_i$ für $N_i = 0$ und die Produkte $\hat{a}_i \hat{a}_i^+$ für $N_i = 1$ automatisch Null werden. In diesen Produkten wird der rechts stehende Operator als erster angewendet; natürlich kann man kein Teilchen im i-ten Zustand vernichten, wenn sich dort keins befindet ($N_i = 0$), und entsprechend dem PAULI-Prinzip kann kein Teilchen im i-ten Zustand erzeugt werden, wenn dieser Zustand schon besetzt ist, d. h., wenn $N_i = 1$ ist. Auf Grund dieses Prinzips ist von vornherein klar, daß gilt

$$\hat{a}_i \hat{a}_i = 0 , \qquad \hat{a}_i^+ \hat{a}_i^+ = 0 . \tag{48,4}$$

Für alle Paare von Operatoren mit verschiedenen i und k ergibt sich

$$\hat{a}_i \hat{a}_k + \hat{a}_k \hat{a}_i = 0\,, \qquad \hat{a}_i^+ \hat{a}_k^+ + \hat{a}_k^+ \hat{a}_i^+ = 0\,,$$

$$a_i a_k^+ + a_k^+ \hat{a}_i = 0 \qquad (i \neq k)\,, \tag{48,5}$$

d. h., sie sind alle, wie man sagt, *antikommutativ* im Sinne der Vorzeichenänderung eines Produkts bei Vertauschung der Faktoren. Dieser Unterschied zum Fall der BOSE-Statistik ist völlig natürlich. Im Falle der BOSE-Statistik waren die Operatoren $\hat{a}_i$ und $\hat{a}_k$ überhaupt nicht voneinander abhängig. Jeder Operator $\hat{a}_i$ wirkte nur auf eine Variable N_i. Das Ergebnis der Anwendung dieses Operators war von den Werten der übrigen Besetzungszahlen unabhängig. Im Falle der FERMI-Statistik hängt das Ergebnis der Anwendung des Operators $\hat{a}_i$ nicht nur von der Zahl N_i selbst ab, sondern auch von den Besetzungszahlen aller vorangehenden Zustände. Die Anwendung verschiedener Operatoren $\hat{a}_i$ und $\hat{a}_k$ kann deshalb nicht als unabhängig voneinander angesehen werden.

Nachdem wir so die Eigenschaften der Operatoren $\hat{a}_i$ und $\hat{a}_i^+$ bestimmt haben, bleiben alle übrigen Formeln (47,13—25) in Kraft.

Das Atom

VII

§ 49. Die Energieniveaus eines Atoms

In der nichtrelativistischen Näherung werden die stationären Zustände eines Atoms aus der SCHRÖDINGER-Gleichung für das System der Elektronen bestimmt, die sich im COULOMB-Feld des Kernes bewegen und miteinander in elektrischer Wechselwirkung stehen. Wie wir wissen, bleibt für ein System von Teilchen in einem äußeren kugelsymmetrischen Feld der gesamte Bahndrehimpuls L erhalten, auch die Parität eines Zustandes bleibt erhalten. Jeder stationäre Zustand eines Atoms wird daher durch einen bestimmten Wert für den Drehimpuls L und durch seine Parität charakterisiert. Außerdem wird jeder stationäre Zustand eines Atoms auf Grund des in § 46 beschriebenen Effektes der Austauschwechselwirkung auch durch den Wert des Gesamtspins S der Elektronen charakterisiert.

Auf diese Weise werden in der nichtrelativistischen Näherung die Energieniveaus eines Atoms nach den Werten von L, S und der Parität klassifiziert (selbstverständlich gilt in diesem Zusammenhang das Umgekehrte nicht: Die Werte dieser Quantenzahlen allein bestimmen noch nicht in eindeutiger Weise die Energie eines Zustandes). Jedes derartiges Energieniveau ist bezüglich der verschiedenen möglichen Richtungen der Vektoren $\boldsymbol{L}$ und $\boldsymbol{S}$ im Raum entartet. Die Vielfachheit der Entartung bezüglich dieser Richtungen ist $2L + 1$ und $2S + 1$. Insgesamt ist demnach die Vielfachheit der Entartung eines Niveaus mit gegebenen L und S gleich dem Produkt $(2L + 1)(2S + 1)$.

In Wirklichkeit existiert aber immer eine gewisse relativistische elektromagnetische Wechselwirkung der Elektronen untereinander, die auch von den Elektronenspins abhängig ist (sie wird ausführlicher in § 51 behandelt). Wegen dieser Wechselwirkung hängt die Energie eines Atoms nicht nur von den Beträgen der Vektoren $\boldsymbol{L}$ und $\boldsymbol{S}$ ab, sondern auch von deren relativer Lage. Streng genommen bleiben unter Berücksichtigung der relativistischen Wechselwirkungen der Drehimpuls $\boldsymbol{L}$ und der Spin $\boldsymbol{S}$ eines Atoms nicht mehr einzeln erhalten. Es bleibt nur der Gesamtdrehimpuls $\boldsymbol{J} = \boldsymbol{L} + \boldsymbol{S}$ erhalten. Die Erhaltung des Gesamtdrehimpulses ist ein exaktes und universelles Gesetz, das unmittelbar aus der Isotropie des Raumes in bezug auf ein abgeschlossenes System folgt. Im Zusammenhang damit müssen die Energieniveaus durch die Werte J des Gesamtdrehimpulses charakterisiert werden.

Sind die relativistischen Effekte aber relativ klein (wie es häufig der Fall ist), dann kann man sie als Störung berücksichtigen. Unter dem Einfluß dieser Störung wird ein $(2L + 1)(2S + 1)$-fach entartetes Niveau mit gegebenen L und S in eine Reihe verschiedener (nahe beieinander liegender) Niveaus „aufgespalten", die sich durch die Werte des Gesamtdrehimpulses J unterscheiden. Diese Niveaus werden (in erster Näherung) aus der entsprechenden Säkulargleichung bestimmt (§ 33). Ihre Wellenfunktionen (in nullter Näherung) sind gewisse Linearkombinationen der Wellenfunktionen des ursprünglichen entarteten Niveaus mit den gegebenen Werten von L und S. In dieser Näherung kann man folglich wie früher annehmen, daß die Beträge des Bahndrehimpulses und des Spins (aber nicht deren Richtungen) erhalten bleiben, und man kann die Niveaus auch durch die Werte von L und S charakterisieren.

Infolge der relativistischen Effekte wird also ein Niveau mit gegebenen Werten von L und S in eine Reihe von Niveaus mit verschiedenen Werten von J aufgespalten. Diese Aufspaltung nennt man die *Feinstruktur* (oder die *Multiplettaufspaltung*) eines Niveaus. Wie wir wissen, durchläuft J die Werte von $L + S$ bis $|L - S|$. Ein Niveau mit gegebenen L und S wird daher in $2S + 1$ (für $L > S$) oder in $2L + 1$ (für $L < S$) verschiedene Niveaus aufgespalten. Jedes dieser Niveaus bleibt bezüglich der Richtungen des Vektors $\boldsymbol{J}$ entartet; die Vielfachheit dieser Entartung ist $2J + 1$.[1]) Man kann leicht nachprüfen, daß die Summe der Zahlen $2J + 1$ mit allen möglichen Werten für J gleich $(2L + 1)(2S + 1)$ ist, wie es sein muß.

Die Energieniveaus eines Atoms (oder, wie man sagt, die *Spektralterme* der Atome) werden üblicherweise mit ähnlichen Symbolen bezeichnet, wie sie zur Bezeichnung der Zustände einzelner Teilchen mit bestimmten Drehimpulswerten verwendet werden (§ 29). Die Zustände mit verschiedenen Werten des Gesamtbahndrehimpulses L werden nach der folgenden Zuordnung mit großen lateinischen Buchstaben bezeichnet:

$$\begin{array}{lcccccc} L = & 0 & 1 & 2 & 3 & 4 & 5 \ldots \\ & S & P & D & F & G & H \ldots \end{array}$$

Links oben an diesem Symbol wird die Zahl $2S + 1$ angegeben, die sogenannte *Multiplizität* des Termes (man muß aber daran denken, daß diese Zahl nur für $L \geqq S$ die Zahl der Komponenten der Feinstruktur eines Niveaus ist).[2]) Rechts unten wird der Wert des Gesamtdrehimpulses J angebracht. So bedeuten die Symbole $^2P_{1/2}$ und $^2P_{3/2}$ die Niveaus mit $L = 1$, $S = 1/2$, $J = 1/2$ und $J = 3/2$.

§ 50. Die Elektronenzustände in einem Atom

Ein Atom mit mehr als einem Elektron stellt ein kompliziertes System miteinander wechselwirkender Elektronen dar, die sich im Feld des Kerns bewegen.

[1]) Die Feinstruktur der Energieniveaus des Wasserstoffatoms besitzt gewisse spezifische Besonderheiten (siehe § 94).

[2]) Entsprechend $2S + 1 = 1, 2, 3, \ldots$ nennt man einen Term Singlett, Dublett, Triplett, ...

Für ein solches System kann man streng nur Zustände des Gesamtsystems betrachten. Nichtsdestoweniger zeigt es sich, daß man in einem Atom in guter Näherung den Begriff der Zustände eines jeden einzelnen Elektrons einführen kann. Diese sind die stationären Zustände der Bewegung des Elektrons in einem gewissen effektiven kugelsymmetrischen Feld, das vom Kern und allen übrigen Elektronen gemeinsam erzeugt wird. Diese Felder sind für die verschiedenen Elektronen in einem Atom im allgemeinen verschieden. Sie müssen alle gleichzeitig bestimmt werden, weil jedes einzelne von den Zuständen aller übrigen Elektronen abhängt. Dieses Feld wird *self-consistent-field* genannt.

Da das so gewonnene Feld kugelsymmetrisch ist, wird jeder Zustand eines Elektrons durch einen bestimmten Wert für seinen Bahndrehimpuls l charakterisiert. Die Zustände eines einzelnen Elektrons für ein festes l werden (in der Reihenfolge zunehmender Energie) mit Hilfe der Hauptquantenzahl n numeriert, die die Werte $n = l + 1, l + 2, \ldots$ annimmt. Diese Reihenfolge der Numerierung ist so festgelegt worden, wie sie für das Wasserstoffatom üblich ist. Man muß aber beachten, daß die Reihenfolge bei der Zunahme der Energieniveaus mit verschiedenen l in komplizierten Atomen im allgemeinen anders ist als beim Wasserstoff. Beim Wasserstoffatom hängt die Energie von l überhaupt nicht ab, so daß die Zustände mit größeren n immer die größere Energie haben. Bei komplizierten Atomen liegt z. B. das Niveau mit $n = 5$, $l = 0$ tiefer als das Niveau mit $n = 4$, $l = 2$ (genaueres darüber siehe § 52).

Die Zustände der einzelnen Elektronen mit verschiedenen n und l bezeichnet man üblicherweise mit Symbolen aus einer Ziffer für den Wert der Hauptquantenzahl und einem Buchstaben für den Wert von l.[1]) So bezeichnet $4\,d$ den Zustand mit $n = 4$ und $l = 2$. Die vollständige Beschreibung des Zustandes eines Atoms erfordert neben der Angabe der Werte von L, S und J auch die Aufzählung der Zustände aller Elektronen. Das Symbol $1\,s\,2\,p\,{}^3P_0$ bedeutet z. B. den Zustand eines Heliumatoms mit $L = 1$, $S = 1$ und $J = 0$, die beiden Elektronen befinden sich in den Zuständen $1\,s$ und $2\,p$. Befinden sich mehrere Elektronen in Zuständen mit gleichen l und n, dann pflegt man das kurz durch einen Potenzexponenten anzugeben, so bedeutet $3\,p^2$ zwei Elektronen in $3\,p$-Zuständen. Die Verteilung der Elektronen in einem Atom über die Zustände mit verschiedenen l und n nennt man *Elektronenkonfiguration.*

Bei festen Werten von n und l kann ein Elektron verschiedene Werte für die Projektionen des Bahndrehimpulses m und des Spins σ auf die z-Achse haben. Die Zahl m kann $2\,l + 1$ Werte bei festem l annehmen; die Zahl σ ist auf insgesamt nur zwei Werte ($\pm\, 1/2$) beschränkt. Daher gibt es insgesamt $2\,(2\,l + 1)$ verschiedene Zustände mit den gleichen Werten n und l. Diese Zustände heißen *äquivalent*. In jedem solchen Zustand kann nach dem PAULI-Prinzip je ein Elektron sein. In einem Atom können also nicht mehr als $2\,(2\,l + 1)$ Elektronen gleichzeitig dieselben Werte n und l haben. Die Gesamtheit der Elektronen, die

[1]) Es ist auch üblich, Elektronen mit den Hauptquantenzahlen $n = 1, 2, 3, \ldots$ als Elektronen der K-, L-, M- . . . Schalen zu bezeichnen.

alle Zustände mit gegebenen n und l besetzen, nennt man eine *abgeschlossene Schale* der betreffenden Art.

Der Unterschied in der Energie der Atomniveaus mit verschiedenen L und S bei gleicher Elektronenkonfiguration hängt mit der elektrostatischen Wechselwirkung der Elektronen zusammen (wir sehen hier von der Feinstruktur eines jeden einzelnen Multipletterms ab). Normalerweise sind die Differenzen zwischen diesen Energien relativ klein — einige Male kleiner als die Abstände zwischen den Niveaus mit verschiedenen Konfigurationen. Über die relative Lage der Niveaus mit gleicher Konfiguration, aber verschiedenen L und S besteht die folgende, empirisch aufgestellte Regel (HUND*sche Regel*):

Der Term mit dem für die gegebene Elektronenkonfiguration größtmöglichen Wert von S und dem größten (bei diesem S möglichen) Wert von L hat die kleinste Energie.

Wir wollen zeigen, wie man die für eine gegebene Elektronenkonfiguration möglichen Atomterme finden kann. Sind die Elektronen nicht äquivalent, so erfolgt die Bestimmung der möglichen Werte von L und S unmittelbar nach der Additionsregel für die Drehimpulse. So können zum Beispiel für die Konfiguration $n\,p$, $n'\,p$ (mit verschiedenen n und n') der Gesamtdrehimpuls L die Werte 2, 1, 0 und der Gesamtspin S die Werte 0 und 1 haben. Kombinieren wir diese Werte miteinander, so erhalten wir die Terme $^{1,3}S$, $^{1,3}P$ und $^{1,3}D$.

Bei äquivalenten Elektronen müssen wir die Beschränkungen infolge des PAULI-Prinzips beachten. Betrachten wir als Beispiel die Konfiguration $n\,p^2$. Für $l = 1$ (p-Zustand) kann die Projektion m des Bahndrehimpulses die Werte $m = 1, 0, -1$ annehmen, so daß sechs Zustände mit den folgenden Zahlenpaaren für m und σ möglich sind:

$$\text{a) } 1,\ 1/2, \qquad \text{b) } 0,\ 1/2, \qquad \text{c) } -1,\ 1/2\,,$$

$$\text{a}')\ 1,\ -1/2, \qquad \text{b}')\ 0,\ -1/2, \qquad \text{c}')\ -1,\ -1/2\,.$$

Die zwei Elektronen können auf zwei beliebige dieser Zustände verteilt werden, so daß nicht mehr als ein Elektron in einen Zustand kommt. Im Ergebnis erhalten wir Atomzustände mit den folgenden Werten für die Projektionen $M_L = \sum m$ und $M_S = \sum \sigma$ des Gesamtbahndrehimpulses und des Gesamtspins:

$$\begin{array}{lll} a + a')\ 2, 0\,, & a + b)\ 1,\ 1\,, & a + c)\ 0,\ 1\,, \\ & a + b')\ 1,\ 0\,, & a + c')\ 0,\ 0\,, \\ & a' + b)\ 1,\ 0\,, & a' + c)\ 0,\ 0\,, \\ & & b + b')\ 0,\ 0 \end{array}$$

(man braucht die Zustände mit negativen Werten für M_L und M_S nicht aufzuschreiben, weil sie nichts Neues ergeben). Das Vorhandensein eines Zustandes mit $M_L = 2$ und $M_S = 0$ deutet darauf hin, daß es einen ^1D-Term geben muß. Zu diesem Term muß auch noch je ein Zustand mit (1, 0) und (0, 0) gehören. Ferner bleibt noch ein Zustand mit (1, 1), so daß es einen Term ^3P geben muß;

zu diesem gehören noch die Zustände mit (0, 1), (1, 0), (0, 0). Schließlich verbleibt noch der Zustand (0, 0), der einem Term ^1S entspricht. Für eine Konfiguration aus zwei äquivalenten p-Elektronen ist also jeweils ein Term der Art ^1S, ^3P und ^1D möglich.

Für die Konfiguration mit maximaler Zahl äquivalenter Elektronen (d. h. für eine abgeschlossene Schale) ist stets nur ein ^1S-Zustand möglich, da sich die Drehimpulse der Elektronen in einer solchen Schale gegenseitig kompensieren.

Die Terme für Konfigurationen, von denen eine so viele Elektronen hat, wie der anderen zum Auffüllen einer Schale fehlen, sind von derselben Art (so besitzt die Konfiguration np^4 Terme des gleichen Typs wie die weiter oben gefundenen der Konfiguration np^2). Dieses Ergebnis ergibt sich folgendermaßen ganz von selbst: Ein fehlendes Elektron in einer Schale kann als *Loch* angesehen werden, dessen Zustand durch dieselben Quantenzahlen bestimmt wird wie der Zustand des fehlenden Elektrons.

§ 51. Die Feinstruktur der Atomniveaus

Wie schon angegeben wurde, hängt der HAMILTON-Operator eines Atomes nur bei Berücksichtigung relativistischer Effekte, d. h. von Effekten, die beim Grenzübergang $c \to \infty$ verschwinden, von den Spinoperatoren der Elektronen ab. Auf die Frage nach dem Ursprung der relativistischen Glieder im HAMILTON-Operator werden wir in § 94 zurückkommen; vorläufig nehmen wir die allgemeine Gestalt dieser Glieder als gegeben an.

Die relativistischen Terme im HAMILTON-Operator eines Atoms zerfallen in zwei Kategorien: Die einen sind linear in den Operatoren der Elektronenspins, die anderen hängen quadratisch davon ab. Die ersteren entsprechen einer Wechselwirkung der Bahnbewegung der Elektronen mit den Spins, diese nennt man *Spin–Bahn-Wechselwirkung*. Die anderen gehören zu einer Wechselwirkung zwischen den Spins der Elektronen (*Spin–Spin-Wechselwirkung*). Beide Arten von Wechselwirkungen sind von derselben (zweiten) Ordnung in v/c, dem Verhältnis der Geschwindigkeit der Elektronen zur Lichtgeschwindigkeit. Faktisch ist aber in schweren Atomen die Spin–Bahn-Wechselwirkung bedeutend stärker als die Spin–Spin-Wechselwirkung. Das hängt damit zusammen, daß die Spin–Bahn-Wechselwirkung mit zunehmender Ordnungszahl rasch größer wird, während die Spin–Spin-Wechselwirkung im wesentlichen von Z überhaupt nicht abhängt. Letzteres ist schon aus der unmittelbaren Natur der Spin–Spin-Wechselwirkung als direkte Wechselwirkung der Elektronen untereinander, die keine Beziehung zum Kernfeld hat, ersichtlich.

Der Operator für die Spin–Bahnwechselwirkung besitzt die Gestalt

$$\hat{V}_{sl} = \sum_a \alpha_a \hat{\mathbf{l}}_a \hat{\mathbf{s}}_a \tag{51,1}$$

(die Summation geschieht über alle Elektronen im Atom), wobei $\hat{s}_a$ und $\hat{l}_a$ die Operatoren für Spin- und Bahndrehimpulse der Elektronen und α_a Funktionen ihrer Koordinaten sind.

Die Energieberechnung für die Feinstruktur der Atomniveaus besteht in einer Mittelung des Störoperators $\hat{V}_{sl}$ über die ungestörten Zustände der Elektronenhülle. Eine solche Mittelung geschieht in zwei Etappen. Zunächst mitteln wir über einen atomaren Elektronenzustand mit gegebenen Größen L und S für den Gesamtbahn- und den Gesamtspindrehimpuls des Atoms, wobei ihre Richtungen nicht festgelegt sind. Nach einer derartigen Mittelung bleibt $\hat{V}_{sl}$ weiterhin ein Operator, der jedoch bereits nur durch Operatoren von Größen ausgedrückt werden muß, die das Atom als Ganzes (und nicht einzelne Elektronen in ihm) charakterisieren. Solche Operatoren sind $\hat{\boldsymbol{S}}$ und $\hat{\boldsymbol{L}}$.[1])

Wir bezeichnen die auf diese Weise gemittelte Spin–Bahnwechselwirkung mit $\hat{V}_{LS}$. Indem sie linear in $\hat{\boldsymbol{S}}$ ist, hat sie die Gestalt

$$\hat{V}_{LS} = A\,\hat{\boldsymbol{L}}\,\hat{\boldsymbol{S}} \tag{51,2}$$

mit A als für den gegebenen (nicht aufgespalteten) Term charakteristische Konstante, die demzufolge von S und L aber nicht vom Gesamtdrehimpuls J des Atoms abhängt.

Zur Berechnung der Energie bei der Aufspaltung des entarteten Niveaus (mit gegebenen S und L) muß man die Säkulargleichung lösen, die aus den Matrixelementen des Operators (51,2) zusammengestellt wird. Im vorliegenden Falle wissen wir jedoch schon vorher die richtigen Funktionen nullter Näherung, in denen die Matrix V_{SL} diagonal ist. Das sind die Wellenfunktionen der Zustände mit bestimmten Werten des Gesamtdrehimpulses J. Bei der Mittelung über einen solchen Zustand hat man den Operator $\hat{\boldsymbol{S}}\,\hat{\boldsymbol{L}}$ durch seinen Eigenwert zu ersetzen; dieser ist nach der allgemeinen Formel (17,3) gleich

$$\boldsymbol{L}\,\boldsymbol{S} = \frac{1}{2}\left[J\,(J+1) - L\,(L+1) - S\,(S+1)\right].$$

Für alle Multiplettkomponenten sind die Werte für L und S dieselben. Wir sind nur an der relativen Lage der Multiplettkomponenten interessiert; daher können

[1]) Zum besseren Verständnis des angegebenen Verfahrens sei daran erinnert, daß Mittelung in der Quantenmechanik allgemein Bildung eines entsprechenden Diagonalmatrixelementes bedeutet. Partielle Mittelung heißt nun, Matrixelemente zu bilden, die bezüglich einiger (jedoch nicht aller) die Systemzustände charakterisierenden Quantenzahlen diagonal sind. Im vorliegenden Fall der Mittelung des Operators (51,1) sind dies die Matrixelemente $\langle n\, M_L'\, M_S' | V_{sl} \,|\, n\, M_L\, M_S\rangle$ mit allen möglichen M_L, M_L' und M_S, M_S', wobei sie jedoch in allen übrigen Quantenzahlen diagonal sind (die Gesamtheit dieser Quantenzahlen ist mit n bezeichnet). Entsprechend müssen auch die Operatoren $\hat{\boldsymbol{S}}$ und $\hat{\boldsymbol{L}}$ als Matrizen $\langle M_S' \,|\, \boldsymbol{S} \,|\, M_S\rangle$ und $\langle M_L' \,|\, \boldsymbol{L} \,|\, M_L\rangle$ verstanden werden, deren Elemente durch die Formeln (15,11) gegeben sind. Ein ähnliches Vorgehen etappenweiser Mittelung werden wir im weiteren noch öfters anwenden müssen.

wir die Energie der Aufspaltung in der Form

$$\frac{1}{2} A J (J + 1) \tag{51,3}$$

schreiben. Die Abstände zwischen benachbarten Komponenten (die durch die Zahlen J und $J - 1$ charakterisiert werden) sind demnach gleich

$$\Delta E_{J, J-1} = A J . \tag{51,4}$$

Diese Formel beinhaltet die sogenannte Landé*sche Intervallregel.*

Die Konstante A kann sowohl positiv als auch negativ sein. Für $A > 0$ ist die niedrigste Multiplettkomponente des Niveaus das Niveau mit dem kleinstmöglichen J, d. h. mit $J = |L - S|$; diese Multipletts heißen *normale* Multipletts. Ist $A < 0$, dann liegt das Niveau mit $J = L + S$ am tiefsten (*umgekehrtes* Multiplett).

Für den gemittelten Operator der Spin–Spin-Wechselwirkung muß man einen Ausdruck erhalten, der ähnlich wie die Formel (51,2) aufgebaut ist, aber in $\hat{\boldsymbol{S}}$ quadratisch ist. In $\hat{\boldsymbol{S}}$ quadratische Ausdrücke sind $\hat{\boldsymbol{S}}^2$ und $(\hat{\boldsymbol{S}}\,\hat{\boldsymbol{L}})^2$. Der erste Ausdruck hat von J unabhängige Eigenwerte und gibt daher keinen Anlaß zur Aufspaltung eines Termes. Man kann ihn daher weglassen und

$$\hat{V}_{SS} = B (\hat{\boldsymbol{S}}\,\hat{\boldsymbol{L}})^2 \tag{51,5}$$

schreiben; darin ist B eine Konstante. Die Eigenwerte dieses Operators enthalten von J unabhängige Terme, zu $J (J + 1)$ proportionale Glieder und schließlich ein Glied proportional zu $J^2 (J + 1)^2$. Die erstgenannten Glieder ergeben keine Aufspaltung und sind deshalb uninteressant. Die zweiten Glieder können in den Ausdruck (51,3) aufgenommen werden; das ist einfach einer Änderung der Konstanten A äquivalent. Die dritten tragen schließlich zur Energie des Termes den folgenden Ausdruck bei:

$$\frac{B}{4} J^2 (J + 1)^2 . \tag{51,6}$$

Das dargestellte Schema zur Konstruktion der Atomniveaus beruht auf der Vorstellung, daß die Bahndrehimpulse der Elektronen zum Gesamtbahndrehimpuls L des Atoms und die Elektronenspins zum Gesamtspin S addiert werden. Wie bereits erwähnt worden ist, ist eine solche Betrachtungsweise nur dann möglich, wenn die relativistischen Effekte klein sind. Genauer, die Feinstrukturaufspaltung muß klein sein gegenüber den Differenzen zwischen Niveaus mit verschiedenen L und S. In dieser Näherung spricht man von der Russell-Saunders-*Kopplung* oder von *L–S-Kopplung.*

Der Anwendungsbereich dieser Näherung ist aber faktisch beschränkt. Nach der L–S-Kopplung können die Niveaus der leichten Atome bestimmt werden. Mit zunehmender Ordnungszahl werden die relativistischen Wechselwirkungen im Atom stärker, und die Russell-Saunders-Näherung ist nicht mehr anwendbar.

Im entgegengesetzten Grenzfall ist die relativistische Wechselwirkung groß gegenüber der elektrostatischen. In diesem Falle kann man nicht vom Bahndrehimpuls und vom Spin einzeln sprechen, weil diese nicht erhalten bleiben. Die einzelnen Elektronen werden durch ihre Gesamtdrehimpulse j charakterisiert, die zum Gesamtdrehimpuls J des Atoms zusammengesetzt werden. In diesem Falle spricht man von der *j–j-Kopplung*. In Wirklichkeit tritt dieser Kopplungstyp in reiner Form nicht auf. Unter den Niveaus sehr schwerer Atome beobachtet man verschiedene Zwischenstufen zwischen der L–S- und der j–j-Kopplung.

Eine weitere (nach der Feinstruktur kommende) Aufspaltung der atomaren Energieniveaus resultiert aus der Wechselwirkung der magnetischen Momente von Elektron und Kern; sie führt zur sogenannten *Hyperfeinstruktur*. Wegen der Kleinheit der magnetischen Kernmomente (im Vergleich zu den Elektronenmomenten) ist diese Wechselwirkung relativ klein, und deshalb sind auch die durch sie bewirkten Aufspaltungsabstände, verglichen mit den Abständen der Feinstruktur, klein. Folglich muß die Hyperfeinstruktur für jede Feinstrukturkomponente einzeln untersucht werden.

Wir bezeichnen den Kernspin mit i (wie dies in der Atomspektroskopie üblich ist). Der Gesamtdrehimpuls eines Atoms (zusammen mit dem Kern) ist $\boldsymbol{F} = \boldsymbol{J} + \boldsymbol{i}$, wobei $\boldsymbol{J}$ nach wie vor den Gesamtdrehimpuls der Elektronenhülle kennzeichnet. Jede Komponente der Hyperfeinstruktur wird durch einen bestimmten Wert F gekennzeichnet. Nach den allgemeinen Regeln für die Addition von Drehimpulsen nimmt die Quantenzahl F folgende Werte an:

$$F = J + i, \quad J + i - 1, \ldots, |J - i|. \tag{51,7}$$

§ 52. Das Mendelejewsche Periodensystem der Elemente

Die Natur der periodischen Änderung der Eigenschaften, die bei einigen in der Reihenfolge zunehmender Ordnungszahlen geordneten Elementen von D. I. Mendelejew beobachtet wurde, kann erklärt werden, indem man die Besonderheiten bei der fortschreitenden Auffüllung der Elektronenhülle der Atome untersucht (N. Bohr, 1922).

Beim Fortschreiten von einem Atom zum nächsten nimmt die Ladung um 1 zu, und zur Elektronenhülle wird ein Elektron hinzugefügt. Auf den ersten Blick könnte man erwarten, daß die Bindungsenergie eines jeden der nacheinander zugefügten Elektronen sich mit zunehmender Ordnungszahl monoton ändert. In Wirklichkeit ist das jedoch nicht so.

Im Grundzustand des Wasserstoffatoms gibt es insgesamt nur ein Elektron im Zustand $1s$. In dem Atom des folgenden Elementes — des Heliums — kommt noch ein Elektron in demselben $1s$-Zustand dazu. Die Bindungsenergie eines der $1s$-Elektronen im Heliumatom ist aber bedeutend größer als die Bindungsenergie des Elektrons im Wasserstoffatom. Dies ist eine natürliche Folge des Unterschiedes zwischen dem Feld, in dem sich das Elektron im H-Atom befindet,

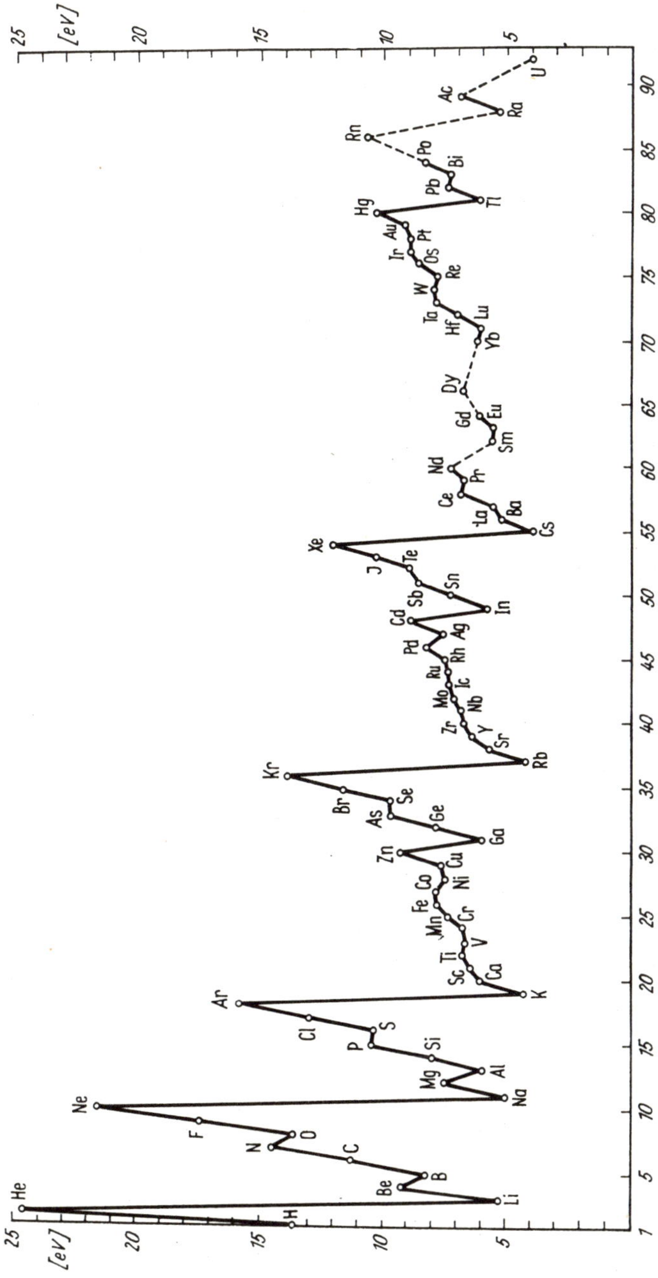

[eV]
25
20
15
10
5
1
5
10
15
20
25
30
35
40
45
50
55
60
65
70
75
80
85
90
H
He
Li
Be
B
C
N
O
F
Ne
Na
Mg
Al
Si
P
S
Cl
Ar
K
Ca
Sc
Ti
V
Cr
Mn
Fe
Co
Ni
Cu
Zn
Ga
Ge
As
Se
Br
Kr
Rb
Sr
Y
Zr
Nb
Mo
Tc
Ru
Rh
Pd
Ag
Cd
In
Sn
Sb
Te
J
Xe
Cs
Ba
La
Ce
Pr
Nd
Sm
Eu
Gd
Dy
Yb
Lu
Hf
Ta
W
Re
Os
Ir
Pt
Au
Hg
Tl
Pb
Bi
Po
Rn
Ra
Ac
U

Abb. 11

und dem Feld, in das das zum He^+-Ion hinzugefügte Elektron kommt: In großen Abständen stimmen diese Felder ungefähr überein, aber in der Nähe des Kernes mit der Ladung $Z = 2$ ist das Feld des He^+-Ions stärker als das Kernfeld des Wasserstoffatoms mit $Z = 1$.

Im Lithiumatom ($Z = 3$) kommt das dritte Elektron in einen $2\,s$-Zustand, weil es in den $1\,s$-Zuständen gleichzeitig nicht mehr als zwei Elektronen geben kann. Für festes Z liegt das $2\,s$-Niveau oberhalb des $1\,s$-Niveaus. Mit zunehmender Kernladung werden beide erniedrigt. Beim Übergang von $Z = 2$ zu $Z = 3$ überwiegt der erste Effekt den zweiten beträchtlich und die Bindungsenergie des dritten Elektrons im Lithiumatom ist bedeutend kleiner als die Bindungsenergie der Elektronen im Heliumatom. Weiter werden in den Atomen von Be ($Z = 4$) bis Ne ($Z = 10$) zunächst noch ein $2\,s$-Elektron und dann sechs $2\,p$-Elektronen hinzugefügt. Die Bindungsenergie der in dieser Reihe zugefügten Elektronen nimmt wegen der Vergrößerung der Kernladung im allgemeinen zu. Das nächste, beim Übergang zum Na-Atom ($Z = 11$) zugefügte Elektron kommt in einen $3\,s$-Zustand. Die Auswirkung des Überganges in eine höhere Schale übertrifft dabei den Einfluß der vergrößerten Kernladung, und die Bindungsenergie fällt erneut stark ab.

Dieses Bild der Auffüllung der Elektronenschalen ist für die ganze Reihenfolge der Elemente charakteristisch. Alle Elektronenzustände kann man in Gruppen (Schalen) einteilen, die nacheinander aufgefüllt werden: In der Reihe der Elemente wachsen im allgemeinen mit fortschreitender Auffüllung die Bindungsenergien der Elemente, wenn jedoch mit der Auffüllung einer nächsten Schale begonnen wird, fällt die Bindungsenergie stark ab.

In Abb. 11 sind die aus den spektroskopischen Daten bekannten Ionisationspotentiale der Elemente aufgetragen. Sie sind ein Maß für die Bindungsenergie der Elektronen, die beim Übergang von einem Element zum folgenden hinzugefügt werden.

Die verschiedenen Zustände verteilen sich folgendermaßen auf die nacheinander aufgefüllten Schalen:

$$\left.\begin{array}{ll} 1\,s & 2 \text{ Elektronen} \\ 2\,s,\ 2\,p & 8 \text{ Elektronen} \\ 3\,s,\ 3\,p & 8 \text{ Elektronen} \\ 4\,s,\ 3\,d,\ 4\,p & 18 \text{ Elektronen} \\ 5\,s,\ 4\,d,\ 5\,p & 18 \text{ Elektronen} \\ 6\,s,\ 4\,f,\ 5\,d,\ 6\,p & 32 \text{ Elektronen} \\ 7\,s,\ 6\,d,\ 5\,f,\ldots & \end{array}\right\} \qquad (52,1)$$

Die erste Schale wird bei H und He aufgefüllt; die Auffüllung der zweiten und der dritten Schale entspricht den beiden ersten (kleinen) Perioden des Periodensystems mit je acht Elementen. Dann folgen zwei große Perioden mit je 18 Elementen und eine große Periode, die die Seltenen Erden enthält und aus insgesamt 32 Elementen besteht. Die letzte Schale wird durch die in der Natur vorkommenden Elementen (und durch die künstlich erzeugten Transurane) nicht vollständig aufgefüllt.

Zum Verständnis des Ganges der Eigenschaften der Elemente bei der Auffüllung der Zustände einer Schale ist die folgende Besonderheit der d- und f-Zustände wesentlich, die diese von den s- und p-Zuständen unterscheidet. Die Kurven für die effektive potentielle Energie eines kugelsymmetrischen Feldes (das sich aus dem elektrostatischen Feld und dem Zentrifugalfeld zusammensetzt) haben für ein Elektron in einem schweren Atom nach einem schroffen, beinahe vertikalen Abfall ein tiefes Minimum; danach steigen sie wieder an und nähern sich asymptotisch Null. Für s- und p-Zustände verlaufen diese Kurven in ihren aufsteigenden Teilen sehr nahe beieinander. Das bedeutet, daß sich die Elektronen in diesen Zuständen etwa in denselben Entfernungen vom Kern befinden. Die Kurven für die d- und besonders für die f-Zustände verlaufen wesentlich weiter links. Der „klassisch erlaubte" Bereich endet bedeutend näher am Kern als für s- und p-Zustände mit derselben Gesamtenergie des Elektrons. Mit anderen Worten befindet sich ein Elektron in d- und f-Zuständen im allgemeinen wesentlich näher am Kern als in s- und p-Zuständen.

Einige Eigenschaften der Atome (darunter auch die chemischen Eigenschaften der Elemente, siehe § 58) hängen hauptsächlich von den äußeren Bereichen der Elektronenhülle ab. In diesem Zusammenhang ist die beschriebene Besonderheit der d- und f-Zustände besonders wesentlich. So werden zum Beispiel bei der Auffüllung der $4f$-Zustände (bei den Seltenen Erden, s. u.) die zugefügten Elektronen bedeutend näher am Kern untergebracht als die Elektronen der vorher aufgefüllten Zustände. Infolgedessen beeinflussen diese Elektronen die chemischen Eigenschaften beinahe gar nicht, und alle Seltenen Erden sind chemisch sehr ähnlich.

Die Elemente mit abgeschlossenen d- und f-Schalen (oder überhaupt ohne solche Schalen) heißen Elemente der *Hauptgruppen*. Diejenigen Elemente, bei denen diese Zustände gerade aufgefüllt werden, nennt man Elemente der *Nebengruppen*. Die Elemente dieser Gruppen behandelt man zweckmäßig getrennt.

Wir beginnen mit den Elementen der Hauptgruppen. Wasserstoff und Helium haben die Grundzustände

$$_1\mathrm{H} : 1s\,{}^2S_{1/2}\,, \qquad _2\mathrm{He} : 1s^2\,{}^1S_0$$

(der Index links an dem chemischen Symbol bedeutet stets die Ordnungszahl). Die Elektronenkonfigurationen der übrigen Elemente der Hauptgruppen sind in der Tabelle 1 zusammengestellt. In jedem Atom sind die Schalen vollständig abgeschlossen, die rechts von der Tabelle in derselben und in allen höheren Zeilen angegeben sind. Die Elektronenkonfiguration in den abgeschlossenen Schalen ist oben angeführt. Die Hauptquantenzahl der Elektro-

Tabelle 1

Elektronenkonfigurationen der Elemente der Hauptgruppen

	s	s^2	$s^2\,p$	$s^2\,p^2$	$s^2\,p^3$	$s^2\,p^4$	$s^2\,p^5$	$s^2\,p^6$	
$n = 2$	${}_{3}\mathrm{Li}$	${}_{4}\mathrm{Be}$	${}_{5}\mathrm{B}$	${}_{6}\mathrm{C}$	${}_{7}\mathrm{N}$	${}_{8}\mathrm{O}$	${}_{9}\mathrm{F}$	${}_{10}\mathrm{Ne}$	$1\,s^2$
3	${}_{11}\mathrm{Na}$	${}_{12}\mathrm{Mg}$	${}_{13}\mathrm{Al}$	${}_{14}\mathrm{Si}$	${}_{15}\mathrm{P}$	${}_{16}\mathrm{S}$	${}_{17}\mathrm{Cl}$	${}_{18}\mathrm{Ar}$	$2\,s^2\,2\,p^6$
4	${}_{19}\mathrm{K}$	${}_{20}\mathrm{Ca}$							$3\,s^2\,3\,p^6$
4	${}_{29}\mathrm{Cu}$	${}_{30}\mathrm{Zn}$	${}_{31}\mathrm{Ga}$	${}_{32}\mathrm{Ge}$	${}_{33}\mathrm{As}$	${}_{34}\mathrm{Se}$	${}_{35}\mathrm{Br}$	${}_{36}\mathrm{Kr}$	$3\,d^{10}$
5	${}_{37}\mathrm{Rb}$	${}_{38}\mathrm{Sr}$							$4\,s^2\,4\,p^6$
5	${}_{47}\mathrm{Ag}$	${}_{48}\mathrm{Cd}$	${}_{49}\mathrm{In}$	${}_{50}\mathrm{Sn}$	${}_{51}\mathrm{Sb}$	${}_{52}\mathrm{Te}$	${}_{53}\mathrm{J}$	${}_{54}\mathrm{Xe}$	$4\,d^{10}$
6	${}_{55}\mathrm{Cs}$	${}_{56}\mathrm{Ba}$							$5\,s^2\,5\,p^6$
6	${}_{79}\mathrm{Au}$	${}_{80}\mathrm{Hg}$	${}_{81}\mathrm{Tl}$	${}_{82}\mathrm{Pb}$	${}_{83}\mathrm{Bi}$	${}_{84}\mathrm{Po}$	${}_{85}\mathrm{At}$	${}_{86}\mathrm{Rn}$	$4\,f^{14}\,5\,d^{10}$
7	${}_{87}\mathrm{Fr}$	${}_{88}\mathrm{Ra}$							$6\,s^2\,6\,p^6$
	${}^2S_{1/2}$	${}^1S_0$	${}^2P_{1/2}$	${}^3P_0$	${}^4S_{3/2}$	${}^3P_2$	${}^2P_{3/2}$	${}^1S_0$	

nen ist dabei durch die Ziffern angegeben, die links von der Tabelle in derselben Zeile stehen. Unten finden wir die Grundzustände des ganzen Atoms. So hat das Al-Atom die Elektronenkonfiguration $1\,s^2\;\; 2\,s^2\; 2\,p^6\;\; 3\,s^2\;\; 3\,p\;\; {}^2P_{1/2}$.

Die Atome der Edelgase (He, Ne, Ar, Kr, Xe, Rn) nehmen in der Tabelle eine besondere Stellung ein. Bei jedem Edelgas wird der Aufbau der in (52,1) aufgezählten Schalen von Zuständen abgeschlossen. Ihre Elektronenkonfigurationen haben eine besondere Beständigkeit (die Ionisationspotentiale sind in den entsprechenden Reihen die größten). Damit hängt auch die chemische Trägheit dieser Elemente zusammen.

Die Auffüllung der verschiedenen Zustände erfolgt für die Elemente der Hauptgruppen sehr gesetzmäßig: Es werden zuerst die s- und danach die p-Zustände einer jeden Hauptquantenzahl n besetzt. Ebenso gesetzmäßig sind auch die Elektronenkonfigurationen dieser Elemente (solange bei der Ionisation die Elektronen der d- und f-Schalen nicht angegriffen werden). Jedes Ion hat die Konfiguration des vorangehenden Atoms. So hat das Mg^+-Ion die Konfiguration des Na-Atoms, das Mg^{++}-Ion die Konfiguration des Ne.

Kommen wir jetzt zu den Elementen der Nebengruppen. Die Auffüllung der $3\,d$-, $4\,d$- und $5\,d$-Schalen erfolgt in Gruppen von Elementen, die entsprechend *Eisen-*, *Palladium-* und *Platingruppe* heißen. In der Tabelle 2 sind die Elektronenkonfigurationen und die Terme der Atome dieser Gruppen aufgeführt, die aus den experimentellen spektroskopischen Daten bekannt sind. Wie man aus diesen Tabellen entnimmt, werden die d-Schalen bedeutend weniger gesetzmäßig aufgefüllt als die s- und p-Schalen in den Atomen der Hauptgruppen. Ein charakteristischer Zug ist hier die „Konkurrenz" zwischen den s- und den d-Zuständen. Sie äußert sich darin, daß anstelle der gesetzmäßigen Folge der Konfigurationen der Art $d^p\,s^2$ mit zunehmendem p häufig die Konfigurationen der Art $d^{p+1}\,s$ oder d^{p+2} vorteilhafter werden. In der Eisengruppe hat das Cr-Atom die Konfiguration $3\,d^5\,4\,s$ und nicht $3\,d^4\,4\,s^2$. Nach dem Ni mit 8 d-Elektronen folgt sofort das Cu-Atom mit einer völlig abgeschlossenen

d-Schale (das deshalb von uns zu den Hauptgruppen gezählt wird). Auch bei den Ionentermen fehlt die Gesetzmäßigkeit in gleicher Weise, die Elektronenkonfigurationen der Ionen stimmen gewöhnlich nicht mit der Konfiguration der vorhergehenden Atome überein. Zum Beispiel hat das V^+-Ion die Konfiguration $3\,d^4$ (und nicht $3\,d^2\,4\,s^2$ wie das Ti), das Fe^+-Ion hat die Konfiguration $3\,d^6\,4\,s$ (statt der Konfiguration $3\,d^5\,4\,s^2$ des Mn-Atoms). Alle Ionen, die in natürlicher Form in Kristallen und Lösungen vorkommen, enthalten in den unabgeschlossenen Schalen nur d- (aber keine s- und p-)Elektronen. Das Eisen kommt zum Beispiel in Kristallen oder Lösungen nur als Fe^{++}- und Fe^{+++}-Ion mit den Konfigurationen $3\,d^6$ bzw. $3\,d^5$ vor.

Eine ähnliche Situation finden wir auch beim Aufbau der $4\,f$-Schale, der bei den Elementen vor sich geht, die unter der Bezeichnung Seltene Erden bekannt sind (Tabelle 3). Die $4\,f$-Schale wird ebenfalls nicht ganz gesetzmäßig aufgefüllt, dabei „konkurrieren" die $4\,f$-, $5\,d$- und $6\,s$-Zustände.

Die letzte Gruppe von Übergangselementen beginnt mit dem Aktinium. Bei ihr werden die $6\,d$- und die $5\,f$-Schalen aufgebaut, ähnlich wie bei den Seltenen Erden.

Tabelle 2

Elektronenkonfigurationen der Atome der Elemente der Eisen-, Palladium- und Platingruppe

Eisengruppe

	$_{21}$Sc	$_{22}$Ti	$_{23}$V	$_{24}$Cr	$_{25}$Mn	$_{26}$Fe	$_{27}$Co	$_{28}$Ni
Schale Ar +	$3d\,4s^2$ $^2D_{3/2}$	$3d^2\,4s^2$ $^3F_2$	$3d^3\,4s^2$ $^4F_{3/2}$	$3d^5\,4s$ $^7S_3$	$3d^5\,4s^2$ $^6S_{5/2}$	$3d^6\,4s^2$ $^5D_4$	$3d^7\,4s^2$ $^4F_{9/2}$	$3d^8\,4s^2$ $^3F_4$

Palladiumgruppe

	$_{39}$Y	$_{40}$Zr	$_{41}$Nb	$_{42}$Mo	$_{43}$Tc	$_{44}$Ru	$_{45}$Rh	$_{46}$Pd
Schale Kr +	$4d\,5s^2$ $^2D_{3/2}$	$4d^2\,5s^2$ $^3F_2$	$4d^4\,5s$ $^6D_{1/2}$	$4d^5\,5s^2$ $^7S_3$	$4d^5\,5s^2$ $^6S_{5/2}$	$4d^7\,5s$ $^5F_5$	$4d^8\,5s$ $^4F_{9/2}$	$4d^{10}$ $^1S_0$

Platingruppe

	$_{57}$La
Schale Xe +	$5d\,6s^2$ $^2D_{3/2}$

	$_{71}$Lu	$_{72}$Hf	$_{73}$Ta	$_{74}$W	$_{75}$Re	$_{76}$Os	$_{77}$Ir	$_{78}$Pt
Schale Xe + $4f^{14}$ +	$5d\,6s^2$ $^2D_{3/2}$	$5d^2\,6s^2$ $^3F_2$	$5d^3\,6s^2$ $^4F_{3/2}$	$5d^4\,6s^2$ $^5D_0$	$5d^5\,6s^2$ $^6S_{5/2}$	$5d^6\,6s^2$ $^5D_4$	$5d^7\,6s^2$ $^4F_{9/2}$	$5d^9\,6s$ $^3D_3$

Tabelle 3

Elektronenkonfigurationen der Atome der Seltenen Erden

Schale Xe +	$_{58}$Ce	$_{59}$Pr	$_{60}$Nd	$_{61}$Pm	$_{62}$Sm	$_{63}$Eu	
	$4f\,5d\,6s^2$ $^1G_4$	$4f^3\,6s^2$ $^4I_{9/2}$	$4f^4\,6s^2$ $^5I_4$	$4f^5\,6s^2$ $^6H_{5/2}$	$4f^6\,6s^2$ $^7F_0$	$4f^7\,6s^2$ $^8S_{7/2}$	
	$_{64}$Gd	$_{65}$Tb	$_{66}$Dy	$_{67}$Ho	$_{68}$Er	$_{69}$Tu	$_{70}$Yb
	$4f^7\,5d\,6s^2$ $^9D_2$	$4f^9\,6s^2$ $^6H_{15/2}$	$4f^{10}\,6s^2$ $^5I_8$	$4f^{11}\,6s^2$ $^4I_{15/2}$	$4f^{12}\,6s^2$ $^3H_6$	$4f^{13}\,6s^2$ $^2F_{7/2}$	$4f^{14}\,6s^2$ $^1S_0$

§ 53. Die Röntgen-Terme

Die Bindungsenergie der inneren Elektronen in einem Atom ist relativ groß. Geht ein solches Elektron in eine äußere unbesetzte Schale über (oder wird es ganz aus dem Atom entfernt), dann ist das angeregte Atom (oder das Ion) mechanisch instabil gegen eine Ionisierung. Bei dieser Ionisierung wird die Elektronenhülle umgebaut, und es wird ein stabiles Ion gebildet. Wegen der relativ schwachen Wechselwirkung der Elektronen im Atom ist aber die Wahrscheinlichkeit für einen solchen Übergang relativ klein, so daß die Lebensdauer τ des angeregten Zustandes groß ist. Die Breite des Niveaus $\hbar/\tau$ (siehe § 38) ist genügend klein, so daß es Sinn hat, die Energien eines Atoms mit einem angeregten inneren Elektron als diskrete Energieniveaus „quasistationärer" Zustände des Atoms zu betrachten. Diese Niveaus heißen Röntgen-*Terme*[1]).

Die Röntgen-Terme werden vor allem durch die Angabe der Schale klassifiziert, aus der das Elektron entfernt worden ist, oder wie man auch sagt, in der ein „Loch" gebildet worden ist. Wohin das Elektron dabei gekommen ist, wirkt sich auf die Energie des Atoms fast überhaupt nicht aus und ist daher unwesentlich.

Der Gesamtdrehimpuls der Elektronen einer abgeschlossenen Schale ist gleich Null. Nach der Entfernung eines Elektrons aus einer solchen Schale erhält diese einen gewissen Drehimpuls j. Für eine Schale mit gegebenen n und l kann der Drehimpuls j offensichtlich nur die Werte $l \pm 1/2$ annehmen. Wir erhalten so Energieniveaus, die man mit $1\,s_{1/2}$, $2\,s_{1/2}$, $2\,p_{1/2}$, $2\,p_{3/2}, \ldots$ bezeichnen könnte. Dabei ist der Wert von j als Index an das Symbol für die Lage des „Loches" angehängt worden. Es sind jedoch spezielle Symbole nach der folgenden Gegenüberstellung allgemein üblich:

$$\begin{array}{cccccccccc} 1\,s_{1/2} & 2\,s_{1/2} & 2\,p_{1/2} & 2\,p_{3/2} & 3\,s_{1/2} & 3\,p_{1/2} & 3\,p_{3/2} & 3\,d_{3/2} & 3\,d_{5/2} & \ldots \\ K & L_{\mathrm{I}} & L_{\mathrm{II}} & L_{\mathrm{III}} & M_{\mathrm{I}} & M_{\mathrm{II}} & M_{\mathrm{III}} & M_{\mathrm{IV}} & M_{\mathrm{V}} & \ldots \end{array}$$

[1]) Bei Übergängen zwischen diesen Niveaus sendet das Atom Röntgen-Strahlen aus, daher diese Bezeichnung.

Die Niveaus mit gleichen n (die mit demselben großen Buchstaben bezeichnet werden) liegen dicht beieinander und weit entfernt von den Niveaus mit anderen n. Die Ursache dafür ist folgende. Das Feld, in dem sich die inneren Elektronen befinden, ist das fast unabgeschirmte Kernfeld, weil die inneren Elektronen relativ nahe am Kern sind. Infolgedessen sind ihre Zustände „wasserstoffähnlich", d. h., ihre Energie fällt näherungsweise mit derjenigen zusammen, die ein Elektron im Felde eines Kerns der Ladung Ze besäße; letztere jedoch hängt nur von der Hauptquantenzahl n ab (§ 31).

Bei Berücksichtigung der relativistischen Effekte werden die Terme mit verschiedenen j voneinander abgetrennt, wie etwa L_{I} und L_{II} von L_{III}, M_{I} und M_{II} von M_{III} und M_{IV}. Diese Paare von Niveaus heißen *echte* (oder *relativistische*) Dubletts.

Die Aufspaltung der Terme mit verschiedenen l für gleiches j (beispielsweise L_{I} und L_{II}, M_{I} und M_{II}) hängt mit der Abweichung des Feldes, in dem sich die inneren Elektronen befinden, vom COULOMB-Feld zusammen, d. h., sie tritt bei Berücksichtigung der Wechselwirkung des Elektrons mit den anderen Elektronen auf. Diese Dubletts heißen *unechte* (oder *abgeschirmte*) Dubletts.

Die Breite eines RÖNTGEN-Terms wird durch die Gesamtwahrscheinlichkeit aller möglichen Prozesse zum Umbau der Elektronenhülle des Atoms unter Auffüllung des gegebenen „Loches" bestimmt. Bei schweren Atomen spielen dabei die Übergänge des Loches aus der gegebenen Schale in eine (energetisch) höher liegende Schale (d. h. Übergänge des Elektrons aus höher gelegenen in niedriger gelegene Zustände) die Hauptrolle. Diese Übergänge werden von der Emission eines RÖNTGEN-Quants begleitet. Die Wahrscheinlichkeit dieser „Strahlungs"-Übergänge und damit auch der entsprechende Teil der Niveaubreite werden mit zunehmender Ordnungszahl sehr rasch größer.

Bei leichteren Atomen (und höheren Niveaus) spielen die strahlungslosen Übergänge die wesentliche und sogar vorherrschende Rolle. Die durch die Auffüllung des Loches mit einem äußeren Elektron frei werdende Energie wird bei diesen Übergängen dazu benutzt, ein anderes inneres Elektron aus dem Atom herauszuschlagen (sogenannter AUGER-*Effekt*). Nach einem solchen Prozeß befindet sich das Atom in einem Zustand mit zwei Löchern.

§ 54. Das Atom im elektrischen Feld

Bekanntlich werden die elektrischen Eigenschaften eines Systems von Teilchen in der klassichen Theorie durch die elektrischen Multipolmomente verschiedener Ordnungen bestimmt (siehe I §§ 62, 63). In der Quantentheorie werden diese Größen in derselben Weise definiert, nur muß man sie als Operatiren ansehen.

Das erste Multipolmoment ist das Dipolmoment, definiert als Vektor

$$\boldsymbol{d} = \sum e \boldsymbol{r} . \tag{54,1}$$

Für ein Atom (dessen Kern als im Koordinatenursprung ruhend angenommen wird) läuft die Summation über alle Elektronen in seiner Hülle (der Kürze halber lassen wir den Index, der die Elektronen numeriert, weg). Der Mittelwert des Dipolmomentes für einen stationären Atomzustand ergibt sich durch Mittelung des Operators (54,1) bezüglich der Wellenfunktion dieses Zustandes, d. h. durch Berechnung des entsprechenden Diagonalmatrixelementes. Nun werden die Matrixelemente des Operators (54,1) wie auch die eines beliebigen polaren Vektors (siehe § 19) für Übergänge zwischen zwei Zuständen gleicher Parität Null. Deshalb werden auf jeden Fall die Diagonalelemente Null, so daß der Mittelwert des Dipolmomentes eines Atoms für stationäre Zustände Null ist.[1])

Das Quadrupolmoment des Systems ist als symmetrischer Tensor

$$Q_{ik} = \sum e\,(3\,x_i\,x_k - \delta_{ik}\,\boldsymbol{r}^2) \qquad (54,2)$$

definiert, wobei die Summe über die Diagonalglieder Null ergibt.

Wir bemerken zunächst, daß die Mittelwerte des Quadrupolmoments eines Atoms bezüglich aller Zustände mit Gesamtdrehimpuls $J = 0$ oder $J = 1/2$ Null sind. Davon kann man sich mit Hilfe der in § 18 angegebenen Methode zur Bestimmung der Auswahlregeln für Matrixelemente von Vektoren und Tensoren überzeugen. In diesem Sinne ersetzen wir den Tensor (54,2) durch einen entsprechenden „Drehimpuls" $L = 2$. Ein Matrixelement ist von Null verschieden, wenn man bei einer Addition dieses „Drehimpulses" zu den Drehimpulsen J_1 und J_2 von Anfangs- und Endzustand den Wert 0 erhalten kann. Nun kann man aus den drei Drehimpulsen 2, 0, 0 oder 2, 1/2, 1/2 auf keinerlei Weise einen solchen Wert erhalten, und deshalb werden die Diagonalmatrixelemente mit $J_1 = J_2 = 0$ oder $J_1 = J_2 = 1/2$ Null.

Für einen Atomzustand mit gegebenem Gesamtdrehimpuls J hängt der Mittelwert des Quadrupolmoments noch vom Wert der Drehimpulsprojektion M_J ab. Wir wollen diese Abhängigkeit auffinden.

Die Mittelung des Operators (54,2) über einen Atomzustand geschieht zweckmäßig in zwei Schritten (vergleiche § 51). Zunächst mitteln wir über die Zustände mit gegebenem Wert von J, jedoch nicht festgelegtem M_J. Der auf diese Weise gemittelte Operator (wir bezeichnen ihn mit $\hat{Q}_{ik}$) kann nur durch Operatoren von Größen ausgedrückt werden, die den Atomzustand als Ganzes charakterisieren. Der „Vektor" $\hat{\boldsymbol{J}}$ ist der einzige derartige Vektor. Deshalb

[1]) Dabei setzen wir voraus, daß die Energieniveaus des Atoms nur bezüglich der Richtungen seines Gesamtdrehimpulses entartet sind. Alle Zustände, die sich nur durch die Werte der Projektion des Gesamtdrehimpulses unterscheiden, besitzen gleiche Parität; einer beliebigen Linearkombination aus ihnen ist demzufolge auch eine definierte Parität zuzuordnen (und zwar diejenige der Ausgangswellenfunktionen). In diesem Sinne stellt das Wasserstoffatom eine Ausnahme dar, da seine Energieniveaus darüber hinaus eine „zufällige" Entartung aufweisen. Untereinander entartete Zustände mit unterschiedlichem Bahndrehimpuls l können verschiedene Parität besitzen. Aus ihren Wellenfunktionen kann man solche Superpositionen aufbauen, die überhaupt keine bestimmte Parität besitzen; die ihnen entsprechenden Diagonalmatrixelemente des elektrischen Dipolmoments müssen nicht Null werden.

muß der Operator $\hat{Q}_{ik}$ die Gestalt

$$\hat{Q}_{ik} = \frac{3\,Q}{2\,J\,(2\,J-1)}\left(\hat{J}_i\,\hat{J}_k + \hat{J}_k\,\hat{J}_i - \frac{2}{3}\,\delta_{ik}\,\hat{\boldsymbol{J}}^2\right) \tag{54,3}$$

haben, wobei der Ausdruck in der Klammer so aufgebaut ist, daß er in den Indizes i, k symmetrisch ist und bei der Summation über $i = k$ Null ergibt (über den Sinn des Koeffizienten Q siehe weiter unten). Die Operatoren $\hat{J}_i$ müssen hier als die uns bekannten (§ 15) Matrizen bezüglich Zuständen mit verschiedenen Werten M_J verstanden werden.

Da die drei Komponenten des Drehimpulsvektors nicht gleichzeitig bestimmte Werte besitzen können, trifft dies auch auf die Komponenten des Tensors (54,3) zu. Für die Komponente $\hat{Q}_{zz}$ haben wir

$$\hat{Q}_{zz} = \frac{3\,Q}{J\,(2\,J-1)}\left(\hat{J}_z^2 - \frac{1}{3}\hat{\boldsymbol{J}}^2\right).$$

Die Mittelung dieses Operators in bezug auf einen Zustand mit gegebenen Werten J und M_J besteht jetzt einfach im Ersetzen der Operatoren durch ihre Eigenwerte. Auf diese Weise finden wir

$$\overline{Q}_{zz} = \frac{3\,Q}{J\,(2\,J-1)}\left[M_J^2 - \frac{1}{3}\,J\,(J+1)\right], \tag{54,4}$$

wodurch auch die gesuchte Abhängigkeit bestimmt ist. Für $M_J = J$ (der Drehimpuls liegt „vollständig“ in Richtung der z-Achse) haben wir $\overline{Q}_{zz} = Q$; diese Größe heißt gewöhnlich auch einfach *Quadrupolmoment*.

In einem Atom, das in ein homogenes äußeres elektrisches Feld $\boldsymbol{E}$ gebracht worden ist, haben wir es mit einem System von Elektronen in einem axialsymmetrischen Feld zu tun (Kernfeld plus äußeres Feld). Infolgedessen bleibt der Gesamtdrehimpuls $\boldsymbol{J}$ des Atoms nicht mehr streng erhalten. Es bleibt nur seine Projektion auf die Richtung der Symmetrieachse (z-Achse) erhalten.

Indem das äußere Feld eine bestimmte Vorzugsrichtung im Raum festlegt, hebt es die Entartung der Niveaus bezüglich der Drehimpulsrichtungen auf: Zustände, die sich durch die Werte $J_z = M_J$ unterscheiden und bezüglich des freien Atoms die gleiche Energie besitzen, erhalten im elektrischen Feld unterschiedliche Energien (sogenannter STARK-*Effekt*). Die Entartung der Niveaus wird aber nicht vollständig aufgehoben. Die Zustände, die sich nur durch das Vorzeichen von M_J unterscheiden, bleiben nach wie vor untereinander entartet. Dieser Umstand ist eine unmittelbare Folge der Symmetrie bezüglich der Zeitumkehr (§ 23). Indem sich die Richtungen aller Geschwindigkeiten umkehren, ändert die Zeitumkehr das Vorzeichen der Drehimpulsprojektion, während sie die Energie des Systems unverändert läßt; außerdem bleibt auch das Feld $\boldsymbol{E}$ unverändert (siehe I § 44).

Demzufolge bleiben mit Ausnahme nur der Niveaus mit $M_J = 0$ die Energieniveaus eines Atoms in solch einem elektrischen Feld zweifach entartet. Wenn jedoch der Gesamtdrehimpuls J halbzahlig ist, dann ist der Wert $M_J = 0$ nicht möglich, und alle Niveaus bleiben ohne Ausnahme zweifach entartet.

Dieser Sachverhalt ist ein Spezialfall einer allgemeineren Regel. Man kann zeigen (indem man von der Forderung nach Symmetrie bezüglich der Zeitumkehr ausgeht), daß für ein System mit halbzahligen J eine zweifache Niveauentartung in einem beliebigen (und nicht nur im homogenen) elektrischen Feld erhalten bleibt (sogenanntes KRAMERS-*Theorem*).[1])

Wir werden voraussetzen, daß das elektrische Feld genügend schwach ist — so schwach, daß die von ihm stammende Energie klein gegenüber den Abständen zwischen benachbarten Energieniveaus des Atoms und auch klein gegenüber der Feinstrukturaufspaltung ist. Dann können wir zur Berechnung der Niveauverschiebung in dem elektrischen Feld die Störungstheorie verwenden. Der Störoperator ist dabei die potentielle Energie des Systems der Elektronen im homogenen Feld $\boldsymbol{E}$, diese ist

$$V = -\boldsymbol{E}\,\boldsymbol{d} = -|\boldsymbol{E}|\,d_z\,. \tag{54,5}$$

Darin ist $\boldsymbol{d}$ das Dipolmoment des Atoms. Die Verschiebung der Energieniveaus wird in erster Näherung durch die Diagonalelemente der Matrix des Störoperators gegeben. Die Diagonalelemente der Matrix für das Dipolmoment sind aber identisch gleich Null, da das Dipolmoment im Mittel verschwindet. Die Aufspaltung der Niveaus im elektrischen Feld ist also ein Effekt zweiter Ordnung und proportional zum Quadrat des Feldes.[2])

Die Verschiebung ΔE_n des Niveaus E_n muß als im Feld $\boldsymbol{E}$ quadratische Größe durch eine Formel der Gestalt

$$\Delta E_n = -\frac{1}{2}\alpha_{ik}^{(n)} E_i E_k \tag{54,6}$$

gegeben werden, wobei $\alpha_{ik}^{(n)}$ ein symmetrischer Tensor zweiter Stufe ist. Wir legen die z-Achse in Feldrichtung und erhalten

$$\Delta E_n = -\alpha_{zz}^{(n)}|\boldsymbol{E}|^2\,. \tag{54,7}$$

Der in den aufgeschriebenen Formeln vorkommende Tensor $\alpha_{ik}^{(n)}$ ist andererseits die Polarisierbarkeit des Atoms in einem äußeren elektrischen Feld. Diese Behauptung folgt aus der allgemeinen Formel

$$\left(\frac{\partial\hat{H}}{\partial\lambda}\right)_{nn} = \frac{\partial E_n}{\partial\lambda}\,. \tag{54,8}$$

Hier steht links ein Diagonalmatrixelement des Operators $\partial\hat{H}/\partial\lambda$ mit $\hat{H}$ als HAMILTON-Operator des Systems, der von einem gewissen Parameter λ abhängt; zusammen mit dem HAMILTON-Operator sind auch seine Eigenwerte E_n Funktionen dieses Parameters. Wenn wir in dieser Formel unter dem Para-

[1]) Es sei jedoch betont, daß ein Atom in einem beliebigen elektrischen Feld nicht mehr durch die Werte der Drehimpulsprojektion charakterisiert werden kann, da in einem inhomogenen Feld nicht nur der Betrag des Drehimpulsvektors, sondern auch alle seine Komponenten keine Erhaltungsgrößen darstellen.

[2]) Eine Ausnahme bildet das Wasserstoffatom, für dessen stationäre Zustände der Mittelwert des Dipolmoments von Null verschieden sein kann. Deshalb ist die Energieniveauaufspaltung des Wasserstoffatoms linear in der Feldstärke.

meter λ den Feldstärkebetrag $|\boldsymbol{E}|$ verstehen und

$$\hat{H} = \hat{H}_0 + \hat{V} = \hat{H}_0 - |\boldsymbol{E}|\, d_z$$

ansetzen, so erhalten wir unter Verwendung des Ausdruckes (54,7)

$$\bar{d}_z = \alpha_{zz}^{(n)}\, |\boldsymbol{E}|\,. \tag{54,9}$$

Der Proportionalitätsfaktor zwischen dem Dipolmoment, das ein Atom im Feld erhält, und der Feldstärke heißt nun gerade *Polarisierbarkeit* des Atoms.

Zum Beweis der Formel (54,8) gehen wir von der Gleichung

$$(\hat{H} - E_n)\, \psi_n = 0$$

aus, die die Eigenwerte des Operators $\hat{H}$ bestimmt. Differenzieren wir diese Gleichung nach λ und multiplizieren wir sie danach von links mit ψ_n^*, so erhalten wir

$$\psi_n^* \,(\hat{H} - E_n)\, \frac{\partial \psi_n}{\partial \lambda} = \psi_n^* \left(\frac{\partial E_n}{\partial \lambda} - \frac{\partial \hat{H}}{\partial \lambda}\right) \psi_n\,.$$

Bei der Integration dieser Gleichung über dq wird die linke Seite Null, da wir auf Grund der Hermitezität des Operators $\hat{H}$

$$\int \psi_n^* \,(\hat{H} - E_n)\, \frac{\partial \psi_n}{\partial \lambda}\, \mathrm{d}q = \int \frac{\partial \psi_n}{\partial \lambda}\, (\hat{H}^* - E_n)\, \psi_n^*\, \mathrm{d}q$$

haben (siehe (3,10)), und $(\hat{H}^* - E_n)\, \psi_n^* = 0$ ist. Die rechte Seite gibt die gesuchte Formel.

§ 55. Das Atom im Magnetfeld

Betrachten wir ein Atom, das sich in einem homogenen Magnetfeld $\boldsymbol{H}$ befindet. Entsprechend (43,4) lautet sein Hamilton-Operator

$$\hat{H} = \frac{1}{2m} \sum_a \left[\hat{\boldsymbol{p}}_a + \frac{|e|}{c}\, \boldsymbol{A}(\boldsymbol{r}_a)\right]^2 + U + \frac{\hbar\, |e|}{m\, c}\, \boldsymbol{H}\, \hat{\boldsymbol{S}}\,, \tag{55,1}$$

wobei die Summation über alle Elektronen läuft (die Elektronenladung ist als $e = -|e|$ geschrieben); U ist die Energie der Wechselwirkung der Elektronen mit dem Kern und der Elektronen untereinander; $\hat{\boldsymbol{S}} = \sum \hat{\boldsymbol{s}}_a$ stellt den Operator für den Gesamtspin (der Elektronen) des Atoms dar.

Das Vektorpotential für ein homogenes Feld wählen wir als

$$\boldsymbol{A} = \frac{1}{2}\, [\boldsymbol{H}\, \boldsymbol{r}] \tag{55,2}$$

(siehe I § 46). Es ist leicht zu sehen, daß bei einer solchen Wahl der Operator $\hat{\boldsymbol{p}} = -i\hbar \nabla$ mit $\boldsymbol{A}$ kommutiert. In der Tat liefert die Anwendung auf irgendeine Funktion $\psi(\boldsymbol{r})$

$$(\hat{\boldsymbol{p}}\, \boldsymbol{A} - \boldsymbol{A}\, \boldsymbol{p})\, \psi = -i\hbar \nabla(\boldsymbol{A}\, \psi) + i\hbar\, \boldsymbol{A}\, \nabla \psi = -i\hbar\, \psi\, \mathrm{div}\, \boldsymbol{A}\,,$$

d. h.

$$\hat{\boldsymbol{p}}\boldsymbol{A} - \boldsymbol{A}\hat{\boldsymbol{p}} = -i\hbar \operatorname{div}\boldsymbol{A}\,.$$

Nun gilt für denVektor (55,2) $\operatorname{div}\boldsymbol{A} = -\frac{1}{2}\boldsymbol{H}\operatorname{rot}\boldsymbol{r} = 0$. Indem wir diesen Umstand bei der Ausrechnung des Quadrates in (55,1) berücksichtigen, schreiben wir den HAMILTON-Operator in die Gestalt

$$\hat{H} = \hat{H}_0 + \frac{|e|}{mc}\sum_a \boldsymbol{A}_a\hat{\boldsymbol{p}}_a + \frac{e^2}{2mc^2}\sum_a \boldsymbol{A}_a^2 + \frac{|e|\,\hbar}{mc}\boldsymbol{H}\hat{\boldsymbol{S}}$$

um, worin $\hat{H}_0$ der HAMILTON-Operator des Atoms ohne Feld ist. Setzen wir hierin $\boldsymbol{A}$ aus (55,2) ein, so erhalten wir

$$\hat{H} = \hat{H}_0 + \frac{|e|}{2mc}\boldsymbol{H}\sum_a [\boldsymbol{r}_a\hat{\boldsymbol{p}}_a] + \frac{e^2}{8mc^2}\sum_a [\boldsymbol{H}\boldsymbol{r}_a]^2 + \frac{|e|\,\hbar}{mc}\boldsymbol{H}\hat{\boldsymbol{S}}\,.$$

Das Vektorprodukt $[\boldsymbol{r}_a\hat{\boldsymbol{p}}_a]$ ist der Operator für den Bahndrehimpuls eines Elektrons, und die Summation über alle Elektronen liefert den Operator $\hbar\boldsymbol{L}$ des Gesamtbahndrehimpulses des Atoms. Auf diese Weise haben wir

$$\hat{H} = \hat{H}_0 + \mu_B(\hat{\boldsymbol{L}} + 2\hat{\boldsymbol{S}})\boldsymbol{H} + \frac{e^2}{8mc^2}\sum_a [\boldsymbol{H}\boldsymbol{r}_a]^2 \tag{55,3}$$

mit μ_B als BOHRschem Magneton.

Wie auch ein elektrisches Feld spaltet ein äußeres Magnetfeld die Atomniveaus auf, indem es die Richtungsentartung bezüglich des Gesamtdrehimpulses aufhebt (ZEEMAN-*Effekt*). Wir wollen die Energie dieser Aufspaltung für Atomniveaus bestimmen, die charakterisiert werden durch definierte Werte der Quantenzahlen J, L, S (d. h., wir setzen für sie den Fall der LS-Kopplung voraus, siehe § 51).

Wir nehmen das Magnetfeld so schwach an, daß $\mu_B|\boldsymbol{H}|$ klein ist im Vergleich zu den Abständen der Energieniveaus des Atoms und speziell damit im Vergleich zu den Abständen der Niveaufeinstruktur. Dann kann man das zweite und das dritte Glied in (55,3) als Störung ansehen, wobei die einzelnen Multiplettkomponenten die ungestörten Niveaus darstellen. In erster Näherung kann man das in der Feldstärke quadratische dritte Glied im Vergleich zu dem linearen zweiten Glied vernachlässigen.

In der ersten Näherung der Störungstheorie wird die Aufspaltungsenergie ΔE durch die Mittelwerte der Störung bezüglich der (ungestörten) Zustände bestimmt, die sich in den Werten der Drehimpulsprojektion in Feldrichtung unterscheiden. Wählen wir diese Richtung parallel zur z-Achse, so haben wir

$$\Delta E = \mu_B|\boldsymbol{H}|\,(\overline{L}_z + 2\overline{S}_z) = \mu_B|\boldsymbol{H}|\,(\overline{J}_z + \overline{S}_z)\,. \tag{55,4}$$

Der Mittelwert $\overline{J}_z$ fällt einfach mit dem gegebenen Eigenwert $J_z = M_J$ zusammen. Den Mittelwert $\overline{S}_z$ kann man mit Hilfe einer „etappenweisen" Mittelung (vergleiche § 51) auf folgende Weise finden.

Wir mitteln zunächst den Operator $\hat{\boldsymbol{S}}$ über einen Atomzustand mit gegebenen Werten S, L und J, jedoch nicht festgelegtem M_J. Der auf diese Weise gemittelte Operator $\bar{\hat{\boldsymbol{S}}}$ kann nur entlang $\hat{\boldsymbol{J}}$ „gerichtet“ sein, dem einzigen „Vektor“, der das freie Atom charakterisiert und erhalten bleibt. Deshalb kann man schreiben

$$\overline{\boldsymbol{S}} = \text{const} \cdot \boldsymbol{J} .$$

In einer solchen Form ist jedoch diese Gleichung nur bedingt sinnvoll, da die drei Komponenten des Vektors $\boldsymbol{J}$ nicht gleichzeitig definierte Werte annehmen können. Unmittelbaren Sinn haben ihre z-Projektion

$$\overline{S}_z = \text{const} \cdot J_z = \text{const} \cdot M_J$$

und die Beziehung

$$\overline{\boldsymbol{S}}\boldsymbol{J} = \text{const} \cdot \boldsymbol{J}^2 = \text{const} \cdot J\,(J+1) ,$$

die man durch Multiplikation beider Gleichungsseiten mit $\boldsymbol{J}$ erhält. Wir beziehen den Vektor $\boldsymbol{J}$, der erhalten bleibt, in die Mittelung ein und schreiben $\overline{\boldsymbol{S}}\boldsymbol{J} = \overline{\boldsymbol{S}\boldsymbol{J}}$. Der Mittelwert $\overline{\boldsymbol{S}\boldsymbol{J}}$ stimmt jedoch mit seinem Eigenwert

$$\boldsymbol{S}\boldsymbol{J} = \frac{1}{2}\,[J\,(J+1) - L\,(L+1) + S\,(S+1)]$$

für Zustände mit definierten Werten $\boldsymbol{L}^2$, $\boldsymbol{S}^2$, $\boldsymbol{J}^2$ überein (gemäß Formel (17,3), in der man für den gegebenen Fall unter $\boldsymbol{L}_1$, $\boldsymbol{L}_2$, $\boldsymbol{L}$ die entsprechenden Größen $\boldsymbol{S}$, $\boldsymbol{L}$, $\boldsymbol{J}$ verstehen muß). Indem wir const aus der zweiten Beziehung bestimmen und in die erste einsetzen, finden wir

$$S_z = M_J \frac{\boldsymbol{J}\boldsymbol{S}}{\boldsymbol{J}^2} . \tag{55,5}$$

Sammeln wir die erhaltenen Ausdrücke auf, und setzen wir sie in (55,4) ein, so finden wir den folgenden Endausdruck für die Aufspaltungsenergie

$$\Delta E = \mu_B\, g\, M_J |\boldsymbol{H}| , \tag{55,6}$$

worin

$$g = 1 + \frac{J\,(J+1) - L\,(L+1) + S\,(S+1)}{2\,J\,(J+1)} \tag{55,7}$$

der sogenannte LANDÉ-*Faktor* oder *gyromagnetische Koeffizient* ist. Wir bemerken, daß $g = 1$ ist, wenn der Spin fehlt ($S = 0$, so daß $J = L$ gilt), und $g = 2$, wenn $L = 0$ gilt (so daß $J = S$ ist).

Die Formel (55,6) liefert verschiedene Energiewerte für alle $2\,J + 1$ Werte $M_J = J, J-1, \ldots, -J$. Mit anderen Worten hebt ein Magnetfeld die Niveauentartung bezüglich der Drehimpulsrichtungen vollständig auf im Gegensatz zu einem elektrischen Feld, das Niveaus mit $M_J = \pm\,|M_J|$ nicht aufspaltet.[1]) Wir bemerken jedoch, daß die durch Formel (55,6) bestimmte lineare Aufspaltung fehlt, wenn $g = 0$ ist (dies ist im Falle $J \neq 0$ z. B. für den Zustand $^4D_{1/2}$ möglich).

Im vorigen Paragraphen sahen wir, daß ein Zusammenhang zwischen der Energieniveauverschiebung eines Atoms im elektrischen Feld und seinem mittleren elektrischen Dipolmoment besteht. Ein analoger Zusammenhang existiert auch im magnetischen Fall. Die potentielle Energie eines Systems von Ladungen im homogenen Magnetfeld ergibt sich in der klassischen Theorie durch den Ausdruck $-\mu \boldsymbol{H}$ mit μ als dem magnetischen Moment des Systems. In der Quantentheorie wird diese Beziehung durch den entsprechenden Operator ersetzt, so daß der HAMILTON-Operator des Systems

$$\hat{H} = \hat{H}_0 - \hat{\boldsymbol{\mu}} \boldsymbol{H} = \hat{H}_0 - \hat{\mu}_z |\boldsymbol{H}|$$

lautet. Wenden wir hier Formel (54,8) an (mit dem Feld $|\boldsymbol{H}|$ als Parameter λ), so finden wir, daß das mittlere magnetische Moment

$$\bar{\mu}_z = -\frac{\partial \Delta E}{\partial |\boldsymbol{H}|} \tag{55,8}$$

ist mit ΔE als mittlerer Energieniveauverschiebung eines gegebenen Atomzustandes. Wir setzen hierin (55,6) ein und sehen, daß ein Atom in einem Zustand mit definiertem Wert M_J für die Projektion des Gesamtdrehimpulses bezüglich einer gewissen z-Richtung ein mittleres magnetisches Moment in genau dieser Richtung besitzt:

$$\bar{\mu}_z = -\mu_B\, g\, M_J\,. \tag{55,9}$$

Wenn das Atom weder einen Spin noch einen Bahndrehimpuls hat ($S = L = 0$), dann liefert das zweite Glied in (55,3) weder in erster noch in höherer störungstheoretischer Näherung eine Niveauverschiebung (da alle Matrixelemente von L und S verschwinden). Deshalb hängt in diesem Fall der gesamte Effekt mit dem dritten Glied in (55,3) zusammen, und in der ersten störungstheoretischen Näherung ist die Niveauverschiebung gleich dem Mittelwert

$$\Delta E = \frac{e^2}{8\, m\, c^2} \sum_a \overline{[\boldsymbol{H}\, \boldsymbol{r}_a]^2}\,. \tag{55,10}$$

Wir wollen über die Richtungen von $\boldsymbol{r}_a$ mitteln und schreiben zu diesem Zweck $[\boldsymbol{H}\, \boldsymbol{r}_a]^2 = \boldsymbol{H}^2 \boldsymbol{r}_a^2 \sin^2\theta$ (mit θ als Winkel zwischen $\boldsymbol{H}$ und $\boldsymbol{r}_a$). Für $L = S = 0$ ist der Atomzustand kugelsymmetrisch. Deshalb wird die Richtungsmittelung unabhängig von der Mittelung über die Entfernungen r_a ausgeführt, wobei sie

[1]) Die in diesem Zusammenhang bezüglich des elektrischen Falles im vorigen Paragraphen angestellten Überlegungen sind für das Magnetfeld gegenstandslos. Die Ursache dafür liegt darin, daß die Zeitumkehr durch die Substitution $\boldsymbol{H} \to -\boldsymbol{H}$ begleitet sein muß (siehe I § 44). Deshalb beziehen sich im Grunde genommen Zustände, die im Resultat dieser Transformation auseinander hervorgehen, auf Atome in verschiedenen Feldern und nicht auf Atome in ein und demselben Feld.

$\overline{\sin^2 \theta_a} = 1 - \overline{\cos^2 \theta_a} = 2/3$ liefert. Auf diese Weise finden wir

$$\Delta E = \frac{e^2}{12\, m\, c^2} \boldsymbol{H}^2 \sum_a \overline{r_a^2}\,. \tag{55,11}$$

Das nach Formel (55,8) berechnete magnetische Moment eines Atoms ist proportional zur Feldstärke (in Abwesenheit des Feldes besitzt ein Atom mit $L = S = 0$ natürlich kein magnetisches Moment). Schreiben wir es in der Gestalt $\chi|\boldsymbol{H}|$, so können wir den Koeffizienten χ als magnetische Suszeptibilität des Atoms ansehen. Für sie erhalten wir die folgende LANGEVIN-*Formel*:

$$\chi = -\frac{e^2}{6\, m\, c^2} \sum_a \overline{r_a^2}\,. \tag{55,12}$$

Diese Größe ist negativ, d. h., das Atom ist diamagnetisch.

Das zweiatomige Molekül

VIII

§ 56. Die Elektronenterme des zweiatomigen Moleküls

In der Theorie der Moleküle spielt die Tatsache, daß die Massen der Atomkerne im Vergleich zu der Elektronenmasse sehr groß sind, eine grundlegende Rolle. Dank dieses Massenunterschiedes ist die Geschwindigkeit der Kerne im Molekül im Vergleich zu den Elektronengeschwindigkeiten sehr klein. Das gibt die Möglichkeit, die Elektronenbewegung bei festen Kernen in gegebenen Abständen voneinander zu betrachten. Wir werden bei der Bestimmung des Energieniveaus U_n eines solchen Systems die sogenannten *Elektronenterme* des Moleküls finden. Im Gegensatz zu den Atomen, wo die Energieniveaus durch bestimmte Zahlen gegeben wurden, sind hier die Elektronenterme keine Zahlen, sondern Funktionen von Parametern — den Kernabständen im Molekül. In der Energie U_n ist auch die elektrostatische Wechselwirkungsenergie der Kerne untereinander enthalten, so daß U_n die Gesamtenergie des Moleküls bei gegebener Lage der unbeweglichen Kerne darstellt.

Wir werden das Studium der Moleküle mit dem einfachsten Typ des *zweiatomigen* Moleküls, das eine vollständige theoretische Untersuchung zuläßt, beginnen. Die Elektronenterme eines zweiatomigen Moleküls sind Funktionen von insgesamt einem Parameter, des Abstandes r der Kerne.

Eines der Hauptprinzipien der Klassifikation der Atomterme war die Einteilung nach den Werten des Gesamtbahndrehimpulses L. Bei den Molekülen gilt aber das Gesetz der Erhaltung des Gesamtbahndrehimpulses der Elektronen nicht mehr allgemein, da das resultierende elektrische Feld einiger Kerne keine Kugelsymmetrie mehr besitzt.

In zweiatomigen Molekülen besitzt das Feld jedoch Axialsymmetrie bezüglich der Achse, die durch beide Kerne geht. Deshalb bleibt hier die Projektion des Bahndrehimpulses auf diese Achse erhalten, und wir können die Elektronenterme des Moleküls nach der Größe dieser Projektion einteilen. Der Betrag der Projektion des Bahndrehimpulses auf die Molekülachse wird mit dem Buchstaben Λ bezeichnet; er durchläuft die Werte 0, 1, 2, ... Die Terme mit verschiedenen Werten Λ kennzeichnet man mit großen griechischen Buchstaben, die den lateinischen Symbolen der Atomterme mit verschiedenen L entsprechen. So spricht man bei $\Lambda = 0, 1, 2$ von Σ-, Π-, Δ-Termen.

Jeder Elektronenzustand des Moleküls wird weiterhin charakterisiert durch den Gesamtspin S aller Elektronen im Molekül. Bei Vernachlässigung aller relativistischen Wechselwirkungen (d. h. der Feinstruktur des Terms, vergleiche § 51) ist ein Term mit dem Spin S bezüglich der Spinrichtung $(2S + 1)$-fach entartet. Die Zahl $2S + 1$ heißt hier wie bei den Atomen *Multiplizität* des Terms und wird als Index an das Termsymbol geschrieben; so kennzeichnet $^3\Pi$ den Term mit $\Lambda = 1$, $S = 1$.

Außer den Rotationen um die Achse mit einem willkürlichen Winkel erlaubt die Symmetrie des Moleküls auch eine Spiegelung an einer beliebigen Ebene, die durch diese Achse geht. Wenn man solch eine Spiegelung ausführt, bleibt natürlich die Energie des Moleküls unverändert. Der dadurch erreichte Zustand wird aber mit dem Ausgangszustand nicht identisch sein; denn bei einer Spiegelung an einer Ebene, in der die Molekülachse liegt, wird das Vorzeichen des Drehmomentes bezüglich dieser Achse geändert.[1]) So erhalten wir das Resultat, daß alle Elektronenterme mit nichtverschwindendem Λ zweifach entartet sind — jedem Energiewert entsprechen zwei Zustände, die sich durch die Richtung der Projektion des Bahndrehimpulses auf die Molekülachse unterscheiden. Was den Fall $\Lambda = 0$ betrifft, so wird bei Spiegelungen der Zustand des Moleküls im allgemeinen nicht geändert, so daß die Σ-Terme nicht entartet sind. Die Wellenfunktion des Σ-Terms kann bei Spiegelungen nur mit einer Konstanten multipliziert werden. Da die doppelte Spiegelung an der gleichen Ebene die identische Transformation ist, ist diese Konstante gleich ± 1. So muß man die Σ-Terme, deren Wellenfunktion sich bei Spiegelungen nicht ändert, und die Terme, deren Wellenfunktion das Vorzeichen wechselt, unterscheiden. Die ersten bezeichnet man als Σ^+ und die zweiten als Σ^-.

Wenn das Molekül aus zwei gleichen Atomen besteht, dann tritt eine neue Symmetrie auf und mit ihr auch eine zusätzliche Charakteristik der Elektronenterme. Das zweiatomige Molekül mit gleichen Kernen besitzt nämlich noch eine Zentralsymmetrie bezüglich des Punktes, der die Verbindungslinie der beiden Kerne halbiert. (Diesen Punkt wählen wir als Koordinatenursprung.) Deshalb ist der HAMILTON-Operator invariant gegenüber der gleichzeitigen Änderung der Vorzeichen aller Elektronenkoordinaten im Molekül (bei ungeänderten Kernkoordinaten). Da der Operator dieser Transformation auch mit dem Operator des Bahndrehimpulses kommutiert, erhalten wir die Möglichkeit, die Terme mit bestimmten Werten Λ auch noch nach ihrer Parität einzuteilen: die Wellenfunktion des *geraden* (g) Zustandes ändert sich bei Umkehrung des Vorzeichens aller Elektronenkoordinaten nicht, bei den *ungeraden* (u) ändert sich das Vorzeichen. Die Indizes u, g, die die Parität anzeigen, schreibt man gewöhnlich unten an das Termsymbol: Π_u, Π_g usw.

Schließlich gehen wir eine empirische Regel an, nach der bei der Mehrheit der chemisch stabilen zweiatomigen Moleküle der normale Elektronenzustand volle Symmetrie besitzt — die Elektronenwellenfunktion ist invariant gegenüber allen Symmetrietransformationen des Moleküls. Wie in § 58 gezeigt werden wird, ist in der Mehrzahl der Fälle im Normalzustand sogar der Gesamt-

[1]) Dazu betrachten wir eine Spiegelung bezüglich der xz-Ebene, wobei die Molekülachse die z-Achse sein soll. Eine solche Transformation ändert nur die Vorzeichen der y-Komponenten der Vektoren $\boldsymbol{r}$ und $\boldsymbol{p}$; die Größe $[\boldsymbol{r}\,\boldsymbol{p}]_z = x\,p_y - y\,p_x$ ändert deshalb ihr Vorzeichen.

spin S gleich Null. Mit anderen Worten, der Grundterm des Moleküls ist ${}^1\Sigma^+$, und wenn das Molekül aus gleichartigen Atomen besteht, so ist er ${}^1\Sigma_g^+$. Bekannte Ausnahmen dieser Regeln sind das Molekül O_2 (Normalzustand ${}^3\Sigma_g^-$) und das Molekül NO (Normalzustand ${}^2\Pi$).

§ 57. Das Überschneiden der Elektronenterme

Die Elektronenterme des zweiatomigen Moleküls sind Funktionen eines Parameters — des Abstandes r zwischen den Kernen. Man kann sie graphisch darstellen, wenn man die Energie als Funktion von r aufträgt. Besonders interessant ist die Frage, ob sich die Kurven, die die verschiedenen Terme darstellen, überschneiden.

Es seien $U_1(r)$ und $U_2(r)$ zwei verschiedene Elektronenterme. Wenn sie sich in irgendeinem Punkt durchkreuzen, dann haben die Funktionen $U_1(r)$ und $U_2(r)$ in der Nähe dieses Punktes fast gleiche Werte. Um zu entscheiden, ob solch ein Durchschneiden auftreten kann, stellt man die Aufgabe auf folgende Weise.

Wir betrachten den Punkt r_0, in dem die beiden Funktionen $U_1(r)$, $U_2(r)$ beinahe gleiche Werte haben (wir bezeichnen sie mit E_1 und E_2), und wollen sehen, ob wir U_1 und U_2 gleichmachen können oder nicht, wenn wir den Punkt um die kleine Größe δr verschieben. Die Energien E_1 und E_2 sind Eigenwerte des Hamilton-Operators $\hat{H}_0$ des Systems der Elektronen im Feld der Kerne, die sich im Abstand r_0 voneinander befinden. Wenn man dem Abstand r_0 den Zuwachs δr gibt, geht der Hamilton-Operator über in $\hat{H}_0 + \hat{V}$, wobei $\hat{V} = \delta r \cdot \frac{\partial \hat{H}_0}{\partial r}$ eine kleine Korrektur ist; die Werte der Funktionen U_1, U_2 im Punkt $r_0 + \delta r$ kann man als Eigenwerte des neuen Hamilton-Operators betrachten. Diese Betrachtungsweise erlaubt, die Werte der Terme $U_1(r)$ und $U_2(r)$ im Punkte $r_0 + \delta r$ mittels der Störungstheorie zu bestimmen, wobei $\hat{V}$ als Störung zum Operator $\hat{H}_0$ betrachtet wird.

Die gewöhnliche Methode der Störungstheorie ist hier aber nicht zu gebrauchen, da die Energieeigenwerte E_1 und E_2 des ungestörten Problems sehr nahe beieinander liegen und ihre Differenz im allgemeinen klein im Vergleich zur Größe der Störung ist (Bedingung (32,9) ist nicht erfüllt). Da wir im Grenzfall verschwindender Differenz $E_2 - E_1$ zum Fall entarteter Eigenwerte kommen, ist es natürlich zu versuchen, auf den Fall eng benachbarter Eigenwerte eine Methode, die der im § 33 entwickelten analog ist, anzuwenden.

Es seien ψ_1 und ψ_2 die Eigenfunktionen des ungestörten Operators $\hat{H}_0$, die entsprechenden Energien seien E_1 und E_2. Als nullte Näherung nehmen wir statt ψ_1 und ψ_2 ihre Linearkombinationen

$$\psi = c_1 \psi_1 + c_2 \psi_2 \,. \tag{57,1}$$

Setzt man diesen Ausdruck in die gestörte Gleichung ein,

$$(\hat{H}_0 + \hat{V})\,\psi = E\,\psi \,, \tag{57,2}$$

so erhalten wir

$$c_1 (E_1 + \hat{V} - E)\,\psi_1 + c_2 (E_2 + \hat{V} - E)\,\psi_2 = 0\,.$$

Multipliziert man diese Gleichung der Reihe nach mit ψ_1^* und ψ_2^* und integriert, so erhält man zwei algebraische Gleichungen

$$c_1 (E_1 + V_{11} - E) + c_2 V_{12} = 0\,,$$
$$c_1 V_{21} + c_2 (E_2 + V_{22} - E) = 0\,,$$

wobei $V_{ik} = \int \psi_i^* \hat{V} \psi_k \, dq$ ist. Wegen der Hermitezität des Operators $\hat{V}$ sind die Größen V_{11} und V_{22} reell und $V_{12} = V_{21}^*$. Die Lösbarkeitsbedingung dieser Gleichungen lautet

$$\begin{vmatrix} E_1 + V_{11} - E & V_{12} \\ V_{21} & E_2 + V_{22} - E \end{vmatrix} = 0\,,$$

woraus durch Auflösung

$$E = \frac{1}{2}(E_1 + E_2 + V_{11} + V_{22}) \pm \sqrt{\frac{1}{4}(E_1 - E_2 + V_{11} - V_{22})^2 + |V_{12}|^2} \qquad (57{,}3)$$

folgt. Durch diese Formel sind die gesuchten Energieeigenwerte in der ersten Näherung bestimmt.

Wenn die Energiewerte beider Terme im Punkt $r_0 + \delta r$ gleich sind (die Terme überschneiden sich), so bedeutet das, daß beide Werte E, die durch die Formel (57,3) bestimmt sind, übereinstimmen. Dazu ist notwendig, daß der Ausdruck unter der Wurzel in (57,3) verschwindet. Da er eine Summe zweier Quadrate ist, erhalten wir als Existenzbedingung für das Überschneiden der Terme die Gleichungen

$$E_1 - E_2 + V_{11} - V_{22} = 0\,, \qquad V_{12} = 0\,. \qquad (57{,}4)$$

In ihnen ist nur ein willkürlicher Parameter enthalten, der die Störung $\hat{V}$ bestimmt — die Verschiebungsgröße δr. Deshalb können die beiden (wir setzen voraus, daß die Funktionen ψ_1, ψ_2 reell gewählt sind; dann ist V_{12} auch reell) Gleichungen (57,4) im allgemeinen nicht gleichzeitig erfüllt werden.

Es kann aber geschehen, daß das Matrixelement V_{12} identisch Null ist; dann bleibt nur eine Gleichung (57,4) übrig, die man durch entsprechende Wahl von δr befriedigen kann. Das geschieht in allen Fällen, wenn die zwei betrachteten Terme verschiedene Symmetrie besitzen. Unter Symmetrie verstehen wir hier alle möglichen Symmetriearten — Drehungen um die Achse, Spiegelungen an Ebenen, Inversionen, aber auch Elektronenvertauschungen. Beim zweiatomigen Molekül betrifft das Terme mit verschiedenen Λ, verschiedener Parität oder Multiplizität und bei Σ-Termen auch Σ^+ und Σ^-.

Zum Beweis dieser Behauptung ist es wichtig, daß der Operator V (wie auch der ganze HAMILTON-Operator) mit allen Symmetrieoperatoren des Moleküls kommutiert — mit dem Operator des Drehimpulses bezüglich der Achse, den Operatoren der Spiegelungen und Inversionen, den Vertauschungsoperatoren der Elektronen. In §§ 18 und 19 wurde gezeigt, daß für eine skalare Größe, deren Operator mit den Drehimpuls- und Inversionsoperatoren kommutiert, nur die Matrixelemente für Übergänge zwischen Zuständen mit gleichem Drehimpuls und gleicher Parität von Null verschieden sind. Dieser Beweis bleibt im wesentlichen auch für den allgemeinen Fall eines beliebigen Symmetrieoperators erhalten.

Auf diese Weise kommen wir zu dem Resultat, daß sich beim zweiatomigen Molekül nur Terme verschiedener Symmetrie durchkreuzen können, das Überschneiden von Termen mit gleicher Symmetrie ist unmöglich (E. Wigner und J. v. Neumann, 1929). Wenn wir im Resultat irgendeiner Näherungsrechnung zwei sich überschneidende Terme gleicher Symmetrie erhalten würden, dann würden sie sich bei der Berechnung der folgenden Näherung als auseinandergerückt erweisen, wie das in Abb. 12 durch die ausgezogenen Linien dargestellt ist.

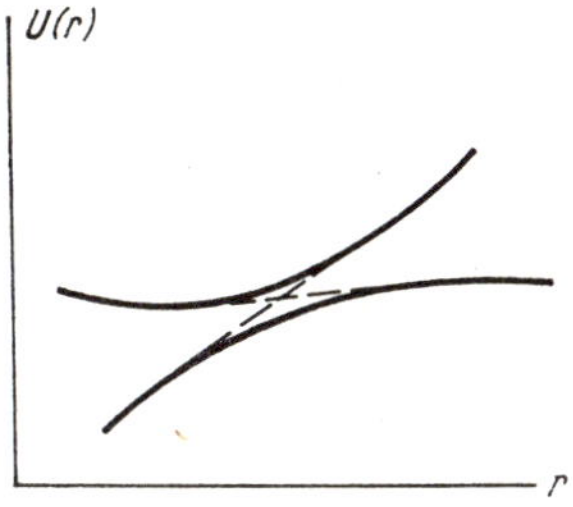

Abb. 12

§ 58. Die Valenz

Die Eigenschaften der Atome, die sich zu einem Molekül vereinigen, werden mit Hilfe des Begriffs der *Valenz* (Wertigkeit) beschrieben. Jedem Atom wird eine bestimmte Valenz zugeschrieben, und bei der Vereinigung der Atome müssen sich ihre Valenzen gegenseitig absättigen, d. h., jeder Valenzbindung eines Atoms muß die Valenzbindung eines anderen Atoms entsprechen. Zum Beispiel sind in dem Molekül CH_4 die vier Valenzen des Kohlenstoffatoms durch die Valenzen der vier einwertigen Wasserstoffatome abgesättigt. Wir gehen zur physikalischen Deutung der Wertigkeit über und beginnen mit dem einfachsten Beispiel — der Verbindung zweier Wasserstoffatome zum Molekül H_2.

Wir betrachten zwei Wasserstoffatome, die sich im Grundzustand (^2S) befinden. Bei ihrer Annäherung kann man ein System erhalten, das sich in den Molekülzuständen $^1\Sigma_g^+$ oder $^3\Sigma_u^+$ befindet. Der Singuletterm entspricht dem antisymmetrischen Spinanteil der Wellenfunktion und der Tripletterm der symmetrischen Funktion. Der Koordinatenanteil der Wellenfunktion ist umgekehrt beim $^1\Sigma$-Term symmetrisch und beim $^3\Sigma$ antisymmetrisch. Es ist klar, daß der Grundterm des Moleküls H_2 nur der Term $^1\Sigma$ sein kann. Die antisymmetrische Wellenfunktion $\varphi(\boldsymbol{r}_1, \boldsymbol{r}_2)$ ($\boldsymbol{r}_1, \boldsymbol{r}_2$ sind die Radiusvektoren beider Elektronen) besitzt wirklich in jedem Fall Knoten (sie verschwindet bei $\boldsymbol{r}_1 = \boldsymbol{r}_2$), und deshalb kann sie nicht zum niedrigsten Zustand des Systems gehören.

Die numerische Rechnung zeigt, daß der Elektronenterm $^1\Sigma$ wirklich ein tiefes Minimum annimmt, das der Bildung eines stabilen Moleküls H_2 entspricht. Im Zustand $^3\Sigma$ fällt die Energie $U(r)$ monoton mit wachsendem Abstand der Kerne, was der gegenseitigen Abstoßung der beiden H-Atome entspricht (Abb. 13).[1]

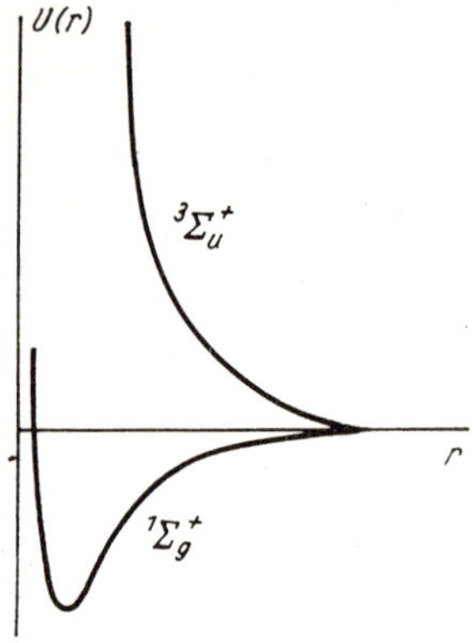

Abb. 13

So ist der Gesamtspin des Wasserstoffmoleküls im Grundzustand gleich Null, $S = 0$. Es zeigt sich, daß die Moleküle praktisch aller chemisch stabilen Verbindungen der Elemente der Hauptgruppen diese Eigenschaft besitzen. Unter den anorganischen Molekülen stellen die zweiatomigen Moleküle O_2 (Grundzustand $^3\Sigma$) und NO (Grundzustand $^2\Pi$) und die dreiatomigen Moleküle NO_2, ClO_2 Ausnahmen dar (Gesamtspin $S = 1/2$). Die Elemente der Übergangsgruppen besitzen besondere Eigenschaften, über die später diskutiert wird, nachdem wir die Valenzeigenschaften der Elemente der Hauptgruppen studiert haben.

Die Fähigkeit der Atome, sich miteinander zu verbinden, ist auf diese Weise mit ihren Spins verknüpft (W. HEITLER und F. LONDON, 1927). Die Verbindung geschieht so, daß sich die Spins der Atome kompensieren. Als qualitativen Ausdruck der Fähigkeit der Atome sich zu verbinden, benutzt man ganze Zahlen — die doppelten Spins der Atome. Diese Zahl fällt mit der che-

[1]) Wir sehen hier von den VAN DER WAALSschen Anziehungskräften zwischen den Atomen ab (siehe § 61). Die Existenz dieser Kräfte bedeutet, daß (bei größeren Abständen) die Kurve $U(r)$ des Terms $^3\Sigma$ auch ein Minimum besitzt. Dieses Minimum ist jedoch im Vergleich zu dem Minimum der $^1\Sigma$-Kurve sehr flach und wäre entsprechend dem in Abb. 13 verwendeten Maßstab überhaupt nicht zu bemerken.

mischen Wertigkeit (Valenz) der Atome zusammen. Dabei muß man aber beachten, daß ein und dasselbe Atom verschiedene Wertigkeiten besitzen kann in Abhängigkeit davon, in welchem Zustand es sich befindet.

Wir betrachten von diesem Gesichtspunkt aus die Elemente der Hauptgruppen des Periodensystems. Die Elemente der ersten Gruppe (erste Spalte in Tabelle 1 auf Seite 156, die Gruppe der Alkalimetalle) besitzen im Normalzustand den Spin $S = 1/2$, und demgemäß ist ihre Wertigkeit gleich Eins. Den angeregten Zustand mit größerem Spin kann man nur durch Anregung eines Elektrons aus einer vollen Schale erhalten. Deshalb sind diese Zustände so hoch, daß das angeregte Atom kein stabiles Molekül bilden kann.

Die Atome der Elemente der zweiten Gruppe (zweite Spalte in Tabelle 1, die Gruppe der Erdalkalimetalle) besitzen im Normalzustand den Spin $S = 0$. Deshalb können diese Atome im Normalzustand keine chemische Verbindung eingehen. Aber verhältnismäßig nahe zum Grundzustand liegt der angeregte Zustand, der in der Valenzschale die Konfiguration $s\,p$ statt s^2 und den Gesamtspin $S = 1$ besitzt. Die Wertigkeit der Atome in diesem Zustand ist gleich 2; das ist auch die Hauptwertigkeit der Elemente der zweiten Gruppe.

Die Elemente der dritten Gruppe besitzen im Normalzustand die Elektronenkonfiguration $s^2\,p$ mit dem Spin 1/2. Aber durch Anregung eines Elektrons aus der gefüllten s-Schale erhält man einen angeregten Zustand mit der Konfiguration $s\,p^2$ und dem Spin $= 3/2$, der dem Grundzustand eng benachbart ist. Dementsprechend verhalten sich die Elemente dieser Gruppe sowohl ein- als auch dreiwertig. Dabei verhalten sich die ersten Elemente dieser Gruppe (B, Al) nur dreiwertig. Die Neigung zur Wertigkeit 1 wächst mit dem Ansteigen der Atomgewichte, und Tl verhält sich im gleichen Maße wie ein ein- und dreiwertiges Element (z. B. in den Verbindungen TlCl und $TlCl_3$). Das hängt damit zusammen, daß bei den ersten Elementen der Gruppe der energetische Vorteil großer Bindungsenergie in den Verbindungen des dreiwertigen Elements (im Vergleich zu den Verbindungen des einwertigen Elementes) die Anregungsenergie des Atoms übersteigt.

Bei den Elementen der vierten Gruppe hat der Grundzustand die Konfiguration $s^2\,p^2$ mit dem Spin 1, aber dicht bei ihm liegt der angeregte Zustand mit der Konfiguration $s\,p^3$ und dem Spin 2. Diesen Zuständen entsprechen die Wertigkeiten 2 und 4. Wie bei der dritten Gruppe zeigen die ersten Elemente der vierten Gruppe (C, Si) im allgemeinen die höhere Wertigkeit (eine Ausnahme zeigt sich z. B. in der Verbindung CO), aber die Neigung zu niedriger Valenz wächst mit steigendem Atomgewicht.

Bei den Elementen der fünften Gruppe besitzt der Grundzustand die Konfiguration $s^2\,p^3$ mit dem Spin 3/2, so daß die entsprechende Wertigkeit 3 ist. Den angeregten Zustand mit größerem Spin erhält man nur durch den Übergang eines der Elektronen in die Schale mit dem folgenden Wert der Hauptquantenzahl. Der am engsten benachbarte Zustand hat die Konfiguration $s\,p^3\,s'$ und den Spin $S = 5/2$ (durch s' kennzeichnen wir hier den s-Zustand des Elektrons mit einer Hauptquantenzahl, die um Eins größer als im Zustand s

ist). Obgleich die Anregungsenergie dieses Zustandes verhältnismäßig groß ist, kann das angeregte Atom eine stabile Verbindung bilden. Demgemäß verhalten sich die Elemente der fünften Gruppe drei- und fünfwertig (so ist der Stickstoff in NH_3 dreiwertig und in HNO_3 fünfwertig).

In der sechsten Gruppe der Elemente ist der Spin im Grundzustand (Konfiguration $s^2\,p^4$) gleich 1, so daß das Atom zweiwertig ist. Die Anregung eines der p-Elektronen führt zum Zustand $s^2\,p^3\,s'$ mit dem Spin 2, und die zusätzliche Anregung eines s-Elektrons führt zum Zustand $s\,p^3\,s'\,p'$ mit dem Spin 3. In beiden angeregten Zuständen kann das Atom stabile Moleküle bilden mit den entsprechenden Wertigkeiten 4 und 6. Dabei zeigt das erste Element der sechsten Gruppe (Sauerstoff) nur die Wertigkeit 2, aber die folgenden Elemente der Gruppe zeigen auch höhere Wertigkeiten (so ist Schwefel in H_2S, SO_2, SO_3 zwei-, vier- bzw. sechswertig).

In der siebenten Gruppe (Gruppe der Halogene) sind die Atome im Grundzustand (Konfiguration $s^2\,p^5$, Spin 1/2) einwertig. Sie können jedoch auch in angeregten Zuständen mit den Konfigurationen $s^2\,p^4\,s'$, $s^2\,p^3\,s'\,p'$, $s\,p^3\,s'\,p'^2$ und den entsprechenden Spins 3/2, 5/2, 7/2 an stabilen Verbindungen teilnehmen, die Wertigkeit ist dann 3, 5, 7. Das erste Element der Gruppe (F) ist dabei immer einwertig, aber die folgenden Elemente zeigen auch höhere Wertigkeiten (so ist Chlor in HCl, $HClO_2$, $HClO_3$, $HClO_4$ ein-, drei-, fünf- bzw. siebenwertig). Schließlich besitzen die Atome der Gruppe der Edelgase im Grundzustand vollständig besetzte Schalen (so daß der Spin $S = 0$ ist), und ihre Anregungsenergie ist groß. Demgemäß ist die Valenz Null, und diese Elemente sind chemisch inaktiv.

Bei der Vereinigung der Atome zum Molekül verändern sich die vollen Elektronenschalen der Atome wenig. Die Verteilung der Elektronendichte in den nicht vollbesetzten Schalen kann sich wesentlich ändern. In den am deutlichsten ausgeprägten Fällen, der sogenannten *heteropolaren Bindung*, gehen alle Valenzelektronen von einem Atom zum anderen über, so daß man sagen kann, daß das Molekül aus Ionen mit einer Ladung, die gleich ihrer Wertigkeit (in Einheiten von e) ist, besteht. Die Elemente der ersten Gruppe sind elektropositiv — in heteropolaren Verbindungen geben sie ein Elektron ab und bilden positive Ionen. Beim Übergang zu den folgenden Gruppen fällt die Elektropositivität schrittweise ab und geht zur Elektronegativität über, die bei den Elementen der siebenten Gruppe am deutlichsten ist. Zu der heteropolaren Bindung muß man jedoch folgende Bemerkung machen.

Wenn das Molekül heteropolar ist, so braucht das nicht zu bedeuten, daß wir bei der Trennung der Atome unbedingt zwei Ionen erhalten. Aus dem Molekül KCl würden wir wirklich die Ionen K^+ und Cl^- erhalten, aber das Molekül NaCl gibt im Grenzfall die neutralen Atome Na und Cl (da die Affinität des Chlors zum Elektron stärker als das Ionisationspotential des Kaliums, aber schwächer als das Ionisationspotential des Natriums ist).

Im entgegengesetzten Grenzfall, der sogenannten *homöopolaren Bindung*, bleiben die Atome im Molekül im Mittel neutral. Die homöopolaren Moleküle besitzen im Gegensatz zu den heteropolaren kein merkliches Dipolmoment. Der Unterschied zwischen den hetero- und homöopolaren Bindungstypen ist rein quantitativ, und es können alle Übergangsfälle auftreten.

Wir gehen nun zu den Elementen der Nebengruppen über. Die Elemente der Gruppen des Palladiums und Platins unterscheiden sich nach dem Charakter ihrer Valenzeigenschaften wenig von den Elementen der Hauptgruppen. Der Unterschied besteht darin, daß sie wegen der verhältnismäßig tiefen Lage der d-Elektronen im Atom mit den anderen Atomen im Molekül schwächer wechselwirken. Dadurch trifft man unter den Verbindungen dieser Elemente relativ oft „ungesättigte" Verbindungen mit Molekülen, die einen von Null verschiedenen Spin haben (der praktisch 1/2 nicht übersteigt). Jedes dieser Elemente kann verschiedene Wertigkeiten zeigen, wobei diese sich nur um eine Einheit unterscheiden können, aber nicht um zwei, wie bei den Elementen der Hauptgruppen (wo die Änderung der Wertigkeit mit der Anregung eines beliebigen Elektrons mit kompensiertem Spin zusammenhing, dadurch wurden gleichzeitig die Spins eines Elektronenpaares frei).

Die Elemente der Gruppe der Seltenen Erden werden charakterisiert durch nicht vollständig besetzte f-Schalen. Die f-Elektronen liegen weitaus tiefer als die d-Elektronen und sind deshalb nicht an der Valenz beteiligt. So ist die Wertigkeit der Elemente der Seltenen Erden nur durch die s- und p-Elektronen der unvollständig besetzten Schalen bestimmt.[1]) Man muß aber bedenken, daß bei der Anregung des Atoms die f-Elektronen in s- oder p-Zustände übergehen können und so die Wertigkeit um Eins vergrößern können. Deshalb zeigen auch die Elemente der Seltenen Erden um Eins verschiedene Wertigkeiten (praktisch sind sie drei- und vierwertig).

Die Elemente der Eisengruppe nehmen nach ihren Valenzeigenschaften eine Zwischenstellung zwischen den Elementen der Seltenen Erden und denen der Palladium- und Platingruppe ein. In ihren Atomen liegen die d-Elektronen verhältnismäßig tief und nehmen in einer ganzen Reihe von Verbindungen nicht an der Valenzbindung teil. In diesen Verbindungen verhalten sich folglich die Elemente der Eisengruppe ähnlich wie die der Seltenen Erden. Hierzu gehören die Verbindungen des Ionentyps (z. B. $FeCl_2$, $FeCl_3$), in die das Metallatom als einfaches Kation eingeht. Ähnlich den Elementen der Seltenen Erden können die Elemente der Eisengruppe in diesen Verbindungen verschiedene Wertigkeiten haben.

Ein anderer Verbindungstyp der Elemente der Eisengruppe sind die sogenannten *Komplex*-Verbindungen. Sie werden dadurch charakterisiert, daß das Atom des Nebengruppenelementes in das Molekül nicht als einfaches Ion eingeht, sondern einen Teil eines komplizierten, komplexen Ions bildet (z. B. das Ion MnO_4^- in $KMnO_4$, das Ion $Fe(CN)_6^{----}$ in $K_4Fe(CN_6)$). In diesen Komplexionen sind die Atome enger aneinander gelagert als in einfachen Ionen-

[1]) Die d-Elektronen, die sich in den nicht vollbesetzten Schalen der Atome einiger Seltener Erden befinden, sind unwesentlich, da diese Atome praktisch immer in solchen angeregten Zuständen Verbindungen eingehen, in denen es keine d-Elektronen gibt.

verbindungen, und die d-Elektronen in ihnen nehmen an der Valenzbindung teil. Demnach verhalten sich die Elemente der Eisengruppe in den Komplexverbindungen wie die Elemente der Palladium- und Platingruppe.

Schließlich muß noch darauf hingewiesen werden, daß sich die Elemente Cu, Ag und Au, die von uns in § 52 zu den Hauptgruppen gezählt wurden, in einer Reihe von Verbindungen wie Nebengruppenelemente verhalten. Diese Elemente können wegen des Übergangs von Elektronen aus der d-Schale in die energetisch benachbarte p-Schale, z. B. bei Cu aus $3\,d$ in $4\,p$, eine Wertigkeit größer als Eins aufweisen. In diesen Verbindungen haben die Atome eine nicht vollbesetzte d-Schale und verhalten sich deshalb wie Nebengruppenelemente (Cu wie ein Element der Eisengruppe und Ag und Au wie Elemente der Pd- und Pt-Gruppe).

§ 59. Die Schwingungs- und die Rotationsstruktur der Terme eines zweiatomigen Moleküls

Wie schon am Anfang dieses Kapitels bemerkt wurde, gibt der große Massenunterschied zwischen Kern und Elektron die Möglichkeit, die Bestimmung der Energieniveaus eines Moleküls in zwei Etappen durchzuführen. Zuerst werden die Energieniveaus des Elektronensystems bei unbeweglichen Kernen als Funktionen der Abstände zwischen den letzteren bestimmt (Elektronenterme). Danach kann man die Bewegung der Kerne bei gegebenen Elektronenzuständen betrachten; das führt dazu, daß die Kerne als Teilchen betrachtet werden müssen, die miteinander nach dem Gesetz $U_n(r)$ wechselwirken, wobei U_n der entsprechende Elektronenterm ist. Die Bewegung des Moleküls setzt sich zusammen aus seiner Translation als Ganzes und der Bewegung der Kerne relativ zum Schwerpunkt. Die Translation ist nicht wesentlich, und wir können den Schwerpunkt als fest annehmen.

Der Bequemlichkeit halber betrachten wir zuerst die Elektronenterme, in denen der Gesamtspin S des Moleküls verschwindet (Singuletterme). Schon dieser einfachste Fall erfaßt alle grundlegenden qualitativen Züge der Energieniveausstruktur zweiatomiger Moleküle.

Das Problem der Relativbewegung zweier Teilchen (Kerne), die über das Potential $U(r)$ in Wechselwirkung stehen, führt, wie wir wissen, zur Bestimmung der Bewegung eines Teilchens mit der Masse M (reduzierte Masse beider Teilchen) in dem kugelsymmetrischen Feld $U(r)$. Diese Bestimmung der Bewegung im kugelsymmetrischen Feld $U(r)$ führt ihrerseits auf das Problem einer eindimensionalen Bewegung in einem Feld mit einer effektiven Energie, die gleich der Summe von $U(r)$ und der Zentrifugalenergie ist (siehe § 29).

Für den Fall Spin gleich Null setzt sich der Gesamtdrehimpuls eines Moleküls $\boldsymbol{J}$ aus dem Bahndrehimpuls der Elektronen $\boldsymbol{L}$ und dem Drehimpuls für die Rotation der Kerne zusammen; dem letzteren entspricht folglich der Operator $\hat{\boldsymbol{J}} - \hat{\boldsymbol{L}}$, und der Operator für die Rotationsenergie ist

$$\frac{\hbar^2}{2\,M\,r^2}\,(\hat{\boldsymbol{J}} - \hat{\boldsymbol{L}})^2\,.$$

Die effektive potentielle Energie bestimmt sich als

$$U_J(r) = U(r) + \frac{\hbar^2}{2\,M\,r^2}\overline{(\boldsymbol{J} - \boldsymbol{L})^2}\,, \tag{59,1}$$

wobei die Mittelung über den Molekülzustand bei festem Wert r geschieht.

Führen wir nun die Mittelung für einen Zustand aus, in dem das Molekül definierte Werte des Gesamtdrehimpulsquadrates $\boldsymbol{J}^2 = J\,(J+1)$ und der Drehimpulsprojektion der Elektronen bezüglich der Molekülachse (z-Achse) besitzt: $L_z = \Lambda$. Durch Auflösen der Klammer in (59,1) haben wir

$$U_J(r) = U(r) + \frac{\hbar^2}{2\,M\,r^2}\,J\,(J+1) - \frac{\hbar^2}{M\,r^2}\overline{\boldsymbol{L}}\,\boldsymbol{J} + \frac{\hbar^2}{2\,M\,r^2}\overline{\boldsymbol{L}^2}\,. \tag{59,2}$$

Das letzte Glied hängt nur vom Elektronenzustand ab und enthält insgesamt die Quantenzahl J nicht; dieses Glied kann man einfach in die potentielle Energie $U(r)$ einbeziehen. Wir zeigen, daß dies auch auf das vorletzte Glied zutrifft.

Dazu erinnern wir daran, daß, wenn die Drehimpulsprojektion bezüglich irgendeiner Achse einen definierten Wert besitzt, auch der Mittelwert des gesamten Drehimpulsvektors entlang eben dieser Achse gerichtet ist (siehe die Bemerkung am Ende von § 15). Bezeichnen wir mit $\boldsymbol{n}$ den Einheitsvektor in z-Richtung, dann haben wir demzufolge $\overline{\boldsymbol{L}} = \Lambda\,\boldsymbol{n}$. Weiterhin ist in der klassischen Mechanik der Drehimpuls für die Rotation eines Systems aus zwei Teilchen (Kernen) gleich $[\boldsymbol{r}\,\boldsymbol{p}]$, worin $\boldsymbol{r} = r\,\boldsymbol{n}$ der Radiusvektor zwischen beiden Teilchen und $\boldsymbol{p}$ der Impuls ihrer relativen Bewegung sind; letztere Größe steht senkrecht auf der Richtung $\boldsymbol{n}$. In der Quantenmechanik liegt genau der gleiche Sachverhalt in bezug auf den Drehimpulsoperator für die Rotation der Kerne vor: $(\hat{\boldsymbol{J}} - \hat{\boldsymbol{L}})\,\boldsymbol{n} = 0$ oder $\hat{\boldsymbol{J}}\,\boldsymbol{n} = \hat{\boldsymbol{L}}\,\boldsymbol{n}$. Schließlich folgt aus der Gleichheit der Operatoren auch die Gleichheit ihrer Eigenwerte, und da $\boldsymbol{n}\,\boldsymbol{L} = L_z = \Lambda$ gilt, folgt

$$J_z = \Lambda\,. \tag{59,3}$$

Demzufolge haben wir im vorletzten Glied von (59,2) für die Größe $\overline{\boldsymbol{L}}\,\boldsymbol{J} = \boldsymbol{n}\boldsymbol{J}\,\Lambda = \Lambda^2$, d. h., sie hängt nicht von J ab. Durch Neudefinition der Funktion $U(r)$ kann man schließlich die effektive potentielle Energie in folgender Form schreiben:

$$U_J(r) = U(r) + \frac{\hbar^2}{2\,M\,r^2}\,J\,(J+1)\,. \tag{59,4}$$

Lösen wir die eindimensionale Schrödinger-Gleichung mit dieser potentiellen Energie, so erhalten wir eine Serie von Energieniveaus. Wir verabreden, diese Niveaus (für jedes gegebene J) in der Reihenfolge ihres Anwachsens durch den

Index v zu numerieren, der die Werte $v = 0, 1, 2, \ldots$ durchläuft; $v = 0$ entspricht dem niedrigsten Niveau. Auf diese Weise führt die Kernbewegung zu einer Aufspaltung jedes Elektronenterms in eine Reihe von Niveaus, die durch die Werte der zwei Quantenzahlen J und v charakterisiert werden.

Die Abhängigkeit der Energieniveaus von den Quantenzahlen kann im allgemeinen Fall nicht vollständig berechnet werden. Diese Berechnung ist nur für relativ schwach angeregte Niveaus möglich, die nur wenig über dem Grundzustand liegen. Diesen Niveaus entsprechen kleine Werte der Quantenzahlen J und v. Mit eben diesen Niveaus hat man es gewöhnlich bei der Untersuchung von Molekülspektren zu tun, und deshalb sind sie besonders interessant.

Die Bewegung der Kerne in den schwach angeregten Zuständen kann man charakterisieren als kleine Schwingungen um die Gleichgewichtslage. Dementsprechend müssen wir $U(r)$ in eine Reihe nach Potenzen der Differenz $\xi = r - r_e$ entwickeln, wobei r_e der Wert von r ist, bei dem $U(r)$ ein Minimum hat. Da $U'(r_e) = 0$ ist, haben wir mit einer Genauigkeit bis zu den Gliedern zweiter Ordnung

$$U(r) = U_e + \frac{M\,\omega^2}{2}\,\xi^2\,,$$

wobei $U_e = U(r_e)$ und $\omega = \sqrt{U''(r_e)/M}$ die Schwingungsfrequenz ist (siehe I § 17). Im zweiten Glied in (59,4) — der Zentrifugalenergie — genügt es, $r = r_e$ zu setzen. Deshalb gilt

$$U_J(r) = U_e + B\,J\,(J+1) + \frac{M\,\omega^2}{2}\,\xi^2\,, \tag{59,5}$$

wobei $B = \hbar^2/2\,M\,r_e^2 = \hbar^2/2\,I$ die sogenannte *Rotationskonstante* ist ($I = M\,r_e^2$ ist das Trägheitsmoment des Moleküls).

Die ersten zwei Glieder in (59,5) sind Konstanten, und das dritte entspricht einem eindimensionalen harmonischen Oszillator. Deshalb können wir für die gesuchten Energieniveaus sofort

$$E = U_e + B\,J\,(J+1) + \hbar\,\omega\left(v + \frac{1}{2}\right) \tag{59,6}$$

schreiben.

Auf diese Weise setzen sich in der betrachteten Näherung die Energieniveaus aus drei unabhängigen Teilen zusammen:

$$E = E^{el} + E^r + E^v\,. \tag{59,7}$$

Hier ist $E^{el} = U_e$ die Elektronenenergie (einschließlich der Energie der COULOMBschen Wechselwirkung der Kerne);

$$E^r = B\,J\,(J+1) \tag{59,8}$$

ist die *Rotationsenergie*, die mit der Drehung des Moleküls zusammenhängt[1]). Wir bemerken, daß gemäß (59,3) die Quantenzahl J nur die Werte

$$J = \Lambda,\ \Lambda + 1,\ \Lambda + 2, \ldots \tag{59,9}$$

[1]) Ein rotierendes System aus zwei fest miteinander verbundenen Teilchen nennt man oft einen *Rotator*. Die Formel (59,8) bestimmt die quantenmechanischen Energieniveaus des Rotators.

durchlaufen kann, da die Projektion des Drehimpulses seine Größe J nicht überschreiten kann. Das dritte Glied schließlich in (59,7),

$$E^v = \hbar\,\omega\,(v + 1/2), \tag{50,10}$$

ist die Energie der Kernschwingungen innerhalb des Moleküls. Die Zahl v numeriert, in Übereinstimmung mit der gewählten Definition, die Niveaus mit gegebenem J in wachsender Reihenfolge; diese Zahl nennt man die *Schwingungs-* (oder Vibrations-) Quantenzahl.

Bei der gegebenen Form der Kurve der potentiellen Energie $U(r)$ ist die Frequenz ω umgekehrt proportional zu $\sqrt{M}$. Daher sind auch die Intervalle ΔE^v zwischen den Schwingungsniveaus proportional zu $1/\sqrt{M}$. Die Intervalle ΔE^r zwischen den Rotationsniveaus enthalten im Nenner das Trägheitsmoment I, d. h., sie sind proportional zu $1/M$. Die Intervalle ΔE^{el} zwischen den Elektronenniveaus, wie auch diese Niveaus selbst, enthalten M nicht. Da m/M (m ist die Elektronenmasse) in der Theorie der zweiatomigen Moleküle ein kleiner Parameter ist, sehen wir, daß

$$\Delta E^{el} \gg \Delta E^v \gg \Delta E^r \tag{59,11}$$

gilt. Diese Ungleichungen spiegeln den spezifischen Charakter der Gruppierung von Molekülniveaus wider. Die Schwingungen der Kerne spalten die Elektronenterme in relativ dicht beieinander liegende Niveaus auf. Diese Niveaus erleiden ihrerseits nochmals eine Feinaufspaltung unter dem Einfluß der Molekülrotation.

Als Beispiel geben wir hier die Werte U_e, $\hbar\,\omega$ und B (in eV) für einige Moleküle an:

	H_2	N_2	O_2
$-U_e$	4,7	7,5	5,2
$\hbar\,\omega$	0,54	0,29	0,20
$10^3\,B$	7,6	0,25	0,18

§ 60. Para- und Orthowasserstoff

In § 56 untersuchten wir schon einige Symmetrieeigenschaften von Zuständen eines zweiatomigen Moleküls. Diese Eigenschaften bezogen sich auf Elektronenterme, d. h., sie charakterisierten das Verhalten der Wellenfunktion der Elektronen bei Transformationen, die die Kernkoordinaten nicht berühren. Indem auch die Kernbewegungen (Rotation und Schwingungen) für das Verständnis eines Molekülzustandes herangezogen werden, ergeben sich auch neue Symmetrieeigenschaften, die sich nunmehr auf das Molekül als Ganzes beziehen. Wir wollen hier bei einer interessanten Erscheinung verweilen, welche mit der

Symmetrie von Zuständen zweiatomiger Moleküle zusammenhängt, die aus gleichartigen Atomen bestehen (es versteht sich, daß es sich dabei nicht nur um Atome ein und desselben Elements, sondern auch ein und desselben Isotops handelt, so daß beide Kerne identisch sind).

Um konkret zu sein, beschränken wir uns auf den Elektronengrundzustand ($^1\Sigma_g^+$-Singulett) des Wasserstoffmoleküls.

Der HAMILTON-Operator eines aus zwei gleichartigen Atomen bestehenden Moleküls ist invariant bezüglich einer Vertauschung der Kerne. Im Zusammenhang damit ergibt sich eine neue Symmetrieeigenschaft der Zustände: Die Wellenfunktion des Moleküls kann symmetrisch oder antisymmetrisch im Hinblick auf die Vorzeichenänderung des von dem einen zum anderen Kern gerichteten Radiusvektors $\boldsymbol{r}$ sein.

Die Wellenfunktion des Moleküls ist ein Produkt aus Elektronen- und Kernwellenfunktion. Gemäß § 59 stimmt letztere mit der Wellenfunktion für die Bewegung eines Teilchens mit dem Bahndrehimpuls J im zentralsymmetrischen Feld $U(r)$ überein. Unter diesem Gesichtspunkt stellt die Transformation $\boldsymbol{r} \to -\boldsymbol{r}$ eine Koordinateninversion bezüglich des Feldzentrums dar, und entsprechend (19,5) führt eine solche Transformation zur Multiplikation der Wellenfunktion mit dem Faktor $(-1)^J$. Die Elektronenwellenfunktion hängt auch von den Kernkoordinaten in Form von Parametern ab. Für den Elektronengrundzustand ist diese Funktion bezüglich einer Kernvertauschung symmetrisch.[1]) Deshalb bestimmt der Faktor $(-1)^J$ die Symmetrie oder Antisymmetrie nicht nur des Kernanteils sondern auch der gesamten Wellenfunktion des Moleküls als Ganzem.

In § 46 wurde ein allgemeines Theorem aufgestellt, welches besagt, daß für ein System aus zwei gleichartigen Teilchen vom Spin $i = 1/2$ symmetrische (bezüglich der Teilchenkoordinaten) Zustände nur bei verschwindendem Gesamtspin I der Teilchen und antisymmetrische Zustände nur im Falle $I = 1$ existieren können. Wenden wir nun diese Regel auf die zwei Kerne des Wasserstoffmoleküls an (Protonen mit dem Spin 1/2). Wir gelangen dann zu dem Ergebnis, daß für parallele Kernspins ($I = 1$) das Molekül in seinem Elektronengrundzustand nur ungeradzahlige Werte des Drehimpulses J und für antiparallele Kernspins ($I = 0$) nur geradzahlige J besitzen kann. Dies ist ein bemerkenswertes Beispiel für den quantenmechanischen Austauscheffekt: Die Kernspins üben einen starken indirekten Einfluß auf die Molekülterme aus, obwohl ihr direkter Einfluß auf die Größe der Energie (Hyperfeinstruktur der Terme) im Vergleich dazu gering ist.

[1]) Diese Eigenschaft entspricht der in § 56 angegebenen allgemeinen, empirischen Regel, nach der die Mehrzahl zweiatomiger Moleküle einen Elektronengrundzustand mit voller Symmetrie besitzt. Darüber hinaus kann man direkt zeigen, daß die Symmetrie bezüglich einer Kernvertauschung aus anderen Eigenschaften des Zustandes $^1\Sigma_g^+$ folgt und zwar aus dem Symmetrien in bezug auf die Spiegelung an einer durch die Molekülachse gehenden Ebene und in bezug auf eine Vorzeichenumkehr aller Elektronenkoordinaten bei unveränderten Kernkoordinaten.

Auf Grund der außerordentlichen Kleinheit der magnetischen Momente der Protonen und desweiteren wegen der Kleinheit der Wechselwirkung ihrer Spins mit den Elektronen im Molekül ist die Wahrscheinlichkeit für eine Änderung von I sogar im Falle von Molekülstößen sehr gering. Deshalb verhalten sich Moleküle mit $I = 1$ und $I = 0$ praktisch wie verschiedene Modifikationen einer Verbindung; sie werden in der angegebenen Reihenfolge als *Ortho-* und *Parawasserstoffmoleküle* bezeichnet.

Der Grundzustand des Parawasserstoffmoleküls entspricht der Drehimpulsquantenzahl $J = 0$. Im Falle des Orthowasserstoffmoleküls, für das nur ungeradzahlige Werte von J möglich sind, stellt das Niveau mit $J = 1$ den Grundzustand dar, der höher als der Grundzustand von Parawasserstoff gelegen ist.

§ 61. VAN DER WAALS-Kräfte

Wir betrachten zwei Atome in S-Zuständen, die sich in großen Abständen (im Vergleich zu ihren Ausmaßen) voneinander befinden und bestimmen ihre Wechselwirkungsenergie. Mit anderen Worten, es soll die Gestalt der Elektronenterme $U_n(r)$ bei großen Kernabständen bestimmt werden.

Um diese Aufgabe zu lösen, wenden wir die Störungstheorie an und betrachten die zwei isolierten Atome als ungestörtes System und die potentielle Energie ihrer elektrischen Wechselwirkung als Störoperator. Wie aus der Elektrostatik (siehe I § 64) bekannt ist, kann man die elektrische Wechselwirkung zweier im Abstand r voneinander befindlichen Ladungssysteme nach Potenzen von $1/r$ entwickeln, wobei die aufeinanderfolgenden Glieder dieser Entwicklung der Wechselwirkung der Gesamtladungen, der Dipol-, Quadrupolmomente usw. der beiden Systeme entsprechen. Bei neutralen Atomen ist die Gesamtladung Null. Die Entwicklung beginnt hier mit der Dipol–Dipol-Wechselwirkung ($\sim 1/r^3$); nach ihr folgen die Dipol–Quadrupol-Glieder ($\sim 1/r^4$), die Quadrupol–Quadrupol (und die Dipol–Oktupol-) Glieder ($\sim 1/r^5$) usw.

Stellen wir uns zunächst vor, beide Atome befinden sich in S-Zuständen. Es ist leicht zu sehen, daß sich in der ersten störungstheoretischen Näherung kein Effekt aus der Wechselwirkung der Atome ergibt. In der Tat bestimmt sich die Wechselwirkungsenergie in erster Näherung als Diagonalmatrixelement des Störoperators, das bezüglich der ungestörten Wellenfunktionen des Systems berechnet wird (diese drücken sich ihrerseits durch Produkte von Wellenfunktionen der beiden Atome aus). Nun sind jedoch für S-Zustände die Diagonalmatrixelemente, d. h. die Mittelwerte der Dipol-, Quadrupol- usw. Momente gleich Null, wie dies unmittelbar aus der Kugelsymmetrie für die Verteilung der mittleren Ladungsdichte in den Atomen folgt.

In der zweiten Näherung genügt es, wenn man sich auf die Dipolwechselwirkung im Störoperator beschränkt, da sie am langsamsten mit wachsendem

r abnimmt, d. h. auf das Glied

$$V = \frac{-\boldsymbol{d}_1 \boldsymbol{d}_2 + 3(\boldsymbol{d}_1 \boldsymbol{n})(\boldsymbol{d}_2 \boldsymbol{n})}{r^3} \tag{61,1}$$

($\boldsymbol{n}$ ist der Einheitsvektor in der die beiden Atome verbindenden Richtung). Da die Nichtdiagonalelemente des Dipolmoments im allgemeinen nicht verschwinden, erhalten wir in der zweiten Näherung der Störungstheorie ein von Null verschiedenes Ergebnis, das proportional zu $1/r^6$ ist, weil es quadratisch in V war. Die Korrektur zweiter Ordnung zum tiefsten Eigenwert ist, wie wir wissen, immer negativ (§ 32). Deshalb erhalten wir für die Wechselwirkungsenergie der Atome im Normalzustand einen Ausdruck der Form

$$U(r) = -\frac{\text{const}}{r^6}, \tag{61,2}$$

wobei const eine positive Konstante ist (F. London, 1928).

Zwei Atome in normalen S-Zuständen, die sich in großen Abständen voneinander befinden, ziehen sich so mit einer Kraft ($-\,\mathrm{d}U/\mathrm{d}r$) an, die der siebenten Potenz des Abstandes umgekehrt proportional ist. Die Anziehungskräfte zwischen den Atomen bei großen Abständen werden gewöhnlich van der Waals-*Kräfte* genannt. Diese Kräfte führen zu Mulden auch auf den Kurven der potentiellen Energie der Elektronenterme der Atome, die keine stabilen Moleküle bilden. Die Mulden sind jedoch sehr flach (ihre Tiefe beträgt nur Zehntel oder Hundertstel eV), und sie liegen bei Abständen, die einigemal größer als die zwischenatomaren Abstände in stabilen Molekülen sind.

Die Wichtigkeit von Formel (61,2) hängt darüber hinaus damit zusammen, daß einem derartigen Gesetz die Wechselwirkungskräfte auch für solche weitentfernte Atome genügen, die sich in beliebigen (nicht unbedingt S-) Zuständen befinden, wenn nur diese Wechselwirkung über alle möglichen Orientierungen der Atome gemittelt wird; gerade dieser Fragestellung entspricht z. B. das Problem der Wechselwirkung von Atomen in einem Gas[1]).

Tatsächlich kann sich, obwohl das mittlere Dipolmoment bezüglich eines beliebigen stationären Zustandes Null ist, bereits der Mittelwert für das Quadrupolmoment eines Atoms mit von Null verschiedenem Drehimpuls J von Null unterscheiden (§ 54). Deshalb kann das Quadrupol–Quadrupolglied im Wechselwirkungsoperator schon in erster störungstheoretischer Näherung ein von Null verschiedenes Resultat ergeben. Nun hängen jedoch die Mittelwerte des Quadrupolmoments (wie auch die Multipolmomente höherer Ordnung) von der Orientierung seines Drehimpulses $\boldsymbol{J}$ ab, und auf Grund von Symmetrieüberlegungen werden sie bei der Mittelung über diese Orientierungen Null.

[1]) Es sei jedoch hervorgehoben, daß dieses auf der Basis der nichtrelativistischen Theorie erhaltene Gesetz nur gültig ist, solange die aus elektromagnetischen Wechselwirkungen resultierenden Retardierungseffekte unwesentlich sind. Dies setzt voraus, daß der interatomare Abstand r im Vergleich zu c/ω_{0n} klein ist, wobei ω_{0n} die Übergangsfrequenzen für Übergänge zwischen dem Atomgrundzustand und den angeregten Atomzuständen bedeuten.

Aufgabe

Für zwei gleiche Atome, die sich in S-Zuständen befinden, ist die Formel abzuleiten, die die van der Waals-Kräfte durch die Matrixelemente ihrer Dipolmomente ausdrückt.

Lösung. Die Lösung erhält man aus der allgemeinen Formel (32,10) der Störungstheorie, die man auf den Operator (61,1) anwendet. Wegen der Isotropie der Atome in S-Zuständen ist es klar, daß bei der Summation über alle Zwischenzustände die Quadrate der Matrixelemente der drei Komponenten jedes der Vektoren $\boldsymbol{d}_1$ und $\boldsymbol{d}_2$ gleiche Beiträge liefern; die Glieder, die Produkte der verschiedenen Komponenten enthalten, verschwinden. Als Ergebnis erhalten wir

$$U(r) = -\frac{6}{r^6} \sum_{n,\, n'} \frac{(d_z)_{0n}^2 \, (d_z)_{0n'}^2}{2\, E_0 - E_n - E_{n'}},$$

wobei E_0, E_n die ungestörten Energiewerte der Grundzustände und der angeregten Zustände sind.

Die Theorie der elastischen Stöße IX

§ 62. Die Streuamplitude

In der klassischen Mechanik sind die Stöße zweier Teilchen vollständig durch ihre Geschwindigkeiten und den „Stoßparameter" (d. h. den Abstand, in dem sie bei fehlender Wechselwirkung aneinander vorbeifliegen würden) bestimmt. In der Quantenmechanik ändert sich die Problemstellung selbst, weil bei Bewegungen mit bestimmten Geschwindigkeiten der Begriff der Bahnen und mit ihm auch der des „Stoßparameters" seinen Sinn verliert. Das Ziel der Theorie ist hier nur die Berechnung der Wahrscheinlichkeit dafür, daß im Resultat eines Stoßes die Teilchen um diesen oder jenen Winkel abgelenkt (oder wie man sagt, *gestreut*) werden. Wir sprechen hier über die sogenannten *elastischen* Stöße, bei denen keinerlei Umwandlung der Teilchen stattfindet bzw. bei denen sich ihr innerer Zustand nicht ändert (wenn diese Teilchen zusammengesetzt sind).

Das Problem des elastischen Stoßes führt wie jedes Zweikörperproblem zu dem Problem der Streuung eines Teilchens mit reduzierter Masse in dem Feld $U(r)$ eines festen Kraftzentrums.[1]) Das geschieht durch den Übergang zu einem Koordinatensystem, in dem der Schwerpunkt beider Teilchen ruht. Den Streuwinkel werden wir in diesem System mit θ bezeichnen. Er hängt durch einfache Formeln mit den Ablenkwinkeln ϑ_1 und ϑ_2 beider Teilchen in dem Koordinatensystem zusammen, in dem ein Teilchen (das zweite) vor dem Stoß ruhte:

$$\operatorname{tg} \vartheta_1 = \frac{m_2 \sin \theta}{m_1 + m_2 \cos \theta}, \qquad \vartheta_2 = \frac{\pi - \theta}{2}, \tag{62,1}$$

wobei m_1 und m_2 die Massen der Teilchen sind (siehe I § 14). Wenn die Massen beider Teilchen gleich sind ($m_1 = m_2$), erhält man einfach

$$\vartheta_1 = \frac{\theta}{2}, \qquad \vartheta_2 = \frac{\pi - \theta}{2}; \tag{62,2}$$

die Summe ist $\vartheta_1 + \vartheta_2 = \pi/2$, d. h., die Teilchen werden unter einem rechten Winkel gestreut.

Im weiteren werden wir in diesem Paragraphen überall (wo es nicht ausdrücklich anders vereinbart ist) ein Koordinatensystem mit dem Massen-

[1]) Wir vernachlässigen hier die Spin-Bahn-Wechselwirkung der Teilchen (falls sie einen Spin besitzen). Setzen wir das Feld zentralsymmetrisch voraus, so schließen wir damit auch solche Prozesse aus der Betrachtung aus, wie z. B. die Streuung von Elektronen an Molekülen.

schwerpunkt als Ursprung verwenden und unter m die reduzierte Masse der stoßenden Teilchen verstehen.

Ein freies Teilchen, daß sich in Richtung der positiven z-Achse bewegt, wird durch eine ebene Welle beschrieben, die wir als $\psi = e^{ikz}$ schreiben, d. h., wir wählen die Normierung, bei der die entsprechende Stromdichte gleich der Teilchengeschwindigkeit v ist (vergleiche mit der Normierung auf den Einheitsstrom in (21,6)). Die Streuung des Teilchens muß weit vom Zentrum entfernt durch eine nach außen laufende Kugelwelle der Gestalt $f(\theta)\, e^{ikr}/r$ beschrieben werden[1]), wobei $f(\theta)$ eine gewisse Funktion des Streuwinkels θ ist (des Winkels zwischen z-Achse und Richtung des gestreuten Teilchens); diese Funktion nennt man *Streuamplitude*. Die Lösung der SCHRÖDINGER-Gleichung, die den Streuprozeß im Feld $U(r)$ beschreibt, muß also bei großen Abständen die asymptotische Gestalt

$$\psi \approx e^{ikz} + \frac{f(\theta)}{r} e^{ikr} \tag{62,3}$$

haben.

Die Wahrscheinlichkeit, daß das gestreute Teilchen in der Zeiteinheit durch das Oberflächenelement $dS = r^2\, do$ geht (do ist das Raumwinkelelement), ist gleich $v\, r^{-2}\, |f|^2\, dS = v\, |f|^2\, do$.[2]) Ihr Verhältnis zur Stromdichte der einfallenden Welle ist gleich

$$d\sigma = |f(\theta)|^2\, do\,. \tag{62,4}$$

Diese Größe hat die Dimension einer Fläche und wird *effektiver Streuquerschnitt* (oder einfach *Streuquerschnitt*) für die Streuung in den Raumwinkel do genannt. Wenn wir $do = 2\pi \sin\theta\, d\theta$ setzen, erhalten wir den Streuquerschnitt:

$$d\sigma = 2\pi \sin\theta\, |f(\theta)|^2\, d\theta \tag{62,5}$$

für die Streuung in das Winkelintervall zwischen θ und $\theta + d\theta$.

Für eine Streuung im Zentralfeld ist die Lösung der SCHRÖDINGER-Gleichung zylindersymmetrisch bezüglich der z-Achse. Die allgemeine Gestalt einer solchen Lösung kann in Form der Reihe

$$\psi = \sum_{l=0}^{\infty} A_l\, P_l(\cos\theta)\, R_{kl}(r) \tag{62,6}$$

dargestellt werden, worin R_{kl} die der Gleichung (29,8) (mit der Energie $E = \hbar^2 k^2/2m$) genügenden Radialfunktionen sind. Das asymptotische Verhalten dieser Funktionen für große Entfernungen ist durch stehende Wellen

[1]) Eine auslaufende Kugelwelle enthält den Exponentialfaktor e^{ikr} (eine in Richtung Zentrum einlaufende Welle hat dementsprechend den Faktor e^{-ikr}) anstelle der trigonometrischen Funktion für die in § 30 betrachteten „stehenden" Kugelwellen.

[2]) Bei dieser Betrachtung wird stillschweigend angenommen, daß der einfallende Teilchenstrom durch eine große (um Beugungseffekte auszuschließen) aber endliche Blende begrenzt wird, wie das bei realen Streuexperimenten der Fall ist. Aus diesem Grund gibt es keine Interferenz zwischen den Gliedern in dem Ausdruck (62,3); das Quadrat $|\psi|^2$ wird in den Punkten genommen, in denen die einfallende Welle fehlt.

(30.10) gegeben. Wir wollen zeigen, auf welche Weise man die Streuamplitude durch die Phasenverschiebungen δ_l dieser Funktionen ausdrücken kann.

Wir setzen (30,10) in (62,6) ein und schreiben die allgemeine asymptotische Gestalt der Wellenfunktion in der Form

$$\psi \approx \sqrt{\frac{2}{\pi}}\,\frac{1}{r}\sum_{l=0}^{\infty} A_l\, P_l \sin\left(k r - \frac{l\pi}{2} + \delta_l\right)$$
$$= \frac{i}{2}\sqrt{\frac{2}{\pi}}\,\frac{1}{r}\sum_{l=0}^{\infty} A_l\, P_l \left\{\exp\left[-i\left(k r - \frac{l\pi}{2} + \delta_l\right)\right] - \exp\left[i\left(k r - \frac{l\pi}{2} + \delta_l\right)\right]\right\}.$$

Die Koeffizienten A_l müssen so gewählt werden, daß die Funktion die Gestalt (62,3) hat. Dazu benutzen wir die in § 30 erhaltene Entwicklung einer ebenen Welle nach Kugelwellen. Die asymptotische Form dieser Entwicklung ist (30,16):

$$e^{ikz} \approx \frac{i}{2kr}\sum_{l=0}^{\infty} i^l\,(2l+1)\,P_l \left\{\exp\left[-i\left(k r - \frac{l\pi}{2}\right)\right] - \exp\left[i\left(k r - \frac{l\pi}{2}\right)\right]\right\}.$$

Die Differenz $\psi - e^{ikz}$ muß eine auslaufende Welle darstellen, d. h., aus ihr müssen alle Glieder herausfallen, die e^{-ikr} enthalten. Dazu muß man setzen

$$A_l = \frac{1}{k}\sqrt{\frac{\pi}{2}}\,(2l+1)\, i^l\, e^{i\delta_l}.$$

So ist die Wellenfunktion

$$\psi \approx \frac{i}{2kr}\sum_{l=0}^{\infty}(2l+1)\,P_l(\cos\theta)\,[(-1)^l e^{-ikr} - e^{2i\delta_l} e^{ikr}]. \qquad (62,7)$$

Für die Koeffizienten bei e^{ikr}/r in der Differenz $\psi - e^{ikz}$ finden wir dann

$$f(\theta) = \frac{1}{2ik}\sum_{l=0}^{\infty}(2l+1)\,(e^{2i\delta_l} - 1)\,P_l(\cos\theta). \qquad (62,8)$$

Diese Formel löst das Problem, die Streuamplitude durch die Phasen δ_l auszudrücken (H. Faxen, J. Holtsmark, 1927).
Jedes Glied dieser Summe wird *partielle Streuamplitude* für die Streuung von Teilchen mit dem Bahndrehimpuls l genannt.

Integrieren wir $d\sigma$ über alle Winkel, so erhalten wir den totalen Streuquerschnitt σ, der das Verhältnis der Gesamtwahrscheinlichkeit der Streuung eines Teilchens (in der Zeiteinheit) zur Wahrscheinlichkeitsstromdichte in der einfallenden Welle ist. Wir setzen (62,8) in das Integral ein:

$$\sigma = 2\pi\int_0^{\pi} |f(\theta)|^2 \sin\theta\, d\theta.$$

Da die Polynome $P_l(\cos\theta)$ untereinander orthogonal sind, bleiben in dem Integral nur die Quadrate aller Summanden aus (62,8) übrig, und wir erhalten unter Berücksichtigung des bekannten Wertes für das Normierungsintegral (30,13)

$$\sigma = \frac{4\pi}{k^2} \sum_{l=0}^{\infty} (2l+1) \sin^2 \delta_l \,. \tag{62,9}$$

§ 63. Die quasiklassische Streubedingung

Der Grenzübergang von den im vorigen Paragraphen erhaltenen quantenmechanischen Formeln der Streutheorie zu den klassischen Formeln ist ziemlich aufwendig. Wir werden ihn hier nicht durchführen, sondern uns nur auf einige Bemerkungen bezüglich der Bedingungen beschränken, unter denen ein solcher Übergang zulässig ist.

Dafür, daß man von einer klassischen Streuung um den Winkel θ, wenn das Teilchen mit dem Stoßparameter ϱ vorbeifliegt, sprechen kann, ist notwendig, daß die quantenmechanische Unbestimmtheit des einen und des anderen relativ klein sind: $\Delta\varrho \ll \varrho$, $\Delta\theta \ll \theta$. Die Unbestimmtheit des Streuwinkels hat die Größenordnung $\Delta\theta \sim \Delta p/p$, wobei p der Teilchenimpuls und Δp die Unbestimmtheit seiner transversalen Komponente sind. Weil $\Delta p \sim \hbar/\Delta\varrho \gg \hbar/\varrho$ ist, gilt $\Delta\theta \gg \hbar/p\,\varrho$, und deshalb ist in jedem Fall auch

$$\theta \gg \frac{\hbar}{\varrho\, m\, v} \,. \tag{63,1}$$

Ersetzen wir den Drehimpuls $m\,v\,\varrho$ durch $\hbar\,l$, so erhalten wir $\theta\,l \gg 1$, woraus ersichtlich ist, daß offenbar $l \gg 1$ sein muß, in Übereinstimmung mit der allgemeinen Regel, daß dem quasiklassischen Fall große Werte für die Quantenzahlen entsprechen (§ 27).

Den klassischen Ablenkwinkel für ein Teilchen kann man als das Verhältnis von transversaler Impulsänderung Δp während der „Stoßzeit" $\tau \sim \varrho/v$ zum Anfangsimpuls $m\,v$ abschätzen. Die Kraft, die im Felde $U(r)$ auf das Teilchen im Abstand ϱ wirkt, ist $F = -\,\mathrm{d}U(\varrho)/\mathrm{d}\varrho$; deshalb gilt $\Delta p \sim F\,\varrho/v$, so daß wir $\theta \sim \varrho\, F/m\,v^2$ haben. Diese Abschätzung ist streng gültig, wenn der Winkel $\theta \ll 1$ ist, der Größenordnung nach kann sie aber auch bis $\theta \sim 1$ ausgedehnt werden. Wenn wir diesen Ausdruck in (63,1) einsetzen, erhalten wir die Bedingung dafür, daß die Streuung quasiklassisch ist, in der Gestalt

$$F\,\varrho^2 \gg \hbar\, v \,. \tag{63,2}$$

Wenn das Feld $U(r)$ schneller als $1/r$ abfällt, dann ist die Bedingung (63,2) bei hinreichend großen ϱ nicht erfüllt. Große ϱ entsprechen aber kleinen θ; die Streuung bei hinreichend kleinen Winkeln ist demnach in keinem Falle klassisch. Speziell ist der Quantencharakter der Streuung für kleine Winkel der Grund dafür, daß sich der Gesamtstreuquerschnitt endlich erweisen kann. Erinnern wir uns in diesem Zusammenhang daran, daß in der klassischen Mechanik ein Teilchen, welches ein beliebiges Feld, das nur für $r \to \infty$ Null wird (d. h., es fällt nicht schon in endlicher Entfernung steil ab), mit einem beliebig großen, jedoch endlichen Streuparameter durchläuft, dennoch eine Ablenkung um einen gewissen kleinen, aber von Null verschiedenen Winkel erfährt; der Gesamtquerschnitt ist deshalb immer unendlich. Wie aus dem oben Gesagten klar wird, ist eine solche Schlußfolgerung in der Quantenmechanik schon deshalb nicht anwendbar, da der Begriff der Streuung seinen Sinn verliert, wenn der Streuwinkel kleiner wird als die Richtungsunschärfe der Teilchenbewegung.

§ 64. Diskrete Energieniveaus als Pole der Streuamplitude

Es existiert ein bestimmter Zusammenhang zwischen dem Streugesetz von Teilchen (mit positiver Energie E) in einem gegebenen Feld und dem diskreten Spektrum der negativen Energieniveaus im gleichen Feld (falls solche vorhanden sind).

Um das Aufschreiben der Formeln zu vereinfachen, beschränken wir uns auf die Bewegung von Teilchen mit dem Bahndrehimpuls $l = 0$. Den asymptotischen Ausdruck der Wellenfunktion für positive Energie fern vom Feldzentrum schreiben wir in Form einer Summe aus einlaufender und auslaufender Kugelwelle:

$$\psi = \frac{1}{r}\{a(k)\,e^{ikr} + b(k)\,e^{-ikr}\}\,. \tag{64,1}$$

Die Koeffizienten $a(k)$ und $b(k)$ sind gewisse Funktionen von k, die nur über die Lösung der SCHRÖDINGER-Gleichung für kleine Entfernungen unter Berücksichtigung der Endlichkeit der Wellenfunktion bei $r = 0$ bestimmt werden könnten. Dabei sind beide Funktionen nicht voneinander unabhängig, sondern sie werden durch einfache Beziehungen miteinander verknüpft. Eine dieser Relationen folgt unmittelbar daraus, daß die Funktion ψ als Wellenfunktion eines nichtentarteten Zustandes reell sein muß:

$$b(k) = a^*(k)\,. \tag{64,2}$$

Wenn wir jetzt formal beliebige, darunter auch komplexe k-Werte betrachten, dann werden $a(k)$ und $b(k)$ Funktionen einer komplexen Variablen, die nach wie vor der Gleichung (64,2) genügen und darüber hinaus über die Beziehung

$$a(-k) = b(k) \tag{64,3}$$

zusammenhängen, welche unmittelbar aus der Definition von a und b im Ausdruck (64,1) folgt (das Ersetzen von k durch $-k$ vertauscht die Rollen der Koeffizienten a und b). Die Funktion ψ mit komplexen k als analytische Fortsetzung der Lösung der SCHRÖDINGER-Gleichung für reelles k wird weiterhin eine Lösung dieser Gleichung bleiben und im Koordinatenursprung endlich sein. Sie wird jedoch nicht der Bedingung genügen, im gesamten Raum endlich zu sein: Für $r \to \infty$ wird das erste oder das zweite Glied in (64,1) (je nach dem Vorzeichen des Imaginärteils von k) unendlich werden.

Speziell bei rein imaginären k-Werten bestimmt der Ausdruck (64,1) die asymptotische Gestalt der Lösung der SCHRÖDINGER-Gleichung für negative Energie E. Damit diese Lösung einem stationären Zustand des diskreten Spektrums entspricht, muß die Funktion ψ für $r \to \infty$ endlich bleiben. Jedem negativen Energiewert E entspricht ein Paar rein imaginärer Werte $k = \pm\, i\sqrt{2\, m\, |E|}/\hbar$. Im Falle des oberen Vorzeichens genügt das zweite Glied in (64,1) der Endlichkeitsbedingung für $r \to \infty$ nicht; deshalb muß für einen E-Wert, der einem diskreten Energieniveau entspricht,

$$b(i\,|k|) = 0 \tag{64,4}$$

gelten (analog muß für $k = -\,i\,|k|$ die Funktion $a(k)$ Null werden).

Vergleicht man andererseits (64,1) mit dem asymptotischen Ausdruck für die Wellenfunktion eines Teilchens mit der Energie $E > 0$, wie er in (30,10) geschrieben wurde,

$$\psi = \sqrt{\frac{2}{\pi}}\,\frac{1}{2\,i\,r}\,(e^{i(kr+\delta_0)} - e^{-i(kr+\delta_0)})\,,$$

so sehen wir, daß das Verhältnis a/b mit der Phase δ_0 über die Beziehung

$$e^{2\,i\,\delta_0(k)} = \frac{a(k)}{b(k)} \tag{64,5}$$

zusammenhängt. Dieser Ausdruck besitzt einen Pol in dem Punkt, für den $b(k)$ Null wird. Erinnern wir uns jetzt, daß die partielle Amplitude der s-Streuung

$$f_0 = \frac{1}{2\,i\,k}\,(e^{2\,i\,\delta_0} - 1)$$

ist, so kommen wir zu dem Schluß, daß diese Amplitude als analytische Funktion der komplexen Variablen k in der oberen Halbebene dieser Variablen bei imaginären k-Werten Pole besitzt, die den Energieniveaus gebundener s-Zustände des Teilchens im Feld entsprechen.

Ein analoger Zusammenhang herrscht zwischen den Energieniveaus gebundener Zustände mit $l \neq 0$ und den Polen der entsprechenden partiellen Streuamplituden.

§ 65. Die Streuung langsamer Teilchen

Wir betrachten die Eigenschaften des Streuquerschnitts im Grenzfall kleiner Geschwindigkeiten der gestreuten Teilchen. Die Geschwindigkeit wird so klein vorausgesetzt, daß die DE BROGLIE-Wellenlänge des Teilchens groß im Vergleich mit der Reichweite a [1]) des Feldes $U(r)$ ist (d. h. $k\,a \ll 1$) und seine Energie klein

[1]) Unter a werden die Linearabmessungen des Raumgebietes verstanden, in dem das Feld U wesentlich von Null verschieden ist. So spielt bei der Neutronenstreuung an Kernen der Kernradius die Rolle des Parameters a; für die Elektronenstreuung am neutralen Atom ist dementsprechend der Atomradius zu nehmen.

im Vergleich mit dem Betrag des Feldes innerhalb dieser Reichweite:

$$k^2 \hbar^2/2\, m \ll |U|.$$

Die Wahrscheinlichkeit dafür, das Teilchen in der Nähe des Feldzentrums (in Abständen, die im Vergleich zu seiner Wellenlänge klein sind) anzutreffen, nimmt mit wachsendem Bahndrehimpuls l schnell ab (vergleiche das Ende von § 29). Bei der Streuung langsamer Teilchen spielt deshalb die Streuung mit $l = 0$ (s-Streuung) die grundlegende Rolle. Um für diesen Fall die Streueigenschaften aufzufinden, ist es notwendig, das asymptotische Gesetz für die Abhängigkeit der Phase δ_0 vom Wellenzahlvektor k bei kleinen Werten des letzteren zu bestimmen.

Die Wellenfunktion des s-Zustandes hängt nur von r ab. Für $r \lesssim a$ (innerhalb der Feldreichweite) kann man in der exakten SCHRÖDINGER-Gleichung

$$\Delta\psi + k^2 \psi = \frac{2\,m}{\hbar^2} U(r)\, \psi \qquad (65,1)$$

nur das Glied mit k^2 vernachlässigen:

$$\Delta\psi \equiv \frac{1}{r} (r\,\psi)'' = \frac{2\,m}{\hbar^2} U(r)\, \psi \qquad (r \lesssim a) \qquad (65,2)$$

(hierbei bedeutet der Strich Ableitung nach r). Im Gebiet großer Entfernungen jedoch, $a \ll r \ll 1/k$, kann man sogar auch das Glied mit $U(r)$ weglassen, so daß

$$(r\,\psi)'' = 0 \qquad (65,3)$$

übrigbleibt. Die allgemeine Lösung dieser Gleichung lautet

$$\psi = c_1 + \frac{c_2}{r} \qquad \left(a \ll r \ll \frac{1}{k}\right). \qquad (65,4)$$

Die Werte der reellen Konstanten c_1, c_2 können im Prinzip nur über die Lösung der Gleichung (65,2) mit einer konkreten Funktion $U(r)$ bestimmt werden.

Bei noch größeren Entfernungen, $r \gtrsim 1/k$, kann in Gleichung (65,1) das Glied mit $U(r)$, nicht jedoch das Glied mit k^2 weggelassen werden, so daß wir

$$\frac{1}{r} (r\,\psi)'' + k^2 \psi = 0$$

haben, d. h. die Gleichung der freien Bewegung. Diese Gleichung hat die Lösung

$$\psi = \frac{c_1}{k} \frac{\sin k\,r}{r} + c_2 \frac{\cos k\,r}{r} \qquad \left(r \gtrsim \frac{1}{k}\right). \qquad (65,5)$$

Die Koeffizienten in ihr werden so gewählt, daß für $k\,r \ll 1$ diese Lösung in (65,4) übergeht; auf die gleiche Weise erreicht man, daß die Lösungen für die Bereiche $k\,r \ll 1$ und $k\,r \sim 1$ aneinander anschließen.

Stellen wir die Summe (65,5) als

$$\psi = \frac{c_1}{k\,r} \sin\,(k\,r + \delta_0)$$

dar, so erhalten wir für die Phase δ_0

$$\operatorname{tg} \delta_0 \approx \delta_0 = \frac{c_2}{c_1} k ; \tag{65,6}$$

auf Grund der Kleinheit von k ist auch die Phase δ_0 klein. Nehmen wir in der Summe (62,8) nur das erste Glied mit, dann finden wir schließlich für die Streuamplitude

$$f = \frac{1}{2 i k} (e^{2 i \delta_0} - 1) \approx \frac{\delta_0}{k} = \frac{c_2}{c_1} . \tag{65,7}$$

Auf diese Weise ergibt sich die Streuamplitude als konstante Größe, die weder vom Streuwinkel noch von der Teilchengeschwindigkeit abhängt. Mit anderen Worten ist die Streuung langsamer Teilchen isotrop bezüglich aller Richtungen und der entsprechende Streuquerschnitt $\sigma = 4 \pi (c_2/c_1)^2$ hängt nicht von der Energie ab[1]).

Aufgaben

1. Es ist die Streuamplitude langsamer Teilchen an einem sphärischen Potentialtopf der Tiefe U_0 und dem Radius a zu bestimmen [$U(r) = - U_0$ bei $r < a$, $U(r) = 0$ bei $r > a$].

Lösung. Der Wellenzahlvektor des Teilchens erfülle die Bedingungen $k a \ll 1$ und $k \ll \varkappa$, wobei $\varkappa = \sqrt{2 m U_0}/\hbar$ ist. Die Gleichung (65,2) für die Funktion $\chi = r \psi$ lautet

$$\chi'' + \varkappa^2 \chi = 0$$

bei $r < a$. Die Lösung dieser Gleichung, die bei $r = 0$ gegen Null geht (χ/r muß bei $r = 0$ endlich sein) ist

$$\chi = A \sin \varkappa r \qquad (r < a) .$$

Bei $r > a$ genügt die Funktion χ der Gleichung $\chi'' + k^2 \chi = 0$, woraus

$$\chi = B \sin (k r + \delta_0) \qquad (r > a)$$

folgt. Die Stetigkeitsbedingung für χ'/χ bei $r = a$ gibt

$$\varkappa \operatorname{ctg} a \varkappa = k \operatorname{ctg} (k a + \delta_0) \approx \frac{k}{k a + \delta_0} ,$$

woraus wir δ_0 bestimmen. Als Resultat erhalten wir für die Streuamplitude

$$f = -\frac{\operatorname{tg} \varkappa a - \varkappa a}{\varkappa} . \tag{1}$$

Wenn nicht nur $k a \ll 1$ sondern auch $\varkappa a \ll 1$ (d. h. $U_0 \ll \hbar^2/m a^2$) gilt, dann folgt

$$f = \frac{1}{3} a (\varkappa a)^2 . \tag{2}$$

[1]) In den dargestellten Überlegungen ist stillschweigend angenommen, daß das Feld $U(r)$ für große Abstände ($r \gg a$) hinreichend schnell abklingt. Es ist leicht zu klären, was das geforderte schnelle Abklingen genauer bedeutet. Für große r ist das zweite Glied in der Funktion (65,4), verglichen mit dem ersten, klein. Damit die Mitnahme dieses Gliedes dennoch begründet ist, muß das in Gleichung (65,2) belassene kleine Glied $\sim c_2/r^3$ immer noch groß im Vergleich zu dem Glied $U \psi \sim U c_1$ sein, das beim Übergang von (65,2) zu (65,3) weggelassen wurde. Hieraus folgt, daß U schneller als $1/r^3$ abklingen muß.

Formel (1) ist nicht anwendbar, wenn U_0 und a dergestalt sind, daß $\varkappa a$ nahe einem ungeradzahligen Vielfachen von $\pi/2$ liegt. Bei derartigen Werten $\varkappa a$ gibt es im Potentialtopf innerhalb des diskreten Spektrums negativer Energieniveaus ein Niveau, das in der Nähe von Null liegt[1]), und die Streuung wird durch Formeln beschrieben, die im nächsten Paragraphen hergeleitet werden.

2. Aufgabe 1 ist für den Fall eines „Potentialhöckers" zu lösen: $U(r) = U_0$ für $r < a$, $U = 0$ für $r > a$.

Lösung. Der Übergang vom Fall des Potentialtopfes zu diesem Fall geschieht durch die Ersetzung $U_0 \to -U_0$, d. h. $\varkappa \to i\varkappa$. Aus (1) ergibt sich dann

$$f = \frac{\operatorname{th} \varkappa a - \varkappa a}{\varkappa}$$

(wobei nach wie vor $\varkappa = \sqrt{2 m U_0}/\hbar$ gilt). Speziell haben wir im Grenzfall $\varkappa a \gg 1$ (große U_0-Werte)

$$f = -a, \qquad \sigma = 4\pi a^2 .$$

Dieses Resultat entspricht der Streuung an einer harten Kugel mit dem Radius a; wir bemerken, daß die klassische Mechanik eine um viermal kleinere Größe lieferte ($\sigma = \pi a^2$).

§ 66. Die Resonanzstreuung bei niedrigen Energien

Eine gesonderte Betrachtung der Streuung langsamer ($ka \ll 1$) Teilchen in einem anziehenden Potential macht sich dann erforderlich, wenn es in dem diskreten Spektrum der negativen Energieniveaus einen s-Zustand mit einer Energie gibt, die klein im Vergleich zur Größe des Potentials U innerhalb seiner Reichweite a ist. Wir werden dieses Niveau mit $-\varepsilon$ ($\varepsilon > 0$) bezeichnen. Die Energie E des gestreuten Teilchens, die eine kleine Größe ist, liegt in der Nähe des Niveaus $-\varepsilon$, d. h., sie befindet sich, wie man sagt, fast in *Resonanz* mit ihm. Das führt, wie wir sehen, zu einer wesentlichen Vergrößerung des Streuquerschnittes.

Die Existenz eines nicht allzu tiefen Niveaus kann man in der Streutheorie durch eine formale Methode beschreiben, die auf den folgenden Bemerkungen basiert.

Wie auch in § 65 untersuchen wir wiederum die SCHRÖDINGER-Gleichung für verschiedene Feldbereiche. Die exakte Gleichung, die wir für die Funktion $\chi = r\psi$ anstelle von ψ aufschreiben, lautet

$$\chi'' + \frac{2m}{\hbar^2}[E - U(r)]\,\chi = 0 .$$

Im „inneren" Feldbereich ($r \lesssim a$) kann man das Glied $(2mE/\hbar^2)\,\chi = k^2\chi$ im Vergleich zu χ'' vernachlässigen:

$$\chi'' - \frac{2m}{\hbar^2} U(r)\,\chi = 0 , \qquad r \sim a . \tag{66,1}$$

[1]) Siehe Aufgabe 1 § 30. Die dort erhaltene Gleichung (1) zeigt, daß für das Energieniveau $|E| \ll U_0$ gilt, falls $\sin(a\sqrt{2mU_0}/\hbar) \approx \pm 1$ ist.

In dem „äußeren" Gebiet ($r \gg a$) kann man umgekehrt U vernachlässigen:

$$\chi'' + \frac{2m}{\hbar^2} E \chi = 0\,, \qquad r \gg a\,. \tag{66,2}$$

Die Lösung der Gleichung (66,2) kann bei irgendeinem r_1 (so, daß $1/k \gg r_1 \gg a$ ist) an die Lösung der Gleichung (66,1), die der Randbedingung $\chi(0) = 0$ genügt, „angenäht" werden; die Bedingung für das Annähen besteht in der Stetigkeit des Verhältnisses χ'/χ, das von dem allgemeinen Normierungsfaktor der Wellenfunktion nicht abhängt.

Statt jedoch die Bewegung in dem Gebiet $r \sim a$ zu betrachten, erlegen wir der Lösung in dem äußeren Gebiet eine Randbedingung für χ'/χ bei kleinen Werten r auf; da die äußere Lösung sich bei $r \to 0$ langsam ändert, kann man diese Bedingung formal auf den Punkt $r = 0$ ausdehnen. Die Gleichung (66,1) enthält E in dem Gebiet $r \sim a$ nicht, deshalb kann die sie ersetzende Randbedingung auch nicht von der Teilchenenergie abhängen. Mit anderen Worten, sie muß die Gestalt

$$\left.\frac{\chi'}{\chi}\right|_{r\to 0} = -\varkappa \tag{66,3}$$

haben, wobei $\varkappa$ irgendeine Konstante ist. Da $\varkappa$ nicht von E abhängt, muß diese Bedingung (66,3) auch zur Lösung der SCHRÖDINGER-Gleichung für eine kleine negative Energie $E = -\varepsilon$ gehören, d. h. zur Wellenfunktion des entsprechenden stationären Zustandes des Teilchens. Bei $E = -\varepsilon$ haben wir aus (66,2)

$$\chi = \text{const} \cdot e^{-r\sqrt{2m\varepsilon}/\hbar}\,,$$

und die Substitution dieser Funktion in (66,3) zeigt, daß $\varkappa$ eine positive Größe

$$\varkappa = \sqrt{2m\varepsilon}/\hbar \tag{66,4}$$

ist.

Wir wenden jetzt die Randbedingung (66,3) auf die Wellenfunktion der freien Bewegung

$$\chi = \text{const} \cdot \sin(kr + \delta_0)$$

an, die die allgemeine exakte Lösung der Gleichung (66,2) bei $E > 0$ darstellt. Für die gesuchte Phase δ_0 erhalten wir

$$\operatorname{ctg} \delta_0 = -\frac{\varkappa}{k} = -\sqrt{\frac{\varepsilon}{E}}. \tag{66,5}$$

Da die Energie E hier nur durch die Bedingung $ka \ll 1$ begrenzt wird, sie jedoch im Vergleich zu ε nicht klein sein muß, können sich die Phase δ_0 und mit ihr die Amplitude der s-Streuung als nicht kleine Größen erweisen. Die partiellen Streuamplituden mit $l \neq 0$ bleiben nach wie vor klein. Deshalb kann man immer noch annehmen, daß die Gesamtstreuamplitude mit derjenigen für die s-Streuung zusammenfällt:

$$f = \frac{1}{2ik}\left(e^{2i\delta_0} - 1\right) = \frac{1}{k(\operatorname{ctg}\delta_0 - i)}\,.$$

Setzen wir hierin (66,5) ein, so erhalten wir

$$f = -\frac{1}{\varkappa + i k}. \qquad (66,6)$$

Wir bemerken, daß dieser Ausdruck an der Stelle $k = i\varkappa$ in Übereinstimmung mit dem in § 64 erhaltenen allgemeinen Resultat einen Pol besitzt.

Für den Gesamtstreuquerschnitt $\sigma = 4\pi |f|^2$ finden wir

$$\sigma = \frac{4\pi}{\varkappa^2 + k^2} = \frac{2\pi\hbar^2}{m}\frac{1}{E + \varepsilon}. \qquad (66,7)$$

Demzufolge ist die Streuung nach wie vor isotrop (die Amplitude (66,6) ist richtungsunabhängig), während der entsprechende Streuquerschnitt jedoch energieabhängig ist und sich im Resonanzbereich ($E \sim \varepsilon$) als groß im Vergleich zum Quadrat der Feldreichweite a^2 erweist (da $1/k \gg a$ gilt). Wir betonen, daß die Gestalt der Formel (66,7) nicht von Details der Wechselwirkung der Teilchen für kleine Teilchenabstände abhängt und völlig durch den Wert für das Resonanzniveau bestimmt ist.[1])

Die erhaltene Formel hat einen allgemeineren Charakter als die bei ihrem Beweis gemachte Voraussetzung. Wir unterwerfen die Funktion $U(r)$ einer kleinen Veränderung; dabei ändert sich auch der Wert der Konstanten $\varkappa$ in der Randbedingung (66,3). Durch eine entsprechende Veränderung von $U(r)$ kann man $\varkappa$ zu Null machen und später zu einer kleinen negativen Größe. Dabei erhalten wir die gleiche Formel (66,6) für die Streuamplitude und dieselbe Formel (66,7) für den Streuquerschnitt. In der letzteren ist jedoch die Größe $\varepsilon = \hbar^2\varkappa^2/2m$ jetzt einfach eine für das Potential $U(r)$ charakteristische Konstante, aber keineswegs ein Energieniveau in diesem Potential. In diesen Fällen sagt man, daß es in dem Potential ein *virtuelles Niveau* gibt, wobei man zu bedenken hat, daß, obgleich es in Wirklichkeit kein Niveau in der Nähe des Ausgangsniveaus gibt, schon eine kleine Veränderung des Feldes genügen würde, damit ein solches Niveau erscheint.[2])

§ 67. Die BORNsche Formel

In allgemeiner Form kann der Streuquerschnitt für den sehr wichtigen Fall berechnet werden, bei dem das streuende Feld (bezüglich seiner Wirkung auf die Bewegung des zu streuenden Teilchens) als schwache Störung angesehen werden kann. Auf die Frage nach den Bedingungen für die Anwendbarkeit

[1]) Formel (66,7) wurde erstmalig von E. P. WIGNER (1933) erhalten; die Idee des hier durchgeführten Beweises stammt von H. A. BETHE und R. PEIERLS (1935).

[2]) Als Beispiel sei die Neutronenstreuung an Protonen angeführt, bei der beide Resonanzfälle (Resonanz mit wirklich existierendem und Resonanz mit virtuellem Niveau) auftreten. Für die Wechselwirkung von Neutron und Proton mit parallelen Spins existiert ein echtes Niveau der Energie $\varepsilon = 2{,}23$ MeV (Grundzustand des Deuterons). Die Wechselwirkung von Neutron und Proton mit antiparallelen Spins wird durch die Existenz des virtuellen Niveaus $\varepsilon = 0{,}067$ MeV charakterisiert.

einer solchen Näherung in der Streutheorie werden wir am Ende dieses Paragraphen zurückkommen.

Die ungestörte Bewegung eines auf das Streuzentrum mit dem Impuls $\boldsymbol{p} = \hbar \boldsymbol{k}$ einfallenden Teilchens wird durch eine ebene Welle $\psi^{(0)} = e^{i\boldsymbol{k}\boldsymbol{r}}$ beschrieben, die der Schrödinger-Gleichung genügt:

$$\Delta\psi^{(0)} + k^2 \psi^{(0)} = 0 .$$

Wir suchen die Lösung der exakten Gleichung

$$\Delta\psi + \left(k^2 - \frac{2m}{\hbar^2} U\right)\psi = 0$$

in der Form $\psi = \psi^{(0)} + \psi^{(1)}$, wobei die kleine Korrektur $\psi^{(1)}$, die die gestreute Welle beschreibt, der (bezüglich $\psi^{(1)}$) inhomogenen Gleichung

$$\Delta\psi^{(1)} + k^2 \psi^{(1)} = \frac{2m}{\hbar^2} \psi^{(0)} = \frac{2m}{\hbar^2} e^{i\boldsymbol{k}\boldsymbol{r}} \tag{67,1}$$

genügen muß, in der das Glied zweiter Ordnung ($\sim\psi^{(1)} U$) weggelassen ist.

Die Lösung dieser Gleichung kann unmittelbar in Analogie zu der aus der Elektrodynamik bekannten Gleichung für die retardierten Potentiale geschrieben werden:

$$\Delta\varphi - \frac{1}{c^2}\frac{\partial^2\varphi}{\partial t^2} = -4\pi\varrho .$$

Hierin ist ϱ eine Funktion der Koordinaten und der Zeit (siehe I § 77). Ihre Lösung lautet

$$\varphi(\boldsymbol{r}, t) = \int \frac{1}{R}\,\varrho\left(\boldsymbol{r}', t - \frac{R}{c}\right) \mathrm{d}V' , \qquad \mathrm{d}V' = \mathrm{d}x'\,\mathrm{d}y'\,\mathrm{d}z' ,$$

mit $\boldsymbol{R} = \boldsymbol{r} - \boldsymbol{r}'$ als Radiusvektor vom Volumenelement $\mathrm{d}V'$ zum Beobachtungspunkt $\boldsymbol{r}$, für den der Wert von φ gesucht wird. Wenn die Zeitabhängigkeit der Funktion ϱ als Faktor e^{-ikct} gegeben ist und wir

$$\varrho = \varrho_0(\boldsymbol{r})\, e^{-ikct} , \qquad \varphi = \varphi_0(\boldsymbol{r})\, e^{-ikct}$$

schreiben, dann haben wir für φ_0 die Gleichung

$$\Delta\varphi_0 + k^2 \varphi_0 = -4\pi\varrho_0 \tag{67,2}$$

und als ihre Lösung

$$\varphi_0(\boldsymbol{r}) = \int \varrho_0(\boldsymbol{r}')\, e^{ikR} \frac{\mathrm{d}V'}{R}. \tag{67,3}$$

Auf Grund der offensichtlichen Analogie der Gleichungen (67,2) und (67,1) kann die Lösung der letzteren in folgender Form dargestellt werden:

$$\psi^{(1)}(\boldsymbol{r}) = -\frac{m}{2\pi\hbar^2} \int U(\boldsymbol{r}')\, e^{i(\boldsymbol{k}\boldsymbol{r}' + kR)} \frac{\mathrm{d}V'}{R} . \tag{67,4}$$

Es ist jetzt leicht, den asymptotischen Ausdruck dieser Funktion für große Entfernungen r vom Streuzentrum anzugeben. Für $r \gg r'$ haben wir $R = |\boldsymbol{r} - \boldsymbol{r}'| \approx r - \boldsymbol{r}'\boldsymbol{n}'$ mit $\boldsymbol{n}'$ als Einheitsvektor in Streurichtung; es ist ausreichend, im Faktor $1/R$ des Integranden von (67,4) einfach $R \approx r$ zu setzen. Dann erhalten wir

$$\psi^{(1)} = -\frac{m}{2\pi\hbar^2}\frac{e^{ikr}}{r}\int U(\boldsymbol{r}')\, e^{i(\boldsymbol{k}-\boldsymbol{k}')\boldsymbol{r}'}\, dV' ,$$

worin $\boldsymbol{k}' = k\,\boldsymbol{n}'$ den Wellenzahlvektor des Teilchens nach der Streuung bedeutet. Gemäß der Definition (62,3) liefert der Koeffizient bei e^{ikr}/r in dieser Funktion die gesuchte Streuamplitude; indem wir den Strich an der Integrationsvariablen weglassen, schreiben wir sie in der Form

$$f = -\frac{m}{2\pi\hbar^2}\int U(\boldsymbol{r})\, e^{-i\boldsymbol{q}\boldsymbol{r}}\, dV . \tag{67,5}$$

Hierin ist der Vektor

$$\boldsymbol{q} = \boldsymbol{k}' - \boldsymbol{k} \tag{67,6}$$

eingeführt, dessen Betrag

$$q = 2\,k \sin\frac{\theta}{2} \tag{67,7}$$

lautet, wobei θ der Winkel zwischen $\boldsymbol{k}$ und $\boldsymbol{k}'$ ist, d. h. der Streuwinkel. Wir sehen, daß die Streuamplitude für die Impulsänderung des Teilchens um $\hbar\,\boldsymbol{q}$ durch die entsprechende FOURIER-Komponente des Feldes $U(r)$ bestimmt wird. Der differentielle Streuquerschnitt für das Raumwinkelelement do' ist gleich

$$d\sigma = \frac{m^2}{4\pi^2\hbar^4}\left|\int U\, e^{-i\boldsymbol{q}\boldsymbol{r}}\, dV\right|^2 do' . \tag{67,8}$$

Diese Formel wurde zuerst von M. BORN erhalten (1926); die entsprechende Näherung in der Streutheorie heißt *BORNsche Näherung.*

Die Formel (67,8) kann auch auf andere Art gewonnen werden und zwar direkt nach der Störungstheorie aus der allgemeinen Formel (35,6), die die Übergangswahrscheinlichkeit zwischen zwei Zuständen eines kontinuierlichen Spektrums angibt. Im vorliegenden Fall haben wir es mit dem Übergang zwischen den Zuständen eines sich frei bewegenden Teilchens mit den Impulsen $\boldsymbol{p}$ und $\boldsymbol{p}'$ zu tun, wobei die Funktion $U(\boldsymbol{r})$ die Rolle des Störoperators spielt. Als Zustandsintervall $d\nu_f$ verwenden wir das Volumenelement im Impulsraum $dp_x'\, dp_y'\, dp_z'$. Dann nimmt Formel (35,6) die Gestalt

$$dw = \frac{2\pi}{\hbar}\,|U_{\boldsymbol{p}'\boldsymbol{p}}|^2\,\delta\left(\frac{p'^2}{2\,m} - \frac{p^2}{2\,m}\right) dp_x'\, dp_y'\, dp_z' \tag{67,9}$$

an. Die Wellenfunktion für den Endzustand muß dabei auf eine δ-Funktion im Impulsraum normiert sein (vergleiche die Bemerkung vor (35,1); gemäß (12,10) ist die ebene Welle

$$\psi_{\boldsymbol{p}'} = \frac{1}{(2\pi\hbar)^{3/2}}\, e^{i\boldsymbol{p}'\boldsymbol{r}/\hbar} \tag{67,10}$$

auf diese Weise normiert. Die Funktion für den Anfangszustand normieren wir auf die Einheitsstromdichte:

$$\psi_{\boldsymbol{p}} = \sqrt{\frac{m}{p}}\, \mathrm{e}^{i \boldsymbol{p}\boldsymbol{r}/\hbar} \tag{67,11}$$

(vergleiche (21,6)). Dann hat die „Wahrscheinlichkeit" (67,9) die Dimension einer Fläche und stellt den differentiellen Streuquerschnitt dar.

Die in (67,9) als Faktor auftretende δ-Funktion drückt die Energieerhaltung bei der elastischen Streuung aus, auf Grund dessen sich der Impulsbetrag nicht ändert: $p' = p$. Man kann die δ-Funktion eliminieren, indem man zu „Kugelkoordinaten" im Impulsraum übergeht (d. h. $\mathrm{d}p'_x\, \mathrm{d}p'_y\, \mathrm{d}p'_z$ durch $p'^2\, \mathrm{d}p'\, \mathrm{d}o' = 1/2\, p'\, \mathrm{d}(p'^2)\, \mathrm{d}o'$ ersetzt) und über $\mathrm{d}(p'^2)$ integriert. Die Integration läuft darauf hinaus, den Betrag p' durch p im Integranden zu ersetzen, und wir erhalten

$$\mathrm{d}\sigma = \frac{2\pi m p}{\hbar} \left| \int \psi^*_{\boldsymbol{p}'}\, U\, \psi_{\boldsymbol{p}}\, \mathrm{d}V \right|^2 \mathrm{d}o' . \tag{67,12}$$

Setzen wir hier die Funktionen (67,10) und (67,11) ein, so kommen wir erneut zur Formel (67,8) zurück. Diese Art der Herleitung, die unmittelbar zum Streuquerschnitt führt, läßt jedoch die Phase der Streuamplitude unbestimmt.

In den Formeln (67,5) und (67,8) wird das Streufeld $U(\boldsymbol{r})$ nicht als kugelsymmetrisch vorausgesetzt. Wenn jedoch $U = U(r)$ gilt, kann die dortige Integration in allgemeiner Form noch etwas weiter durchgeführt werden. Dazu benutzen wir die Kugelkoordinaten r, ϑ, φ mit der Polarachse in Richtung des Vektors $\boldsymbol{q}$ (den Polarwinkel bezeichnen wir im Unterschied zum Streuwinkel θ mit ϑ). Dann folgt

$$\int U(r)\, \mathrm{e}^{-i \boldsymbol{q}\boldsymbol{r}}\, \mathrm{d}V = \int_0^\infty \int_0^{2\pi} \int_0^{\pi} U(r)\, \mathrm{e}^{-i q r \cos\vartheta}\, r^2 \sin\vartheta\, \mathrm{d}\vartheta\, \mathrm{d}\varphi\, \mathrm{d}r .$$

Die Integration über ϑ und φ kann ausgeführt werden, und wir erhalten im Ergebnis die folgende Formel für die Streuamplitude in einem Zentralfeld:

$$f = -\frac{2m}{\hbar^2 q} \int_0^\infty U(r) \sin q r \cdot r\, \mathrm{d}r . \tag{67,13}$$

Die Reichweite des Feldes möge a sein. Untersuchen wir nun Formel (67,13) für die Grenzfälle kleiner und großer Werte des Produktes $k a$.

Für $k a \ll 1$ (kleine Geschwindigkeiten) kann man $\sin q r \approx q r$ setzen, so daß die Streuamplitude

$$f = -\frac{2m}{\hbar^2} \int_0^\infty U(r)\, r^2\, \mathrm{d}r \tag{67,14}$$

lautet. Die Streuung ist hier den Richtungen nach isotrop und hängt nicht von der Geschwindigkeit ab, was mit den allgemeinen Ergebnissen des § 65 übereinstimmt.

Im entgegengesetzten Grenzfall großer Geschwindigkeiten ($k a \gg 1$) ist die Streuung stark anisotrop und vorwärts gerichtet, in einen engen Kegel mit dem Öffnungswinkel $\Delta\theta \sim 1/k a$. Außerhalb dieses Kegels ist die Größe a groß ($q \gg 1/a$), der Faktor $\sin q r$ ist im Wirkungsbereich des Feldes eine schnell oszillierende Funktion, und das Integral ihres Produktes mit der langsam veränderlichen Funktion U ist fast Null.

Klären wir nun die Bedingungen für die Anwendbarkeit der betrachteten Näherung.

Die Herleitung der Formel (67,5) basiert auf einer genäherten Lösung der SCHRÖDINGER-Gleichung in der Gestalt $\psi = \psi^{(0)} + \psi^{(1)}$, wobei $\psi^{(1)} \ll \psi^{(0)}$ angenommen wird. Es genügt zu fordern, daß diese Bedingung im „gefährlichsten" Bereich nahe dem Streuzentrum ($r = 0$) erfüllt ist, und da $|\psi^{(0)}| = 1$ gilt, muß $\psi^{(1)} \ll 1$ gefordert werden. Andererseits haben wir für $\boldsymbol{r} = 0$ im Integral (67,4) $R = r'$, so daß

$$\psi^{(1)}(0) = -\frac{m}{2\pi\hbar^2}\int U(\boldsymbol{r}')\, e^{i(\boldsymbol{k}\boldsymbol{r}' + k r')}\frac{dV'}{r'} \tag{67,15}$$

folgt. Wir wollen dieses Integral für die Fälle kleiner und großer Werte von $k a$ abschätzen.

Für $k a \ll 1$ kann man den Exponentialfaktor im Integranden durch 1 ersetzen, und die Abschätzung des Integrals liefert dann

$$\psi^{(1)}(0) \sim \frac{m|U|}{\hbar^2 a} a^3$$

mit $|U|$ als Größenordnung des Feldes in den Grenzen seiner Reichweite. Als Resultat finden wir die Bedingung

$$|U| \ll \frac{\hbar^2}{m a^2}, \qquad k a \ll 1 . \tag{67,16}$$

Im Falle der Abschätzung des Integrals für $k a \gg 1$ führen wir zunächst die Integration bezüglich der $\boldsymbol{r}'$-Richtungen aus (es wird ein Zentralfeld angenommen). Analog der Herleitung von Formel (67,13) haben wir

$$\begin{aligned}\psi^{(1)}(0) &= -\frac{m}{2\pi\hbar^2}\int_0^\infty\int_0^\pi U(r')\, e^{i k r'(\cos\vartheta + 1)}\, 2\pi\sin\vartheta\, d\vartheta \cdot r'\, dr' \\ &= -\frac{m}{\hbar^2 i k}\int_0^\infty U(r')\,(e^{2 i k r'} - 1)\, dr' .\end{aligned}$$

Für $k a \gg 1$ ist das Integral des Ausdrucks mit dem ozillierenden Faktor $\exp(2 i k r')$ fast Null, während sich das Integral des zweiten Ausdruckes als $\sim |U| a$ ergibt. Als Ergebnis erhalten wir die Bedingung

$$|U| \ll \frac{\hbar^2 k a}{m a^2} = \frac{\hbar v}{a}, \qquad k a \gg 1 . \tag{67,17}$$

Wenn das Feld der Bedingung (67,16) genügt, dann genügt es offensichtlich auch der schwächeren Bedingung (67,17) für $k\,a \gg 1$; die BORNsche Näherung ist demzufolge in diesem Fall sowohl für kleine als auch für große Geschwindigkeiten anwendbar. Jedenfalls ist jedoch die BORNsche Näherung für hinreichend große Geschwindigkeiten auf Grund von (67,17) anwendbar, selbst wenn die Bedingung (67,16) für ihre Anwendbarkeit bei kleinen Geschwindigkeiten nicht erfüllt ist.

Aufgaben

1. Es ist in der BORNschen Näherung der Streuquerschnitt eines kugelsymmetrischen Potentialtopfes zu bestimmen: $U = -U_0$ bei $r < a$, $U = 0$ bei $r > a$.

Lösung. Die Berechnung des Integrals in (67,13) führt auf

$$d\sigma = 4\,a^2 \left(\frac{m\,U_0\,a^2}{\hbar^2}\right)^2 \frac{(\sin q\,a - q\,a \cos q\,a)^2}{(q\,a)^6}\, do\,.$$

Die Integration über alle Winkel (die man zweckmäßig so ausführt, daß man zu der Variablen $q = 2\,k \sin(\theta/2)$ übergeht und do durch $2\,\pi\,q\,dq/k^2$ ersetzt) gibt den totalen Streuquerschnitt

$$\sigma = \frac{2\,\pi}{k^2}\left(\frac{m\,U_0\,a^2}{\hbar^2}\right)^2 \left[1 - \frac{1}{(2\,k\,a)^2} + \frac{\sin 4\,k\,a}{(2\,k\,a)^3} - \frac{\sin^2 2\,k\,a}{(2\,k\,a)^4}\right].$$

In den Grenzfällen gibt diese Formel

$$\sigma = \frac{16\,\pi\,a^2}{9}\left(\frac{m\,U_0\,a^2}{\hbar^2}\right)^2 \quad \text{für} \quad k\,a \ll 1\,,$$

$$\sigma = \frac{2\,\pi}{k^2}\left(\frac{m\,U_0\,a^2}{\hbar^2}\right)^2 \quad \text{für} \quad k\,a \gg 1\,.$$

Der erste dieser Ausdrücke entspricht der in Aufgabe 1 § 65 auf andere Weise gefundenen Amplitude (2).

2. Das gleiche ist für das Feld $U = \frac{\alpha}{r}\,e^{-r/a}$ zu machen.

Lösung. Die Berechnung des Integrals in (67,13) gibt

$$d\sigma = 4\,a^2 \left(\frac{\alpha\,m\,a}{\hbar^2}\right)^2 \frac{d\sigma}{(q^2\,a^2 + 1)^2}\,. \tag{1}$$

Der totale Streuquerschnitt ist folglich

$$\sigma = 16\,\pi\,a^2 \left(\frac{\alpha\,m\,a}{\hbar^2}\right)^2 \frac{1}{4\,k^2\,a^2 + 1}\,.$$

Die Bedingung für die Anwendbarkeit dieser Formeln erhält man aus (67,16) und (67,17) mit α/a als U: $\alpha\,m\,a/\hbar^2 \ll 1$ oder $\alpha/\hbar\,v \ll 1$.

Das betrachtete Potential stellt ein „abgeschirmtes" COULOMB-Feld mit dem Abschirmradius a dar. Für $a \to \infty$ ergibt sich exakt das COULOMB-Feld, und der differentielle Querschnitt (1) geht in die RUTHERFORDsche Formel (§ 68) über.

§ 68. Die RUTHERFORDsche Formel

Wir wenden die BORNsche Formel auf die Streuung im COULOMB-Feld an. Der Konkretheit halber wollen wir die Streuung von Teilchen der Ladung e an Kernen der Ladung Ze behandeln; demnach gilt $U = Ze^2/r$.

Die Aufgabe führt gemäß (67,5) auf die Berechnung der FOURIER-Transformierten der Funktion $1/r$. Unter Umgehung der direkten Berechnung ist es bequemer, von der Differentialgleichung

$$\Delta \frac{1}{r} = -4\pi\,\delta(\boldsymbol{r}) \tag{68,1}$$

auszugehen, der die Funktion $1/r$ genügt (siehe I (59,10)).[1] Im Hinblick auf weitere Anwendungen betrachten wir zunächst den allgemeineren Fall einer Funktion $\varphi(\boldsymbol{r})$, die der Gleichung

$$\Delta\varphi = -4\pi\,\varrho(\boldsymbol{r}) \tag{68,2}$$

mit vorgegebener rechter Seite $4\pi\,\varrho(\boldsymbol{r})$ genügt.

Wir stellen die Funktion $\varphi(\boldsymbol{r})$ als FOURIER-Integral dar:

$$\varphi(\boldsymbol{r}) = \int e^{i\boldsymbol{q}\boldsymbol{r}}\,\varphi_{\boldsymbol{q}}\,\frac{d^3q}{(2\pi)^3}, \qquad d^3q = dq_x\,dq_y\,dq_z\,. \tag{68,3}$$

Dabei gilt

$$\varphi_{\boldsymbol{q}} = \int \varphi(\boldsymbol{r})\,e^{-i\boldsymbol{q}\boldsymbol{r}}\,dV\,. \tag{68,4}$$

Wenden wir auf beide Seiten der Gleichung (68,3) den LAPLACE-Operator an, und differenzieren wir dabei unter dem Integralzeichen, so erhalten wir

$$\Delta\varphi = -\int q^2\,e^{i\boldsymbol{q}\boldsymbol{r}}\,\varphi_{\boldsymbol{q}}\,\frac{d^3q}{(2\pi)^3}.$$

Dies bedeutet, daß die FOURIER-Transformierte des Ausdrucks $\Delta\varphi$ gleich $(\Delta\varphi)_{\boldsymbol{q}} = -q^2\,\varphi_{\boldsymbol{q}}$ ist. Andererseits kann man $(\Delta\varphi)_{\boldsymbol{q}}$ dadurch finden, daß man von beiden Seiten der Gleichung (68,2) die FOURIER-Transformierten bildet: $(\Delta\varphi)_{\boldsymbol{q}} = -4\pi\,\varrho_{\boldsymbol{q}}$. Wir vergleichen beide Ausdrücke und finden

$$\varphi_{\boldsymbol{q}} = \frac{4\pi}{q^2}\,\varrho_{\boldsymbol{q}} = \frac{4\pi}{q^2}\int \varrho(\boldsymbol{r})\,e^{-i\boldsymbol{q}\boldsymbol{r}}\,dV\,. \tag{68,5}$$

In Anwendung auf die Funktion $\varphi = 1/r$ haben wir $\varrho = \delta(\boldsymbol{r})$. Demnach wird das Integral auf der rechten Seite von (68,5) 1, so daß folgt

$$\left(\frac{1}{r}\right)_{\boldsymbol{q}} = \frac{4\pi}{q^2}. \tag{68,6}$$

Die Streuamplitude für das COULOMB-Feld lautet gemäß (67,5) und (67,7)

$$f(\theta) = -\frac{m\,Z\,e^2}{2\pi\,\hbar^2}\,\frac{4\pi}{q^2} = -\frac{Z\,e^2}{2\,m\,v^2}\,\frac{1}{\sin^2\dfrac{\theta}{2}} \tag{68,7}$$

[1]) Eine andere Berechnungsvariante besteht darin, zunächst ein „abgeschirmtes" COULOMB-Feld einzuführen und im folgenden den Abschirmradius nach unendlich streben zu lassen (vgl. Aufgabe 2, § 67).

mit v als Geschwindigkeit der gestreuten Teilchen: $\hbar k = m v$. Hieraus finden wir für den Streuquerschnitt die Formel

$$d\sigma = \left(\frac{Z e^2}{2 m v^2}\right)^2 \frac{do}{\sin^4 \frac{\theta}{2}}, \tag{68,8}$$

die mit der klassischen RUTHERFORDschen Formel übereinstimmt.

Auf Grund des langsamen Abklingens des COULOMB-Potentials ist es nicht möglich, einen endlichen Raumbereich zu definieren, innerhalb dessen U wesentlich größer ist als außerhalb dieses Bereichs. Die Bedingungen für die Anwendbarkeit der BORNschen Näherung auf die Streuung in einem solchen Potential erhalten wir aus (67,17), indem wir dort anstelle des Parameters a die Abstandsvariable r einsetzen; dies führt zu der Ungleichung

$$\frac{Z e^2}{\hbar v} \ll 1 . \tag{68,9}$$

Aus (63,2) ergibt sich gerade die umgekehrte Ungleichung als Bedingung für die quasiklassische Streuung im COULOMB-Feld: $Ze^2/\hbar v \gg 1$. Offensichtlich muß die Streuung in diesem Falle durch die RUTHERFORDsche Formel beschrieben werden. Wir sehen folglich, daß sich diese Formel in den Grenzfällen sowohl großer als auch kleiner Geschwindigkeiten ergibt. Unter diesen Umständen führt die auf der exakten Lösung der SCHRÖDINGER-Gleichung im COULOMB-Potential beruhende Quantentheorie der Streuung auf das natürliche Ergebnis: Die exakte quantenmechanische Formel für den Streuquerschnitt stimmt mit der klassischen RUTHERFORDschen Formel überein (N. MOTT, W. GORDON, 1928).[1])

§ 69. Stöße gleichartiger Teilchen

Eine besondere Betrachtung erfordert der Fall eines Stoßes zweier gleichartiger Teilchen. Die Identität der Teilchen führt, wie wir wissen (siehe § 46), in der Quantenmechanik zur Erscheinung der eigenartigen Austauschwechselwirkung zwischen ihnen. Sie wirkt sich auch wesentlich auf die Streuung aus (N. MOTT, 1930).

Um konkret zu sein, beschränken wir uns auf den Stoß zweier identischer Teilchen mit Spin 1/2 (zwei Elektronen, zwei Nukleonen). Der Bahnanteil der Wellenfunktion für ein System aus zwei derartigen Teilchen muß bezüglich einem Vertauschen der Teilchen symmetrisch sein, wenn der Gesamtspin $S = 0$ ist, und antisymmetrisch im Falle $S = 1$ (§ 46). Deshalb muß die die Streuung beschreibende Wellenfunktion, die man durch Lösen der gewöhnlichen SCHRÖ-

[1]) Um Mißverständnisse auszuschließen, sei jedoch betont, daß sich dies nicht auf den Ausdruck (68,7) für die Streuamplitude bezieht; der exakte Ausdruck für $f(\theta)$ unterscheidet sich von (68,7) durch einen Phasenfaktor, der von θ und v abhängt und nur unter der Bedingung (68,9) 1 ist.

DINGER-Gleichung erhält, bezüglich der Teilchen symmetrisiert oder antisymmetrisiert werden. Die Vertauschung der Teilchen ist äquivalent dem Ersetzen der Richtung des sie verbindenden Radiusvektors durch die umgekehrte. In dem Koordinatensystem, in dem der Schwerpunkt ruht, bedeutet das, daß r ungeändert bleibt und der Winkel θ durch $\pi - \theta$ ersetzt wird (im Zusammenhang damit geht $z = r \cos \theta$ in $-z$ über). Deshalb müssen wir anstelle des asymptotischen Ausdrucks (62,3) der Wellenfunktion

$$\psi = e^{ikz} \pm e^{-ikz} + \frac{1}{r} e^{ikr} [f(\theta) \pm f(\pi - \theta)] \tag{69,1}$$

schreiben.

Wegen der Identität der Teilchen kann man natürlich nicht angeben, welches von ihnen das streuende und welches das gestreute ist. Im Schwerpunktsystem haben wir zwei gleiche, gegeneinander laufende ebene Wellen (e^{ikz} und e^{-ikz} in (69,1)). Die auslaufende Kugelwelle in (69,1) berücksichtigt die Streuung beider Teilchen, und der mit ihrer Hilfe berechnete Wahrscheinlichkeitsstrom bestimmt die Wahrscheinlichkeit dafür, daß irgendeines der Teilchen in das gegebene Element do des Raumwinkels gestreut ist. Der Wirkungsquerschnitt ist das Verhältnis dieses Stroms zur Stromdichte in jeder der einfallenden ebenen Wellen, d. h., er wird wie früher durch das Quadrat des Betrages des Koeffizienten bei e^{ikr}/r in der Wellenfunktion (69,1) bestimmt.

Wenn also der Gesamtspin der abstoßenden Teilchen $S = 0$ ist, dann hat der Streuquerschnitt die Gestalt

$$d\sigma_0 = |f(\theta) + f(\pi - \theta)|^2 \, do , \tag{69,2}$$

und wenn er $S = 1$ ist, dann wird

$$d\sigma_1 = |f(\theta) - f(\pi - \theta)|^2 \, do . \tag{69,3}$$

Charakteristisch für die Austauschwechselwirkung ist das Auftreten eines „Interferenz"-Gliedes $f(\theta) f^* (\pi - \theta) + f^*(\theta) f (\pi - \theta)$. Wenn die Teilchen voneinander verschieden wären wie in der klassischen Mechanik, dann wäre die Wahrscheinlichkeit der Streuung eines von ihnen in das gegebene Raumwinkelelement do einfach gleich der Summe der Wahrscheinlichkeiten für die Ablenkung eines von ihnen um den Winkel θ und des sich ihm entgegen bewegenden um den Winkel $\pi - \theta$; mit anderen Worten, der Wirkungsquerschnitt wäre gleich

$$\{|f(\theta)|^2 + |f(\pi - \theta)|^2\} \, do . \tag{69,4}$$

In den Formeln (69,2) und (69,3) wurde angenommen, daß der Gesamtspin der stoßenden Teilchen einen bestimmten Wert hat. Gewöhnlich hat man es jedoch mit einem Stoß von Teilchen zu tun, die sich nicht in bestimmten Spinzuständen befinden. Zur Bestimmung des Wirkungsquerschnitts muß man in diesem Fall eine Mittelung über alle möglichen Spinzustände durchführen; man nimmt sie dabei alle als gleichwahrscheinlich an. Von den $2 \cdot 2 = 4$ verschiedenen Spinzuständen eines Systems zweier Teilchen mit Spin 1/2 entspricht ein Zustand dem Gesamtspin $S = 0$ (die Spinprojektionen der Teilchen sind 1/2, −1/2). Die restlichen drei Zustände gehören zum Gesamtspin $S = 1$ (es handelt sich um Zustände mit folgenden, für die beiden Teilchen möglichen Spinprojektionen: 1/2, 1/2; −1/2, −1/2; −1/2, 1/2). Deshalb ist die Wahrscheinlichkeit, für das System den Gesamtspin $S = 0$ bzw. $S = 1$ vorzufinden, gleich 1/4 bzw. 3/4, so daß sich der Wirkungsquerschnitt wie folgt ergibt:

$$d\sigma = \frac{1}{4} d\sigma_0 + \frac{3}{4} d\sigma_1 = \Big\{ |f(\theta)|^2 + |f(\pi - \theta)|^2 - \frac{1}{2} [f(\theta) f^*(\pi - \theta) + f^*(\theta) f(\pi - \theta)] \Big\} do\,. \tag{69,5}$$

Untersuchen wir nun als Beispiel den Stoß zweier schneller Elektronen, die über das COULOMB-Gesetz wechselwirken ($U = e^2/r$). Ist die Bedingung (68,9), $e^2/\hbar v \ll 1$ (v — Relativgeschwindigkeit der Teilchen), erfüllt, so kann man für die Streuamplitude in BORNscher Näherung den Ausdruck (68,7) verwenden. Dabei muß man berücksichtigen, daß m in dieser Formel die reduzierte Masse beider Teilchen bedeutet und im vorliegenden Fall gleich $m_e/2$ mit m_e als der Elektronenmasse ist. Nach Einsetzen von (68,7) in (69,5) erhalten wir

$$d\sigma = \left(\frac{e^2}{m_e v^2}\right)^2 \left[\frac{1}{\sin^4 \frac{\theta}{2}} + \frac{1}{\cos^4 \frac{\theta}{2}} - \frac{1}{\sin^2 \frac{\theta}{2} \cos^2 \frac{\theta}{2}}\right] do\,. \tag{69,6}$$

Diese Formel bezieht sich auf das Koordinatensystem, in dem der Schwerpunkt ruht. Der Übergang zu dem System, in dem vor dem Stoß eines der Elektronen ruhte, wird durchgeführt, wenn man θ durch $2\,\vartheta$ ersetzt (siehe 62,2). So erhalten wir

$$d\sigma = \left(\frac{2\,e^2}{m_e v^2}\right)^2 \left[\frac{1}{\sin^4 \vartheta} + \frac{1}{\cos^4 \vartheta} - \frac{1}{\sin^2 \vartheta \cos^2 \vartheta}\right] \cos \vartheta\, do\,, \tag{69,7}$$

wobei do das Raumwinkelelement in dem neuen Koordinatensystem ist (bei Ersetzen von θ durch $2\,\vartheta$ muß das Raumwinkelelement do durch $4 \cos \vartheta\, do$ ersetzt werden, da $\sin \theta\, d\theta\, d\varphi = 4 \cos \vartheta \sin \vartheta\, d\vartheta\, d\varphi$ ist). Die letzten Glieder in (69,6—7) unterscheiden diese Formeln von den klassischen (siehe I § 16).

Aufgabe

Es ist der Wirkungsquerschnitt für die Streuung zweier identischer Teilchen mit dem Spin 1/2 zu bestimmen, deren Polarisationsrichtungen den Winkel α einschließen.

Lösung. Die Abhängigkeit des Streuquerschnitts σ von den Teilchenpolarisationen muß sich durch ein Glied ausdrücken lassen, das proportional ist dem Skalar $\bar{s}_1 \bar{s}_2$, d. h. dem Produkt aus den Mittelwerten der Spinvektoren beider Teilchen; für Teilchen, deren Polarisationsrichtungen den Winkel α einschließen, ist dieses Produkt $\bar{s}_1 \bar{s}_2 = 1/4 \cos \alpha$. Wir suchen σ in der Gestalt $\sigma = a + 4\,b\,\bar{s}_1 \bar{s}_2$. Für unpolarisierte Teilchen fehlt das zweite Glied ($\bar{s}_1 = \bar{s}_2 = 0$), und es gilt gemäß (69,5) $\sigma = a = 1/4\,(\sigma_0 + 3\,\sigma_1)$. Wenn die Polarisationsrichtungen beider Teilchen übereinstimmen ($\alpha = 0$), d. h., ihre Spinprojektionen bezüglich dieser Richtung gleich sind, dann befindet sich das System offenbar in einem Zustand mit $S = 1$; folglich gilt in diesem Fall $\sigma = a + b = \sigma_1$. Indem wir aus den zwei erhaltenen Gleichungen a und b bestimmen, finden wir

$$\sigma = \frac{1}{4} \{(\sigma_0 + 3\,\sigma_1) + (\sigma_1 - \sigma_0) \cos \alpha\}\,.$$

§ 70. Die elastischen Stöße schneller Elektronen mit Atomen

Die elastischen Stöße schneller Elektronen mit Atomen kann man mit Hilfe der BORNschen Näherung behandeln, wenn die Geschwindigkeit des einfallenden Elektrons groß im Vergleich mit der Geschwindigkeit der Atomelektronen ist.

Wegen der großen Massendifferenz zwischen Elektron und Atom kann das letztere bei dem Stoß als unbeweglich angenommen werden, und das Koordinatensystem, in dem der Schwerpunkt fest bleibt, fällt mit dem Laborsystem zusammen, in dem das Atom ruht. Dann bezeichnen $\boldsymbol{p}$ und $\boldsymbol{p}'$ in den Formeln des § 67 die Impulse des Elektrons vor und nach dem Stoß, m ist die Masse des Elektrons, und der Winkel θ fällt mit dem Ablenkwinkel ϑ des Elektrons zusammen.

In § 67 berechneten wir das Matrixelement $U_{\boldsymbol{p}'\boldsymbol{p}}$ der Wechselwirkungsenergie bezüglich der Wellenfunktionen des freien Teilchens vor und nach dem Stoß. Beim Stoß mit einem Atom muß man auch die Wellenfunktionen berücksichtigen, die den inneren Zustand des Atoms beschreiben. Deshalb muß in Formel (67,8) anstelle von $U_{\boldsymbol{p}'\boldsymbol{p}}$ das Matrixelemente der Energie U für die Wechselwirkung des Elektrons mit dem Atom stehen, wobei dieses Matrixelement bezüglich der Wellenfunktionen sowohl des Elektrons als auch des Atoms zu bilden ist. Da sich bei elastischer Streuung der Atomzustand nicht ändert, ist das Matrixelement in bezug auf ihn diagonal. Demzufolge muß die Formel für den Streuquerschnitt in der Form

$$d\sigma = \frac{m^2}{4\pi^2\hbar^4}\left|\int\int \psi_0^* \, U \, e^{-i\boldsymbol{q}\boldsymbol{r}} \, \psi_0 \, d\tau \, dV\right|^2 do \tag{70,1}$$

geschrieben werden, worin ψ_0 die Atomwellenfunktion (in Abhängigkeit von den Koordinaten aller Z Elektronen des Atoms) und $d\tau = dV_1 \ldots dV_Z$ das Volumenelement im Konfigurationsraum der Atomelektronen sind.

Das Integral

$$\int \psi_0^* \, U \, \psi_0 \, d\tau$$

ist die über den Atomzustand gemittelte Wechselwirkungsenergie des Elektrons mit dem Atom. Diese kann man auch in der Form $e\,\varphi(r)$ darstellen, wobei $\varphi(r)$ das von der mittleren Ladungsverteilung des Atoms erzeugte Potential bedeutet.

Bezeichnen wir die Dichte dieser Ladungsverteilung mit $\varrho(\boldsymbol{r})$, so können wir für das Potential φ die POISSON-Gleichung

$$\Delta\varphi = -4\pi\varrho(\boldsymbol{r})$$

schreiben. Das gesuchte Matrixelement in (70,1) ist die FOURIER-Transformierte $e\,\varphi_{\boldsymbol{q}}$. Gemäß (68,5) läßt sich ihre Berechnung auf diejenige der FOURIER-Transformierten der Ladungsverteilung ϱ zurückführen. Letztere setzt sich aus den Ladungen der Elektronen und des Kerns zusammen:

$$\varrho = -|e|\,n(r) + Z|e|\,\delta(\boldsymbol{r})$$

mit $n(r)$ als der Anzahldichte der Elektronen im Atom. Multiplizieren wir diese Gleichung mit $e^{-i\boldsymbol{q}\boldsymbol{r}}$, so finden wir nach Integration

$$\int \varrho\, e^{-i\boldsymbol{q}\boldsymbol{r}}\, dV = -|e| \int n\, e^{-i\boldsymbol{q}\boldsymbol{r}}\, dV + Z|e| \,.$$

Auf diese Weise erhalten wir für das uns interessierende Matrixelement den Ausdruck

$$\int\!\!\int \psi_0^*\, U\, e^{-i\boldsymbol{q}\boldsymbol{r}}\, \psi_0\, d\tau\, dV = -\frac{4\pi e^2}{q^2}[Z - F(q)]\,, \tag{70,2}$$

worin der *Atom-Formfaktor* $F(q)$ über die Formel

$$F(q) = \int n\, e^{-i\boldsymbol{q}\boldsymbol{r}}\, dV \tag{70,3}$$

definiert ist. Er stellt eine Funktion des Streuwinkels und der Geschwindigkeit des einfallenden Elektrons dar.

Setzen wir schließlich (70,2) in (70,1) ein, so gelangen wir zu folgendem Endausdruck für den Wirkungsquerschnitt der elastischen Streuung schneller Elektronen an einem Atom:[1])

$$d\sigma = \frac{4\, m^2 e^4}{\hbar^4 q^4}[Z - F(q)]^2\, do\,. \tag{70,4}$$

Die Variable $\hbar\, q$ ist der dem Atom vom Elektron übertragene Impulsbetrag. Dieser hängt mit der Elektronengeschwindigkeit v und dem Streuwinkel ϑ über die Formel

$$q = \frac{2\, m\, v}{\hbar} \sin\frac{\vartheta}{2} \tag{70,5}$$

zusammen (vergleiche (67,7)).

Wir wollen den Grenzfall kleiner q-Werte untersuchen, d. h., q soll klein sein im Vergleich zu $1/a$ mit a als Größenordnung der Atomausdehnung ($q\, a \ll 1$). Kleinem q entsprechen kleine Streuwinkel: $\vartheta \ll v_0/v$, $v_0 \sim \hbar/m\, a$ ist die Größenordnung für die Geschwindigkeit der Atomelektronen.

$F(q)$ entwickeln wir in eine Reihe nach Potenzen von q. Das Glied nullter Ordnung ist gleich $\int n\, dV$, d. h. gleich der Gesamtzahl Z der Elektronen im Atom.

Das Glied erster Ordnung ist proportional $\int \boldsymbol{r}\, n(\boldsymbol{r})\, dV$, d. h. proportional dem Mittelwert des Dipolmoments des Atoms; es ist identisch Null (§ 54). Deshalb hat die Entwicklung bis zum Glied zweiter Ordnung zu geschehen, so daß sich

$$Z - F(q) = \frac{1}{2}\int (\boldsymbol{q}\,\boldsymbol{r})^2\, n\, dV = \frac{q^2}{6}\int n\, r^2\, dV$$

[1]) Austauscheffekte zwischen dem zu streuenden Elektron und den Atomelektronen vernachlässigen wir, d. h., wir antisymmetrisieren die Wellenfunktion des Systems nicht. Diese Vernachlässigung läßt sich folgendermaßen rechtfertigen: Da die Wellenfunktion des einfallenden Teilchens bezüglich des Atomvolumens, über das sich die langsam veränderliche Wellenfunktion der Atomelektronen erstreckt, schnell oszillierend ist, heben sich die Interferenzterme im Wirkungsquerschnitt auf.

ergibt; nach Einsetzen in (70,4) erhalten wir

$$d\sigma = \left|\frac{m e^2}{3 \hbar^2} \int n \, r^2 \, dV\right|^2 do\,. \tag{70,6}$$

Demzufolge ist im Bereich kleiner Streuwinkel der Streuquerschnitt winkelunabhängig und wird durch das mittlere Abstandsquadrat der Atomelektronen vom Kern bestimmt.

Im umgekehrten Grenzfall großer q ($q a \gg 1$) stellt der Faktor e^{-iqr} im Integranden des Ausdruckes (70,3) eine schnell oszillierende Funktion dar, und das gesamte Integral ist demzufolge näherungsweise Null. Man kann deshalb $F(q)$ gegenüber Z vernachlässigen. Es verbleibt dann

$$d\sigma = \left(\frac{Z e^2}{2 m v^2}\right)^2 \frac{do}{\sin^4 \frac{\vartheta}{2}}, \tag{70,7}$$

d. h. die RUTHERFORD-Formel für die Streuung am Atomkern.

Aufgabe

Es ist der Streuquerschnitt für die Streuung schneller Elektronen am sich im Grundzustand befindlichen Wasserstoffatom zu berechnen.

Lösung. Die Wellenfunktion für den Grundzustand des Wasserstoffatoms lautet (in üblichen Einheiten) $\psi = \pi^{-1/2} e^{-r/a_B}$ mit $a_B = \hbar^2/m e^2$ — dem BOHRschen Radius (siehe (31,15)). Die Elektronendichte ist $n = |\psi|^2$. Analog der Herleitung von Formel (67,13) wird die Integration in (70,3) ausgeführt, wobei sich

$$F = \frac{4\pi}{q} \int_0^\infty n(r) \sin q r \cdot r \, dr = \left(1 + \frac{a_B^2 q^2}{4}\right)^{-2}$$

ergibt. Nach Einsetzen in (70,4) erhalten wir

$$d\sigma = 4 a_B^2 \frac{(8 + a_B^2 q^2)^2}{(4 + a_B^2 q^2)^4} do\,.$$

Der totale Wirkungsquerschnitt läßt sich bequem ausrechnen, wenn man

$$do = 2\pi \sin\vartheta \, d\vartheta = 2\pi \left(\frac{\hbar}{m v}\right)^2 q \, dq$$

schreibt und über dq integriert; es ist dabei selbstverständlich, daß (in BORNscher Näherung!) nur das Glied mit der niedrigsten Potenz von $1/v$ mitgenommen werden muß. Im Ergebnis erhalten wir

$$\sigma = \frac{7\pi}{3} \left(\frac{\hbar}{m v}\right)^2.$$

X Die Theorie unelastischer Stöße

§ 71. Das Prinzip des detaillierten Gleichgewichts

Unelastisch heißen Stöße, die von einer Veränderung des inneren Zustandes der stoßenden Teilchen begleitet werden. Diese Veränderungen verstehen wir hier im weitesten Sinne, speziell kann sich auch die Teilchenart ändern. So kann man an die Anregung oder Ionisation von Atomen, an die Anregung oder den Zerfall von Kernen usw. denken. In den Fällen, wenn der Stoß (z. B. eine Kernreaktion) von verschiedenen physikalischen Prozessen begleitet werden kann, spricht man von verschiedenen *Reaktionskanälen.*

Geht man von der Symmetrie der Theorie bezüglich der Zeitumkehr aus, kann man einen ganz allgemeinen Zusammenhang zwischen den Wahrscheinlichkeiten bzw. Wirkungsquerschnitten für die verschiedenartigen unelastischen Prozesse aufstellen. Um konkret zu sein, beschränken wir uns an dieser Stelle auf Prozesse der Art $a + b \to c + d$, bei denen sowohl im Anfangs- als auch im Endzustand jeweils zwei Teilchen vorhanden sind.

Für die folgenden Überlegungen ist es bequem, zunächst anzunehmen, daß sich die Teilchen in einem gewissen großen, jedoch endlichen Volumen Ω bewegen (dabei haben wir im Auge, daß später der Grenzübergang $\Omega \to \infty$ erfolgt). Dann wird das kontinuierliche Spektrum sich frei bewegender Teilchen zu einem diskreten mit sehr kleinen Abständen zwischen den Energieniveaus, die für $\Omega \to \infty$ gegen Null streben (vgl. das Ende von § 27).

Es möge w_{fi} die Wahrscheinlichkeit für den Übergang eines Systems stoßender Teilchen aus einem gewissen Zustand i in einen Zustand f sein.[1] Jeder dieser Zustände wird (neben der Teilchensorte) durch festgelegte Vektoren der Teilchengeschwindigkeiten und definierte Werte für die Spinprojektionen der Teilchen charakterisiert.[2] Eine Zeitumkehr ändert zunächst die Vorzeichen der Geschwindigkeiten und der Spinprojektionen[3]; die sich auf Grund dieser

[1]) Im Einklang mit der allgemein üblichen Anordnungsvorschrift für die Indizes in Übergangsmatrixelementen steht der Index des Endzustands links vom Index des Anfangszustands.

[2]) Für „zusammengesetzte" Teilchen (Atom, Atomkern) muß hier unter „Spin" der Gesamteigendrehimpuls verstanden werden, der sich sowohl aus den Spins als auch den Bahndrehimpulsen für die innere Bewegung der Bestandteile (Elektronen, Nukleonen) zusammensetzt.

[3]) Definiertes Verhalten bei einer Zeitumkehr ist eine Eigenschaft jeder physikalischen Größe, die natürlich nicht von der Anwendung der einen oder anderen Mechanik abhängt. Das Verhalten des Impulses ist aus seinem klassischen Ausdruck $[\boldsymbol{r}\,\boldsymbol{p}] = m[\boldsymbol{r}\,\boldsymbol{v}]$ ersichtlich; er ändert zusammen mit der Geschwindigkeit das Vorzeichen.

Änderungen von den Zuständen i und f unterscheidenden bezeichnen wir mit i^* und f^*. Letztere nennt man auch *zeitinvers* bezüglich der Zustände i und f. Außerdem wird der Anfangs- zum Endzustand und der End- zum Anfangszustand. Da die quantenmechanischen Gleichungen symmetrisch bezüglich der Zeitumkehr sind, müssen die Übergangswahrscheinlichkeiten $i \to f$ und $f^* \to i^*$ gleich sein:

$$w_{fi} = w_{i^*f^*}\,. \tag{71,1}$$

Diese Behauptung ist der Inhalt vom *Prinzip des detaillierten Gleichgewichts.*

Gehen wir nun von den Übergangswahrscheinlichkeiten zu den Reaktionsquerschnitten über. Wir bezeichnen mit $\boldsymbol{p}_i$, $\boldsymbol{v}_i$ und $\boldsymbol{p}_f$, $\boldsymbol{v}_f$ die Impulse und Geschwindigkeiten für die Relativbewegung der beiden Teilchen, die jeweils im Anfangs- und Endzustand vorhanden sind. Es möge $d\sigma_{fi}$ der Wirkungsquerschnitt für Stöße sein, in deren Ergebnis die Richtung von $\boldsymbol{v}_f$ im Raumwinkelelement do_f liegt (dies bezieht sich auf das Schwerpunktsystem beider Teilchen). Die Gesamtenergie beider Teilchen ist natürlich vor und nach dem Stoß die gleiche ($E_i = E_f$). Wir führen nun den Wirkungsquerschnitt ein, der sich formal auf das Intervall dE_f für die Werte der Energie im Endzustand bezieht, wobei diese Energie als veränderliche Größe angesehen wird. Ein solcher Wirkungsquerschnitt muß in der Form

$$d\sigma_{fi} \cdot \delta\,(E_f - E_i)\, dE_f \tag{71,2}$$

geschrieben werden. Die hier stehende δ-Funktion gewährleistet den Energieerhaltungssatz.

Nach Definition ergibt sich der Stoßquerschnitt bei Division der Wahrscheinlichkeit (pro Zeiteinheit) für den vorliegenden Prozeß durch die Stromdichte der einfallenden Teilchen. Letztere ist gleich v_i/Ω (der Faktor $1/\Omega$ ist diejenige Anzahldichte der Teilchen, die einem Teilchen im Volumen Ω entspricht). Außerdem muß berücksichtigt werden, daß sich der Wirkungsquerschnitt (71,2) auf die Intervalle do_f und dE_f bezieht, während die Wahrscheinlichkeit w_{fi} zu streng definierten Werten v_f und E_f gehört. Um den Wirkungsquerschnitt $d\sigma_{fi}$ zu erhalten, muß also w_{fi} noch mit der Zahl der Quantenzustände multipliziert werden, die zu dem gegebenen Intervall für die Richtungen und Beträge der Geschwindigkeit $\boldsymbol{v}_f$ (oder des Impulses $\boldsymbol{p}_f$) gehören. Diese Zahl ist gleich

$$\frac{\Omega\, p_f^2\, dp_f\, do_f}{(2\pi\hbar)^3}$$

(vgl. (27,8)).

Im Ergebnis dieser Überlegungen können wir folgende Beziehung zwischen Querschnitt und Wahrscheinlichkeit aufschreiben:

$$d\sigma_{fi} \cdot \delta\,(E_f - E_i)\, dE_f = \frac{w_{fi}}{v_i/\Omega}\,\frac{\Omega\, p_f^2\, dp_f\, do_f}{(2\pi\hbar)^3}\,.$$

Hieraus folgt

$$w_{fi} = \frac{(2\pi\hbar)^3}{\Omega^2}\,\frac{v_i\, d\sigma_{fi} \cdot \delta\,(E_f - E_i)\, dE_f}{p_f^2\, dp_f\, do_f} = \delta\,(E_f - E_i)\,\frac{(2\pi\hbar)^3\, v_i\, v_f}{\Omega^2}\,\frac{d\sigma_{fi}}{p_f^2\, do_f}$$

(die Geschwindigkeit v_f wurde hier gemäß der Gleichung $\mathrm{d}E_f/\mathrm{d}p_f = v_f$ eingeführt, die sich offenbar daraus ergibt, daß die kinetische Energie für die Relativbewegung der Teilchen in E_f als Summand eingeht). Schreiben wir schließlich in derselben Art die Wahrscheinlichkeit $w_{f^* i^*}$ auf, und setzen wir beide Ausdrücke gleich, so erhalten wir nach Kürzen gemeinsamer Faktoren

$$\frac{\mathrm{d}\sigma_{fi}}{p_f^2\,\mathrm{d}o_f} = \frac{\mathrm{d}\sigma_{i^* f^*}}{p_i^2\,\mathrm{d}o_i}\,. \tag{71,3}$$

Diese Beziehung drückt das Prinzip des detaillierten Gleichgewichts in seiner Formulierung für Wirkungsquerschnitte aus. Da in ihr das Volumen Ω nicht mehr vorkommt, bleibt sie in obiger Form auch für den Grenzfall $\Omega \to \infty$ gültig.

Die Gleichungen (71,1) und (71,3) stellen einen Zusammenhang zwischen den Wahrscheinlichkeiten bzw. den Wirkungsquerschnitten für die beiden Prozesse $i \to f$ und $f^* \to i^*$ her, die, obwohl wortwörtlich nicht als direkter und inverser Prozeß interpretierbar ($i \to f$ und $f \to i$), in ihrem physikalischen Sinn dieser Deutung sehr nahe kommen.

Der Unterschied zwischen den Übergängen $i \to f$ und $i^* \to f^*$ verschwindet völlig, wenn man den integralen Wirkungsquerschnitt betrachtet, der sich durch Integration über alle $\boldsymbol{p}_f$-Richtungen, Summation über die Spinrichtungen $\boldsymbol{s}_{1f}$, $\boldsymbol{s}_{2f}$ der Teilchen im Endzustand und Mittelung über die Richtungen des Impulses $\boldsymbol{p}_i$ und der Spins $\boldsymbol{s}_{1i}$, $\boldsymbol{s}_{2i}$ der Teilchen im Anfangszustand ergibt. Wir bezeichnen diesen Wirkungsquerschnitt mit $\bar{\sigma}_{fi}$:

$$\bar{\sigma}_{fi} = \frac{1}{4\pi\,(2\,s_{1i}+1)\,(2\,s_{2i}+1)} \sum_{(m_s)} \int\int \mathrm{d}\sigma_{fi}\,\mathrm{d}o_i\,; \tag{71,4}$$

die Summation läuft über die Spinprojektionen aller Teilchen, der Faktor vor dem Summen- und den Integralzeichen hängt damit zusammen, daß über die sich auf die Ausgangsteilchen beziehenden Größen gemittelt und nicht summiert wird. Schreiben wir (71,3) in der Form

$$p_i^2\,\mathrm{d}\sigma_{fi}\,\mathrm{d}o_i = p_f^2\,\mathrm{d}\sigma_{i^* f^*}\,\mathrm{d}o_f$$

und gehen wir im Sinne des oben Gesagten zu den integralen Wirkungsquerschnitten über, so erhalten wir die gesuchte Beziehung:

$$g_i\,p_i^2\,\bar{\sigma}_{fi} = g_f\,p_f^2\,\bar{\sigma}_{if}\,. \tag{71,5}$$

Mit g_i und g_f wurden hierbei die Größen

$$\begin{aligned} g_i &= (2\,s_{1i}+1)\,(2\,s_{2i}+1)\,,\\ g_f &= (2\,s_{1f}+1)\,(2\,s_{2f}+1) \end{aligned} \tag{71,6}$$

bezeichnet, die die Zahl der möglichen Spinorientierungen der Teilchenpaare im Anfangs- und Endzustand angeben; diese Zahlen heißen *statistische Spingewichtsfaktoren* der Zustände i und f.

Aufgaben[1])

1. Es ist der Zusammenhang zwischen den Wirkungsquerschnitten für den Photoeffekt σ_{Ph} (Ionisation eines Atoms unter Absorption eines Photons der Energie $\hbar\omega$) und der Rekombinationsstrahlung σ_{Rek} (Einfangen eines freien Elektrons durch das Ion und Bildung eines neutralen Atoms bei gleichzeitigem Aussenden eines Photons) herzustellen.

Lösung. Im vorliegenden Fall sind die Zustände i und f die Systemzustände Ion + Elektron und Atom + Photon. Die gesuchte Beziehung hat die Gestalt

$$(2\,J_{\text{Ion}} + 1)\,p^2\,\bar{\sigma}_{\text{Rek}} = 2\,(2\,J_{\text{Atom}} + 1)\left(\frac{\hbar\,\omega}{c}\right)^2 \bar{\sigma}_{\text{Ph}}\,,$$

worin J_{Ion} und J_{Atom} die Drehimpulse von Ion und Atom, $p = m\,v$ der Impuls des auf das ruhende Ion einfallenden Elektrons und $\hbar\,\omega/c$ der Photonenimpuls sind; der Faktor 2 ist das statistische Gewicht des Photons (zwei Polarisationsrichtungen).

2. Es ist der Zusammenhang zwischen Wirkungsquerschnitten der Photodissoziation des Deuterons und der Strahlungsrekombination von Proton und Neutron aufzufinden.

Lösung. Der Spingewichtsfaktor des Systems aus Neutron + Proton ist gleich $2 \cdot 2 = 4$, während der Gewichtsfaktor des Deutrons (im Grundzustand mit $S = 1$) + Photon gleich $3 \cdot 2 = 6$ ist. Deshalb gilt $4\,p^2\,\bar{\sigma}_{\text{Rek}} = 6(\hbar\,\omega/c)^2\,\bar{\sigma}_{\text{Ph}}$ mit p als Impuls für die Relativbewegung der stoßenden Teilchen Proton und Neutron. Dieser Impuls hängt mit der Bindungsenergie des Deuterons I und der Energie $\hbar\,\omega$ des bei der Bildung des Deuterons emittierten γ-Quants über den Energieerhaltungssatz zusammen: $I + p^2/M$ (die reduzierte Masse ist gleich $M/2$ mit M als Nukleonenmasse). Schließlich ergibt sich

$$2\,M\,c^2\,(\hbar\,\omega - I)\,\bar{\sigma}_{\text{Rek}} = 3(\hbar\,\omega)^2\,\bar{\sigma}_{\text{Ph}}\,.$$

§ 72. Die elastische Streuung beim Vorhandensein unelastischer Prozesse

Das Vorhandensein unelastischer Kanäle wirkt sich in bestimmter Hinsicht auch auf die Eigenschaften der elastischen Streuung aus.

Die Wellenfunktion ψ, die die elastische Streuung beschreibt, setzt sich aus einer einfallenden ebenen Welle und einer auslaufenden Kugelwelle zusammen. Man kann sie auch als Summe einlaufender und auslaufender „Partialwellen“ darstellen (die Partialwellen entsprechen definierten Werten des Bahndrehimpulses l), wie dies in § 62 getan wurde. In der dort erhaltenen Formel (62,7) stimmen die Amplituden der beiden Wellen eines Paars aus einlaufender und auslaufender Welle überein: Jeder Summand enthält in der rechteckigen Klammer dem Betrag nach gleiche (der Betrag ist gleich 1) Koeffizienten der Faktoren e^{-ikr} und e^{ikr}. Bei rein elastischer Streuung entspricht das dem physikalischen Sinn des Problems, wenn aber unelastische Kanäle vorhanden sind, so müssen die Amplituden der auslaufenden Wellen kleiner als die der einlaufenden sein. Deshalb wird der asymptotische Ausdruck für ψ durch die Formel

$$\psi = \frac{i}{2\,k\,r}\sum_{l=0}^{\infty}(2\,l + 1)\,P_l\,(\cos\theta)\,[(-1)^l\,e^{-ikr} - S_l\,e^{ikr}] \tag{72,1}$$

[1]) In diesen Aufgaben werden einige (sich auf das Photon beziehende) Begriffe verwendet, die in Kapitel XI eingeführt werden.

gegeben sein, die sich von (62,7) dadurch unterscheidet, daß als Koeffizienten bei e^{ikr} (anstelle von $\exp(2\,i\,\delta_l)$) gewisse komplexe Größen S_l stehen, die betragsmäßig kleiner als 1 sind. Dementsprechend wird auch die Amplitude der elastischen Streuung durch einen Ausdruck bestimmt, der sich von (62,8) durch obige Substitution unterscheidet:

$$f(\theta) = \frac{1}{2\,i\,k} \sum_{l=0}^{\infty} (2\,l+1)\,(S_l - 1)\,P_l(\cos\theta)\,. \tag{72,2}$$

Für den totalen Wirkungsquerschnitt σ_e der elastischen Streuung erhalten wir anstelle von (62,9) die Formel

$$\sigma_e = \sum_{l=0}^{\infty} \frac{\pi}{k^2}\,(2\,l+1)\,|1 - S_l|^2\,. \tag{72,3}$$

Der totale Wirkungsquerschnitt der unelastischen Streuung oder, wie man auch sagt, der *Reaktionsquerschnitt* σ_r bezüglich aller möglichen Kanäle, kann auch durch die Größen S_l ausgedrückt werden. Dazu genügt es zu bemerken, daß für jeden Wert l die Intensität der auslaufenden Welle im Vergleich zur Intensität der einlaufenden Welle in dem Verhältnis $|S_l|^2$ abgeschwächt ist. Diese Abschwächung muß völlig der unelastischen Streuung zugeschrieben werden. Deshalb ist klar, daß

$$\sigma_r = \frac{\pi}{k^2} \sum_{l=0}^{\infty} (2\,l+1)\,(1 - |S_l|^2) \tag{72,4}$$

gilt, und der totale Wirkungsquerschnitt ist

$$\sigma_t = \sigma_e + \sigma_r = \sum_{l=0}^{\infty} \frac{\pi}{k^2}\,(2\,l+1)\,(2 - S_l - S_l^*)\,. \tag{72,5}$$

Die einzelnen Summanden in (72,3) bzw. (72,4) sind die partiellen Wirkungsquerschnitte für die elastische bzw. unelastische Streuung von Teilchen mit dem Bahndrehimpuls l. Der Wert $S_l = 1$ entspricht dem Fall, daß überhaupt keine Streuung (bei gegebenem l) vorliegt. Dagegen bedeutet $S_l = 0$ vollständige „Absorption" von Teilchen mit gegebenem l (in (72,1) fehlt die auslaufende Partialwelle mit diesem l); in diesem Fall sind die Wirkungsquerschnitte für elastische und unelastische Streuung einander gleich. Wir bemerken, daß unelastische Streuung bei Abwesenheit elastischer Streuung nicht auftreten kann, obwohl das Umgekehrte möglich ist (für $|S_l| = 1$): Das Vorhandensein unelastischer Streuung führt unmittelbar zu einem gleichzeitigen Auftreten elastischer Streuung.

Für $\theta \to 0$ strebt die Amplitude (72,2) der elastischen Streuung gegen den Wert

$$f(0) = \frac{1}{2\,k} \sum_{l=0}^{\infty} (2\,l+1)\,i\,(1 - S_l)\,.$$

Vergleichen wir diesen Ausdruck mit (72,5), so finden wir die folgende Beziehung zwischen dem Imaginärteil der Amplitude für die elastische Streuung unter dem Winkel Null und dem totalen Streuquerschnitt über alle Kanäle:

$$\operatorname{Im} f(0) = \frac{k}{4\pi}\sigma_t \tag{72,6}$$

(dies ist das sogenannte *optische Theorem* für die Streuung).

§ 73. Die unelastische Streuung langsamer Teilchen

Die in § 65 dargestellte Ableitung des Grenzgesetzes der elastischen Streuung bei kleinen Energien kann leicht auf den Fall unelastischer Prozesse verallgemeinert werden.

Wie schon früher spielt die wesentliche Rolle bei kleinen Energien die Streuung mit $l = 0$. Wir erinnern daran, daß nach den in § 65 erhaltenen Resultaten die Größe $S_0 = \exp(2i\delta_0)$ bei kleinen k gleich

$$S_0 \approx 1 + 2i\delta_0 = 1 + 2ik\beta\,, \tag{73,1}$$

mit der reellen Konstanten $\beta = c_2/c_1$, war (siehe (65,6)). c_1, c_2 waren reell, weil sie in der Lösung ψ einer reellen Gleichung (der SCHRÖDINGER-Gleichung) mit reellen Randbedingungen (es handelte sich um die asymptotische Gestalt einer stehenden Welle für $r \to \infty$) als Koeffizienten auftraten. Beim Vorhandensein unelastischer Streuprozesse ändern sich die Eigenschaften der Wellenfunktionen ψ nur in der Hinsicht, daß die Randbedingung, der sie im Unendlichen genügen muß, nunmehr komplex ist; der asymptotische Ausdruck (72,1) mit den unterschiedlichen Amplituden für einlaufende und auslaufende Wellen läßt sich nun nicht mehr auf eine reelle stehende Welle zurückführen.

In diesem Zusammenhang wird auch die Konstante β komplex: $\beta = \beta' + i\beta''$. Damit ist der Betrag $|S_0|$ nicht mehr gleich 1. Die Bedingung $|S_0| < 1$ bedeutet, daß der Imaginärteil von β negativ sein muß: $\beta'' < 0$.

Berücksichtigen wir in den Summen (72,3—4) jeweils nur das erste Glied, und setzen wir in diese Glieder (73,1) ein, so finden wir als Wirkungsquerschnitte für elastische und unelastische Streuung

$$\sigma_e = 4\pi|\beta|^2\,, \tag{73,2}$$

$$\sigma_r = \frac{4\pi}{k}|\beta''|\,. \tag{73,3}$$

Demnach ist der Wirkungsquerschnitt für die elastische Streuung nach wie vor geschwindigkeitsunabhängig. Der Wirkungsquerschnitt unelastischer Prozesse jedoch ist umgekehrt proportional der Geschwindigkeit der Teilchen — dies ist das sogenannte *$1/v$-Gesetz* (H. A. BETHE, 1935). Folglich wächst die Rolle der nichtelastischen Prozesse im Vergleich zur elastischen Streuung mit kleiner werdenden Geschwindigkeiten an.

Das $1/v$-Gesetz kann man weniger streng und dafür anschaulicher noch auf andere Weise begründen. Dazu nehmen wir an, daß die Reaktionswahrscheinlichkeit bei einem Stoß dem Betragsquadrat der Wellenfunktion für die einfallende Welle im Punkte $r = 0$ proportional ist. Physikalisch spiegelt diese Voraussetzung den Tatbestand wider, daß z. B. ein auf einen Kern fallendes langsames Neutron eine Reaktion nur auslösen kann, nachdem es in den Kern „eingedrungen" ist. Nach Division von $|\psi_{\text{fall}}(0)|^2$ durch die Stromdichte des einfallenden Teilchens (oder, was das gleiche ist, durch Normierung von ψ_{fall} auf den Einheitsstrom) erhalten wir den Reaktionsquerschnitt. Für eine auf den Einheitsstrom normierte ebene Welle haben wir $|\psi_{\text{fall}}|^2 \sim 1/v$, d. h., es ergibt sich das gesuchte Resultat.

Im Rahmen dieser Überlegung ist klar, daß sich $\psi_{\text{fall}}(0)$ aus der bezüglich des Feldes ungestörten Wellenfunktion (ebene Welle) berechnen läßt. Dafür und damit auch für die Richtigkeit des $1/v$-Gesetzes ist es notwendig, daß das auf das einfallende Teilchen wirkende Feld $U(r)$ mit wachsendem Abstand hinreichend schnell abklingt.[1]) Wir unterstreichen, daß insbesondere für Reaktionen geladener Teilchen, die über das COULOMB-Gesetz wechselwirken, das $1/v$-Gesetz nicht gültig ist.

§ 74. Unelastische Stöße schneller Elektronen mit Atomen

Beim Stoß eines schnellen Teilchens mit einem Atom können neben elastischer Streuung auch verschiedene unelastische Prozesse, z. B. eine Anregung des Atoms oder seine Ionisation, auftreten. Analog dem Vorgehen in § 70 hinsichtlich der elastischen Streuung schneller Elektronen, können diese Prozesse in BORNscher Näherung behandelt werden. Dies geschieht unter der Annahme, daß die Geschwindigkeit des schnellen Teilchens, verglichen mit derjenigen der Atomelektronen, groß ist.

Wie schon in § 70 ausgeführt wurde, kann man beim Stoß eines Elektrons mit einem Atom so vorgehen, als ob das Schwerpunkts-Koordinatensystem mit dem Laborsystem, in dem das Atom ruht, übereinstimmt. Wiederum mögen $\boldsymbol{p}$ bzw. $\boldsymbol{p}'$ Anfangs- bzw. Endimpuls und m die Masse des Elektrons sein. Wir führen außerdem den Vektor des vom Elektron auf das Atom übertragenen Impulses $\hbar\, \boldsymbol{q} = \boldsymbol{p}' - \boldsymbol{p}$ ein. Die Größe $\boldsymbol{q}$ spielt eine wichtige Rolle beim Prozeß, da sie im wesentlichen den Charakter des Stoßes bestimmt. Wir werden zwei Grenzfälle behandeln und zwar Stöße mit im Vergleich zu $\hbar/a$ großen bzw. kleinen übertragenen Impulsen, wobei a die Größenordnung der Atomdimensionen ist.

Die Ungleichung $q\, a \gg 1$ bedeutet, daß dem Atom ein Impuls übertragen wird, der groß ist, verglichen mit demjenigen, den die Atomelektronen zu Beginn des Stoßprozesses besitzen. Physikalisch ist klar, daß man in diesem Fall die Atomelektronen als freie Elektronen und den Stoß des schnellen Elektrons mit dem Atom als elastischen Stoß mit einem bei Stoßbeginn ruhenden Atom-

[1]) Man kann zeigen, daß U schneller als $1/r^2$ abklingen muß.

elektron betrachten kann. Der Wirkungsquerschnitt für die Streuung an jedem der Z Elektronen wird durch die RUTHERFORD-Formel gegeben (sollten dabei beide Elektronen, d. h. einfallendes und atomares Elektron, betragsmäßig vergleichbare Geschwindigkeiten erlangen, dann werden Austauscheffekte wesentlich, und der Wirkungsquerschnitt bestimmt sich nach Formel (69,7)).

Untersuchen wir nun den umgekehrten Fall kleiner Impulsübertragungen: $q\,a \ll 1$. Dies bedeutet, daß der Ablenkungswinkel des Elektrons sehr klein ist und die von ihm dem Atom übertragene Energie klein ist im Vergleich zur Ausgangsenergie des Atoms. Diese Eigenschaften erlauben $p \approx p'$ zu setzen; der Vektor $\boldsymbol{q}$ ergibt sich dann einfach im Resultat einer Drehung von $\boldsymbol{p}$ mit unverändertem Betrag des letzteren. Für kleine Streuwinkel ϑ haben wir somit

$$\hbar\, q \approx p\, \vartheta\,. \tag{74,1}$$

Nur bei äußerst kleinen Winkeln ist diese Formel unbrauchbar: Im Grenzfall $\vartheta \to 0$ strebt q gegen den Grenzwert $q_{\min} = (p - p')/\hbar$, der durch die kleine Differenz $p - p'$ gegeben ist. Die Bedingung der Energieerhaltung für den Stoß liefert

$$E_n - E_0 = \frac{1}{2m}(p^2 - p'^2) \approx \frac{p}{m}(p - p') = v\,(p - p')$$

mit $E_n - E_0$ als Anregungsenergie des Atoms bei seinem Übergang vom Grundzustand in den n-ten Zustand und v als Geschwindigkeit des einfallenden Elektrons. Deshalb ist der minimale Wert für die Impulsübertragung

$$\hbar\, q_{\min} = \frac{E_n - E_0}{v}\,. \tag{74,2}$$

Nach einer derartigen Vereinfachung besteht der einzige Unterschied zur elastischen Streuung darin, daß Anfangs- und Endzustand des Atoms verschieden sind. Deshalb finden wir für den Wirkungsquerschnitt die frühere Formel (70,1), in der jedoch im Integral anstelle von ψ_0 und ψ_0^* unterschiedliche Wellenfunktionen ψ_0 und ψ_n^* geschrieben werden müssen:

$$d\sigma = \frac{m^2}{4\pi^2\hbar^4}\left|\iint U\, \mathrm{e}^{-i\boldsymbol{q}\boldsymbol{r}}\, \psi_n^*\, \psi_0\, \mathrm{d}\tau\, \mathrm{d}V\right|^2. \tag{74,3}$$

Die Energie U enthält die Wechselwirkung des einfallenden Teilchens sowohl mit dem Atomkern als auch mit allen Z Atomelektronen:

$$U = -\frac{Z e^2}{r} + \sum_{a=1}^{Z} \frac{e^2}{|\boldsymbol{r} - \boldsymbol{r}_a|} \tag{74,4}$$

($\boldsymbol{r}$ — Radiusvektor des einfallenden Teilchens, $\boldsymbol{r}_a$ — Radiusvektoren der Atomelektronen; der Koordinatenursprung stimmt mit der Kernlage überein).

Beim Einsetzen von (74,4) in (74,3) ist ersichtlich, daß für unelastische Prozesse das Glied, welches die Wechselwirkung mit dem Kern, d. h. Ze^2/r, enthält, verschwindet; die Integration dieses Gliedes über $\mathrm{d}\tau$ läuft auf die Berechnung des Integrals $\int \psi_n^*\, \psi_0\, \mathrm{d}\tau$ hinaus, das wegen der Orthogonalität der

Funktionen ψ_0 und ψ_n Null ergibt. Die verbleibenden Glieder werden mit Hilfe der Formel

$$\int \frac{e^{-i\boldsymbol{q}\boldsymbol{r}}}{|\boldsymbol{r}-\boldsymbol{r}_a|}\,\mathrm{d}V = \frac{4\pi}{q^2}\,e^{-i\boldsymbol{q}\boldsymbol{r}_a} \tag{74,5}$$

integriert (für deren Herleitung nur zu bemerken ist, daß durch die Substitution $\boldsymbol{r} = \boldsymbol{r}_a + \boldsymbol{r}'$ das Integral in

$$e^{-i\boldsymbol{q}\boldsymbol{r}_a}\int e^{-i\boldsymbol{q}\boldsymbol{r}'}\frac{\mathrm{d}V'}{r'} \equiv e^{-i\boldsymbol{q}\boldsymbol{r}_a}\left(\frac{1}{r}\right)_{\boldsymbol{q}}$$

übergeht und die Fourier-Transformierte von $1/r$ durch die Formel (68,6) gegeben ist). Als Ergebnis erhalten wir

$$\mathrm{d}\sigma_n = \left(\frac{2me^2}{\hbar^2}\right)^2 \left|\left(\sum_a e^{-i\boldsymbol{q}\boldsymbol{r}_a}\right)_{n0}\right|^2 \frac{\mathrm{d}o'}{q^4},$$

worin das Matrixelement mit den Atomwellenfunktionen zu bilden ist:

$$\left(\sum_a e^{-i\boldsymbol{q}\boldsymbol{r}_a}\right)_{n0} = \sum_a \int e^{-i\boldsymbol{q}\boldsymbol{r}_a}\,\psi_n^*\,\psi_0\,\mathrm{d}\tau\,. \tag{74,6}$$

Jetzt kann man die Kleinheit von q benutzen. Die Integrationsvariablen $\boldsymbol{r}_a$ in (74,6) durchlaufen gerade einen Raumbereich, dessen lineare Abmessungen $\sim a$ sind. Deshalb ist für $q\,a \ll 1$ in diesem gesamten Bereich auch $\boldsymbol{q}\,\boldsymbol{r}_a$ klein, so daß man

$$e^{-i\boldsymbol{q}\boldsymbol{r}_a} \approx 1 - i\,\boldsymbol{q}\,\boldsymbol{r}_a = 1 - i\,q\,x_a \tag{74,7}$$

setzen kann (die x-Achse ist so gewählt, daß sie mit der Richtung von $\boldsymbol{q}$ zusammenfällt). Dann gilt

$$\left(\sum_a e^{-i\boldsymbol{q}\boldsymbol{r}_a}\right)_{n0} = -\,i\,q\left(\sum_a x_a\right)_{n0} = -\,i\,\frac{q}{e}\,(d_x)_{n0}$$

mit $\mathrm{d}_x = \sum_a e\,x_a$ als kartesischer Komponente des atomaren Dipolmoments (das Glied mit der 1 wird wegen der Orthogonalität der Funktionen ψ_0 und ψ_n Null). Setzen wir weiterhin

$$\mathrm{d}o' = 2\pi\sin\vartheta\,\mathrm{d}\vartheta \approx 2\pi\,\vartheta\,\mathrm{d}\vartheta = 2\pi\left(\frac{\hbar}{m\,v}\right)^2 q\,\mathrm{d}q\,,$$

so erhalten wir für den Wirkungsquerschnitt den Ausdruck

$$\mathrm{d}\sigma_n = 8\pi\left(\frac{e}{\hbar\,v}\right)^2 |(d_x)_{n0}|^2\,\frac{\mathrm{d}q}{q}\,. \tag{74,8}$$

Wir sehen, daß der Wirkungsquerschnitt durch das Betragsquadrat des Matrixelements für das Dipolmoment des Atoms bestimmt wird.[1])

[1]) Natürlich wird hierbei vorausgesetzt, daß dieses Matrixelement von Null verschieden ist. Im umgekehrten Fall müßte die Entwicklung (74,7) bis zu Gliedern höherer Ordnung fortgesetzt werden.

Teil II. Relativistische Theorie

Das Photon XI

§ 75. Unschärferelationen im relativistischen Bereich

Die gesamte in Teil I dieses Lehrbuches behandelte Quantentheorie ist nichtrelativistisch; sie kann nicht auf Erscheinungen angewandt werden, bei denen Bewegungen mit Geschwindigkeiten, die gegenüber der Lichtgeschwindigkeit nicht klein sind, vorkommen. Auf den ersten Blick könnte man erwarten, daß der Übergang zu einer relativistischen Theorie durch eine mehr oder weniger direkte Verallgemeinerung des Apparates der nichtrelativistischen Quantenmechanik möglich wäre. Eine sorgfältige Betrachtung zeigt dagegen, daß dies nicht der Fall ist.

Wir haben gesehen, daß die Quantenmechanik die Möglichkeiten der gleichzeitigen Existenz verschiedener dynamischer Veränderlicher eines Elektrons[1]) stark einschränkt. Die Unschärfen Δq und Δp, die bei einer gleichzeitigen Messung von Ort und Impuls unvermeidlich sind, erfüllen die Beziehung $\Delta q \, \Delta p \sim \hbar$; je genauer man eine dieser Größen mißt, desto weniger genau kann die andere gleichzeitig gemessen werden.

Es ist aber wesentlich, daß jede dynamische Veränderliche eines Elektrons für sich allein beliebig genau gemessen werden kann; die Messung kann in einem beliebig kleinen Zeitintervall erfolgen. Dieser Sachverhalt spielt für die ganze nichtrelativistische Quantenmechanik eine fundamentale Rolle. Nur auf Grund dessen konnte man den Begriff der Wellenfunktion $\psi(q)$ einführen, deren Betragsquadrat die Wahrscheinlichkeit angibt, mit der man (bei einer Messung zu einem bestimmten Zeitpunkt) das Elektron an dem betreffenden Ort vorfindet. Eine notwendige Voraussetzung, den Begriff einer solchen Wellenfunktion einführen zu können, ist offensichtlich die prinzipielle Möglichkeit, den Ort beliebig genau und schnell messen zu können; anderenfalls würde dieser Begriff gegenstandslos und würde seinen physikalischen Sinn verlieren.

Die Existenz einer Grenzgeschwindigkeit (der Lichtgeschwindigkeit c) führt zu neuen prinzipiellen Einschränkungen der Möglichkeiten, verschiedene physikalische Größen zu messen (L. D. Landau, R. Peierls, 1930).

In § 37 haben wir die Beziehung

$$(v' - v) \, \Delta p \, \Delta t \sim \hbar \tag{75,1}$$

[1]) Wie in § 1 sprechen wir der Kürze halber von einem Elektron, denken dabei aber an ein beliebiges quantenmechanisches Objekt.

abgeleitet, die die Unschärfe Δp der Impulsmessung an einem Elektron mit der Dauer Δt des Meßprozesses verknüpft; v und v' sind die Geschwindigkeiten des Elektrons vor und nach der Messung. Aus dieser Beziehung folgt: Man kann eine genügend genaue Impulsmessung in einer relativ kurzen Zeit (d. h. kleines Δp bei kleinem Δt) nur auf Kosten einer recht großen Geschwindigkeitsänderung während des Meßprozesses erreichen. In der nichtrelativistischen Theorie äußerte sich dieser Sachverhalt darin, daß eine Impulsmessung nicht nach kurzen Zeitintervallen reproduziert werden kann; in keiner Weise wird davon aber die prinzipielle Möglichkeit einer beliebig genauen Impulsmessung berührt, da die Differenz $v' - v$ immer beliebig groß gemacht werden konnte.

Die Existenz einer Grenzgeschwindigkeit ändert die Sachlage grundlegend. Die Differenz $v' - v$ kann wie die Geschwindigkeiten selbst jetzt nicht größer als c (genauer $2\,c$) sein. Ersetzen wir in (75,1) $v' - v$ durch c, dann erhalten wir die Beziehung

$$\Delta p\,\Delta t \sim \frac{\hbar}{c}\,. \tag{75,2}$$

Diese Beziehung bestimmt die beste, prinzipiell erreichbare Genauigkeit einer Impulsmessung bei gegebener Meßdauer Δt. In einer relativistischen Theorie ist es also prinzipiell unmöglich, den Impuls beliebig genau und beliebig schnell zu messen. Eine genaue Impulsmessung ($\Delta p \to 0$) ist nur im Grenzfall einer unendlich langen Meßzeit möglich.

Auch die Meßbarkeit des Ortes erfährt eine tiefgreifende Abänderung: In einer relativistischen Theorie ist der Ort nur bis zu einer gewissen Genauigkeit meßbar, eine bestimmte untere Grenze der Ortsunschärfe kann nicht unterschritten werden. Der Begriff der Lokalisierung eines Elektrons wird in seinem physikalischen Sinn weiter eingeschränkt.

Im mathematischen Formalismus der Theorie äußert sich diese Situation so, daß eine genaue Ortsmessung mit der Forderung nach positiver Energie des freien Teilchens unvereinbar ist. Wie wir später noch sehen werden, enthält das vollständige System der Eigenfunktion einer relativistischen Wellengleichung für ein freies Teilchen (neben Lösungen mit der „richtigen" Zeitabhängigkeit) auch Lösungen mit einer „negativen Frequenz". Diese Funktionen gehen im allgemeinen auch in die Entwicklung des Wellenpaketes ein, das einem in einem kleinen Raumgebiet lokalisierten Elektron entspricht.

Die Wellenfunktionen mit „negativer Frequenz" hängen, wie noch gezeigt wird, mit der Existenz von Antiteilchen — Positronen — zusammen. Das Auftreten dieser Funktionen in der Entwicklung eines Wellenpaketes ist der Ausdruck dafür, daß bei einer Ortsmessung für ein Elektron im allgemeinen unvermeidlich Elektron–Positron-Paare gebildet werden. Die durch den Prozeß selbst hervorgerufene, unkontrollierbare Erzeugung neuer Teilchen nimmt der Ortsmessung offensichtlich ihren Sinn.

Im Ruhsystem des Elektrons ist der minimale Fehler bei einer Ortsmessung

$$\Delta q \sim \frac{\hbar}{m\,c}. \tag{75,3}$$

Diesem Wert (dem einzigen, der schon aus Dimensionsbetrachtungen heraus möglich ist) entspricht die Impulsunschärfe $\Delta p \sim m\,c$, die ihrerseits der kleinsten Schwellenenergie für die Paarerzeugung entspricht.

In einem Bezugssystem, in dem sich das Elektron mit der Energie ε bewegt, haben wir statt (75,3)

$$\Delta q \sim \frac{\hbar\,c}{\varepsilon}. \tag{75,4}$$

Im ultrarelativistischen Grenzfall besteht zwischen Energie und Impuls die Beziehung $\varepsilon \approx c\,p$, und es ist dann speziell

$$\Delta q \sim \frac{\hbar}{p}, \tag{75,5}$$

d. h., der Fehler Δq stimmt mit der DE BROGLIE-Wellenlänge des Teilchens überein.

Aus den obigen Feststellungen wird klar, daß in einer konsequenten relativistischen Quantenmechanik die Koordinaten eines Teilchens als dynamische Veränderliche überhaupt nicht vorkommen dürfen, da sie ihrer Natur nach einen ganz bestimmten Sinn haben müssen. Auch der Impuls eines Teilchens kann in seinem früheren Sinn nicht beibehalten werden. Da zu einer genauen Impulsmessung eine genügend lange Zeit erforderlich ist, kann seine Änderung im Verlaufe eines Prozesses nicht verfolgt werden.

Erinnern wir uns an das, was am Anfang dieses Paragraphen gesagt worden ist, so gelangen wir zu dem Schluß, daß der gesamte Apparat der nichtrelativistischen Quantenmechanik für den Übergang zum relativistischen Bereich inadäquat ist. Die in ihrem früheren Sinn aufgefaßten Wellenfunktionen $\psi(q)$ als Träger einer unbeobachtbaren Information können in einer konsequenten relativistischen Theorie nicht vorkommen.

Der Impuls kann in einer konsequenten Theorie nur in den Anwendungen auf freie Teilchen enthalten sein; denn für diese bleibt der Impuls erhalten und kann daher mit beliebiger Genauigkeit gemessen werden. Man könnte daher denken, daß eine künftige Theorie von der Betrachtung des zeitlichen Ablaufs von Wechselwirkungsprozessen zwischen Teilchen ganz abgeht. Die einzigen beobachtbaren Größen werden die Charakteristika (Impulse, Polarisationen) freier Teilchen sein — der Teilchen, die miteinander in Wechselwirkung treten (Anfangsteilchen), und der Teilchen, die infolge des Prozesses entstehen (Endteilchen).

Die charakteristische Problemstellung in der relativistischen Quantentheorie verlangt die Bestimmung der Wahrscheinlichkeitsamplituden für Übergänge zwischen gegebenen Anfangs- und Endzuständen von Teilchensystemen. Die Gesamtheit dieser Amplituden zwischen allen möglichen Zuständen bildet die *Streumatrix* oder *S-Matrix*.[1]) Diese Matrix ist der Träger der gesamten, physikalisch sinnvollen und beobachtbaren Information über die Wechselwirkungsprozesse zwischen Teilchen (W. Heisenberg, 1938).

In einer solchen Theorie müssen die Begriffe „elementares" und „zusammengesetztes" Teilchen ihren früheren Sinn verlieren — die Frage, was woraus besteht, wird hinfällig. Diese Frage kann nicht gestellt werden, ohne den Wechselwirkungsprozeß zwischen den Teilchen zu untersuchen; der Verzicht auf eine solche Untersuchung macht die Frage gegenstandslos. Alle Teilchen, die im Anfangs- oder Endzustand bei irgendeinem physikalischen Stoßprozeß vorkommen, müssen in der Theorie gleichberechtigt auftreten. In diesem Sinne ist der Unterschied zwischen Teilchen, die man normalerweise als „zusammengesetzt" oder als „elementar" bezeichnet, rein quantitativer Natur und bezieht sich auf die Größe des Massendefektes beim Zerfall in diese oder jene „Bestandteile". Die Behauptung, daß ein Deuteron zusammengesetzt ist (mit einer relativ kleinen Bindungsenergie bezüglich des Zerfalls in ein Proton und ein Neutron), unterscheidet sich nur quantitativ von der Behauptung, daß ein Neutron aus einem Proton und einem π-Meson „besteht".

Gegenwärtig gibt es noch keine vollständige, logisch abgeschlossene relativistische Quantentheorie. Wir werden sehen, daß die vorhandene Theorie neue physikalische Aspekte in die Art der Beschreibung von Teilchenzuständen hineinbringt; diese neue Beschreibung erhält gewisse Züge der Feldtheorie. Sie wird aber weitgehend nach dem Vorbild und mit Hilfe der Begriffe der üblichen Quantenmechanik aufgebaut. Dieser Aufbau der Theorie führte auf dem Gebiet der Quantenelektrodynamik zum Erfolg. Das Fehlen einer vollständigen logischen Abgeschlossenheit äußert sich in dieser Theorie im Auftreten divergenter Ausdrücke bei der direkten Anwendung ihres mathematischen Apparates; zur Beseitigung dieser Divergenzen existieren aber eindeutige Verfahren. Trotzdem haben diese Verfahren weitgehend den Charakter halbempirischer Rezepte, und unsere Überzeugung von der Richtigkeit der auf diesem Wege erhaltenen Ergebnisse beruht letzten Endes auf ihrer hervorragenden Übereinstimmung mit dem Experiment, aber nicht auf der inneren Konsistenz und der logischen Klarheit der Grundprinzipien der Theorie.

Ganz anders ist die Sachlage in der Theorie der Erscheinungen, die mit den sogenannten starken Wechselwirkungen von Teilchen (den Kernkräften) zusammenhängen. Hier haben die Versuche zur Schaffung einer Theorie, aufbauend auf denselben Methoden, zu keinerlei bedeutenden realen physikalischen Ergebnissen geführt. Die Schaffung einer vollständigen Theorie, die auch die starken Wechselwirkungen umfaßt, erfordert wahrscheinlich, prinzipiell neue physikalische Vorstellungen heranzuziehen.

[1]) Diese Bezeichnung ist vom englischen Wort *scattering* bzw. dem deutschen *Streuung* abgeleitet.

§ 76. Die Quantisierung des freien elektromagnetischen Feldes[1])

Der Übergang von der klassischen zur quantenmechanischen Beschreibung des elektromagnetischen Feldes erfolgt am natürlichsten mit Hilfe der klassischen Entwicklung des Feldes nach Oszillatoren. Erinnern wir daran, worin der Hauptinhalt dieser Entwicklung besteht (s. I § 76).

Wir werden das freie elektromagnetische Feld (elektromagnetische Wellen) mit Hilfe von Potentialen beschreiben, die so geeicht sind, daß das skalare Potential verschwindet und nur noch das Vektorpotential $\boldsymbol{A}$ übrig bleibt. Wird das Feld in einem großen, aber endlichen Raumvolumen Ω betrachtet, so kann es nach fortlaufenden ebenen Wellen entwickelt werden; das Potential stellt sich dann als Reihe der Art

$$\boldsymbol{A} = \sum_{\boldsymbol{k}} \sqrt{\frac{2\pi}{\omega\,\Omega}}\,(\boldsymbol{c}_{\boldsymbol{k}}\,\mathrm{e}^{i\boldsymbol{k}\boldsymbol{r}} + \boldsymbol{c}_{\boldsymbol{k}}^{*}\,\mathrm{e}^{-i\boldsymbol{k}\boldsymbol{r}}) \tag{76,1}$$

dar. Die Koeffizienten $\boldsymbol{c}_{\boldsymbol{k}}$ hängen über die Beziehung

$$\boldsymbol{c}_{\boldsymbol{k}} \sim \mathrm{e}^{-i\omega t}, \qquad \omega = |\boldsymbol{k}| \tag{76,2}$$

von der Zeit ab, und jeder von ihnen steht senkrecht auf dem zugehörigen Wellenzahlvektor: $\boldsymbol{c}_{\boldsymbol{k}}\,\boldsymbol{k} = 0$.[2])

Die Summation in (76,1) erfolgt über einen unendlichen, aber diskreten Satz nahe beieinanderliegender Werte des Wellenzahlvektors (seiner drei Komponenten k_x, k_y, k_z). Der Übergang zur Integration über eine stetige Verteilung kann mit Hilfe des Ausdrucks

$$\Omega\,\frac{\mathrm{d}k_x\,\mathrm{d}k_y\,\mathrm{d}k_z}{(2\pi)^3} \tag{76,3}$$

für die Zahl der möglichen $\boldsymbol{k}$-Werte pro Volumeneinheit des $\boldsymbol{k}$-Raumes vorgenommen werden.

Durch die Vorgabe der Vektoren $\boldsymbol{c}_{\boldsymbol{k}}$ ist das Feld in dem betrachteten Volumen vollständig bestimmt. Man kann also diese Größen als diskreten Satz klassischer „Feldvariablen" ansehen. Um zur Quantentheorie überzugehen, muß man diese Variablen zuerst noch so transformieren, daß die Feldgleichung eine Gestalt erhält, die den kanonischen Gleichungen (HAMILTONschen Gleichungen) der klassischen Mechanik analog ist. Die kanonischen Feldvariablen

[1]) Von dieser Stelle an verwenden wir in den Kapiteln XI—XVI (mit Ausnahme bestimmter Abschnitte, auf die speziell verwiesen wird) die sogenannten *relativistischen Maßeinheiten*, in denen die Lichtgeschwindigkeit c und die quantenmechanische Konstante $\hbar$ gleich 1 gesetzt sind; damit wird eine bedeutende Vereinfachung der Formelschreibweise erreicht. In diesen Maßeinheiten besitzen Energie, Impuls und Masse die gleiche Dimension, die mit der Dimension der reziproken Länge zusammenfällt. Das Quadrat der Einheitsladung nimmt in diesen Einheiten den Wert der (in gewöhnlichen Maßeinheiten) Konstanten $e^2/\hbar c$ an, d. h. ist gleich 1/137.

[2]) Die Definition der Koeffizienten $\boldsymbol{c}_{\boldsymbol{k}}$ in (76,1) unterscheidet sich von der Definition der Koeffizienten $\boldsymbol{a}_{\boldsymbol{k}}$ in I (76,1) durch den Faktor: $\boldsymbol{c}_{\boldsymbol{k}} = \boldsymbol{a}_{\boldsymbol{k}}\sqrt{\omega\,\Omega/2\pi}$. Der Vorteil dieser Definition beim Übergang zur Quantentheorie wird aus dem weiteren ersichtlich.

werden als reelle Größen definiert:

$$\boldsymbol{Q}_k = \frac{1}{\sqrt{2\,\omega}}(\boldsymbol{c}_k + \boldsymbol{c}_k^*)\,,$$
$$\boldsymbol{P}_k = -\frac{i\,\omega}{\sqrt{2\,\omega}}(\boldsymbol{c}_k - \boldsymbol{c}_k^*) = \dot{\boldsymbol{Q}}_k\,. \tag{76,4}$$

Die HAMILTON-Funktion (Energie) des Feldes ist in diesen Variablen durch den Ausdruck

$$H = \frac{1}{2}\sum_k (\boldsymbol{P}_k^2 + \omega^2\,\boldsymbol{Q}_k^2)$$

gegeben. Jeder Vektor $\boldsymbol{P}_k$ und $\boldsymbol{Q}_k$ steht senkrecht auf dem Wellenzahlvektor $\boldsymbol{k}$, d. h., jeder Vektor hat zwei unabhängige Komponenten. Die Richtung dieser Vektoren bestimmt die Polarisationsrichtung der betreffenden Welle. Wir bezeichnen die beiden Komponenten der Vektoren $\boldsymbol{P}_k$ und $\boldsymbol{Q}_k$ (in der Ebene senkrecht zu $\boldsymbol{k}$) mit $P_{\boldsymbol{k}\sigma}$ bzw. $Q_{\boldsymbol{k}\sigma}$ ($\sigma = 1, 2$) und schreiben die HAMILTON-Funktion in der Gestalt

$$H = \sum_{\boldsymbol{k}\sigma} H_{\boldsymbol{k}\sigma}\,, \qquad H_{\boldsymbol{k}\sigma} = \frac{1}{2}(P_{\boldsymbol{k}\sigma}^2 + \omega^2\,Q_{\boldsymbol{k}\sigma}^2)\,. \tag{76,5}$$

Die HAMILTON-Funktion zerfällt also in eine Summe voneinander unabhängiger Terme; jeder einzelne Summand enthält nur je ein Paar $P_{\boldsymbol{k}\sigma}$ und $Q_{\boldsymbol{k}\sigma}$. Jeder dieser Summanden entspricht einer fortschreitenden Welle mit einem bestimmten Wellenzahlvektor und einer bestimmten Polarisation und hat die Gestalt der HAMILTON-Funktion eines eindimensionalen harmonischen Oszillators.

Die dargestellte Art der klassischen Beschreibung des Feldes läßt den Weg für den Übergang zur Quantentheorie bereits erkennen. Wir müssen die kanonischen Variablen — die verallgemeinerten Koordinaten $Q_{\boldsymbol{k}\sigma}$ und die verallgemeinerten Impulse $P_{\boldsymbol{k}\sigma}$ — jetzt als Operatoren mit der Vertauschungsregel

$$\hat{P}_{\boldsymbol{k}\sigma}\,\hat{Q}_{\boldsymbol{k}\sigma} - \hat{Q}_{\boldsymbol{k}\sigma}\,\hat{P}_{\boldsymbol{k}\sigma} = -\,i \tag{76,6}$$

auffassen (alle Operatoren mit verschiedenen $\boldsymbol{k}\,\sigma$ sind miteinander vertauschbar). Mit diesen Größen wird auch das Potential $\boldsymbol{A}$ zu einem Operator.

Den HAMILTON-Operator des Feldes erhält man, indem man in (76,5) die kanonischen Variablen durch die entsprechenden Operatoren ersetzt:

$$\hat{H} = \sum_{\boldsymbol{k}\sigma} \hat{H}_{\boldsymbol{k}\sigma}\,, \qquad \hat{H}_{\boldsymbol{k}\sigma} = \frac{1}{2}(\hat{P}_{\boldsymbol{k}\sigma}^2 + \omega^2\,\hat{Q}_{\boldsymbol{k}\sigma}^2)\,. \tag{76,7}$$

Die Bestimmung der Eigenwerte dieses HAMILTON-Operators erfordert keine besonderen Rechnungen, da sie auf das bekannte Problem der Energieniveaus linearer harmonischer Oszillatoren zurückgeführt werden kann, dessen Lösung uns schon bekannt ist (§ 25). Wir können daher sofort die Energieniveaus des Feldes aufschreiben:

$$E = \sum_{k\sigma} \left(N_{k\sigma} + \frac{1}{2}\right) \omega \tag{76,8}$$

mit ganzen Zahlen $N_{k\sigma}$.

Der klassische Ausdruck für den Impuls des Feldes ist

$$\boldsymbol{P} = \sum_{k\sigma} \boldsymbol{n} H_{k\sigma},$$

mit $\boldsymbol{n} = \boldsymbol{k}/k$ (s. I (76,12)). Den dazugehörigen Operator erhält man nach Ersetzen von $H_{k\sigma}$ durch $\hat{H}_{k\sigma}$, und seine Eigenwerte sind folglich

$$\boldsymbol{P} = \sum_{k\sigma} \boldsymbol{k} \left(N_{k\sigma} + \frac{1}{2}\right). \tag{76,9}$$

Wir werden die Formeln (76,8—9) erst im folgenden Paragraphen diskutieren. Jetzt wollen wir die Matrixelemente für die Größen $Q_{k\sigma}$ aufschreiben; das kann unmittelbar mit Hilfe der bekannten Formeln (25,4) für die Matrixelemente der Koordinate eines Oszillators geschehen. Die von Null verschiedenen Matrixelemente sind

$$\langle N_{k\sigma}| Q_{k\sigma} |N_{k\sigma} - 1\rangle = \langle N_{k\sigma} - 1| Q_{k\sigma} |N_{k\sigma}\rangle = \sqrt{\frac{N_{k\sigma}}{2\omega}}. \tag{76,10}$$

Die Matrixelemente der Größen $P_{k\sigma} = \dot{Q}_{k\sigma}$ unterscheiden sich (nach der allgemeinen Regel (11,8)) von den Matrixelementen $Q_{k\sigma}$ nur durch den Faktor $\pm i\,\omega\, t$:

$$\langle N_{k\sigma}| P_{k\sigma} |N_{k\sigma} - 1\rangle = -\langle N_{k\sigma} - 1| P_{k\sigma} |N_{k\sigma}\rangle = i\,\omega \sqrt{\frac{N_{k\sigma}}{2\omega}}.$$

Wie aus dem weiteren ersichtlich wird, besitzen jedoch nicht unmittelbar die Operatoren $\hat{Q}_{k\sigma}$ und $\hat{P}_{k\sigma}$ einen tieferen Sinn, sondern deren Linearkombinationen:

$$\begin{aligned} \hat{c}_{k\sigma} &= \frac{1}{\sqrt{2\omega}} (\omega\, \hat{Q}_{k\sigma} + i\, \hat{P}_{k\sigma}), \\ \hat{c}^{+}_{k\sigma} &= \frac{1}{\sqrt{2\omega}} (\omega\, \hat{Q}_{k\sigma} - i\, \hat{P}_{k\sigma}), \end{aligned} \tag{76,11}$$

die gerade der Definition der Koeffizienten $c_{k\sigma}$ in der klassischen Entwicklung (76,1) entsprechen. Die einzigen von Null verschiedenen Matrixelemente dieser Operatoren sind

$$\langle N_{k\sigma} - 1| c_{k\sigma} |N_{k\sigma}\rangle = \langle N_{k\sigma}| c^{+}_{k\sigma} |N_{k\sigma} - 1\rangle = \sqrt{N_{k\sigma}}. \tag{76,12}$$

Mit Hilfe der Definition (76,11) und der Regel (76,6) lassen sich die Vertauschungsregeln zwischen den Operatoren $\hat{c}_{k\sigma}$ und $\hat{c}^{+}_{k\sigma}$ leicht finden:

$$\hat{c}_{k\sigma}\, \hat{c}^{+}_{k\sigma} - \hat{c}^{+}_{k\sigma}\, \hat{c}_{k\sigma} = 1. \tag{76,13}$$

Auf diese Weise kommen wir zum Ausdruck für den Operator des elektromagnetischen Feldes in der Gestalt

$$\hat{\boldsymbol{A}} = \sum_{\boldsymbol{k}\sigma} \sqrt{\frac{2\pi}{\omega\,\Omega}}\,(\hat{c}_{\boldsymbol{k}\sigma}\,\boldsymbol{e}^{(\sigma)}\,\mathrm{e}^{i\boldsymbol{k}\boldsymbol{r}} + \hat{c}^{+}_{\boldsymbol{k}\sigma}\,\boldsymbol{e}^{(\sigma)*}\,\mathrm{e}^{-i\boldsymbol{k}\boldsymbol{r}})\,. \tag{76,14}$$

Hier wurde die Bezeichnung $\boldsymbol{e}^{(\sigma)}$ für die Einheitsvektoren eingeführt, die die Polarisation der Oszillatoren beschreiben; die Vektoren $\boldsymbol{e}^{(\sigma)}$ stehen senkrecht auf den Wellenzahlvektoren $\boldsymbol{k}$, für jedes $\boldsymbol{k}$ gibt es zwei unabhängige Polarisationsrichtungen, die durch den Index $\sigma = 1, 2$ beschrieben werden.[1])

Der Ausdruck (76,14) entspricht der gewöhnlichen Darstellung von Operatoren in der nichtrelativistischen Quantentheorie, die im Verlaufe des gesamten ersten Teiles dieses Buches benutzt wurde. In dieser Beschreibungsart (man nennt sie SCHRÖDINGER-*Bild*) enthalten die Operatoren der verschiedenen physikalischen Größen selbst keine explizite Zeitabhängigkeit. Die zeitliche Entwicklung des Systems wird durch die Zeitabhängigkeit der Wellenfunktion beschrieben. Den Apparat der Quantenmechanik kann man jedoch auch in einem etwas anderen, äquivalenten Bild formulieren, in dem die explizite Zeitabhängigkeit von den Wellenfunktionen auf die Operatoren übertragen wird; diese Darstellung wird HEISENBERG-*Bild* genannt. Eine solche Formulierung des Apparates stellt sich als besonders geeignet für die Beschreibung von Feldern in der relativistischen Quantentheorie heraus; die gleichberechtigte Abhängigkeit der Operatoren von den Koordinaten und der Zeit erlaubt es, in übersichtlicherer Weise die relativistische Raum-Zeit-Invarianz der Theorie aufzuzeigen (in die SCHRÖDINGERsche Formulierung gehen die Raumkoordinaten und die Zeit hingegen extrem asymmetrisch ein).

Für den Operator $\hat{\boldsymbol{A}}$ besteht der Übergang in das HEISENBERG-Bild darin, daß man jedes Glied der Summe (76,14) mit dem Faktor $\mathrm{e}^{-i\omega t}$ (oder der ihm konjugiert komplexen Größe) multipliziert, der der zeitlichen Abhängigkeit der „stationären Zustände der Feldoszillatoren" entspricht. Den endgültigen Ausdruck für den Operator $\hat{\boldsymbol{A}}$ schreiben wir in der Form

$$\hat{\boldsymbol{A}}(\boldsymbol{r}, t) = \sum_{\boldsymbol{k}\sigma} (\hat{c}_{\boldsymbol{k}\sigma}\,\boldsymbol{A}_{\boldsymbol{k}\sigma} + \hat{c}^{+}_{\boldsymbol{k}\sigma}\,\boldsymbol{A}^{*}_{\boldsymbol{k}\sigma})\,, \tag{76,15}$$

mit

$$\boldsymbol{A}_{\boldsymbol{k}\sigma} = \boldsymbol{e}^{(\sigma)} \sqrt{\frac{2\pi}{\omega\,\Omega}}\,\mathrm{e}^{-i(\omega t - \boldsymbol{k}\boldsymbol{r})}\,. \tag{76,16}$$

Im folgenden (sowohl bei der Behandlung des elektromagnetischen Feldes als auch der Felder von Teilchen) werden wir für die Operatoren immer das HEISENBERG-Bild zugrunde legen.

[1]) Wir erinnern daran (vgl. I § 70), daß der Einheitsvektor $\boldsymbol{e}$ bei linearer Polarisation reell ist und unmittelbar die Polarisationsrichtung anzeigt. Bei zirkularer Polarisation (oder im allgemeinen Fall elliptischer Polarisation) ist der Vektor $\boldsymbol{e}$ komplex, wobei sich sein Realteil in einem bestimmten Verhältnis zum Imaginärteil befindet; sein Charakter als Einheitsvektor ergibt sich aus der Gleichung $\boldsymbol{e}\,\boldsymbol{e}^* = 1$.

§ 77. Photonen

Wir wollen jetzt die erhaltenen Formeln für die Feldquantisierung diskutieren.

Zunächst weist die Formel (76,8) für die Feldenergie folgende Schwierigkeit auf. Zum niedrigsten Energieniveau des Feldes gehören die Werte Null für die Quantenzahlen $N_{\boldsymbol{k}\sigma}$ aller Oszillatoren (dieser Zustand wird als *Vakuumzustand des elektromagnetischen Feldes* bezeichnet). Aber bereits in diesem Zustand hat jeder Oszillator die von Null verschiedene „Nullpunktsenergie" $\omega/2$. Bei der Summation über die unendlich vielen Oszillatoren erhalten wir ein unendliches Ergebnis. Wir stoßen auf diese Weise auf eine der „Divergenzen", die die vorhandene Theorie enthält, weil sie nicht vollständig und nicht logisch abgeschlossen ist.

Solange es sich um die Eigenwerte der Feldenergie handelt, können wir diese Schwierigkeit beseitigen, indem wir einfach die Energie der Nullpunktschwingungen subtrahieren, d. h., indem wir für Feldenergie und -impuls (in gewöhnlichen Maßeinheiten) schreiben

$$E = \sum_{\boldsymbol{k}\sigma} N_{\boldsymbol{k}\sigma} \hbar\, \omega\,, \qquad \boldsymbol{P} = \sum_{\boldsymbol{k}\sigma} N_{\boldsymbol{k}\sigma} \hbar\, \boldsymbol{k}\,. \tag{77,1}$$

Anhand dieser Formeln kann man den für die ganze Quantenelektrodynamik grundlegenden Begriff der *Lichtquanten* oder *Photonen* einführen.[1]) Wir können nämlich das freie elektromagnetische Feld als eine Gesamtheit von Teilchen ansehen, von denen jedes die Energie $\hbar\,\omega$ und den Impuls $\hbar\,\boldsymbol{k} = \boldsymbol{n}\,\hbar\,\omega/c$ hat. Die Beziehung zwischen Energie und Impuls eines Photons ist so, wie sie in der relativistischen Mechanik für Teilchen mit der Ruhmasse Null, die sich mit Lichtgeschwindigkeit bewegen, sein muß. Die Besetzungszahlen $N_{\boldsymbol{k}\sigma}$ erhalten den Sinn von Photonenzahlen zu gegebenen Impulsen $\boldsymbol{k}$ und Polarisationen $\boldsymbol{e}^{(\sigma)}$. Die Eigenschaft der Polarisation eines Photons ist dem Begriff des Spins anderer Teilchen analog (spezifische Besonderheiten des Photons in dieser Hinsicht werden später in § 78 behandelt).

Der ganze im vorigen Paragraphen entwickelte mathematische Formalismus entspricht völlig der Vorstellung vom elektromagnetischen Feld als einer Gesamtheit von Photonen; es handelt sich dabei um den Apparat der sogenannten zweiten Quantisierung in Anwendung auf ein Photonensystem. Bei dieser Methode (§ 47) spielen die Besetzungszahlen der Zustände (im gegebenen Falle die Zahlen $N_{\boldsymbol{k}\sigma}$) die Rolle der unabhängigen Veränderlichen, und die Operatoren wirken auf Funktionen dieser Besetzungszahlen. Dabei spielen die „Vernichtungs"- und „Erzeugungs"-Operatoren eine wesentliche Rolle; diese Operatoren verkleinern bzw. vergrößern die Besetzungszahlen um 1. Solche Operatoren sind gerade $\hat{c}_{\boldsymbol{k}\sigma}$ und $\hat{c}^{+}_{\boldsymbol{k}\sigma}$; der Operator $\hat{c}_{\boldsymbol{k}\sigma}$ vernichtet ein Photon im Zustand $\boldsymbol{k}\,\sigma$ (seine Matrixelemente sind nur für die Übergänge $N_{\boldsymbol{k}\sigma} \to N_{\boldsymbol{k}\sigma} - 1$

[1]) Der Begriff des Photons wurde erstmals von A. Einstein (1905) in Verbindung mit der Theorie des Photoeffektes eingeführt.

von Null verschieden — s. (76,12)); der Operator $\hat{c}^+_{k\sigma}$ erzeugt ein Photon in diesem Zustand — er besitzt Matrixelemente für die Übergänge $N_{k\sigma} \to N_{k\sigma} + 1$.

Die ebenen Wellen (76,16), die im Operator (76,15) als Faktoren bei den Vernichtungsoperatoren für die Photonen auftreten, kann man als Wellenfunktionen der Photonen mit bestimmten Impulsen $\boldsymbol{k}$ und Polarisationen $\boldsymbol{e}^{(\sigma)}$ ansehen; diese Funktionen sind auf „ein Phonon im Volumen Ω" normiert. Eine solche Betrachtungsweise entspricht der Entwicklung (47,22) des ψ-Operators nach Wellenfunktionen stationärer Zustände eines Teilchens im nichtrelativistischen Apparat der zweiten Quantisierung.[1])

In diesem Zusammenhang wollen wir noch einmal betonen, daß man die „Wellenfunktion" eines Photons im Gegensatz zur Interpretation der Wellenfunktion in der nichtrelativistischen Quantenmechanik keinesfalls als Wahrscheinlichkeitsamplitude für die räumliche Lokalisierung des Photons auffassen darf. Im Falle des Photons ist diese Situation besonders scharf ausgeprägt. Für das Photon trifft immer der ultrarelativistische Fall zu, so daß wir für den minimalen Fehler bei der Bestimmung seiner Koordinaten in Übereinstimmung mit (75,5) $\Delta q \sim 1/k \sim \lambda$ erhalten. Es ist also nur in den Fällen sinnvoll, von Photonenkoordinaten zu sprechen, wenn die für die Aufgabe charakteristischen Abmessungen groß gegenüber der Wellenlänge sind. Das ist aber nichts anderes als der „klassische" Grenzfall, der der geometrischen Optik entspricht, bei der man von der Ausbreitung des Lichtes entlang bestimmter Bahnen (Lichtstrahlen) sprechen darf. Im Falle der Quantenmechanik hingegen, für den die Wellenlänge nicht als klein betrachtet werden kann, verliert der Begriff der Photonenkoordinate seinen Sinn.

Die Vertauschungsregeln der Erzeugungs- und Vernichtungsoperatoren von Photonen (76,13) entsprechen dem Fall, der Teilchen beschreibt, die der Bose-Statistik unterliegen (s. (47,11)). Photonen sind folglich Bosonen. In Übereinstimmung mit den Eigenschaften dieser Statistik kann die Zahl von Photonen, die sich gleichzeitig in irgendeinem vorgegebenen Zustand befinden, beliebig sein.

Die Beschreibung des Feldes als Gesamtheit von Photonen ist die einzige Beschreibung, die dem physikalischen Sinn des elektromagnetischen Feldes in der Quantentheorie völlig adäquat ist. Sie ersetzt die klassische Beschreibung mit Hilfe der Feldpotentiale (und über sie mit Hilfe der Feldstärken). Letztere gehen in den mathematischen Apparat des Photonenbildes als Operatoren der zweiten Quantisierung ein.

Bekanntlich ähneln die Eigenschaften eines quantenmechanischen Systems den klassischen Eigenschaften in den Fällen, in denen die Quantenzahlen für die stationären Zustände eines Systems groß sind (§ 27). Für ein freies elektromagnetisches Feld (in einem vorgegebenen Volumen) bedeutet das, daß die Quantenzahlen der Oszillatoren, d. h. die Photonenzahlen $N_{k\sigma}$, groß sein müssen. In dieser Hinsicht ist es von großer Bedeutung, daß die Photonen der

[1]) Im Unterschied zu (47,22) gehen in die Entwicklung (76,15) gleichzeitig sowohl Teilchenvernichtungsoperatoren, als auch -erzeugungsoperatoren ein. Der Sinn dieses Unterschieds wird im Kapitel XIII geklärt.

Bose-Statistik gehorchen. Im mathematischen Formalismus der Theorie zeigt sich der Zusammenhang der Bose-Statistik mit den Eigenschaften des klassischen Feldes in den Vertauschungsregeln für die Operatoren $\hat{c}_{k\sigma}$ und $\hat{c}^+_{k\sigma}$. Für große $N_{k\sigma}$, wenn die Matrixelemente dieser Operatoren groß sind, kann man die 1 auf der rechten Seite der Vertauschungsregel (76,13) vernachlässigen, und es ergibt sich $\hat{c}_{k\sigma}\hat{c}^+_{k\sigma} + \hat{c}^+_{k\sigma}\hat{c}_{k\sigma}$, d. h., diese Operatoren gehen in miteinander vertauschbare klassische Größen $c_{k\sigma}$ und $c^*_{k\sigma}$ über, die die klassischen Feldstärken bestimmen.

§ 78. Drehimpuls und Parität des Photons

Wie jedes Teilchen hat auch das Photon einen bestimmten Drehimpuls. Die Eigenschaften dieser Größe unterscheiden sich jedoch für das Photon etwas von ihren Eigenschaften bei gewöhnlichen Teilchen. Um die Ursachen dieses Unterschiedes aufzuklären, erinnern wir zunächst daran, wie im mathematischen Apparat der Quantenmechanik die Eigenschaften der Wellenfunktion eines Teilchens mit seinem Drehimpuls zusammenhängen.

Der Drehimpuls $\boldsymbol{j}$ eines Teilchens setzt sich aus dem Bahndrehimpuls $\boldsymbol{l}$ und dem Eigendrehimpuls, dem Spin $\boldsymbol{s}$, zusammen. Die Wellenfunktion eines Teilchens mit dem Spin s ist ein symmetrischer Spinor der Stufe $2s$, d. h., sie hat $2s + 1$ Komponenten, die sich bei Drehung des Koordinatensystems nach einer bestimmten Vorschrift durcheinander ausdrücken (§ 41). Der Bahndrehimpuls hängt mit der Ortsabhängigkeit der Wellenfunktion zusammen: Zu Zuständen mit dem Bahndrehimpuls l gehören Wellenfunktionen, deren Komponenten sich (linear) durch Kugelfunktionen l-ter Ordnung beschreiben lassen.

Die Rolle der Wellenfunktion des Photons spielt der Vektor $\boldsymbol{A}$. Ein Vektor ist einem Spinor zweiter Stufe äquivalent und in diesem Sinne kann man dem Photon den Spin 1 zuordnen. Da dieser Wert ganzzahlig ist, folgt hieraus, daß auch der Gesamtdrehimpuls des Photons nur ganzzahlige Werte durchlaufen kann: $j = 1, 2, 3, \ldots$ Der Wert $j = 0$ entfällt für das Photon: Die Wellenfunktion eines Zustandes mit dem Drehimpuls Null muß kugelsymmetrisch sein, was für eine Transversalwelle nicht zu realisieren ist.

Obwohl einerseits der Begriff des Gesamtdrehimpulses des Photons einen völlig bestimmten Sinn besitzt, hat andererseits der Begriff des Photonenspins nur formale Bedeutung: Für das Photon gibt es keine Möglichkeit, auf folgerichtige Weise Spin und Bahndrehimpuls als Bestandteile seines Gesamtdrehimpulses voneinander zu unterscheiden. Das Problem besteht darin, daß eine solche Möglichkeit die Unabhängigkeit der „Spin“- und „Koordinateneigenschaften“ der Wellenfunktionen voraussetzt: Die Abhängigkeit der Spinorkomponenten (im gegebenen Fall — der Vektorkomponenten) von den Raumkoordinaten darf durch keinerlei zusätzliche Bedingungen eingeschränkt sein. Die vektorielle Wellenfunktion $\boldsymbol{A}$ des Photons unterliegt aber der zusätzlichen Transversalitätsbedingung, wonach die Abhängigkeit von den Koordinaten für alle ihre Komponenten schon nicht mehr gleichzeitig beliebig vorgebbar ist. Ergänzend kann man hinzufügen, daß für das Photon auch die Definition des Spins als Drehmoment eines ruhenden Teilchens nicht anwendbar ist, da für das sich mit Lichtgeschwindigkeit bewegende Photon kein Ruhsystem existiert.

Wie auch für jedes andere Teilchen, wird der Zustand eines Photons ferner durch seine Parität charakterisiert, die mit dem Verhalten der Wellenfunktion bei einer Inversion des Koordinatensystems zusammenhängt: Der Zustand heißt gerade, wenn die vektorielle Wellenfunktion $\boldsymbol{A}(\boldsymbol{r})$ bei der Inversion unverändert bleibt und ungerade, wenn $\boldsymbol{A}(\boldsymbol{r})$ das Vorzeichen wechselt.[1]) Es gibt eine einheitliche Terminologie für die verschiedenen Zustände des Photons mit bestimmten Drehimpulsen und Paritäten: Ein Photon im Zustand mit dem Drehimpuls j und der Parität $(-1)^j$ wird als elektrisches 2^j-Pol-Photon (oder Ej-Photon) und das mit der Parität $(-1)^{j+1}$ als magnetisches 2^j-Pol-Photon (oder Mj-Photon) bezeichnet.[2]) Drehimpuls und Parität eines Teilchens werden oft durch ein zusammenhängendes Symbol gekennzeichnet, bei dem die Zahl den Wert von j und der obere Index + oder − die Parität $P = +1$ oder -1 angeben. So entsprechen beispielsweise den Photonen des elektrischen Typs die Zustände 1^-, 2^+, 3^-, 4^+ usw. und den magnetischen Photonen die Zustände 1^+, 2^-, 3^+, 4^-, ... Insbesondere entspricht dem elektrischen Dipol-Photon der Zustand 1^- und dem magnetischen Dipol-Photon der Zustand 1^+.

Ein Photon mit einem definierten j-Wert entspricht einer Kugelwelle, für die keine ausgezeichnete Bewegungsrichtung existiert. Besitzt im Gegensatz dazu ein Photon eine ausgezeichnete Bewegungsrichtung (d. h., es wird durch einen bestimmten Impulsvektor $\boldsymbol{k}$ charakterisiert), so ist sein j-Wert völlig unbestimmt. Ein Photon mit einer gegebenen Bewegungsrichtung $\boldsymbol{k}$ kann jedoch auch einen bestimmten Wert der Projektion des Drehimpulses auf diese Richtung besitzen; die Projektion des Drehimpulses auf die Richtung des Impulses nennt man *Spiralität* (oder *Helizität*), und wir bezeichnen sie mit λ.[3])

Die Erhaltung der Spiralität, wie auch im allgemeinen die Erhaltung jeglicher Projektion des Drehimpulses, hängt mit bestimmten Symmetrieeigenschaften des Raumes gegenüber einem freien Teilchen zusammen. Der Impuls $\boldsymbol{k}$ zeichnet

[1]) Das Resultat der Anwendung der Inversionsoperation auf eine skalare Funktion $\varphi(\boldsymbol{r})$ besteht in der Vorzeichenänderung ihres Arguments: $\hat{P}\varphi(\boldsymbol{r}) = \varphi(-\boldsymbol{r})$. Beim Anwenden dieser Operation auf eine vektorielle Funktion $\boldsymbol{A}(\boldsymbol{r})$ muß noch berücksichtigt werden, daß das Umkehren der Richtung der Koordinatenachsen gleichzeitig das Vorzeichen aller Vektorkomponenten (eines polaren Vektors) ändert. Mit anderen Worten bedeutet die Inversion $\hat{P}\boldsymbol{A}(\boldsymbol{r}) = -\boldsymbol{A}(-\boldsymbol{r})$. Deshalb muß z. B. für einen geraden Zustand $\boldsymbol{A}(-\boldsymbol{r}) = -\boldsymbol{A}(\boldsymbol{r})$ gelten, damit $\hat{P}\boldsymbol{A}(\boldsymbol{r}) = \boldsymbol{A}(\boldsymbol{r})$ ist.

[2]) Diese Bezeichnungen entsprechen der Terminologie der Strahlungstheorie: Die Emission von Photonen des elektrischen oder magnetischen Typs wird durch die entsprechenden elektrischen bzw. magnetischen Multipolmomente des Ladungssystems bestimmt (vgl. § 98).

[3]) Diese Projektion darf man nicht mit der Projektion des Drehimpulses m auf die festgelegte Richtung (der z-Achse) im Raum verwechseln!

eine spezielle Richtung im Raum aus. Das Vorhandensein dieser Richtung zerstört die vollständige Symmetrie gegenüber beliebigen Drehungen des Koordinatensystems (infolgedessen hört der Vektor des Drehimpulses auf, eine Erhaltungsgröße zu sein). Es verbleibt jedoch die Axialsymmetrie bezüglich der Drehungen um die hervorgehobene Achse — die Richtung $\boldsymbol{k}$. Ausdruck dieser Symmetrie ist gerade die Erhaltung der Spiralität.

Der Operator des Bahndrehimpulses ist durch $\hat{\boldsymbol{l}} = [\boldsymbol{r}\,\hat{\boldsymbol{p}}]$ definiert. Der Operator der Projektion dieses Drehimpulses auf die Richtung des Impulses ist identisch Null (dasselbe gilt damit auch für die Eigenwerte dieser Projektion). Aus diesem Grunde fällt die Spiralität mit der Projektion des Spins des Teilchens auf seine Bewegungsrichtung zusammen. Für ein gewöhnliches Teilchen mit dem Spin 1 könnte die Spiralität folglich die Werte 0, ± 1 annehmen. Für das Photon sind jedoch, wie wir gleich zeigen werden, nur die Werte $\lambda = \pm 1$ möglich; hier zeigt sich von neuem die Bedingtheit des Begriffes des Photonenspins.

Es ist leicht zu sehen, daß die Photonenzustände mit bestimmten Spiralitäten mit den Zirkularpolarisationszuständen des Photons zusammenfallen. ξ, η, ζ — sei ein Koordinatensystem mit der ζ-Achse entlang der Impulsrichtung des Photons (im Unterschied zur z-Achse, deren Lage nicht mit der Bewegung des Teilchens gekoppelt ist). Betrachten wir z. B. den Photonenzustand mit der Spiralität $\lambda = +1$. Nach den Formeln (41,9), die den Zusammenhang zwischen den Komponenten der vektoriellen Wellenfunktion (Teilchen mit dem Spin 1) und den Komponenten des Spinors 2ter Stufe herstellen, entspricht einem solchen Zustand die Wellenfunktion $\boldsymbol{A}$, deren Komponenten durch die Beziehungen $A_\eta = i A_\xi$, $A_\zeta = 0$ miteinander verknüpft sind. In der Tat ist dann von den drei Spinorkomponenten nur ψ^{11} von Null verschieden, die gerade für die $+1$ ζ-Projektion des Spins zuständig ist. Auf analoge Weise entspricht die Wellenfunktion mit den Komponenten $A_\eta = -i A_\xi$, $A_\zeta = 0$ dem Wert $\lambda = -1$. Die gleichen Beziehungen befriedigt gemeinsam mit dem Vektor $\boldsymbol{A}$ der Polarisationsvektor $\boldsymbol{e}$, der als Faktor in den Ausdruck (76,16) eingeht. Der Zusammenhang $e_\eta = \pm i e_\xi$ beschreibt aber gerade die zirkulare Polarisation (s. I § 70).

Die Nichtrealisierbarkeit des Falles $\lambda = 0$ wird daraus offensichtlich, daß einem solchen Wert der ζ-Projektion des Spins eine Wellenfunktion mit den Komponenten $A_\xi = A_\eta = 0$, $A_\zeta \neq 0$ entsprechen würde, die (gemäß (41,9)) der Spinorkomponente ψ^{12} äquivalent ist; eine solche Funktion wird aber durch die Forderung nach Orthogonalität des Vektors $\boldsymbol{A}$ gegenüber der Richtung $\boldsymbol{k}$ ausgeschlossen.

Die DIRAC-Gleichung

XII

§ 79. Die KLEIN-FOCK-Gleichung

Wir beginnen die Darlegung der relativistischen Quantentheorie von Teilchen mit der Untersuchung der Eigenschaften der Wellenfunktion, die diese Teilchen beschreiben, und mit der Konstruktion der Wellengleichung, der diese Funktionen genügen. Es sei nochmals daran erinnert, daß in der nichtrelativistischen Theorie die Wellenfunktionen der Teilchen mit verschiedenen Spins Spinoren verschiedener Stufen sind und daß die Wellenfunktionen freier Teilchen ein und derselben Gleichung — der SCHRÖDINGER-Gleichung für die freie Bewegung — genügen. Wie wir sehen werden, hängt im Gegensatz dazu in der relativistischen Theorie schon allein die Gestalt der Wellengleichung der freien Bewegung beträchtlich vom Spin des Teilchens ab.

Am allereinfachsten ist natürlich der Fall von Teilchen mit dem Spin 0. In der nichtrelativistischen Theorie werden sie durch skalare Wellenfunktionen beschrieben. In der relativistischen Theorie nimmt den Platz des dreidimensionalen Skalars ein vierdimensionaler Skalar ein, der nicht nur gegenüber der Transformation der Raumkoordinaten, sondern auch gegenüber den LORENTZ-Transformationen invariant ist.

In der relativistischen Mechanik bilden die Energie des Teilchens ε und ihr Impuls $\boldsymbol{p}$ einen 4-Vektor $p^\mu = (\varepsilon, \boldsymbol{p})$.[1]) Entsprechend bilden auch die Operatoren, die diese Größen beschreiben, einen 4-Vektor $\hat{p}^\mu$. Dem dreidimensionalen Impuls $\boldsymbol{p}$ entspricht der Operator $\hat{\boldsymbol{p}} = -i\nabla$, und der Energie (HAMILTON-Funktion) wird in der Wellengleichung der Operator die Differentiation nach der Zeit $i\,\partial/\partial t$ (s. (8,1)) zugeordnet.

Auf diese Weise stellt sich der Operator des 4-Impulses als

$$\hat{p}^\mu = \left(i\frac{\partial}{\partial t}, \ -i\nabla\right), \qquad \hat{p}_\mu = \left(i\frac{\partial}{\partial t}, \ i\nabla\right) \tag{79,1}$$

bzw. (in vierdimensionaler Schreibweise) in der Form

$$\hat{p}_\mu = i\frac{\partial}{\partial x^\mu} \tag{79,2}$$

dar.

Wir wenden jetzt den skalaren Operator $\hat{p}_\mu \hat{p}^\mu$ — das Quadrat des 4-Vektors $\hat{p}^\mu$ — auf die Wellenfunktion Ψ an. Bekanntlich läßt sich das Quadrat des 4-Im-

[1]) In den Kapiteln XII—XVI werden wir die relativistische Energie eines einzelnen Teilchens, die die Ruhenergie mit einschließt, durch den Buchstaben ε bezeichnen.

pulses auf eine konstante Größe, das Quadrat der Teilchenmasse m, zurückführen. Deshalb muß sich auch das Ergebnis einer Anwendung des erwähnten Operators auf eine beliebige Wellenfunktion Ψ auf deren Multiplikation mit dem Faktor m^2 zurückführen lassen. Wir kommen somit zur Gleichung

$$\hat{p}_\mu \hat{p}^\mu \Psi = m^2 \Psi \tag{79,3}$$

oder (in ausgeschriebener Form)

$$\left(-\frac{\partial^2}{\partial t^2} + \Delta\right) \Psi = m^2 \Psi \tag{79,4}$$

(O. KLEIN, V. A. FOCK, 1926).

Es sei darauf hingewiesen, daß für ein relativistisches Teilchen mit dem Spin 0 keine HAMILTON-Funktion in dem Sinne existiert, wie sie in der nichtrelativistischen Theorie definiert wurde. Tatsächlich, (79,4) ist eine Differentialgleichung zweiter Ordnung bezüglich der Zeitvariablen. Im Unterschied dazu besteht der Sinn des HAMILTON-Operators $\hat{H}$ ja gerade darin, daß er die erste Zeitableitung der Wellenfunktion gemäß $i\, \partial\Psi/\partial t = \hat{H}\, \Psi$ liefert.

Aus formalen Überlegungen folgt außerdem von vornherein (ganz zu schweigen von den in § 75 dargelegten allgemeinen physikalischen Gesichtspunkten, die überhaupt der Betrachtung der Wellenfunktion als Träger der Information über die räumliche Lokalisierung eines Teilchens entgegenstehen), daß für ein Teilchen mit dem Spin 0 die Wahrscheinlichkeitsdichte seiner Lokalisierung in den verschiedenen Raumpunkten nicht durch das Betragsquadrat $|\Psi|^2$ bestimmt werden kann. Der Grund dafür liegt darin, daß in der relativistischen Theorie die Verteilungsdichte der Teilchen und ihre Stromdichte einen 4-Vektor bilden (vergleiche das in I § 54 zum 4-Vektor der Stromdichte Gesagte). Die Teilchendichte ist die zeitliche Komponente dieses 4-Vektors und somit kein Skalar. Deshalb kann sie sich keinesfalls durch eine skalare Größe, wie es das Betragsquadrat einer skalaren Funktion ist, bestimmen.

Aus Gründen, auf die in § 92 eingegangen wird, ist die Beschreibung von Teilchen mit Hilfe einer skalaren Wellengleichung (79,4) im allgemeinen sehr begrenzt. Wir werden uns deshalb an dieser Stelle nicht mit der Klärung der mathematischen Struktur der Größen aufhalten, die für diese Gleichung die Rolle des 4-Vektors der Stromdichte und der Energiedichte der Teilchen spielen.

§ 80. Vierdimensionale Spinoren

In der nichtrelativistischen Quantentheorie wird ein Teilchen mit dem Spin s durch einen symmetrischen Spinor der Stufe $2s$ beschrieben, der eine Gesamtheit von $2s + 1$ Größen darstellt, die sich bei der Drehung des Koordinatensystems nach einem bestimmten Gesetz untereinander transformieren. Dieses Gesetz spiegelt die Symmetrieeigenschaften des Teilchens wider, die mit der Isotropie des Raumes im Zusammenhang stehen.

In der relativistischen Theorie hingegen treten die Drehungen des räumlichen Koordinatensystems nur als Spezialfall vierdimensionaler Drehungen, der Drehungen des vierdimensionalen Raum-Zeit-Koordinatensystems, auf. Die Gesamtheit aller dieser möglichen Transformationen bildet die sogenannte Lorentz-*Gruppe*. Neben den dreidimensionalen Drehungen, die die Richtung der Zeitachse unverändert lassen, gehören hierzu auch noch die gewöhnlichen Lorentz-Transformationen (Drehungen in einer der Ebenen xt, yt oder zt (s. I § 36)). Im allgemeinen Fall besteht eine vierdimensionale Drehung aus einer gewöhnlichen Lorentz-Transformation und einer Drehung des räumlichen Koordinatensystems.

Bei der Beschreibung von Teilchen mit einem Spin tritt in der relativistischen Quantentheorie folglich die Notwendigkeit auf, eine Theorie *vierdimensionaler Spinoren* (*4-Spinoren*) aufzubauen, die gegenüber den Transformationen der Lorentz-Gruppe die gleiche Rolle spielen, wie die gewöhnlichen (dreidimensionalen) Spinoren gegenüber der Gruppe der räumlichen Drehungen.[1])

Der 4-Spinor erster Stufe

$$\xi = \begin{pmatrix} \xi^1 \\ \xi^2 \end{pmatrix} \tag{80,1}$$

ist eine zweikomponentige Größe, die sich bei allen Transformationen der Lorentz-Gruppe nach (41,3)-analogen Formeln umwandelt:

$$\xi^{1\prime} = \alpha\,\xi^1 + \beta\,\xi^2\,, \qquad \xi^{2\prime} = \gamma\,\xi^1 + \delta\,\xi^2\,. \tag{80,2}$$

Die komplexen Koeffizienten $\alpha, \beta, \gamma, \delta$ sind hierbei bestimmte Funktionen der Drehwinkel des 4-Koordinatensystems (im allgemeinen Fall sind das 6 solche Winkel — entsprechend der Zahl der Drehungen in den sechs Koordinatenebenen xy, xz, yz, tx, ty, tz). Genau wie die Komponenten der Wellenfunktion eines Teilchens mit dem Spin 1/2 entsprechen ξ^1 und ξ^2 Zuständen mit Eigenwerten $+1/2$ bzw. $-1/2$ der z-Projektion des Spins.

Aus dem gleichen Grunde wie bei den dreidimensionalen Spinoren, sind die Koeffizienten der Transformation (80,2) durch Beziehung (41,5) miteinander gekoppelt, die wir nochmals anführen:

$$\alpha\,\delta - \gamma\,\beta = 1\,. \tag{80,3}$$

Durch diese Gleichung wird die Invarianz der bilinearen antisymmetrischen Kombination

$$\xi^1\,\Xi^2 - \xi^2\,\Xi^1 \tag{80,4}$$

aus den Komponenten zweier beliebiger Spinoren ξ und Ξ gewährleistet. Wie auch im Falle dreidimensionaler Spinoren definiert die Beziehung (80,4) die Regel für die Bildung des Skalarproduktes zweier Spinoren.

[1]) Mit anderen Worten verkörpern die 4-Spinoren irreduzible Darstellungen der Lorentz-Gruppe, ähnlich wie die dreidimensionalen Spinoren irreduzible Darstellungen der Drehgruppe liefern.

Ein Unterschied zum dreidimensionalen Fall entsteht jedoch bei der Betrachtung komplex konjugierter Spinoren. In der Theorie dreidimensionaler Spinoren (§ 41) wird das Transformationsgesetz eines konjugiert komplexen Spinors aus der Forderung gewonnen, daß die Summe

$$\xi^1 \xi^{1*} + \xi^2 \xi^{2*}, \tag{80,5}$$

die die Wahrscheinlichkeitsdichte für die Lokalisierung des Teilchens im Raum bestimmt, ein Skalar sein muß; hieraus entstanden die Beziehungen (41,6) zwischen den Koeffizienten $\alpha, \beta, \gamma, \delta$. In der relativistischen Theorie ist die Teilchendichte jedoch kein Skalar, sondern repräsentiert die zeitliche Komponente eines 4-Vektors (wie schon im vorhergehenden Paragraphen erwähnt). In Verbindung damit entfällt die angeführte Beziehung, und den Transformationskoeffizienten werden (außer (80,3)) keinerlei zusätzliche Bedingungen auferlegt. Die vier komplexen Größen, die nur durch die eine Bedingung (80,3) miteinander gekoppelt sind, sind $8 - 2 = 6$ reellen Parametern in Übereinstimmung mit der Zahl der Transformationsparameter der LORENTZ-Gruppe äquivalent.

Die Transformation (80,2) und die zu ihr komplex konjugierte erweisen sich somit als völlig verschieden. Daraus folgt, daß es in der relativistischen Theorie zwei Spinortypen gibt. Um diese zwei Typen voneinander zu unterscheiden, werden spezielle Bezeichnungen verwendet: Die Indizes der Spinorkomponenten, die sich nach den komplex konjugierten Formeln (80,2) transformieren, werden als Ziffern mit einem darüber liegenden Punkt (*punktierte Indizes*) geschrieben:

$$\eta = \begin{pmatrix} \eta^{\dot 1} \\ \eta^{\dot 2} \end{pmatrix}. \tag{80,6}$$

Der Zusammenhang zwischen den Transformationsgesetzen dieses Spinors und des Spinors ξ^* wird durch die Regel

$$\eta^{\dot 1} \sim \xi^{2*}, \qquad \eta^{\dot 2} \sim -\xi^{1*} \tag{80,7}$$

hergestellt (das Zeichen $\sim$ bedeutet hier und im weiteren Text dieses Paragraphen die Wörter „transformiert sich wie").

Wie schon gesagt, enthält die LORENTZ-Gruppe u. a. auch die rein räumlichen Drehungen — Drehungen des dreidimensionalen Koordinatensystems. Diesen Transformationen gegenüber verhalten sich die 4-Spinoren genau so wie die dreidimensionalen Spinoren. Dabei verschwindet natürlich der Unterschied zwischen den punktierten und nichtpunktierten 4-Spinoren, d. h., beide Typen transformieren sich auf die gleiche Weise. Eben darin besteht sozusagen auch der Sinn der Einführung der punktierten 4-Spinoren nach der Regel (80,7). Tatsächlich, ein konjugiert komplexer dreidimensionaler Spinor transformiert sich (wie aus § 43 bekannt) nach der Regel $\xi^{1*} \sim \xi^2$, $\xi^{2*} \sim -\xi^1$; ein Vergleich mit (80,7) zeigt, daß folglich bezüglich räumlicher Drehungen auch

$$\eta^{\dot 1} \sim \xi^1, \qquad \eta^{\dot 2} \sim \xi^2 \tag{80,8}$$

gilt.

Ein 4-Spinor höherer Stufe wird als Gesamtheit von Größen definiert, die sich wie Produkte von Komponenten mehrerer Spinoren erster Stufe transformieren. Dabei können unter den Indizes des Spinors höherer Stufe sowohl punktierte als auch nichtpunktierte Indizes auftreten. So existieren z. B. drei Spinortypen 2ter Stufe:[1])

$$\xi^{\alpha\beta} \sim \xi^{\alpha}\,\Xi^{\beta}\,, \qquad \zeta^{\alpha\dot{\beta}} \sim \xi^{\alpha}\,\eta^{\dot{\beta}}\,, \qquad \eta^{\dot{\alpha}\dot{\beta}} \sim \eta^{\dot{\alpha}}\,H^{\dot{\beta}}\,. \tag{80,9}$$

Ein Spinor 2ter Stufe besitzt $2 \cdot 2 = 4$ Komponenten. Wenn beide seiner Indizes von derselben Art sind (beide punktiert, bzw. beide nichtpunktiert), so kann man den Spinor in einen symmetrischen $1/2\,(\xi^{\alpha\beta} + \xi^{\beta\alpha})$ und einen antisymmetrischen Teil $1/2\,(\xi^{\alpha\beta} - \xi^{\beta\alpha})$ zerlegen. Der antisymmetrische Teil hat nur eine Komponente, $1/2\,(\xi^{12} - \xi^{21})$, die einen Skalar darstellt (vgl. mit dem Skalar (80,4)). Der symmetrische Teil hingegen ist eine Gesamtheit von drei unabhängigen Größen $(\xi^{11}, \xi^{22}, 1/2\,(\xi^{12} + \xi^{21}))$, die sich bei Transformationen der LORENTZ-Gruppe durcheinander ausdrücken.

Für einen Spinor „gemischten" Typs, $\xi^{\alpha\dot{\beta}}$, ist die Reihenfolge der punktierten und nichtpunktierten Indizes im allgemeinen nur durch Vereinbarung festgelegt, da diesen Indizes verschiedene Transformationsgesetze entsprechen. Alle vier Komponenten eines solchen Spinors drücken sich dabei durcheinander aus und diese Zahl kann durch keinerlei Linearkombinationen von Spinorkomponenten reduziert werden. Ein 4-Vektor besitzt auch vier Komponenten und diese Komponenten transformieren sich ebenfalls bei LORENTZ-Transformationen untereinander. Es ist deshalb klar, daß es zwischen den Komponenten eines gemischten 4-Spinors 2ter Stufe und den Komponenten eines 4-Vektors einen bestimmten Zusammenhang geben muß.

Dieser Zusammenhang wird durch folgende Formeln geliefert:

$$\begin{aligned} \zeta^{1\dot{2}} &= a^3 + a^0\,, & \zeta^{2\dot{1}} &= a^3 - a^0\,, \\ \zeta^{1\dot{1}} &= -\,a^1 + i\,a^2\,, & \zeta^{2\dot{2}} &= a^1 + i\,a^2\,, \end{aligned} \tag{80,10}$$

wobei $a^{\mu} = (a^0, \boldsymbol{a})$ irgendein 4-Vektor ist. Die Richtigkeit dieser Formeln ergibt sich aus folgenden Überlegungen.

Wie schon erwähnt, verschwindet bezüglich räumlicher Drehungen der Unterschied zwischen punktierten und nichtpunktierten Spinoren, wobei sich sowohl die einen als auch die anderen dabei wie dreidimensionale Spinoren verhalten. Aus diesem Grunde muß sich die Gesamtheit der drei Größen

$$\zeta^{1\dot{1}} = -\,a^1 + i\,a^2\,, \qquad \zeta^{2\dot{2}} = a^1 + i\,a^2\,, \qquad \frac{1}{2}\,(\zeta^{1\dot{2}} + \zeta^{2\dot{1}}) = a^3$$

wie ein dreidimensionaler symmetrischer Spinor 2ter Stufe verhalten, und die angeführten Formeln müssen mit dem in § 41 erhaltenen Zusammenhang zwischen den Komponenten eines solchen Spinors und den Komponenten eines

[1]) Mit den ersten Buchstaben des griechischen Alphabets ($\alpha, \beta, \ldots$) bezeichnen wir in §§ 80—82 Spinorindizes, die die Werte 1, 2 durchlaufen.

dreidimensionalen Vektors zusammenfallen; ein Vergleich mit den Formeln (41,9) zeigt, daß diese Bedingung in der Tat erfüllt ist.

Die antisymmetrische Kombination $\xi^{1\dot{2}} - \xi^{2\dot{1}}$ transformiert sich (bei allen Transformationen der LORENTZ-Gruppe) wie die Differenz $\xi^1 \eta^{\dot{2}} - \xi^2 \eta^{\dot{1}}$; in Übereinstimmung mit der Definition (80,7) ist dies der Beziehung

$$\zeta^{1\dot{2}} - \zeta^{2\dot{1}} \sim \xi^1 \xi^{1*} + \xi^2 \xi^{2*}$$

äquivalent.

Eine solche Summe muß jedoch, wie schon in Verbindung mit (80,5) unterstrichen wurde, die zeitliche Komponente eines 4-Vektors darstellen. Diese Bedingung ist ebenfalls erfüllt, denn in Übereinstimmung mit (80,10) gilt

$$\frac{1}{2}(\zeta^{1\dot{2}} - \zeta^{2\dot{1}}) = a^0 .$$

§ 81. Die Inversion von Spinoren

Bei der Diskussion der dreidimensionalen Theorie der Spinoren (in § 41) haben wir deren Verhalten gegenüber der Operation der räumlichen Inversion nicht betrachtet, da dies in der nichtrelativistischen Theorie zu keinerlei neuen physikalischen Ergebnissen geführt hätte. Wir verweilen jedoch jetzt etwas bei dieser Fragestellung, da dies dem besseren Verständnis der sich anschließenden Betrachtung der Inversionseigenschaften der 4-Spinoren dient.

Die Inversion kehrt die Richtungen der räumlichen x-, y-, z-Koordinatenachsen um. Nach einer zweimaligen Inversion kommt man zum ursprünglichen Koordinatensystem zurück. Im Fall von Spinoren kann die Rückkehr zur anfänglichen Lage jedoch unter zwei verschiedenen Gesichtspunkten betrachtet werden: als eine Drehung des Systems um 0° oder um 360°. Für Spinoren sind diese beiden Operationen nicht äquivalent, da ein Spinor $\psi = \begin{pmatrix} \psi^1 \\ \psi^2 \end{pmatrix}$ bei einer Drehung um 360° das Vorzeichen ändert. Deshalb sind zwei alternative Konventionen für die Spinorinversion möglich: Eine zweifache Inversion läßt den Spinor unverändert bzw. ändert dessen Vorzeichen. Die Wahl einer dieser zwei Definitionen hat keinen Einfluß auf die im folgenden besprochenen physikalischen Resultate; wir legen uns der Bestimmtheit wegen auf die erste fest, d. h., es sei:

$$\hat{P}^2 = +1 . \tag{81,1}$$

Die Inversion der Koordinaten ändert das Vorzeichen von Polarvektoren, läßt aber Axialvektoren unverändert. Zu den letzteren gehören die Vektoren des Drehimpulses, u. a. auch der Vektor des Spins. Deshalb ändert sich also auch die Projektion des Spins auf die z-Achse nicht. Hieraus folgt, daß sich bei der Inversion jede der Komponenten ψ^1, ψ^2 eines dreidimensionalen Spinors (die für einen bestimmten Wert s_z zuständig ist) nur durch sich selbst transformieren kann. In Übereinstimmung mit (81,1) heißt das:

$$\hat{P}\,\psi^\alpha = \pm\,\psi^\alpha \qquad (\alpha = 1, 2)\,. \tag{81,2}$$

Wir müssen aber unterstreichen, daß die Zuordnung dieser oder jener Parität (+1 oder −1) für den Spinor keine absolut zu verstehende Bedeutung hat, da der Spinor bei einer Drehung um 2π sein Vorzeichen wechselt, und diese Drehung in jedem Fall gleichzeitig mit der Inversion durchgeführt werden kann. Absoluten Charakter besitzt aber die „relative Parität" zweier Spinore ψ und φ, die als Parität des aus ihnen gebildeten Skalars $\psi^1\,\varphi^2 - \psi^2\,\varphi^1$ definiert ist; da bei einer Drehung um 2π alle Spinoren gleichzeitig ihr Vorzeichen ändern, hat die damit verbundene Unbestimmtheit keinen Einfluß auf die Parität (−1 oder +1) des angeführten Skalars.

Wir wenden uns jetzt den vierdimensionalen Spinoren zu.

Die Forderung, daß sich nur Größen, die zu den gleichen Werten s_z gehören, untereinander transformieren, bleibt verständlicherweise auch in diesem Fall erhalten. Es kann dies aber schon nicht mehr die Transformation (81,2) (und dieselbe für die punktierten Spinoren) sein, wie z. B. aus folgenden Überlegungen ersichtlich ist. Als Folge von (81,2) würden sich auch die Komponenten von 4-Spinoren höherer Stufe nur in sich selbst transformieren. Das würde aber den Formeln (80,10) widersprechen: Bei der Inversion der räumlichen Koordinaten ändern die Komponenten a^1, a^2, a^3 eines (polaren) Vektors $\boldsymbol{a}$ ihr Vorzeichen, a^0 bleibt jedoch unverändert; deshalb können sich $\zeta^{1\dot{2}}$ und $\zeta^{2\dot{1}}$ prinzipiell nicht in sich selbst transformieren.

Eine Inversion muß also die Komponenten eines 4-Spinors ξ^α in andere Größen transformieren. Solche Größen können nur die Komponenten eines anderen Spinors $\eta^{\dot{\alpha}}$ sein, der ein anderes Transformationsverhalten zeigt als ξ^α. Wenn man wiederum die Inversion als Operation versteht, die der Bedingung (81,1) genügt, kann man das Ergebnis ihrer Anwendung mit Hilfe der Formeln

$$\hat{P}\,\xi^\alpha = \eta^{\dot{\alpha}}\,, \qquad \hat{P}\,\eta^{\dot{\alpha}} = \xi^\alpha \tag{81,3}$$

definieren. Bei zweifacher Wiederholung dieser Operation gehen in Übereinstimmung mit der Definition (81,1) ξ^α bzw. $\eta^{\dot{\alpha}}$ in sich selbst über.

Auf diese Weise fordert die Einbeziehung der Inversion in die Reihe der zulässigen Symmetrietransformationen die gleichzeitige Betrachtung eines Spinorenpaares $(\xi^\alpha, \eta^{\dot{\alpha}})$; ein solches Paar wird als *Bispinor* bezeichnet.

§ 82. Die DIRAC-Gleichung

Am wichtigsten ist der Fall des Spins 1/2, zu dem der größte Teil der Elementarteilchen gehört. Wie aus dem eben Besprochenen klar hervorgeht, ist die Wellenfunktion, die solche Teilchen in der relativistischen Theorie beschreibt, ein Bispinor; sie stellt eine Gesamtheit von vier Komponenten dar anstelle der zwei Komponenten der Spinorwellenfunktion der nichtrelativistischen Theorie. Wir kommen jetzt zur Ableitung der Wellengleichung, der die Bispinorwellenfunktion eines freien Teilchens genügen muß.

Aus den gleichen Überlegungen, wie sie in § 79 dargelegt wurden, ist von vornherein klar, daß bei jeder Komponente der Wellenfunktion im Resultat der Anwendung des Operators $\hat{p}_\mu \hat{p}^\mu$ der Faktor m^2 auftauchen muß, d. h., daß jede Komponente der KLEIN-FOCK-Gleichung genügen muß. Von vornherein ist jedoch auch offensichtlich, daß im gegebenen Falle diese Gleichung zweifellos nicht hinreichend ist. Tatsächlich, von den vier Komponenten der Bispinorwellenfunktion können nur zwei linear unabhängig sein, entsprechend der Zahl von Werten, die die Projektion des Spins 1/2 annehmen kann. Das vollständige System der Wellengleichungen muß folglich eine lineare differentielle Kopplung zwischen den Komponenten des Bispinors beinhalten, die mit Hilfe des Operators $\hat{p}_\mu = i\,\partial/\partial x^\mu$ verwirklicht wird, wobei diese Kopplung offensichtlich durch relativistisch invariante Beziehungen ausgedrückt sein muß.

Da die Wellenfunktion aus einem Satz von zwei Spinoren (wir bezeichnen sie mit ξ^α und $\eta^{\dot\alpha}$) besteht, erscheint es für das Erreichen des vorgegebenen Ziels natürlich, anstelle des 4-Vektors $\hat{p}^\mu$ den ihm (gemäß (80,10)) äquivalenten Spinoroperator 2-ter Stufe $\hat{p}^{\alpha\dot\beta}$ mit den Komponenten

$$\hat{p}^{1\dot 2} = \hat{p}^3 + \hat{p}^0\,, \qquad \hat{p}^{2\dot 1} = \hat{p}^3 - \hat{p}^0\,,$$
$$\hat{p}^{1\dot 1} = -\,\hat{p}^1 + i\,\hat{p}^2\,, \qquad \hat{p}^{2\dot 2} = \hat{p}^1 + i\,\hat{p}^2 \tag{82,1}$$

einzuführen.

Wir wenden den Operator $\hat{p}^{\alpha\dot\beta}$ auf den Spinor ξ^α an und bilden (nach der Regel (80,4)) das Skalarprodukt hinsichtlich des Paares nichtpunktierter Indizes:

$$\hat{p}^{1\dot\beta}\,\xi^2 - \hat{p}^{2\dot\beta}\,\xi^1\,.$$

Dieses Produkt ist noch ein Spinor erster Stufe bezüglich des punktierten Indexes; es kann sich also nur durch den punktierten Spinor $\eta^{\dot\beta}$ ausdrücken lassen. Somit erhält man die Gleichung

$$\hat{p}^{1\dot\beta}\,\xi^2 - \hat{p}^{2\dot\beta}\,\xi^1 = m\,\eta^{\dot\beta} \tag{82,2a}$$

mit m — einer Konstanten (die, wie aus dem Folgenden ersichtlich, die Teilchenmasse ist). Analog erhält man nach Anwenden des Operators $\hat{p}^{\alpha\dot\beta}$ auf den Spinor $\eta^{\dot\beta}$ unter Bildung des Skalarproduktes bezüglich des punktierten Indexpaares die Gleichung

$$\hat{p}^{\alpha\dot 2}\,\eta^{\dot 1} - \hat{p}^{\alpha\dot 1}\,\eta^{\dot 2} = m\,\xi^\alpha\,. \tag{82,2b}$$

Die relativistische Invarianz dieser Gleichungen wird automatisch durch die Spinorschreibweise gewährleistet: Auf beiden Seiten jeder Gleichung stehen Spinoren des gleichen Typs (punktiert bzw. nichtpunktiert), die sich bei LORENTZ-Transformationen nach ein und denselben Regeln transformieren.

Die relativistische Wellengleichung, die durch das System (82,2) wiedergegeben wird, heißt DIRAC-*Gleichung* (sie wurde 1928 von P. A. M. DIRAC aufgestellt).

Nach Einsetzen der Ausdrücke (82,1) für die Operatorkomponenten $\hat{p}^{\alpha\dot{\beta}}$ in die Gleichungen (82,2) erhält man

$$\left.\begin{aligned} \hat{p}_0\,\xi^1 - \hat{p}_x\,\xi^2 + i\,\hat{p}_y\,\xi^2 - \hat{p}_z\,\xi^1 &= m\,\eta^{\dot{1}}\,, \\ \hat{p}_0\,\xi^2 - \hat{p}_x\,\xi^1 - i\,\hat{p}_y\,\xi^1 + \hat{p}_z\,\xi^2 &= m\,\eta^{\dot{2}}\,, \\ \hat{p}_0\,\eta^{\dot{1}} + \hat{p}_x\,\eta^{\dot{2}} - i\,\hat{p}_y\,\eta^{\dot{2}} + \hat{p}_z\,\eta^{\dot{1}} &= m\,\xi^1\,, \\ \hat{p}_0\,\eta^{\dot{2}} + \hat{p}_x\,\eta^{\dot{1}} + i\,\hat{p}_y\,\eta^{\dot{1}} - \hat{p}_z\,\eta^{\dot{2}} &= m\,\xi^2 \end{aligned}\right\} \tag{82,3}$$

mit $\hat{p}_0 = i\,\partial/\partial t$; $\hat{p}_x, \hat{p}_y, \hat{p}_z$ sind die drei Komponenten des Vektoroperators $\hat{\boldsymbol{p}} = -i\,\nabla$.

Für ein freies Teilchen, das sich mit einem bestimmten Impuls $\boldsymbol{p}$ und der Energie ε bewegt, sind alle Komponenten der Wellenfunktion dem Faktor $e^{i(\boldsymbol{p}\boldsymbol{r}-\varepsilon t)}$ (ebene Welle) proportional. Das Anwenden des Operators $\hat{p}_0$ führt zur Multiplikation einer solchen Funktion mit ε und das Anwenden des Operators $\hat{\boldsymbol{p}}$ zur Multiplikation mit $\boldsymbol{p}$. Also läßt sich das System von Differentialgleichungen (82,3) auf ein System homogener linearer algebraischer Gleichungen zurückführen:

$$\left.\begin{aligned} (\varepsilon - p_z)\,\xi^1 - (p_x - i\,p_y)\,\xi^2 &= m\,\eta^{\dot{1}}\,, \\ -(p_x + i\,p_y)\,\xi^1 + (\varepsilon + p_z)\,\xi^2 &= m\,\eta^{\dot{2}}\,, \\ (\varepsilon + p_z)\,\eta^{\dot{1}} + (p_x - i\,p_y)\,\eta^{\dot{2}} &= m\,\xi^1\,, \\ (p_x + i\,p_y)\,\eta^{\dot{1}} + (\varepsilon - p_z)\,\eta^{\dot{2}} &= m\,\xi^2\,. \end{aligned}\right\} \tag{82,4}$$

Jedes dieser zwei Gleichungspaare bestimmt zwei Komponenten des Bispinors bei vorgegebenen zwei restlichen Komponenten. Damit diese beiden Gleichungspaare miteinander verträglich sind, muß z. B. das Einsetzen von $\eta^{\dot{1}}$ und $\eta^{\dot{2}}$ aus dem ersten Paar in das zweite zu einer Identität führen. Wie man sich leicht überzeugen kann, muß dafür

$$\varepsilon^2 - p_x^2 - p_y^2 - p_z^2 = \varepsilon^2 - \boldsymbol{p}^2 = m^2$$

erfüllt sein; dies entspricht gerade dem relativistischen Zusammenhang zwischen der Energie des Teilchens und seinem Impuls, wenn m die Teilchenmasse ist. Damit ist der Sinn der in die Gleichung (82,2) eingeführten Konstante m geklärt.

Der Tatbestand, daß von den vier Komponenten der Bispinorwellenfunktion eines freien Teilchens nur zwei unabhängig vorgebbar sind, steht im Einklang damit, daß sich bei vorgegebenem Impuls die Teilchenzustände nur noch durch die Spinprojektion unterscheiden können, die insgesamt nur zwei verschiedene Werte annehmen kann.

Im nichtrelativistischen Grenzfall kleiner Geschwindigkeiten darf das Teilchen nur durch eine zweikomponentige Größe — einen dreidimensionalen

Spinor — beschrieben werden. Wenn die Geschwindigkeit $\boldsymbol{v} \to 0$ geht, strebt der Impuls $\boldsymbol{p}$ ebenfalls gegen Null, und die Energie ε strebt gegen die Ruheenergie m ($m c^2$ — in gewöhnlichen Maßeinheiten). Aus den Gleichungen (82,4) folgt dann $\xi^\alpha = \eta^{\dot\alpha}$, d. h., beide Spinoren, die den Bispinor bilden, sind in der Tat gleich.

Die beiden Gleichungspaare (82,3) kann man mit Hilfe der PAULI-Matrizen

$$\sigma_x = \begin{pmatrix} 0 & 1 \\ 1 & 0 \end{pmatrix}, \quad \sigma_y = \begin{pmatrix} 0 & -i \\ i & 0 \end{pmatrix}, \quad \sigma_z = \begin{pmatrix} 1 & 0 \\ 0 & -1 \end{pmatrix} \tag{82,5}$$

(die schon in § 40 eingeführt wurden) in kürzerer Form schreiben. Vereinigt man diese drei Matrizen zu einem „Matrizenvektor“ $\boldsymbol{\sigma}$, so sieht die Kurzschreibweise des Gleichungspaares (82,3) wie folgt aus:

$$(\hat{p}_0 - \hat{\boldsymbol{p}}\,\boldsymbol{\sigma})\,\xi = m\,\eta\,, \qquad (\hat{p}_0 + \hat{\boldsymbol{p}}\,\boldsymbol{\sigma})\,\eta = m\,\xi\,. \tag{82,6}$$

Wie immer verstehen wir unter der Multiplikation der PAULI-Matrizen mit den zweikomponentigen Größen ξ oder η eine Multiplikation nach der üblichen Matrizenregel: Die Zeilen der Matrix werden mit den Spalten ξ bzw. η multipliziert; z. B. ist

$$\sigma_y\,\xi = \begin{pmatrix} 0 & -i \\ i & 0 \end{pmatrix}\begin{pmatrix} \xi^1 \\ \xi^2 \end{pmatrix} = \begin{pmatrix} -i\,\xi^2 \\ i\,\xi^1 \end{pmatrix}$$

usw.

§ 83. Die DIRAC-Matrizen

Die Spinorschreibweise der DIRAC-Gleichung ist in dem Problem dem Sinne angepaßt, daß sie unmittelbar die relativistische Invarianz der Gleichung hervorhebt. Nachdem auf diese Weise die Form der Gleichung gefunden ist, kann man mit gleichem Recht für die vier unabhängigen Komponenten der Wellenfunktion irgendwelche andere linear unabhängige Kombinationen der ursprünglichen Komponenten wählen. Beim Umgang mit der DIRAC-Gleichung ist es oftmals bequemer, sie in ihrer allgemeinsten Schreibweise zu benutzen, für die die Art der Wahl der Komponenten der Wellenfunktion nicht von vornherein festgelegt ist.

Wir werden die vierkomponentige Wellenfunktion mit dem Symbol Ψ bezeichnen. Sie besitzt die Komponenten Ψ_i, die durch die Indizes $i = 1, 2, 3, 4$ numeriert sind. Die Wellenfunktion kann als Spalte[1]) dargestellt werden:

$$\Psi = \begin{pmatrix} \Psi_1 \\ \Psi_2 \\ \Psi_3 \\ \Psi_4 \end{pmatrix}. \tag{83,1}$$

[1]) Für eine zweckmäßige Gestaltung der Ausdrücke verabreden wir, die vierkomponentige Größe Ψ nicht nur im Falle ihrer Spinordarstellung, sondern auch in jeder beliebigen Darstellung Bispinor zu nennen. Dementsprechend werden auch die Indizes, die ihre Komponenten numerieren, als Bispinorindizes bezeichnet.

Das System der DIRAC-Gleichungen schreiben wir in der Form:

$$\hat{p}_\mu \gamma^\mu_{ik} \Psi_k = m \Psi_i \,, \tag{83,2}$$

wobei γ^μ ($\mu = 0, 1, 2, 3$) vierspaltige Matrizen mit den Elementen γ^μ_{ik} ($i, k = 1, 2, 3, 4$) sind; die Summation auf der linken Seite von (83,2) wird sowohl über den Matrizenindex (Bispinorindex) k als auch über den 4-Vektorindex μ ausgeführt.[1] Die Matrizenindizes werden gewöhnlich weggelassen, so daß die Gleichung in symbolischer Form

$$[\gamma^\mu \hat{p}_\mu - m]\, \Psi = 0 \tag{83,3}$$

mit

$$\gamma^\mu \hat{p}_\mu = \hat{p}_0 \gamma^0 - \hat{\boldsymbol{p}}\, \boldsymbol{\gamma} = i\left(\gamma^0 \frac{\partial}{\partial t} + \boldsymbol{\gamma}\, \nabla\right) \tag{83,4}$$

lautet. Das Symbol $\boldsymbol{\gamma}$ steht für den dreidimensionalen „Matrizenvektor" mit den Komponenten γ^1, γ^2 und γ^3. Die Darstellung von Ψ in Form einer Spalte (83,1) führt dazu, daß die Multiplikation der Matrix γ^μ mit Ψ in (83,3) gemäß der gewöhnlichen Matrizenregel vor sich geht: Jede Zeile der Matrix γ^μ multipliziert sich mit der Spalte Ψ:

$$(\gamma^\mu \Psi)_i = \gamma^\mu_{ik} \Psi_k \,. \tag{83,5}$$

Die Matrizen γ^μ heißen DIRAC-*Matrizen.* Im allgemeinen Falle einer beliebigen Darstellung der Wellenfunktion müssen sie nur den Bedingungen genügen, daß die Gleichung

$$(\hat{p}^\mu \hat{p}_\mu)\, \Psi = m^2 \Psi$$

erfüllt ist — jede Komponente Ψ muß der KLEIN-FOCK-Gleichung genügen.

Zum besseren Verständnis dieser Bedingungen multiplizieren wir (83,3) von links mit $\gamma^\nu \hat{p}_\nu$. Wir erhalten

$$(\gamma^\nu \hat{p}_\nu)(\gamma^\mu \hat{p}_\mu)\, \Psi = (\gamma^\nu \hat{p}_\nu)\, m \Psi = m^2 \Psi \,.$$

Da alle Operatoren $\hat{p}_\mu$ untereinander vertauschbar sind, ist das Produkt $\hat{p}_\mu \hat{p}_\nu$ ein symmetrischer Tensor: $\hat{p}_\mu \hat{p}_\nu = \hat{p}_\nu \hat{p}_\mu$. Das Produkt $\gamma^\mu \gamma^\nu$ zerlegen wir in einen symmetrischen und einen antisymmetrischen Teil:

$$\gamma^\nu \gamma^\mu = \frac{1}{2}(\gamma^\nu \gamma^\mu + \gamma^\mu \gamma^\nu) + \frac{1}{2}(\gamma^\nu \gamma^\mu - \gamma^\mu \gamma^\nu) \,.$$

[1]) Zur Illustration schreiben wir die Ausdrücke für die Matrizen γ^μ auf, die der Spinordarstellung der Wellenfunktion entsprechen. Wenn $\Psi_1 = \xi^1$, $\Psi_2 = \xi^2$, $\Psi_3 = \eta^{\dot 1}$, $\Psi_3 = \eta^{\dot 2}$ ist, so haben wir

$$\gamma^0 = \begin{pmatrix} 0 & 0 & 1 & 0 \\ 0 & 0 & 0 & 1 \\ 1 & 0 & 0 & 0 \\ 0 & 1 & 0 & 0 \end{pmatrix}, \qquad \gamma^1 = \begin{pmatrix} 0 & 0 & 0 & -1 \\ 0 & 0 & -1 & 0 \\ 0 & 1 & 0 & 0 \\ 1 & 0 & 0 & 0 \end{pmatrix},$$

$$\gamma^2 = \begin{pmatrix} 0 & 0 & 0 & i \\ 0 & 0 & -i & 0 \\ 0 & -i & 0 & 0 \\ i & 0 & 0 & 0 \end{pmatrix}, \qquad \gamma^3 = \begin{pmatrix} 0 & 0 & -1 & 0 \\ 0 & 0 & 0 & 1 \\ 1 & 0 & 0 & 0 \\ 0 & -1 & 0 & 0 \end{pmatrix}.$$

Nach der Multiplikation mit $\hat{p}_\nu \hat{p}_\mu$ verschwindet der letzte Teil, so daß

$$\frac{1}{2}(\gamma^\nu \gamma^\mu + \gamma^\mu \gamma^\nu)\, \hat{p}_\nu \hat{p}_\mu \Psi = m^2 \Psi$$

verbleibt. Damit der Operator der linken Seite der Gleichung auf $\hat{p}_\mu \hat{p}^\mu$ zurückgeführt werden kann, müssen alle Matrizenpaare mit $\mu \neq \nu$ antikommutieren ($\gamma^\mu \gamma^\nu = -\gamma^\nu \gamma^\mu$) und die Quadrate der Matrizen gleich

$$(\gamma^1)^2 = (\gamma^2)^2 = (\gamma^3)^2 = 1\,, \qquad (\gamma^0)^2 = -1 \tag{83,6}$$

sein (die 1 auf den rechten Seiten der Gleichungen ist natürlich als Einheitsmatrix zu verstehen). Alle diese Bedingungen kann man in der zusammengefaßten Form

$$\gamma^\mu \gamma^\nu + \gamma^\nu \gamma^\mu = 2\, g^{\mu\nu} \tag{83,7}$$

schreiben; $g^{\mu\nu}$ ist der sogenannte metrische Tensor mit den Komponenten

$$g^{\mu\nu} = g_{\mu\nu} = \begin{pmatrix} -1 & 0 & 0 & 0 \\ 0 & 1 & 0 & 0 \\ 0 & 0 & 1 & 0 \\ 0 & 0 & 0 & 1 \end{pmatrix}. \tag{83,8}$$

Die Gleichungen (83,7) bestimmen alle Eigenschaften der DIRAC-Matrizen, die notwendig sind, um mit ihnen operieren zu können. Im allgemeinen ist es nicht notwendig, jeweils zu konkreten Darstellungen dieser Matrizen überzugehen.

Die DIRAC-Gleichung kann in einer Form dargestellt werden, in der die Ableitung nach der Zeit explizit auftritt, so daß es für Teilchen mit dem Spin 1/2 möglich ist, den Begriff des HAMILTON-Operators einzuführen. Indem wir die Gleichung

$$(\gamma^\mu \hat{p}_\mu - m)\,\Psi = i\,\gamma^0 \frac{\partial \Psi}{\partial t} - \boldsymbol{\gamma}\, \hat{\boldsymbol{p}}\, \Psi - m\,\Psi = 0$$

von links mit γ^0 multiplizieren, führen wir den Koeffizienten bei $i\,\partial\Psi/\partial t$ auf eins zurück (genauer — auf die Einheitsmatrix). Somit erhalten wir

$$i \frac{\partial \Psi}{\partial t} = (\gamma^0\, \boldsymbol{\gamma}\, \boldsymbol{p} + m\,\gamma^0)\,\Psi\,.$$

Der Operator, der auf der rechten Seite dieser Gleichung auf Ψ angewendet wird, ist also der HAMILTON-Operator des Teilchens. Gewöhnlich schreibt man ihn in der Form

$$\hat{H} = \boldsymbol{\alpha}\, \hat{\boldsymbol{p}} + m\,\beta \tag{83,9}$$

unter Einführung spezieller Bezeichnungen für die Matrizen: $\boldsymbol{\alpha} = \gamma^0 \boldsymbol{\gamma}$, $\beta = \gamma^0$. Man kann sich leicht (mit Hilfe der Beziehungen (83,7)) davon überzeugen, daß das Quadrat des Operators (83,9) gleich

$$\hat{H}^2 = \hat{\boldsymbol{p}}^2 + m^2$$

ist, wie zu erwarten war. In diesem Sinne kann man sagen, daß der Ausdruck (83,9) die Quadratwurzel aus der Summe $\hat{\boldsymbol{p}}^2 + m^2$ darstellt.

Am Ende des vorhergehenden Paragraphen wurde unterstrichen, daß im Grenzfall kleiner Geschwindigkeiten die beiden Spinoren ξ und η, die den Bispinor Ψ bilden, einander gleich werden. Hierbei zeigt sich jedoch ein gewisser Nachteil der Spinorschreibweise der DIRAC-Gleichung: Beim Grenzübergang bleiben alle vier Komponenten der Wellenfunktion von Null verschieden, obgleich in Wirklichkeit nur zwei von ihnen unabhängig voneinander sind. Deshalb kann sich solch eine Darstellung der Wellenfunktion als praktischer erweisen, bei der zwei ihrer Komponenten im Grenzfall verschwinden.

Dieses Ziel wird durch das Einführen von Linearkombinationen aus ξ und η

$$\varphi = \frac{1}{\sqrt{2}}(\xi + \eta)\,, \qquad \chi = \frac{1}{\sqrt{2}}(\xi - \eta) \tag{83,10}$$

erreicht bzw. (in ausgeschriebener Form):

$$\varphi = \begin{pmatrix}\varphi_1\\ \varphi_2\end{pmatrix} = \frac{1}{\sqrt{2}}\begin{pmatrix}\xi^1 + \eta^{\dot{1}}\\ \xi^2 + \eta^{\dot{2}}\end{pmatrix}, \qquad \chi = \begin{pmatrix}\chi_1\\ \chi_2\end{pmatrix} = \frac{1}{\sqrt{2}}\begin{pmatrix}\xi^1 - \eta^{\dot{1}}\\ \xi^2 - \eta^{\dot{2}}\end{pmatrix}.$$

Für ein ruhendes Teilchen ist dann $\chi = 0$. Die Darstellung, in der als Ψ-Komponenten $\varphi_1, \varphi_2, \chi_1, \chi_2$ auftreten, heißt *Standarddarstellung.* Wir benutzen sie in § 93 bei der Untersuchung der Bewegung eines Elektrons in einem äußeren Feld. Hier schreiben wir die DIRAC-Gleichung in dieser Darstellung zunächst für ein freies Teilchen auf. Indem man die Gleichungen (82,6) gliedweise summiert bzw. subtrahiert, ergibt sich

$$\begin{aligned} \hat{p}_0\,\varphi - \hat{\boldsymbol{p}}\,\boldsymbol{\sigma}\,\chi &= m\,\varphi\,,\\ -\,\hat{p}_0\,\chi + \boldsymbol{p}\,\boldsymbol{\sigma}\,\varphi &= m\,\chi\,. \end{aligned} \tag{83,11}$$

§ 84. Die Stromdichte in der DIRAC-Gleichung

Wir konstruieren jetzt zwei Größen, die für die DIRAC-Gleichung die Rolle der Teilchendichte ϱ und des Teilchenstromes $\boldsymbol{j}$ spielen. In der relativistischen Theorie bilden diese Größen den 4-Vektor $j^\mu = (\varrho, \boldsymbol{j})$. Sie genügen der Kontinuitätsgleichung, die sich in vierdimensionaler Form als

$$\frac{\partial j^\mu}{\partial x^\mu} = 0 \tag{84,1}$$

darstellt (vgl. I § 53). Diese Gleichung drückt den Erhaltungssatz für die Größe

$$Q = \int \varrho\,\mathrm{d}V \tag{84,2}$$

aus. In der nichtrelativistischen Theorie ist das einfach der Erhaltungssatz für die Zahl der Teilchen; in der relativistischen Theorie hingegen ändert sich der Sinn des durch die Gleichung (84,1) ausgedrückten Gesetzes, wie in § 86 gezeigt wird.

Die Größen j^μ stellen bilineare Ausdrücke in der Wellenfunktion Ψ und der zu ihr komplex konjugierten Größe Ψ^* dar. Um diese Ausdrücke zu erhalten, ist es deshalb notwendig, zuerst die Form der Gleichung aufzufinden, der die Funktion Ψ^* genügt. Die Wellenfunktion selbst erfüllt die DIRAC-Gleichung

$$(p_\mu \gamma^\mu - m)\,\Psi = \left(i\,\gamma^0 \frac{\partial}{\partial t} + i\,\boldsymbol{\gamma}\,\nabla - m\right)\Psi = 0\,. \tag{84,3}$$

Die komplexe Konjugation liefert

$$\left(-\,i\,\gamma^{0*}\frac{\partial}{\partial t} - i\,\boldsymbol{\gamma}^*\,\nabla - m\right)\Psi^* = 0\,.$$

Aus den in der Fußnote auf Seite 247 enthaltenen Ausdrücken für die Matrizen γ^μ folgt

$$\gamma^{0+} \equiv \tilde{\gamma}^{0*} = \gamma^0\,, \qquad \boldsymbol{\gamma}^+ = -\,\boldsymbol{\gamma}\,, \tag{84,4}$$

d. h., die Matrix γ^0 ist hermitesch, während die Matrizen $\gamma^1, \gamma^2, \gamma^3$ „antihermitesch" sind (wir erinnern daran, daß das Zeichen $\sim$ die Transponierung, d. h. das Vertauschen von Zeilen und Spalten einer Matrix, bedeutet).[1]) Deshalb gilt $\gamma^{0*} = \tilde{\gamma}^0$, $\boldsymbol{\gamma}^* = -\,\tilde{\boldsymbol{\gamma}}^*$, so daß wir

$$\left(-\,i\,\tilde{\gamma}^0\frac{\partial}{\partial t} + i\,\tilde{\boldsymbol{\gamma}}\,\nabla - m\right)\Psi^* = 0$$

erhalten. Um zu den ursprünglichen (nichttransponierten) Matrizen zurückzukehren, bemerken wir, daß

$$\tilde{\gamma}^\mu\,\Psi^* \equiv \tilde{\gamma}^\mu_{ik}\,\Psi^*_k = \Psi^*_k\,\gamma^\mu_{ki} \equiv \Psi^*\,\gamma^\mu$$

ist; in der symbolischen Schreibweise $\Psi^*\gamma^\mu$ (ohne Matrixindizes) ist Ψ^* als die Zeile

$$\Psi^* = (\Psi^*_1, \Psi^*_2, \Psi^*_3, \Psi^*_4)$$

zu verstehen, die mit den Spalten der Matrix γ^μ zu multiplizieren ist. Hiermit erhalten wir

$$\Psi^*\left(-\,i\,\gamma^0\frac{\partial}{\partial t} + i\,\boldsymbol{\gamma}\,\nabla - m\right) = 0\,,$$

wobei angenommen wird, daß die Differentialoperatoren auf die links von ihnen stehende Funktion Ψ^* angewendet werden. Da sich die Vorzeichen des ersten und zweiten Gliedes des Klammerausdruckes unterscheiden, können sie noch nicht zu einer vierdimensionalen Form gebracht werden. Um diese Unzulänglichkeit zu überwinden, multiplizieren wir die ganze Gleichung mit γ^0, und durch $\boldsymbol{\gamma}\,\gamma^0 = -\,\gamma^0\,\boldsymbol{\gamma}$ gewinnen wir

$$\Psi^*\,\gamma^0\left(i\,\gamma^0\frac{\partial}{\partial t} + i\,\boldsymbol{\gamma}\,\nabla + m\right) = 0\,.$$

[1]) Die Ausdrücke auf S. 247 beziehen sich auf eine konkrete Darstellung der Matrizen (Spinordarstellung); die Eigenschaften (84,4) hängen aber in Wirklichkeit nicht von der Darstellung ab.

Die Funktion $\Psi^* \gamma^0$ heißt DIRAC-*konjugiert* in bezug auf die Funktion Ψ und wird mit einem über dem Symbol Ψ befindlichen Strich geschrieben:

$$\overline{\Psi} = \Psi^* \gamma^0 , \qquad \Psi^* = \overline{\Psi} \gamma^0 . \tag{84,5}$$

Somit erhalten wir endgültig

$$\overline{\Psi} (\hat{p}_\mu \gamma^\mu + m) = 0 . \tag{84,6}$$

Jetzt ist es nicht mehr schwierig, einen Ausdruck für die Stromdichte als 4-Vektor zu finden, der die Kontinuitätsgleichung (84,1) erfüllt. Dazu multiplizieren wir die Gleichung (84,6) von rechts mit Ψ, die Gleichung (84,3) von links mit Ψ^* und addieren beide gliedweise. Die Glieder $\pm m \Psi^* \Psi$ kürzen sich dabei gegenseitig, und es verbleibt

$$i \frac{\partial \overline{\Psi}}{\partial x^\mu} \gamma^\mu \Psi + i \overline{\Psi} \gamma^\mu \frac{\partial \Psi}{\partial x^\mu} = i \frac{\partial}{\partial x^\mu} (\overline{\Psi} \gamma^\mu \Psi) = 0 .$$

Diese Beziehung hat in der Tat die Form der Kontinuitätsgleichung, in der die Rolle der Stromdichte der 4-Vektor

$$j^\mu = \overline{\Psi} \gamma^\mu \Psi \tag{84,7}$$

spielt (in der ausführlichen Schreibweise mit Matrixindizes: $j^\mu = \overline{\Psi}_i \gamma^\mu_{ik} \Psi_k$).

Die zeitliche Komponente des 4-Vektors (84,7) ist gleich der Teilchendichte

$$\varrho = \overline{\Psi} \gamma^0 \Psi = \Psi^* \Psi \equiv |\Psi_1|^2 + |\Psi_2|^2 + |\Psi_3|^2 + |\Psi_4|^2 , \tag{84,8}$$

und die drei räumlichen Komponenten bilden den dreidimensionalen Stromvektor

$$\boldsymbol{j} = \overline{\Psi} \boldsymbol{\gamma} \Psi = \Psi^* \boldsymbol{\alpha} \Psi \tag{84,9}$$

mit $\boldsymbol{\alpha} = \gamma^0 \boldsymbol{\gamma}$ dem „Matrixvektor", der schon in (83,9) eingeführt wurde. Wir möchten die Aufmerksamkeit darauf lenken, daß $\boldsymbol{\alpha}$ hier die Rolle des Operators der Teilchengeschwindigkeit spielt.

Die Beziehung (84,7) wird jetzt zur Normierung der ebenen Welle — der Wellenfunktion des Zustandes eines freien Teilchens mit bestimmten Werten für den Impuls $\boldsymbol{p}$ und der Energie ε — benutzt. Mit dem Ziel, die Normierung „1 Teilchen im Volumen Ω" zu gewinnen, schreiben wir die Welle in der Form

$$\Psi = \frac{1}{\sqrt{\Omega}} u(p) \, e^{-i(\varepsilon t - \boldsymbol{p}\boldsymbol{r})} ; \tag{84,10}$$

die Wellenamplitude $u(p) \equiv u(\varepsilon, \boldsymbol{p})$ ist ein konstanter Bispinor, der vom 4-Impuls des Teilchens abhängt. Die Komponenten dieses Bispinors genügen dem algebraischen Gleichungssystem

$$(\gamma^\mu p_\mu - m) u = 0 , \tag{84,11}$$

das beim Einsetzen von (84,10) in die DIRAC-Gleichung (84,3) erhalten wird (die Operatoren $\hat{p}_\mu$ gehen dabei einfach in die Größen p_μ über). Wir zeigen nun, daß man die geforderte Normierung der Funktion (84,10) erhält, wenn die Amplitude $u(p)$ durch die Bedingung

$$\bar{u}\, u = \frac{m}{\varepsilon} \tag{84,12}$$

normiert wird. In der Tat, nach Multiplikation der Gleichung (84,11) von links mit $\bar{u}$ erhält man

$$(\bar{u}\,\gamma^\mu\, u)\, p_\mu = m(\bar{u}\, u) = \frac{m^2}{\varepsilon}\,.$$

Daraus ist zu sehen, daß $\bar{u}\,\gamma^\mu\, u = p^\mu/\varepsilon$ ist, so daß sich der 4-Vektor des Stromes al.

$$j^\mu = \overline{\Psi}\,\gamma^\mu\, \Psi = \frac{1}{\Omega}\,\bar{u}\,\gamma^\mu\, u = \frac{p^\mu}{\Omega\varepsilon} \tag{84,13}$$

ergibt. Die Teilchendichte ist dabei $\varrho = p^0/\varepsilon\,\Omega = 1/\Omega$ und liefert somit gerade die geforderte Normierung. Die dreidimensionale Stromdichte hat den Wert $\boldsymbol{j} = \boldsymbol{p}/\varepsilon\,\Omega = \boldsymbol{v}/\Omega$ mit $\boldsymbol{v}$ als Teilchengeschwindigkeit.

Teilchen und Antiteilchen XIII

§ 85. Ψ-Operatoren

In Kapitel XI haben wir gezeigt, auf welche Weise man ein freies elektromagnetisches Feld quantentheoretisch beschreiben kann. Dabei sind wir von den bekannten Eigenschaften des Feldes im klassischen Grenzfall ausgegangen und haben uns auf die Vorstellungen der üblichen Quantenmechanik gestützt. Die so erhaltene Beschreibung des Feldes als Photonensystem besitzt viele Züge, die auch auf die relativistische Beschreibung von Teilchen in der Quantentheorie übertragen werden können.

Das elektromagnetische Feld ist ein System mit unendlich vielen Freiheitsgraden. Es existiert kein Erhaltungssatz für die Teilchenzahl (Photonenzahl), und unter den möglichen Zuständen gibt es Zustände mit beliebigen Teilchenzahlen.[1]) In einer relativistischen Theorie müssen auch Systeme beliebiger Teilchen im allgemeinen diese Eigenschaft haben. Die Erhaltung der Teilchenzahl in der nichtrelativistischen Theorie hängt mit dem Erhaltungssatz für die Masse zusammen: Die Summe der Teilchenmassen (Ruhmassen) ändert sich bei einer Wechselwirkung nicht; die Erhaltung der Gesamtmasse in einem Teilchensystem bedeutet aber auch, daß die Teilchenzahl unveränderlich ist. In der relativistischen Mechanik gibt es keinen Erhaltungssatz für die Masse, es muß nur die Gesamtenergie eines Systems erhalten bleiben (die die Ruhenergien der Teilchen mit einschließt). Deshalb braucht die Teilchenzahl nicht mehr erhalten zu bleiben, und jede relativistische Theorie für Teilchen muß eine Theorie mit unendlich vielen Freiheitsgraden sein. Eine solche Theorie wird mit anderen Worten den Charakter einer Feldtheorie annehmen.

Der zur Beschreibung von Systemen mit veränderlicher Teilchenzahl adäquate mathematische Apparat ist der Apparat der zweiten Quantisierung, in dem die Besetzungszahlen für die verschiedenen Teilchenzustände die Rolle der unabhängigen Variablen spielen. Bei der quantentheoretischen Beschreibung des elektromagnetischen Feldes übernimmt das 4-Potential $\hat{A}$ die Rolle des Operators der zweiten Quantisierung. Es wird durch die Wellenfunktionen der einzelnen Photonen und deren Erzeugungs- und Vernichtungsoperatoren ausgedrückt. Bei der Beschreibung eines Systems von Teilchen spielt der Operator der quantisierten Wellenfunktion eine ähnliche Rolle.

[1]) Natürlich ändert sich die Zahl der Photonen praktisch nur im Ergebnis verschiedener Wechselwirkungsprozesse.

Die in diesem Paragraphen anzustellenden Überlegungen sind in gleichem Maße für Teilchen mit beliebigem Spin gültig. Wir werden deshalb die mathematische Struktur der Wellenfunktionen nicht genauer festlegen. Wenn wir eine ebene Welle in der Form

$$\Psi_{\boldsymbol{p}} = \frac{1}{\sqrt{\Omega}} u(p)\, \mathrm{e}^{-i(\varepsilon t - \boldsymbol{p}\boldsymbol{r})} \tag{85,1}$$

schreiben, so soll das heißen, daß die Wellenamplitude $u(p)$ (eine Funktion des 4-Impulses) ein Skalar (für Teilchen mit dem Spin 0), ein Bispinor (für Teilchen mit dem Spin 1/2) usw. sein kann.

Nach den allgemeinen Regeln für die Durchführung der zweiten Quantisierung müssen wir die Entwicklung einer beliebigen Wellenfunktion nach den Eigenfunktionen eines vollständigen Satzes möglicher Zustände eines freien Teilchens betrachten, zum Beispiel die Entwicklung nach ebenen Wellen $\Psi_{\boldsymbol{p}}$[1]):

$$\Psi = \sum_{\boldsymbol{p}} a_{\boldsymbol{p}} \Psi_{\boldsymbol{p}}\,, \qquad \Psi^* = \sum_{\boldsymbol{p}} a_{\boldsymbol{p}}^* \Psi_{\boldsymbol{p}}^*\,.$$

Anschließend müssen die Koeffizienten $a_{\boldsymbol{p}}$ und $a_{\boldsymbol{p}}^*$ als Vernichtungs- und Erzeugungsoperatoren $\hat{a}_{\boldsymbol{p}}$ bzw. $\hat{a}_{\boldsymbol{p}}^+$ für die Teilchen in den betreffenden Zuständen aufgefaßt werden.

Dabei stoßen wir jedoch sofort auf folgenden (gegenüber der nichtrelativistischen Theorie) neuen und ganz wesentlichen Sachverhalt. In einer ebenen Welle, die eine Lösung der Gleichung (85,1) ist, braucht die Energie (bei gegebenem Impuls $\boldsymbol{p}$) nur die Bedingung $\varepsilon^2 = \boldsymbol{p}^2 + m^2$ zu erfüllen, d. h., sie kann zwei Werte annehmen: $\pm\sqrt{\boldsymbol{p}^2 + m^2}$. Aber nur positive Werte von ε sind für ein freies Teilchen physikalisch sinnvoll. Andererseits ist es unzulässig, die negativen Werte einfach wegzulassen: Die allgemeine Lösung der Wellengleichung ist die Überlagerung aller unabhängigen speziellen Lösungen. Dieser Sachverhalt macht es erforderlich, die Interpretation der Entwicklungskoeffizienten von Ψ und Ψ^* bei der zweiten Quantisierung in gewisser Weise abzuändern.

Wir schreiben diese Entwicklung in der Gestalt

$$\Psi = \frac{1}{\sqrt{\Omega}} \sum_{\boldsymbol{p}} a_{\boldsymbol{p}}^{(+)} u(\varepsilon, \boldsymbol{p})\, \mathrm{e}^{-i(\varepsilon t - \boldsymbol{p}\boldsymbol{r})} + \frac{1}{\sqrt{\Omega}} \sum_{\boldsymbol{p}} a_{\boldsymbol{p}}^{(-)} u(-\varepsilon, \boldsymbol{p})\, \mathrm{e}^{i(\varepsilon t + \boldsymbol{p}\boldsymbol{r})}\,. \tag{85,2}$$

In der ersten Summe stehen die normierten ebenen Wellen mit positiven „Frequenzen", in der zweiten Summe diejenigen mit negativen „Frequenzen"; ε ist überall die positive Größe $\varepsilon = +\sqrt{\boldsymbol{p}^2 + m^2}$. Bei der zweiten Quantisierung ersetzen wir die Koeffizienten $a_{\boldsymbol{p}}^{(+)}$ in der ersten Summe in der üblichen Weise durch Teilchenvernichtungsoperatoren $\hat{a}_{\boldsymbol{p}}$.

[1]) Für Teilchen mit Spin muß die Summation ebenfalls über die Polarisationen der Teilchen ausgeführt werden; den entsprechenden Index schreiben wir der Kürze halber nicht an.

In der zweiten Summe nehmen wir zunächst eine Umbenennung des Summationsindexes $\boldsymbol{p}$ in $-\boldsymbol{p}$ vor; da sich die Summation über alle möglichen $\boldsymbol{p}$-Werte erstreckt, ändern sich dadurch weder das Summationsgebiet noch der Wert der Summe. Nach dieser Umbenennung nimmt der Exponentialfaktor unter dem Summenzeichen die Gestalt $e^{i(\varepsilon t - \boldsymbol{p}\boldsymbol{r})}$ an, die mit dem Ausdruck für den Exponentialfaktor der komplex konjugierten Wellenfunktionen $\Psi_{\boldsymbol{p}}^*$ mit „positiven" Frequenzen übereinstimmt. Bei der zweiten Quantisierung müssen solche Funktionen mit Erzeugungsoperatoren multipliziert werden. Dementsprechend ersetzen wir die Koeffizienten $a_{-\boldsymbol{p}}^{(-)}$ durch die Erzeugungsoperatoren $\hat{b}_{\boldsymbol{p}}^+$ von Teilchen, die sich im allgemeinen von den Teilchen unterscheiden, zu denen die Operatoren $\hat{a}_{\boldsymbol{p}}$ gehören. Im Ergebnis dessen erhalten wir für die Ψ-Operatoren unter Verwendung von $u(-p) \equiv u(-\varepsilon, -\boldsymbol{p})$ den Ausdruck

$$\hat{\Psi} = \frac{1}{\sqrt{\Omega}} \sum_{\boldsymbol{p}} \{\hat{a}_{\boldsymbol{p}}\, u(p)\, e^{-i(\varepsilon t - \boldsymbol{p}\boldsymbol{r})} + \hat{b}_{\boldsymbol{p}}^+\, u(-p)\, e^{i(\varepsilon t - \boldsymbol{p}\boldsymbol{r})}\}\,,$$
$$\hat{\Psi}^+ = \frac{1}{\sqrt{\Omega}} \sum_{\boldsymbol{p}} \{\hat{a}_{\boldsymbol{p}}^+\, u^*(p)\, e^{i(\varepsilon t - \boldsymbol{p}\boldsymbol{r})} + \hat{b}_{\boldsymbol{p}}\, u^*(-p)\, e^{-i(\varepsilon t - \boldsymbol{p}\boldsymbol{r})}\}\,. \tag{85,3}$$

Alle Operatoren $\hat{a}_{\boldsymbol{p}}$ und $\hat{b}_{\boldsymbol{p}}$ werden auf diese Weise mit Funktionen der „richtigen" Zeitabhängigkeit ($\sim e^{-i\varepsilon t}$) multipliziert, die Operatoren $\hat{a}_{\boldsymbol{p}}^+$ und $\hat{b}_{\boldsymbol{p}}^+$ werden mit den dazu konjugiert komplexen Funktionen multipliziert. Das erlaubt in Einklang mit den allgemeinen Regeln, die Operatoren $\hat{a}_{\boldsymbol{p}}$ und $\hat{b}_{\boldsymbol{p}}$ als Vernichtungsoperatoren und $\hat{a}_{\boldsymbol{p}}^+$ sowie $\hat{b}_{\boldsymbol{p}}^+$ als Erzeugungsoperatoren von Teilchen mit den Impulsen $\boldsymbol{p}$ und den Energien ε zu interpretieren.

Wir gelangen so zur Vorstellung von zwei Teilchensorten, die gemeinsam und gleichberechtigt vorkommen. Man spricht dabei von *Teilchen* und *Antiteilchen* (der Sinn der letzteren Bezeichnung wird im nächsten Paragraphen erklärt werden). Zu der einen Sorte gehören im Apparat der zweiten Quantisierung die Operatoren $\hat{a}_{\boldsymbol{p}}$ und $\hat{a}_{\boldsymbol{p}}^+$, zur anderen $\hat{b}_{\boldsymbol{p}}$ und $\hat{b}_{\boldsymbol{p}}^+$. Beide Teilchensorten, deren Operatoren in ein und denselben Ψ-Operator eingehen, der wiederum ein und derselben Wellengleichung genügt, haben folglich die gleichen Massen.

§ 86. Teilchen und Antiteilchen

Zur weiteren Klärung der Eigenschaften und Beziehungen von Teilchen und Antiteilchen zueinander ist es notwendig, Ausdrücke für die Operatoren der Gesamtenergie und der Gesamtzahl der Teilchen des Systems zu gewinnen. Die Art und Weise der Ableitung dieser Ausdrücke hängt vom Spin der Teilchen ab; wir betrachten im weiteren das Feld von Teilchen mit dem Spin 1/2 (oder das sogenannte *Spinorfeld*).

Alles, was man für diesen Fall wissen muß, um die gesuchten Ausdrücke ableiten zu können, ist die Tatsache, daß es für Teilchen, die mit Hilfe der DIRAC-

Gleichung beschrieben werden, einen HAMILTON-Operator gibt und daß das Produkt $\Psi^* \Psi$ die Rolle der Teilchendichte spielt. Dieser Umstand erlaubt es sofort, die Ergebnisse zu benutzen, die in §§ 47, 48 im Rahmen der nichtrelativistischen Theorie erhalten wurden (dort besaßen Teilchen mit beliebigem Spin beide angeführten Eigenschaften).[1]

Wir sahen, daß im mathematischen Apparat der zweiten Quantisierung der HAMILTON-Operator $\hat{H}$ eines Teilchensystems aus dem HAMILTON-Operator eines Teilchens $\hat{H}^{(1)}$ über das Integral[2]

$$\hat{H} = \int \hat{\Psi}^+ \hat{H}^{(1)} \hat{\Psi} \, dV \tag{86,1}$$

erhalten wird. In der nichtrelativistischen Theorie führte das zu einem trivialen Ergebnis. Beim Einsetzen der Ψ-Operatoren

$$\hat{\Psi} = \sum_p \hat{a}_p \Psi_p \, , \qquad \hat{\Psi}^+ = \sum_p \hat{a}_p^+ \Psi_p^* \tag{86,2}$$

ergibt sich unabhängig von den Vertauschungsregeln der Operatoren $\hat{a}_p$, $\hat{a}_p^+$

$$\hat{H} = \sum_p \varepsilon_p \hat{a}_p^+ \hat{a}_p \tag{86,3}$$

mit ε_p als den Eigenwerten des HAMILTON-Operators $\hat{H}^{(1)}$, d. h. den Energien des freien Teilchens. Die Eigenwerte der Operatorprodukte $\hat{a}_p^+ \hat{a}_p$ sind die Zustandsbesetzungszahlen N_p; die Eigenwerte für die Gesamtenergie des Systems ergeben sich deshalb aus der offensichtlichen Beziehung $E = \sum \varepsilon_p N_p$.

Auf analoge Weise wurde auch das triviale Ergebnis für die Gesamtzahl der Teilchen des Systems gewonnen, deren Operator durch das Integral

$$\hat{N} = \int \hat{\Psi}^+ \hat{\Psi} \, dV \tag{86,4}$$

gegeben ist. Beim Einsetzen der Ψ-Operatoren ergab sich

$$\hat{N} = \sum_p \hat{a}_p^+ \hat{a}_p \, , \tag{86,5}$$

so daß die Eigenwerte $N = \sum N_p$ sind.

In der relativistischen Theorie hingegen ändert die Existenz negativer Eigenwerte des Teilchen-HAMILTON-Operators $H^{(1)}$ die Situation grundlegend. Anstelle von (86,3) ergibt sich jetzt

$$\hat{H} = \sum_p \varepsilon_p \hat{a}_p^+ \hat{a}_p - \sum_p \varepsilon_p \hat{b}_p \hat{b}_p^+ \, . \tag{86,6}$$

Die erste Summe beschreibt positive Eigenwerte $\varepsilon_p = + \sqrt{p^2 + m^2}$; sie hat dieselbe Gestalt wie die Summe (86,3). Die zweite Summe beschreibt negative Eigenwerte $- \varepsilon_p$; daher das Minuszeichen vor der Summe. Die (im Ver-

[1]) Wir erinnern gleichzeitig daran (§ 79), daß für relativistische Teilchen mit dem Spin 0, die durch die skalare KLEIN-FOCK-Gleichung beschrieben werden, keine einzige dieser Eigenschaften zutrifft!

[2]) Der Index (1) am HAMILTON-Operator des Teilchens wurde hier eingeführt, um ihn vom HAMILTON-Operator des Gesamtsystems zu unterscheiden.

gleich zur ersten Summe) umgekehrte Reihenfolge der Faktoren $\hat{b}_p$ und $\hat{b}_p^+$ in der zweiten Summe hängt damit zusammen, daß in den Ψ-Operatoren (85,3) zusammen mit $\hat{a}_p$ und $\hat{a}_p^+$ entsprechend $\hat{b}_p^+$ und $\hat{b}_p$ auftreten. Auf analoge Weise erhalten wir für den Operator (86,4) (er wird jetzt mit $\hat{Q}$ bezeichnet) anstelle von (86,5)

$$\hat{Q} = \sum_p \hat{a}_p^+ a_p + \sum_p \hat{b}_p \hat{b}_p^+ . \tag{86,7}$$

Um die Eigenwerte der Operatoren (86,6) und (86,7) zu bestimmen, ist es notwendig, die Reihenfolge der Faktoren in den zweiten Summen zuerst in die Standardform $\hat{b}_p^+ \hat{b}_p$ zu bringen; die Eigenwerte von Produkten dieser Gestalt sind gleich den Besetzungszahlen. Dazu sind jedoch die Vertauschungsregeln wesentlich, denen die Erzeugungs- und Vernichtungsoperatoren der Teilchen genügen.

Wie leicht zu sehen ist, erhält man für die Eigenwerte des HAMILTON-Operators (86,6) nur in dem Fall ein sinnvolles Ergebnis, wenn die Erzeugungs- und Vernichtungsoperatoren der Teilchen die FERMI-Vertauschungsregeln erfüllen:

$$\hat{a}_p \hat{a}_p^+ + \hat{a}_p^+ \hat{a}_p = 1 ,$$
$$\hat{b}_p \hat{b}_p^+ + \hat{b}_p^+ \hat{b}_p = 1 . \tag{86,8}$$

In diesem Fall nimmt der HAMILTON-Operator die Form

$$\hat{H} = \sum_p \varepsilon_p (\hat{a}_p^+ \hat{a}_p + \hat{b}_p^+ \hat{b}_p - 1)$$

an. Die Eigenwerte der Produkte $\hat{a}_p^+ \hat{a}_p$ und $\hat{b}_p^+ \hat{b}_p$ sind die positiven ganzen Zahlen N_p bzw. $\overline{N}_p$, die die Zahl der Teilchen und Antiteilchen in den entsprechenden Zuständen angeben. Die unendliche additive Konstante $-\sum \varepsilon_p$ („Vakuumenergie") kann man einfach weglassen, wie dies schon aus ähnlichem Anlaß im Falle der Photonen (§ 77) getan wurde. Danach bekommt man für die Energie des Systems den positiv definiten Ausdruck

$$E = \sum_p \varepsilon_p (N_p + \overline{N}_p) , \tag{86,9}$$

der gerade der Vorstellung von zwei Sorten real existierender Teilchen entspricht: Die Gesamtenergie des Systems ist gleich der Summe der Energien aller Teilchen und Antiteilchen, aus denen das System besteht.

Hätten wir anstelle von (86,8) die BOSE-Vertauschungsregeln (Kommutatoren statt Antikommutatoren) gewählt, dann hätten wir

$$\hat{H} = \sum_p \varepsilon_p (\hat{a}_p^+ \hat{a}_p - \hat{b}_p^+ \hat{b}_p + 1)$$

erhalten und statt (86,9) den physikalisch sinnlosen Ausdruck $\sum \varepsilon_p (N_p - \overline{N}_p)$ bekommen, der nicht positiv definit ist und folglich nicht die Energie eines Systems freier Teilchen beschreiben kann.

Nachdem wir auf diese Weise die Vertauschungsregeln für die Erzeugungs- und Vernichtungsoperatoren der Teilchen abgeleitet haben, wenden wir uns jetzt dem Operator (86,7) zu. Nach der Änderung der Reihenfolge der Faktoren mit Hilfe von (86,6) ergibt sich

$$\hat{Q} = \sum_p (\hat{a}_p^+ \hat{a}_p - \hat{b}_p^+ \hat{b}_p + 1) .$$

Die Eigenwerte dieses Operators (ebenfalls nach Subtraktion der unwesentlichen additiven Konstante $\sum 1$) sind:

$$Q = \sum_p (N_p - \overline{N}_p) , \qquad (86,10)$$

d. h. gleich den Differenzen zwischen den Gesamtzahlen von Teilchen und Antiteilchen.

Dieses Ergebnis ist besonders wichtig. Der Operator $\hat{Q}$ beschreibt diejenige Größe (84,2), deren Erhaltungssatz durch die Kontinuitätsgleichung (84,1) geliefert wird. Wir sehen jetzt, daß dieses Gesetz keine Erhaltung der Gesamtzahl der Teilchen und Antiteilchen im einzelnen bzw. ihrer Summe fordert. Es muß nur die Differenz zwischen beiden Zahlen erhalten bleiben. Mit anderen Worten, bei den verschiedenen Wechselwirkungsprozessen können ,,Teilchen-Antiteilchen-Paare" entstehen und verschwinden.[1]) Natürlich müssen alle diese Prozesse unter Wahrung der Erhaltungssätze für die Energie und den Impuls des gesamten Systems der miteinander wechselwirkenden Teilchen verlaufen. Insbesondere muß das Verschwinden eines Paares beim Aufeinandertreffen eines Teilchens mit seinem Antiteilchen vom Entstehen irgendwelcher anderer Teilchen begleitet sein, die die Energie- und Impulserhaltung gewährleisten; solche Teilchen können Photonen sein. In diesem Falle spricht man von *Paarvernichtung* (oder *Annihilation* eines Paares).

Falls ein Teilchen eine elektrische Ladung hat, muß das zugehörige Antiteilchen die entgegengesetzte Ladung haben; denn wenn beide gleiche Ladungen hätten, würde die Erzeugung oder Vernichtung eines Paares einem streng gültigen Naturgesetz widersprechen — dem Erhaltungssatz für die elektrische Ladung.

Man bezeichnet die Größe Q mitunter als *Ladung des Feldes* für die betreffenden Teilchen. Für elektrisch geladene Teilchen ist Q die gesamte elektrische Ladung des Systems (in Einheiten der Elementarladung e). Wir betonen aber, daß Teilchen und Antiteilchen auch elektrisch neutral sein können.[2])

Wir haben auf diese Weise gesehen, wie die Art der relativistischen Verknüpfung von Energie und Impuls (die Zweideutigkeit der Wurzel der Gleichung $\varepsilon^2 = p^2 + m^2$) zusammen mit den Forderungen nach relativistischer

[1]) Dabei wird natürlich vorausgesetzt, daß die Wechselwirkung die Erhaltung der Größe Q nicht verletzt. Alle in der Natur bekannten Wechselwirkungen erfüllen diese Bedingung.

[2]) Von den Fermionen besitzen z. B. Neutron und Neutrino (Spin 1/2), von den Bosonen die neutralen K-Mesonen (Spin 0) diese Eigenschaft.

Invarianz in der Quantentheorie ein neues Prinzip zur Klassifizierung von Teilchen ergibt — es können Paare verschiedener Teilchen (Teilchen-Antiteilchen) in dem oben beschriebenen Verhältnis zueinander existieren. Diese bemerkenswerte Voraussage ist erstmalig von P. A. M. Dirac 1930 (für Teilchen mit dem Spin 1/2) ausgesprochen worden, noch bevor das erste Antiteilchen — das Positron — tatsächlich entdeckt worden war.[1]

§ 87. Der Zusammenhang zwischen Spin und Statistik

Die im vorigen Paragraphen besprochenen Ergebnisse sind noch unter einem anderen Aspekt wichtig: Wir sahen, daß physikalisch sinnvolle Forderungen automatisch dazu führen, daß Teilchen mit dem Spin 1/2 der Fermi-Statistik genügen müssen.

Daraus folgt nun die allgemeine Behauptung: Alle Teilchen mit halbzahligem Spin sind Fermionen, und Teilchen mit ganzzahligem Spin (einschließlich der Teilchen mit dem Spin 0) sind Bosonen.[2]

Die Richtigkeit dieser Aussage wird sofort nach der Bemerkung offensichtlich, daß man sich jedes Teilchen mit einem von Null verschiedenen Spin s bezüglich seiner Spineigenschaften als ein aus $2s$ Teilchen mit parallelen Spins 1/2 „zusammengesetztes" Teilchen vorstellen kann (ein Teilchen mit dem Spin 0 „besteht" in diesem Sinne aus zwei Teilchen mit antiparallelen Spins 1/2). Bei halbzahligem s ist $2s$ eine ungerade und bei ganzzahligem s eine gerade Zahl. Wie schon in § 45 besprochen, ist aber ein aus einer ungeraden Zahl von Fermionen „zusammengesetztes" Teilchen ebenfalls ein Fermion und ein aus einer geraden Zahl von Fermionen bestehendes Teilchen ein Boson. Das Kriterium für die Zugehörigkeit zu der einen oder anderen Statistik ist gerade das Verhalten der Wellenfunktion eines Teilchensystems bezüglich der Vertauschung eines beliebigen Teilchenpaares: Die Wellenfunktion ändert ihr Vorzeichen bei der Vertauschung zweier Fermionen und bleibt unverändert beim Vertauschen von Bosonen. Die Vertauschung zweier Teilchen mit halbzahligem Spin ist, entsprechend dem oben Gesagten, der gleichzeitigen Vertauschung einer ungeraden Anzahl von Paaren aus Fermionen mit dem Spin 1/2 äquivalent und ändert deshalb das Vorzeichen der Wellenfunktion. Die Vertauschung zweier Teilchen mit ganzzahligem Spin ist dagegen dem Vertauschen einer geraden Zahl von

[1]) Dirac selbst kam zum Begriff des Positrons mit Hilfe der Vorstellung von einem „Loch" im Kontinuum der Zustände negativer Energien, das von Elektronen besetzt ist. Eine solche Vorstellung besitzt jedoch offensichtlich nicht nur keinen buchstäblichen Sinn, sondern ist auch insofern nicht adäquat, weil sich die Begriffe von Teilchen und Antiteilchen in Wirklichkeit auf Teilchen mit beliebigem Spin beziehen und nicht nur auf Teilchen mit halbzahligem Spin, für die das Pauli-Prinzip gilt.

[2]) Zu den Teilchen mit ganzzahligem Spin gehören auch die Photonen. Der Umstand, daß Photonen Bosonen sind, wurde schon in § 77 geklärt. Dabei gingen wir von der Analogie mit Oszillatoren aus, d. h. im Grunde genommen von den Eigenschaften des elektromagnetischen Feldes im klassischen Grenzfall.

Fermionenpaaren äquivalent und läßt das Vorzeichen der Wellenfunktion unverändert.

Die besondere Eigenschaft von Teilchen mit dem Spin 1/2, die bei der im vorigen Paragraphen dargelegten Schlußfolgerung benutzt wurde, bestand lediglich in der Existenz des HAMILTON-Operators und des Ausdruckes $\Psi^* \Psi$ für die Teilchendichte. Die Existenz des einen wie des anderen hängt mit den Spinoreigenschaften der Wellenfunktionen solcher Teilchen und den Eigenschaften der DIRAC-Gleichung, der diese Funktionen genügen, zusammen. Alle diese Eigenschaften folgen ihrerseits dem Wesen nach nur aus den Forderungen nach relativistischer Invarianz und nach Isotropie des Raumes (d. h., sie sind Folgen der Symmetrie bezüglich den Transformationen der LORENTZ-Gruppe). In diesem Sinne kann man davon sprechen, daß der Zusammenhang zwischen dem Spin eines Teilchens und der Statistik, der das Teilchen unterliegt, ebenfalls eine direkte Folge dieser Forderungen ist.[1]) Die tiefere Ursache dieses Zusammenhanges wurde erstmalig von W. PAULI (1940) geklärt.

§ 88. Streng neutrale Teilchen

Bei der zweiten Quantisierung der Wellenfunktion (85,2) wurden die Koeffizienten $a_p^{(+)}$ und $a_p^{(-)}$ durch Vernichtungs- und Erzeugungsoperatoren unterschiedlicher Teilchen ersetzt. Das ist aber nicht zwangsläufig; als Spezialfall können die in $\hat{\Psi}$ enthaltenen Erzeugungs- und Vernichtungsoperatoren zu gleichen Teilchen gehören. Es ist nur zu gewährleisten, daß bei den „positivfrequenten" Wellenfunktionen Vernichtungsoperatoren und bei den „negativfrequenten" Wellenfunktionen entsprechend Erzeugungsoperatoren stehen. Wir bezeichnen die betreffenden Operatoren in diesem Fall mit $\hat{c}_p$ und $\hat{c}_p^+$ und schreiben den Ψ-Operator in der Gestalt

$$\hat{\Psi} = \frac{1}{\sqrt{\Omega}} \sum_p \{\hat{c}_p\, u(p)\, e^{-i(\varepsilon t - pr)} + \hat{c}_p^+\, u^*(-p)\, e^{i(\varepsilon t - pr)}\} . \qquad (88,1)$$

Das durch einen solchen Ψ-Operator beschriebene Feld entspricht einem System identischer Teilchen, von denen man sagen kann, daß sie „mit ihren Antiteilchen übereinstimmen".

Offensichtlich muß die elektrische Ladung solcher Teilchen auf jeden Fall gleich Null sein. Derartige Teilchen werden als *streng neutrale Teilchen* bezeichnet, im Unterschied zu elektrisch neutralen Teilchen, die ein Antiteilchen besitzen.

[1]) Die Verallgemeinerung des Zusammenhangs zwischen Spin und Statistik für den Fall eines Teilchens mit dem Spin 1/2 auf den Fall von Teilchen mit beliebigem Spin gründete sich im bisherigen Text auf die Betrachtungsweise von „zusammengesetzten" Teilchen. Zu dem gleichen Resultat würde man gelangen, wenn man die mathematische Struktur der Ausdrücke untersuchen würde, die für die Felder dieser Teilchen die Rolle der Operatoren $\hat{H}$ und $\hat{Q}$ spielen, wobei letztere in Übereinstimmung mit den Forderungen nach relativistischer Invarianz zu konstruieren sind.

Für streng neutrale Teilchen gibt es keinen Erhaltungssatz für die „Feldladung“ Q: Die Identität zwischen Teilchen und Antiteilchen führt dazu, daß die Zahlen N_p und $\overline{N}_p$ identisch gleich sind, so daß die Größe (86,10) identisch Null ist. Wegen des Fehlens der aus dem Erhaltungssatz folgenden Auswahlregel können streng neutrale Teilchen einzeln und nicht unbedingt paarweise entstehen bzw. vernichtet werden (sich in Photonen verwandeln).

Von den „Elementarteilchen“ mit dem Spin 0 sind die π^0-Mesonen streng neutral. Ein Beispiel für ein streng neutrales „zusammengesetztes“ Teilchen ist das *Positronium* — ein wasserstoffähnliches System, bestehend aus einem Positron und einem Elektron; der Spin des Positroniums kann gleich 0 oder 1 sein. Streng neutrale Teilchen mit halbzahligem Spin sind in der Natur unbekannt.

Der Ψ-Operator (88,1) hat die gleiche Struktur wie der Operator des elektromagnetischen Feldes (76,15): In beiden Fällen gehen die Erzeugungs- und Vernichtungsoperatoren der Teilchen in ein und denselben Feldoperator ein. In diesem Sinne kann man sagen, daß auch die Photonen streng neutrale Teilchen sind. Ihre Erzeugung oder Vernichtung beschreibt die gewöhnliche Emission oder Absorption von Photonen durch ein System geladener Teilchen.

Beschäftigen wir uns nun mit einer völlig neuen Symmetrieeigenschaft, die zu einem neuen spezifischen Charakteristikum des Teilchens führt und kein Analogon in der nichtrelativistischen Theorie besitzt. Wir meinen die Transformation, die als *Ladungskonjugation* bezeichnet wird und das Vertauschen von Teilchen und Antiteilchen beinhaltet; der Operator dieser Transformation wird durch das Symbol $\hat{C}$ beschrieben. Ist ein Teilchen (bzw. ein Teilchensystem) nicht streng neutral, so wird es durch die Ladungskonjugation durch ein anderes physikalisches System ersetzt. So überführt z. B. die Ladungskonjugation ein aus Elektronen bestehendes System in ein Positronensystem; dabei entsteht kein neues Charakteristikum für das Teilchen als solches. Ist aber das Teilchen (oder das Teilchensystem) streng neutral, so läßt es die Ladungskonjugation unverändert. In diesem Sinne kann man vom Verhalten der Wellenfunktion des Systems bezüglich dieser Transformation sprechen und damit auch von den Eigenwerten des Operators $\hat{C}$. Die zweimalige Wiederholung der Ladungskonjugation ist offensichtlich der identischen Transformation gleich: $\hat{C}^2 = 1$. Wie auch für jeden anderen Operator, der diese Eigenschaft besitzt, sind seine Eigenwerte $C = \pm 1$; diese Werte werden als *Ladungsparität* bezeichnet. Besitzt ein System eine bestimmte Ladungsparität, so bedeutet das, daß seine Wellenfunktionen nach der Ladungskonjugation unverändert bleiben bzw. ihr Vorzeichen ändern (im ersten Fall spricht man von einem System mit gerader und im zweiten Fall mit ungerader Ladungsparität).

Als Beispiel wollen wir die Ladungsparität des oben erwähnten Positroniums bestimmen. Um die Ladungsparität eines Systems zu beschreiben, muß man Teilchen und Antiteilchen (im vorliegenden Fall — Elektron und Positron) als zwei verschiedene „Ladungszustände“ ein und desselben Teilchens betrachten, die sich durch den Wert der „Ladungsquantenzahl“ $Q = \pm 1$ voneinander unterscheiden. Die Wellenfunktion des Systems stellt ein Produkt aus Bahn- (hierin ist die Abhängigkeit von den Teilchenkoordinaten enthalten), Spin- und sogenanntem „Ladungs“-faktor dar: $\Psi = \Psi_{Bahn} \cdot \Psi_{Spin} \cdot \Psi_{Lad.}$.

Im betrachteten Fall ist die Ladungskonjugation dem Vertauschen beider Teilchen äquivalent. Der Austausch der Koordinaten dieser zwei Teilchen ist seinerseits wiederum der Inversion (bezüglich des Punktes, der den Abstand zwischen den Teilchen halbiert) äquivalent; Ψ_{Bahn} wird dabei mit $(-1)^l$ multipliziert, wobei l der Bahndrehimpuls des Positroniums (s. (19,5)) ist. Desweiteren ist die Spinfunktion bezüglich des Vertauschens der Teilchen symmetrisch, wenn deren Spins parallel (Gesamtspin $S = 1$) sind und antisymmetrisch, wenn die Spine antiparallel ($S = 0$) zueinander liegen — s. § 46; demzufolge erhält Ψ_{Spin} den Faktor $(-1)^{S+1}$. Der Ladungsfaktor $\Psi_{Lad.}$ wird schließlich mit dem gesuchten Wert C multipliziert.

Andererseits muß das Vertauschen zweier Fermionen das Vorzeichen der Gesamtwellenfunktion Ψ ändern. D. h., es muß gelten $(-1)^l (-1)^{S+1} C = -1$, woraus

$$C = (-1)^{l+S} \tag{88,2}$$

folgt. Die Niveaus mit dem Spin $S = 0$ werden als Niveaus des *Parapositroniums* bezeichnet und die Energieniveaus mit $S = 1$ nennt man Niveaus des *Orthopositroniums*. Im Grundzustand ist der Bahndrehimpuls $l = 0$, deshalb besitzt der Grundzustand des Parapositroniums eine gerade Ladungsparität ($C = 1$) und der Grundzustand des Orthopositroniums eine ungerade ($C = -1$) Ladungsparität.

Das Positronium ist ein instabiles Gebilde; seine Bestandteile — Elektron und Positron — vernichten sich im Endeffekt gegenseitig. Durch die Ladungsparität werden den möglichen Arten einer solchen Paarvernichtung bestimmte Beschränkungen auferlegt. Wie wir im weiteren sehen werden (s. die Fußnote auf S. 279), hat das Photon eine ungerade Ladungsparität. Deshalb ist z. B. bei der Vernichtung des Parapositroniums im Grundzustand ($C = 1$) die Entstehung zweier Photonen möglich (die Ladungsparität eines Systems aus zwei Photonen ist gleich $C = (-1)(-1) = 1$). Im Gegensatz dazu ist der Zerfall des sich im Grundzustand befindlichen Orthopositroniums ($C = -1$) in zwei Photonen nicht möglich, und die Positroniumvernichtung geschieht unter Bildung von drei Photonen.[1])

Das schon erwähnte Elementarteilchen, das π^0-Meson, ist ebenfalls instabil und zerfällt in zwei Photonen. Daraus folgt, daß es eine gerade Ladungsparität besitzt; aus eben diesem Grunde ist sein Zerfall in eine ungerade Anzahl von Photonen verboten.[2])

[1]) Die Lebensdauer des Parapositroniums (d. h. eine Größe, die seiner Zerfallswahrscheinlichkeit entgegengesetzt proportional ist) beträgt $1{,}2 \cdot 10^{-10}$ s. Die Lebensdauer des Orthopositroniums ist hingegen wegen seiner geringeren Zerfallswahrscheinlichkeit in eine größere Zahl von Photonen bedeutend länger ($1{,}4 \cdot 10^{-7}$ s).

[2]) Bei diesen Betrachtungen wurde stillschweigend vorausgesetzt, daß die Ladungsparität des Systems erhalten bleibt. Wir kehren zu dieser Frage in § 90 zurück.

§ 89. Die innere Parität von Teilchen

Bei der Behandlung der nichtrelativistischen Quantentheorie sahen wir bereits, auf welche Weise die Symmetrie gegenüber der Inversion der Raumkoordinaten zum Entstehen eines neuen Charakteristikums für den Zustand eines Teilchens führt — zu seiner Parität. Die relativistische Theorie fügt diesem Begriff noch einen neuen Gesichtspunkt hinzu.

Wir betrachten zuerst Teilchen mit dem Spin 0, die durch skalare Wellenfunktionen beschrieben werden. Es gibt jedoch zwei Arten von Skalaren, die sich gerade durch ihr Verhalten gegenüber der Inversion unterscheiden. Die Inversion ändert das Vorzeichen der Koordinaten in den Argumenten einer Funktion und kann außerdem das Gesamtvorzeichen ändern bzw. unverändert lassen:

$$\hat{P}\,\Psi(t, \boldsymbol{r}) = \pm\,\Psi(t, -\boldsymbol{r})\ ; \tag{89,1}$$

die Vorzeichen + oder − auf der rechten Seite charakterisieren in der angegebenen Reihenfolge einen Skalar oder einen Pseudoskalar.

Daraus ist ersichtlich, daß man beim Verhalten der Wellenfunktion gegenüber der Inversion zwei Aspekte auseinanderhalten muß. Der eine Aspekt hängt mit der Abhängigkeit der Wellenfunktion von den Koordinaten zusammen. In der nichtrelativistischen Quantenmechanik wurde nur dieser Aspekt betrachtet; er führte zum Begriff der Parität eines Zustandes (die wir im weiteren *Bahnparität* nennen wollen), die die Symmetrieeigenschaften der Bewegung des Teilchens charakterisiert. Wenn ein Zustand eine bestimmte Bahnparität +1 oder −1 besitzt, so gilt

$$\Psi(t, -\boldsymbol{r}) = \pm\,\Psi(t, \boldsymbol{r})\,.$$

Der andere Aspekt steht mit dem Verhalten der Wellenfunktion (bei einer Inversion der Koordinatenachsen) in einem vorgegebenen Punkt des Raumes (den man sich zweckmäßigerweise als Koordinatenursprung denken kann) im Zusammenhang. Er führt zum Begriff der *inneren Parität* eines Teilchens. Den inneren Paritäten +1 bzw. −1 entsprechen (für ein Teilchen mit dem Spin 0) die beiden Vorzeichen in der Definition (89,1). Die Gesamtparität eines Systems von Teilchen ergibt sich als Produkt ihrer inneren Paritäten und der Bahnparität ihrer Relativbewegung.

Die „inneren" Symmetrieeigenschaften der verschiedenen Teilchen treten selbstverständlich nur bei Prozessen in Erscheinung, bei denen sich die Teilchen ineinander umwandeln. Das Analogon zur inneren Parität ist in der nichtrelativistischen Quantenmechanik die Parität gebundener Zustände eines komplizierten Systems (z. B. eines Kernes). Vom Standpunkt der relativistischen Theorie aus gesehen, in der es keinen prinzipiellen Unterschied zwischen zusammengesetzten und elementaren Teilchen gibt, unterscheidet sich diese innere Parität nicht von der inneren Parität der Teilchen, die in der nichtrelativistischen Theorie als elementar angesehen werden. Im nichtrelativistischen Bereich, in dem sich letztere wie unveränderliche Teilchen verhalten, sind ihre inneren Symmetrieeigenschaften nicht beobachtbar, und deshalb hätte es keinen Sinn, sich mit ihnen zu befassen.

Den Begriff der inneren Parität formuliert man natürlicherweise im Ruhsystem des Teilchens. In diesem Koordinatensystem reduziert sich die Wellenfunktion auf eine von den Koordinaten unabhängige Größe (die Wellenamplitude u in den Funktionen (85,1)). Für Teilchen mit dem Spin 0 ist das ein Skalar oder Pseudoskalar, dessen Transformation sich bei der Inversion einfach auf eine Multiplikation mit $+1$ oder -1 zurückführen läßt.

Für ein Teilchen mit dem Spin 1/2 reduziert sich die Wellenfunktion im Ruhsystem auf einen dreidimensionalen Spinor (s. das Ende von § 82). Der Begriff der inneren Parität eines solchen Teilchens hängt mit dem Inversionsverhalten dieses Spinors zusammen. In § 81 wurde jedoch schon darauf hingewiesen, daß es, obgleich die zwei möglichen Transformationsgesetze für dreidimensionale Spinoren (die beiden Vorzeichen in (81,2)) nicht zueinander äquivalent sind, keinen absolut zu verstehenden Sinn hat, einem Spinor eine bestimmte Parität zuzuschreiben. Es hat deshalb auch keinen Sinn, von einer inneren Parität an sich eines Teilchens mit dem Spin 1/2 zu sprechen. Berechtigung hingegen besitzt der Begriff der relativen inneren Parität zweier solcher Teilchen.

Betrachten wir nun aus dieser Sicht die Fragestellung der relativen inneren Parität von Teilchen und Antiteilchen. Für Teilchen mit dem Spin 0 ist diese Frage trivial: Teilchen und Antiteilchen werden durch ein und dieselben (skalaren oder pseudoskalaren) Wellenfunktionen beschrieben, und deshalb sind ihre inneren Paritäten offensichtlich gleich.

Zwei Spinore $\xi = \begin{pmatrix} \xi^1 \\ \xi^2 \end{pmatrix}$ und $\eta = \begin{pmatrix} \eta^{\dot{1}} \\ \eta^{\dot{2}} \end{pmatrix}$, die einen Bispinor $\Psi = \begin{pmatrix} \xi \\ \eta \end{pmatrix}$ bilden, der ein Teilchen mit dem Spin 1/2 beschreibt (wir werden der Kürze halber von einem Elektron sprechen), lassen sich im Ruhsystem des Teilchens auf ein und denselben dreidimensionalen Spinor zurückführen, den wir mit $\Phi^{(E)} = \begin{pmatrix} \Phi^1 \\ \Phi^2 \end{pmatrix}$ bezeichnen:

$$\xi = \eta = \Phi^{(E)} \tag{89,2}$$

Die Operation der Inversion, die über (81,3) definiert ist, ersetzt ξ durch η; die Beziehung (89,2) zeigt, daß dieser Definition eine Transformation des dreidimensionalen Spinors $\Phi^{(E)}$ gemäß

$$P\,\Phi^{(E)} = \Phi^{(E)} \tag{89,3}$$

entspricht.

Das Positron beschreiben „negativ-frequente" Wellenfunktionen, die in der DIRAC-Gleichung beim Vorzeichenwechsel des 4-Impulses p^μ auftreten (wir erinnern daran, daß die Positronoperatoren $\hat{b}_p$, $\hat{b}_p^+$ als Koeffizienten bei den Wellenfunktionen mit den Amplituden $u(-p)$ in die Ψ-Operatoren (85,3) eingehen). Die Gleichung (89,2) für ein Elektron im Ruhsystem folgte aus der

DIRAC-Gleichung (82,4) für $\boldsymbol{p} = 0$, $\varepsilon = m$. Wenn man in diesen Gleichungen $(\varepsilon, \boldsymbol{p})$ durch $(-\varepsilon, -\boldsymbol{p})$ ersetzt und danach $\boldsymbol{p} = 0$, $\varepsilon = m$ setzt, so erhält man

$$\xi = -\eta \equiv \Phi^{(P)} . \tag{89,4}$$

Die Operation der Inversion, die ξ durch η ersetzt, bedeutet jetzt für den dreidimensionalen Spinor $\Phi^{(P)}$ die Transformation

$$\hat{P}\, \Phi^{(P)} = -\, \Phi^{(P)} \tag{89,5}$$

mit einem bezüglich (89,3) entgegengesetzten Vorzeichen. Aus diesem Grunde ändert ein Skalar, der aus Produkten der Komponenten $\Phi^{(E)}$ und $\Phi^{(P)}$ besteht, bei der Inversion sein Vorzeichen. Wir erhalten somit das Ergebnis, daß die inneren Paritäten von Teilchen und Antiteilchen mit dem Spin 1/2 einander entgegengesetzt sind (W. B. BERESTETZKY, 1948).

§ 90. Das CPT-Theorem

Die Eigenschaften der Raum-Zeit-Symmetrie von physikalischen Erscheinungen drücken sich in der Invarianz der sie beschreibenden Gleichungen in bezug auf gewisse Transformationen des vierdimensionalen Koordinatensystems aus.

Ein universelles Naturgesetz ist die relativistische Invarianz, d. h. die Invarianz gegenüber den Transformationen der LORENTZ-Gruppe.[1]) Wie schon in § 80 erläutert, enthalten diese sowohl die gewöhnlichen dreidimensionalen Drehungen als auch die LORENTZ-Transformationen, d. h. Drehungen des vierdimensionalen Koordinatensystems, die die Richtung der Zeitachse ändern.

Neben diesen Transformationen gibt es noch andere, die nicht auf Drehungen zurückgeführt werden können: die räumliche Inversion — eine gleichzeitige Umkehr der Richtungen der drei räumlichen Koordinatenachsen — und die Zeitumkehr — ein Wechsel der Richtung der Zeitachse in die entgegengesetzte. Die Invarianz gegenüber der räumlichen Inversion (P-Invarianz) ist ein Ausdruck der Spiegelsymmetrie des Raumes. Die Invarianz gegenüber der Zeitumkehr (T-Invarianz) ist dagegen Ausdruck der Äquivalenz beider Zeitrichtungen. Im Rahmen der Erscheinungen, die durch die nichtrelativistische Theorie beschrieben werden, sind diese beiden Gesetze erfüllt.

Im Unterschied dazu verliert bei Erscheinungen, die zum relativistischen Gebiet gehören, die Symmetrie gegenüber der räumlichen Inversion (und der damit im Zusammenhang stehende Satz von der Erhaltung der räumlichen Parität) ihre Universalität. Alle vorliegenden Experimente zeigen, daß diese Symmetrie bei elektromagnetischen Wechselwirkungen und den sogenannten *starken Wechselwirkungen* (Kernkräfte) gewahrt ist. Sie wird jedoch bei den *schwachen Wechselwirkungen* verletzt (d. h. Wechselwirkungen, die zur Mehrzahl

[1]) Um Mißverständnisse zu vermeiden, möchten wir unterstreichen, daß von Erscheinungen die Rede ist, die nicht mit Gravitationsfeldern im Zusammenhang stehen.

der vergleichsweise langsam ablaufenden Zerfälle von Elementarteilchen, z. B. zum β-Zerfall, führen).[1]

Bei den schwachen Wechselwirkungen wird außerdem die Symmetrie zwischen Teilchen und Antiteilchen verletzt, die sich durch die Ladungskonjugation (C-Invarianz) ausdrückt. Es sind jedoch keine Versuchsergebnisse bekannt, die auf eine Verletzung dieser Symmetrie bei den elektromagnetischen und starken Wechselwirkungen hinweisen.

Die Verletzung der Symmetrie gegenüber der räumlichen Inversion bei den einen oder anderen Wechselwirkungsprozessen braucht an sich noch nicht das Fehlen der Spiegelsymmetrie des Raumes zu bedeuten. Die Symmetrie des Raumes könnte „gerettet" werden, wenn sich die Invarianz bezüglich einer Transformation, die aus der räumlichen Inversion und einer gleichzeitigen Ladungskonjugation (CP-Transformation oder *kombinierte Inversion*) besteht, als universelles Naturgesetz erweisen würde.[2] Bei dieser Transformation erfolgt neben der räumlichen Inversion ein Austausch von Teilchen und Antiteilchen. Bei vorliegender CP-Invarianz würden sich Prozesse mit Teilchen bzw. Antiteilchen durch eine Inversion des Raumes voneinander unterscheiden. Im Rahmen einer solchen Konzeption bleibt der Raum vollständig symmetrisch; die Asymmetrie verlagert sich auf die geladenen Teilchen. Die Symmetrie des Raumes würde durch eine solche Asymmetrie in demselben Maße nicht berührt werden, wie sie auch nicht durch die Existenz stereoisomerer Moleküle (Moleküle, die zueinander in solch einem Verhältnis stehen, wie ein Körper und sein Spiegelbild) beeinträchtigt wird.

Die Erfahrung bestätigt diese Vorstellungen jedoch nicht vollständig. Obgleich die Mehrzahl der Prozesse der schwachen Wechselwirkung tatsächlich CP-invariant ist, gibt es auch Erscheinungen, die diese Invarianz verletzen. Welchen Platz diese Verletzungen in einer künftigen Theorie einnehmen werden, ist zum jetzigen Zeitpunkt noch unklar.

Somit ist die Forderung nach einer Symmetrie bezüglich der Transformationen C, P (oder auch T) im einzelnen kein universelles Naturgesetz. Dabei ist hervorzuheben, daß ihre Universalität nicht nur vom Experiment nicht bestätigt wird, sondern auch keine logisch notwendige Folge der Grundprinzipien der existierenden Theorie ist. Eine Folge dieser Prinzipien ist jedoch die Invarianz gegenüber der gleichzeitigen Anwendung aller drei Transformationen. Wir zeigen im folgenden, wie sich diese Symmetrie als natürliche Folgerung der Forderung nach relativistischer Invarianz ergibt.

Zum besseren Verständnis der sich anschließenden Überlegungen erinnern wir vorher an einige Begriffe, die mit den Transformationen des dreidimensionalen Raumes im Zusammenhang stehen.

Die Umkehr der Richtung einer der Koordinatenachsen x, y, z bedeutet eine Spiegelung an einer bestimmten Ebene; z. B. ist die Transformation

[1]) Die Idee einer möglichen Nichterhaltung der Parität bei schwachen Wechselwirkungen wurde erstmalig von T. D. LEE und C. N. YANG (1956) geäußert.

[2]) Diese Vorstellungen wurden von L. D. LANDAU (1957) entwickelt.

$x \to -x$, $y \to y$, $z \to z$ die Spiegelung an der yz-Ebene. Diese Transformation läßt sich nicht auf irgendwelche Drehungen des Koordinatensystems zurückführen. Im Gegensatz dazu ist die Umkehr der Richtung zweier Achsen einer bestimmten Drehung äquivalent; so entspricht z. B. die Transformation $x \to -x$, $y \to -y$, $z \to z$ einer Drehung um 180° um die z-Achse. Schließlich ist die gleichzeitige Umkehr der Richtung aller drei Achsen (Inversion des Koordinatensystems) eine Transformation, die sich nicht auf Drehungen zurückführen läßt. Inversion und Spiegelung an einer Ebene sind jedoch in dem Sinne ineinander überführbar, daß sich die eine Transformation von der anderen nur durch eine Drehung um eine Koordinatenachse unterscheidet.[1])

Eine analoge Situation liegt im Falle eines vierdimensionalen Raum-Zeit-Koordinatensystems vor. Zusätzlich zur Richtungsumkehr von einer, zwei oder drei Achsen ist hier jedoch noch die gemeinsame Umkehr der Richtung aller vier Achsen (*vierdimensionale Inversion*) möglich. Im rein mathematischen Sinne ist diese Transformation eine Drehung des 4-Koordinatensystems. In Wirklichkeit gibt es jedoch zwischen der 4-Inversion und den Drehungen, die die Lorentz-Gruppe bilden, einen spezifischen Unterschied, der mit der Pseudoeuklidizität der vierdimensionalen Raum-Zeit-Geometrie in Zusammenhang steht. Kraft dieser Eigenschaft kann keine physikalische Transformation des Bezugssystems (Lorentz-Transformation) die Zeitachse über die Grenzen der inneren Bereiche des Lichtkegels (der Begriff des Lichtkegels wurde in I § 34 eingeführt) hinausführen; physikalisch bedeutet dies die Unmöglichkeit einer Relativbewegung zweier Bezugssysteme mit einer Geschwindigkeit, die die Lichtgeschwindigkeit übersteigt. Im Gegensatz dazu wird die Zeitachse (genauer: beide ihrer Halbachsen) bei einer 4-Inversion von einem Bereich des Lichtkegels in den anderen überführt.

Obgleich dieser Umstand die physikalische Unmöglichkeit der Realisierung der 4-Inversion als Transformation eines physikalischen Bezugssystems bedeutet, kann man natürlich annehmen, daß dieser Unterschied im Vergleich zu den anderen vierdimensionalen Drehungen (Lorentz-Transformationen) unwichtig ist, wenn man die mathematische Invarianz der einen oder anderen Gleichungen betrachtet. Somit kommen wir zum Schluß, daß jedes relativistisch invariante Naturgesetz auch invariant gegenüber der 4-Inversion sein muß. Es verbleibt nur zu klären, was diese Behauptung vom Standpunkt einer quantenfeldtheoretischen Teilchenbeschreibung bedeutet. Wir führen dies am einfachsten Beispiel eines Feldes für Teilchen mit dem Spin 0 durch.

In diesem Fall sind in den Ψ-Operatoren (85,3) die Wellenamplituden $u(p)$ Skalare und hängen als solche nicht vom Vorzeichen ihres Arguments, des

[1]) Mathematisch zeigt sich der Unterschied zwischen den zwei Typen linearer Koordinatentransformationen $x'_i = \sum_k \alpha_{ik} x_k$ (mit $x_1 = x$, $x_2 = y$, $x_3 = z$) am Wert der Determinante, die aus den Transformationskoeffizienten gebildet wird. Für beliebige Drehungen des Koordinatensystems ist die Determinante $|\alpha_{ik}| = 1$. Für Spiegelungen, die sich nicht auf Drehungen zurückführen lassen, gilt $|\alpha_{ik}| = -1$.

4-Impulses p^μ, ab. Indem wir sie vor die Klammer ziehen, können wir deshalb einfach schreiben:

$$\Psi(t, \boldsymbol{r}) = \frac{1}{\sqrt{\Omega}} \sum_{\boldsymbol{p}} u \, \{\hat{a}_{\boldsymbol{p}} \, \mathrm{e}^{-i(\varepsilon t - \boldsymbol{p}\boldsymbol{r})} + \hat{b}_{\boldsymbol{p}}^{+} \, \mathrm{e}^{i(\varepsilon t - \boldsymbol{p}\boldsymbol{r})}\} \,. \tag{90,1}$$

Bei der 4-Inversion werden t und $\boldsymbol{r}$ durch $-t$ und $-\boldsymbol{r}$ ersetzt, so daß dieser Ausdruck in

$$\Psi(-t, -\boldsymbol{r}) = \frac{1}{\sqrt{\Omega}} \sum_{\boldsymbol{p}} u \, \{\hat{a}_{\boldsymbol{p}} \, \mathrm{e}^{i(\varepsilon t - \boldsymbol{p}\boldsymbol{r})} + \hat{b}_{\boldsymbol{p}}^{+} \, \mathrm{e}^{-i(\varepsilon t - \boldsymbol{p}\boldsymbol{r})}\} \tag{90,2}$$

übergeht. Im Apparat der zweiten Quantisierung jedoch muß der Übergang von (90,1) zu (90,2) durch eine bestimmte Transformation der Erzeugungs- und Vernichtungsoperatoren der Teilchen ausgedrückt werden. Wie aus dem Vergleich von (90,1) mit (90,2) zu ersehen ist, besteht diese Transformation im gegenseitigen Platzwechsel der Operatoren $\hat{a}_{\boldsymbol{p}}$ und $\hat{b}_{\boldsymbol{p}}^{+}$ oder, was das gleiche ist, im Ersetzen

$$\hat{a}_{\boldsymbol{p}} \to \hat{b}_{\boldsymbol{p}}^{+} \,, \qquad \hat{b}_{\boldsymbol{p}} \to \hat{a}_{\boldsymbol{p}}^{+} \,. \tag{90,3}$$

Der Sinn der Transformation (90,3) ist eindeutig. Die Inversion ändert das Vorzeichen des Impulsvektors $\boldsymbol{p}$, sein Vorzeichen ändert sich aber gleichfalls bei der Zeitumkehr (die Geschwindigkeitsrichtung des Teilchens wird umgedreht). Deshalb läßt die gemeinsame Anwendung der Transformationen P und T die Impulse der Teilchen unverändert, so daß sich Operatoren ineinander transformieren, die zu Zuständen mit gleichen $\boldsymbol{p}$ gehören. Weiterhin vertauscht die Zeitumkehr Vergangenheit und Zukunft und verwandelt deshalb die Erzeugung eines Teilchens in seine Vernichtung. In Übereinstimmung damit werden die Erzeugungs- und Vernichtungsoperatoren der Teilchen gegenseitig ersetzt. Außerdem sehen wir, daß in (90,3) a-Operatoren und b-Operatoren ineinander übergehen, das heißt, die Transformation (90,3) beinhaltet auch den gegenseitigen Austausch von Teilchen und Antiteilchen.

Auf diese Weise ergibt sich in der relativistischen Theorie auf natürlichem Wege die Forderung nach einer Invarianz gegenüber der Transformation, bei der gleichzeitig mit der räumlichen Inversion und der Zeitumkehr auch eine Ladungskonjugation erfolgt; diese Behauptung wird *CPT-Theorem* genannt.[1])

Es sei bemerkt, daß infolge dieses Theorems eine Verletzung der CP-Invarianz bei irgendwelchen Erscheinungen automatisch eine Verletzung der T-Invarianz bedeutet.

§ 91. Das Neutrino

Die Dirac-Gleichung ist inversionsinvariant. Diese Invarianz wird dadurch gewährleistet, daß die Wellenfunktion als Bispinor beide Spinore enthält, die bei der Inversion ineinander übergehen. Die Notwendigkeit der Einbeziehung

[1]) Es wurde von G. Lüders, W. Pauli, J. Schwinger (1955) formuliert.

zweier Spinore in die Beschreibung des Teilchens hängt jedoch ihrerseits mit der Teilchenmasse zusammen: Wie aus (82,2) oder (82,6) ersichtlich ist, erfolgt gerade durch die Größe m die gegenseitige „Verkettung" dieser Spinore in der Wellengleichung.

Diese Notwendigkeit entfällt, wenn die Teilchenmasse gleich Null ist. Ein solches Teilchen mit dem Spin 1/2 ist das *Neutrino*. Die Wellengleichung, die ein derartiges Teilchen beschreibt, kann mit Hilfe nur eines einzigen 4-Spinors, sagen wir z. B. des nichtpunktierten Spinors

$$\xi = \begin{pmatrix} \xi^1 \\ \xi^2 \end{pmatrix},$$

formuliert werden.

Sie hat die Form

$$(\hat{p}_0 - \hat{\boldsymbol{p}}\,\boldsymbol{\sigma})\,\xi = 0 \tag{91,1}$$

(die erste der Gleichungen (82,6) mit $m = 0$).

Für eine ebene Welle (ein Teilchen mit dem Impuls $\boldsymbol{p}$ und der Energie ε) läßt sich die Gleichung (91,1) auf das algebraische System

$$(\varepsilon - \boldsymbol{p}\,\boldsymbol{\sigma})\,\xi = 0$$

zurückführen. Im Falle eines Teilchens mit der Masse Null ist die Energie mit dem Impuls durch die Gleichung $\varepsilon = |\boldsymbol{p}|$ verknüpft. Nach Einführung des Einheitsvektors $\boldsymbol{n}$ in Bewegungsrichtung erhalten wir

$$(\boldsymbol{n}\,\boldsymbol{\sigma})\,\xi = \xi\,. \tag{91,2}$$

Diese Gleichung hat einen einfachen Sinn. Erinnern wir uns daran, daß für die zweikomponentige Wellenfunktion die Matrix $\hat{\boldsymbol{s}} = 1/2\,\boldsymbol{\sigma}$ ein Operator des Teilchenspins (§ 40) ist. Das Produkt $1/2\,\boldsymbol{n}\,\boldsymbol{\sigma}$ ist folglich der Operator der Teilchenspiralität λ — der Spinprojektion auf die Bewegungsrichtung. Die Gleichung (91,2) besagt folglich, daß das Teilchen eine bestimmte Spiralität $\lambda = +\,1/2$ besitzt — der Spin ist in Bewegungsrichtung ausgerichtet.

Wir kommen somit zu dem Schluß, daß ein Teilchen, das nur durch einen (nichtpunktierten) Spinor beschrieben wird, immer die feste Spiralität $\lambda = +\,1/2$ besitzen muß. Auf völlig analoge Weise ergibt sich für ein Teilchen, das durch den punktierten Spinor

$$\eta = \begin{pmatrix} \eta^{\dot{1}} \\ \eta^{\dot{2}} \end{pmatrix}$$

beschrieben wird, anstelle von (91,2) die Gleichung

$$(\boldsymbol{n}\,\boldsymbol{\sigma})\,\eta = -\,\eta\,, \tag{91,3}$$

d. h., ein solches Teilchen hat immer die Spiralität $\lambda = -\,1/2$ — sein Spin ist dem Impuls entgegengesetzt ausgerichtet. Man kann deshalb sagen, daß sich in beiden Fällen zwangsläufig eine longitudinale Polarisation ergibt.

Es ist leicht zu sehen, daß Teilchen und Antiteilchen entgegengesetzte Spiralität besitzen müssen. In der Tat, wenn eins von ihnen durch die Spinoren ξ beschrieben wird, muß sich das andere durch die komplex konjugierten Spinoren ξ^* beschreiben lassen; das ist aus der Form der Ψ-Operatoren (85,3) ersichtlich, in die die Vernichtungsoperatoren der Teilchen und Antiteilchen $\hat{a}_p$ und $\hat{b}_p$ als Faktoren bei den komplex konjugierten Funktionen eingehen. Nun ist aber ein Spinor ξ^*, der in bezug auf den unpunktierten Spinor ξ komplex konjugiert ist, einem punktierten äquivalent, womit die angeführte Behauptung bewiesen ist. Vereinbarungsgemäß nennt man ein Teilchen mit der Spiralität $-1/2$ Neutrino und das Teilchen mit der Spiralität $1/2$ Antineutrino.[1])

Die Inversion ändert das Vorzeichen der Spiralität. Die Projektion des Spins auf die Bewegungsrichtung erhält man als Skalarprodukt der Vektoren des Drehimpulses und des Impulses des Teilchens; der erste (als axialer Vektor) bleibt bei der Inversion unverändert, der zweite (polare) Vektor ändert sein Vorzeichen. Daraus ist die Asymmetrie des Neutrinos gegenüber der Inversion klar ersichtlich: Die Inversion „verwandelt" das Neutrino in ein in der Natur nicht existierendes Teilchen — ein Neutrino mit entgegengesetztem Vorzeichen der Spiralität. Die Symmetrie bleibt nur gegenüber der kombinierten Inversion erhalten — der Inversion mit gleichzeitiger Umwandlung des Neutrinos in ein Antineutrino. Darum ist eine Verletzung der Spiegelsymmetrie bei Prozessen, an denen ein Neutrino beteiligt ist (z. B. der β-Zerfall des Neutrons in ein Proton, Elektron und Antineutrino: $n \to p + e + \bar{\nu}$) auch vollständig natürlich.

[1]) Die Existenz des Neutrinos (eines neutralen Teilchens mit der Masse Null und dem Spin 1/2) wurde im Zusammenhang mit der Erklärung der Eigenschaften des β-Zerfalls von W. Pauli (1931) theoretisch vorausgesagt. Die Theorie des Neutrinos als Teilchen, das durch einen zweikomponentigen 4-Spinor beschrieben wird, wurde von L. D. Landau, A. Salam, T. D. Lee und C. N. Yang (1957) formuliert.

XIV Das Elektron in einem äußeren Feld

§ 92. Die Dirac-Gleichung für ein Elektron im äußeren Feld

Die Wellengleichungen für freie Teilchen drücken streng genommen nur die Eigenschaften aus, die mit den allgemeinen Forderungen nach Symmetrie von Raum und Zeit zusammenhängen. Die physikalischen Vorgänge unter Beteiligung von Teilchen hängen von den Eigenschaften der Wechselwirkungen zwischen den betreffenden Teilchen ab.

Für das Verhalten von Teilchen mit starken Wechselwirkungen ist in der relativistischen Theorie eine Beschreibung unmöglich, die auf irgendeiner einfachen Verallgemeinerung der Wellengleichungen beruht, eine Beschreibung, die über den Rahmen der in den Gleichungen für die freien Teilchen enthaltenen Informationen hinausgeht.

Die Methode der Wellengleichungen ist dagegen zur Beschreibung der elektromagnetischen Wechselwirkungen von Teilchen, die keiner starken Wechselwirkungen fähig sind, brauchbar. Hierher gehören die Elektronen (und Positronen), und auf diese Weise ist der ganze, große Bereich der Quantenelektrodynamik der Elektronen für die vorhandene Theorie zugänglich.[1]) In diesem Kapitel behandeln wir einige Fragen der Quantenelektrodynamik im Rahmen einer Einteilchentheorie. Dabei handelt es sich um Probleme, bei denen die Teilchenzahl konstant bleibt und die Wechselwirkung durch ein äußeres elektromagnetisches Feld erfaßt werden kann, dessen Zustand sich im Verlaufe des Prozesses nicht ändert.

Die Wellengleichung für ein Elektron in einem gegebenen äußeren Feld kann man auf ähnliche Weise wie in der nichtrelativistischen Theorie (§ 43) ableiten. Φ sei das skalare Potential und $\boldsymbol{A}$ das Vektorpotential des Feldes. Die gesuchte Gleichung wird erhalten, indem im Hamilton-Operator der Dirac-Gleichung (83,9) der Impulsoperator $\hat{\boldsymbol{p}} = -i\nabla$ durch die Differenz $\boldsymbol{p} - e\boldsymbol{A}$ ersetzt wird und außerdem zum Hamilton-Operator die potentielle Energie des Teilchens $e\Phi$ hinzugefügt wird[2]):

$$\hat{H} = \boldsymbol{\alpha}(\hat{\boldsymbol{p}} - e\boldsymbol{A}) + \beta m + e\Phi . \qquad (92,1)$$

[1]) Die instabilen μ-Mesonen sind ebenfalls nicht in der Lage, starke Wechselwirkungen einzugehen; sie besitzen den gleichen Spin (1/2) wie das Elektron und werden durch die gleiche Quantenelektrodynamik beschrieben. Das gilt natürlich nur für Erscheinungen, die in Zeiten vor sich gehen, die klein im Vergleich zur Lebensdauer der μ-Mesonen sind, welche durch die schwache Wechselwirkung bestimmt wird.

[2]) Der Buchstabe e bezeichnet die Ladung einschließlich ihres Vorzeichens, so daß für das Elektron $e = -|e|$ und für das Positron $e = +|e|$ ist.

Damit sind alle notwendigen Veränderungen erfolgt; die Einführung irgendwelcher zusätzlicher Glieder (ähnlich dem in (43,4) eingeführten Glied) macht sich an dieser Stelle nicht erforderlich. Wir sehen im weiteren, daß sich das magnetische Moment des Elektrons nunmehr automatisch ergibt.

In der vierdimensionalen Schreibweise bedeutet der Übergang von (83,9) zu (92,1) das Ersetzen des Operators des 4-Impulses $\hat{p}_\mu = i\,\partial/\partial x^\mu$ gemäß

$$\hat{p}_\mu \to \hat{p}_\mu - e\,A_\mu \tag{92,2}$$

mit $A^\mu = (\Phi, \boldsymbol{A})$, $A_\mu = (\Phi, -\boldsymbol{A})$ – dem 4-Potential des Feldes. Daher kann die Dirac-Gleichung für das Teilchen in einem Feld auch in der Form

$$[\gamma^\mu (\hat{p}_\mu - e\,A_\mu) - m]\,\Psi = 0 \tag{92,3}$$

geschrieben werden, die mit Hilfe dieser Substitution aus (83,3) erhalten wird.

Die Stromdichte, ausgedrückt durch die Wellenfunktion, ist durch die gleiche Formel (84,7) gegeben, die auch den Fall ohne äußeres Feld beschreibt. Wie man sich leicht überzeugt, fällt das 4-Potential A_μ aus dem Endergebnis heraus, wenn mit der Gleichung (92,3) dieselben Operationen wiederholt werden, welche bei der Ableitung von (84,7) erfolgten. Für diesen, schon früher gefundenen, Ausdruck des Stromes gilt wieder die Kontinuitätsgleichung.

§ 93. Das magnetische Moment des Elektrons[1])

In § 43 wurde für die Bewegung eines Teilchens mit Spin im äußeren Magnetfeld die Gestalt des nichtrelativistischen Hamilton-Operators abgeleitet. In diesen Ausdruck ging jedoch das magnetische Moment des Teilchens als empirischer Parameter ein, dessen Wert durch die Theorie nicht berechnet werden konnte. Für ein Teilchen, dessen Verhalten im elektromagnetischen Feld der Dirac-Gleichung (92,3) unterliegt (wir werden im weiteren von einem Elektron sprechen), ist die Größe des magnetischen Moments automatisch durch die Gleichung selbst festgelegt.

Unter diesem Aspekt zeigen wir jetzt, wie die Dirac-Gleichung in eine genäherte Form gebracht werden kann, die dem nichtrelativistischen Hamilton-Operator (43,4) entspricht. Da es sich um die Bewegung eines Teilchens mit Geschwindigkeiten $v \ll c$ handelt, geht man zweckmäßigerweise von der Standarddarstellung der Bispinor-Funktion Ψ aus, bei der ein Komponentenpaar klein im Vergleich zum anderen ist: $\chi \ll \varphi$ (s. das Ende von § 83).

In § 83 ist die Dirac-Gleichung in Komponentenform in der Standarddarstellung der Wellenfunktion für den Fall eines freien Teilchens aufgeschrieben (83,11). Die Einführung des äußeren elektromagnetischen Feldes erfolgt durch Ersetzen der Operatoren gemäß (92,2) mit dem Ergebnis

$$\begin{aligned} (\hat{p}_0 - e\,\Phi)\,\varphi - \boldsymbol{\sigma}\left(\hat{\boldsymbol{p}} - \frac{e}{c}\boldsymbol{A}\right)\chi &= m\,c\,\varphi\,, \\ -(\hat{p}_0 - e\,\Phi)\,\chi + \boldsymbol{\sigma}\left(\hat{\boldsymbol{p}} - \frac{e}{c}\boldsymbol{A}\right)\varphi &= m\,c\,\chi\,. \end{aligned} \tag{93,1}$$

[1]) In diesem und im nächsten Paragraphen verwenden wir gewöhnliche Maßeinheiten.

Hierbei ist

$$\hat{p}_0 = \frac{i\hbar}{c}\frac{\partial}{\partial t}, \qquad \boldsymbol{p} = -i\hbar\nabla .$$

Um zur nichtrelativistischen Näherung überzugehen, muß man jedoch noch eine bestimmte Veränderung der Wellenfunktion vornehmen. Das Problem besteht darin, daß der relativistische Ausdruck für die Teilchenenergie (und mit ihm auch der relativistische HAMILTON-Operator) das (im Vergleich zum nichtrelativistischen Ausdruck) „überflüssige" Glied der Ruhenergie mc^2 enthält. Das führt in der Zeitabhängigkeit der Wellenfunktion zum Auftauchen des überflüssigen Faktors $\exp(-i\,m\,c^2\,t/\hbar)$. Um diesen Faktor auszuschließen, führen wir anstelle von Ψ die neue Wellenfunktion Ψ' ein:

$$\Psi = \Psi'\,\mathrm{e}^{-imc^2t/\hbar} . \tag{93,2}$$

Nach Einsetzen von (93,2) in (93,1) erhält man folgende Gleichungen für die zweikomponentigen Größen φ' und χ', die die vierkomponentige Wellenfunktion Ψ' bilden:

$$\left(i\hbar\frac{\partial}{\partial t} - e\,\Phi\right)\varphi' = c\,\boldsymbol{\sigma}\left(\boldsymbol{p} - \frac{e}{c}\boldsymbol{A}\right)\chi' , \tag{93,3}$$

$$\left(i\hbar\frac{\partial}{\partial t} - e\,\Phi + 2\,m\,c^2\right)\chi' = c\,\boldsymbol{\sigma}\left(\hat{\boldsymbol{p}} - \frac{e}{c}\boldsymbol{A}\right)\varphi' \tag{93,4}$$

(im weiteren werden wir die Striche bei φ' und χ' weglassen; das führt zu keinen Mißverständnissen, da wir in diesem Paragraphen nur die transformierte Wellenfunktion Ψ' benutzen).

In erster Näherung belassen wir in der Klammer der linken Seite der Gleichung (93,4) nur das größte Glied $2\,m\,c^2$. Dann erlaubt diese Gleichung sofort, χ durch φ auszudrücken:

$$\chi = \frac{1}{2\,m\,c}\boldsymbol{\sigma}\left(\hat{\boldsymbol{p}} - \frac{e}{c}\boldsymbol{A}\right)\varphi . \tag{93,5}$$

Der Faktor $1/c$ auf der rechten Seite der Gleichung drückt gerade die Kleinheit von χ gegenüber φ aus. Wenn wir jetzt (93,5) in (93,3) einsetzen, ergibt sich eine Gleichung, die nur noch φ enthält:

$$\left(i\hbar\frac{\partial}{\partial t} - e\,\Phi\right)\varphi = \frac{1}{2\,m}\left(\boldsymbol{\sigma}\left(\hat{\boldsymbol{p}} - \frac{e}{c}\boldsymbol{A}\right)\right)^2\varphi .$$

Der Ausdruck auf der rechten Seite dieser Gleichung läßt sich umschreiben. Dazu verwenden wir folgende Eigenschaften der PAULI-Matritzen, die sich unmittelbar aus ihrer Definition (82,5) ergeben:

$$\sigma_x^2 = \sigma_y^2 = \sigma_z^2 = 1 ,$$

$$\sigma_y\,\sigma_z = -\sigma_z\,\sigma_y = i\,\sigma_x , \qquad \sigma_z\,\sigma_x = -\sigma_x\,\sigma_z = i\,\sigma_y , \tag{93,6}$$

$$\sigma_x\,\sigma_y = -\sigma_y\,\sigma_x = i\,\sigma_z .$$

Mit der zeitweiligen Bezeichnung $\hat{\boldsymbol{f}} = \hat{\boldsymbol{p}} - \frac{e}{c}\boldsymbol{A}$ ergibt sich

$$(\sigma \hat{\boldsymbol{f}})^2 = (\sigma_x \hat{f}_x + \sigma_y \hat{f}_y + \sigma_z \hat{f}_z)(\sigma_x \hat{f}_x + \sigma_y \hat{f}_y + \sigma_z \hat{f}_z)$$
$$= \hat{f}_x^2 + \hat{f}_y^2 + \hat{f}_z^2 + i\,\sigma_z(\hat{f}_x \hat{f}_y - \hat{f}_y \hat{f}_x) + \cdots$$

Wären $\hat{f}_x, \hat{f}_y, \hat{f}_z$ vertauschbar, würde man einfach $\hat{f}^2$ erhalten. Im vorliegenden Falle gilt aber

$$\hat{f}_x \hat{f}_y - \hat{f}_y \hat{f}_x = \left(-i\hbar\frac{\partial}{\partial x} - \frac{e}{c}A_x\right)\left(-i\hbar\frac{\partial}{\partial y} - \frac{e}{c}A_y\right)$$
$$- \left(-i\hbar\frac{\partial}{\partial y} - \frac{e}{c}A_y\right)\left(-i\hbar\frac{\partial}{\partial x} - \frac{e}{c}A_x\right)$$
$$= \frac{i e \hbar}{c}\left(\frac{\partial A_y}{\partial x} - \frac{\partial A_x}{\partial y}\right) = \frac{i e \hbar}{c} H_z \qquad \text{usw.}$$

mit $\boldsymbol{H} = \operatorname{rot} \boldsymbol{A}$ – dem Magnetfeld. Auf diese Weise erhalten wir

$$\left(\sigma\left(\boldsymbol{p} - \frac{e}{c}\boldsymbol{A}\right)\right)^2 = \left(\hat{\boldsymbol{p}} - \frac{e}{c}\boldsymbol{A}\right)^2 - \frac{e\hbar}{c}\sigma \boldsymbol{H},$$

und im Ergebnis dessen kommen wir zu folgender Gleichung für die zweikomponentige Wellenfunktion φ:

$$i\hbar\frac{\partial \varphi}{\partial t} = \left[\frac{1}{2m}\left(\boldsymbol{p} - \frac{e}{c}\boldsymbol{A}\right)^2 - \frac{e\hbar}{2mc}\sigma \boldsymbol{H} + e\,\Phi\right]\varphi \equiv \hat{H}\varphi\,. \tag{93,7}$$

Das ist die sogenannte Pauli-*Gleichung*. Der Vergleich des darin enthaltenen Hamilton-Operators mit (43,4) zeigt, daß das Elektron ein magnetisches Moment besitzt, dem der Operator

$$\hat{\mu} = \frac{e\hbar}{2mc}\sigma = \frac{e\hbar}{mc}\hat{\boldsymbol{s}} \tag{93,8}$$

mit $\hat{\boldsymbol{s}} = 1/2\,\boldsymbol{\sigma}$ als Spinoperator des Elektrons entspricht. Der Wert dieses Momentes, der über (43,1) definiert ist, lautet

$$\mu = \frac{e\hbar}{2mc}. \tag{93,9}$$

Wie schon in § 43 erwähnt wurde, ist das gyromagnetische Verhältnis für das magnetische Eigenmoment des Elektrons ($e/m\,c$) zweimal größer als für den Fall, wenn das magnetische Moment mit einer Bahnbewegung gekoppelt ist.[1]

Die Formel (93,9) gilt auch für das magnetische Moment des μ-Mesons (mit dessen Masse für m im Nenner der Formel). Sie ist aber für Protonen und Neutronen völlig unbrauchbar, obgleich diese Teilchen ebenfalls den Spin 1/2

[1]) Dieses Resultat wurde von P. A. M. Dirac (1928) erhalten. Die zweikomponentige Wellenfunktion, die der Gleichung (93,7) genügt, wurde von W. Pauli (1927) eingeführt, noch bevor Dirac seine Gleichung gefunden hatte.

haben. Besonders gravierend ist die Abweichung im Falle des Neutrons: Da es elektrisch neutral ist, dürfte es gemäß (93,9) überhaupt kein magnetisches Moment besitzen. An dieser Stelle zeigt sich mit großer Anschaulichkeit die Nichtanwendbarkeit der existierenden Quantenelektrodynamik auf Teilchen, die fähig sind, starke Wechselwirkungen einzugehen.

§ 94. Die Spin-Bahn-Wechselwirkung

Die im vorigen Paragraphen durchgeführten Rechnungen stellen im Grunde genommen den Beginn einer Entwicklung der exakten Lösung der Dirac-Gleichung nach Potenzen des kleinen Verhältnisses v/c dar. Die Gleichung (93,7) berücksichtigt bei solch einer Entwicklung nur Glieder der ersten Ordnung (worauf der Faktor $1/c$ im zusätzlich entstehenden Glied des Hamilton-Operators $-\hat{\boldsymbol{\mu}}\boldsymbol{H}$ hinweist).

In der nächsten, der zweiten, Näherung kommen zum Hamilton-Operator noch neue Glieder hinzu. Die entsprechenden Rechnungen werden jedoch umfangreicher, und wir führen sie nicht an. Wir geben nur das Endresultat für den Hamilton-Operator eines Elektrons im äußeren elektrischen Feld mit einer Genauigkeit bis zu Gliedern der Ordnung $1/c^2$ an:

$$\hat{H} = \frac{\hat{\boldsymbol{p}}^2}{2m} + e\,\Phi - \frac{\hat{\boldsymbol{p}}^4}{8\,m^3 c^2} - \frac{e\,\hbar}{4\,m^2 c^2}\boldsymbol{\sigma}\,[\boldsymbol{E}\,\hat{\boldsymbol{p}}] - \frac{e\,\hbar^2}{8\,m^2 c^2}\operatorname{div}\boldsymbol{E}\,, \tag{94,1}$$

dabei ist Φ das Potential und $\boldsymbol{E} = -\operatorname{grad}\Phi$ die Feldstärke. Wie in (93,7) ist dieser Hamilton-Operator auf eine zweikomponentige Wellenfunktion anzuwenden.

Die letzten drei Glieder in (94,1) sind die uns interessierenden Korrekturen der Ordnung $1/c^2$. Das erste entspricht einer relativistischen Korrektur zum klassischen Ausdruck für die kinetische Energie des Teilchens:

$$\sqrt{c^2\,\boldsymbol{p}^2 + m^2\,c^4} - m\,c^2 \approx \frac{\boldsymbol{p}^2}{2\,m} - \frac{\boldsymbol{p}^4}{8\,m^3\,c^2} + \cdots$$

Das zweite Korrekturglied in (94,1), das als Energie der *Spin-Bahn-Wechselwirkung* bezeichnet werden kann, beschreibt die Wechselwirkungsenergie eines bewegten magnetischen Moments mit dem elektrischen Feld. Ist das elektrische Feld zentralsymmetrisch,

$$\boldsymbol{E} = -\frac{\boldsymbol{r}}{r}\frac{\mathrm{d}\Phi}{\mathrm{d}r}\,,$$

so nimmt der Operator der Spin-Bahn-Wechselwirkung folgende Gestalt an:

$$\hat{V}_{sl} = \frac{e\,\hbar}{4\,m^2\,c^2\,r}\,\boldsymbol{\sigma}\,[\boldsymbol{r}\,\hat{\boldsymbol{p}}]\frac{\mathrm{d}\Phi}{\mathrm{d}r} = \frac{\hbar^2}{2\,m^2\,c^2\,r}\,\frac{\mathrm{d}U}{\mathrm{d}r}\,\hat{\boldsymbol{l}}\,\hat{\boldsymbol{s}}\,. \tag{94,2}$$

Hierbei sind $\hbar\,\hat{\boldsymbol{l}} = [\boldsymbol{r}\,\hat{\boldsymbol{p}}]$ der Operator des Bahndrehimpulses des Elektrons, $\hat{\boldsymbol{s}} = 1/2\,\boldsymbol{\sigma}$ der Operator seines Spins und $U = e\,\varphi$ die potentielle Energie des Elektrons im Feld. Eine Wechselwirkung dieses Typs wurde schon in § 51 als eine der Ursachen für die Feinstruktur der Energieniveaus der Atome betrachtet.[1])

Das letzte Korrekturglied in (94,1) ist nur in den Punkten von Null verschieden, in denen sich die das Feld erzeugenden Ladungen befinden; nur in diesen Punkten verschwindet div $\boldsymbol{E}$ nicht.

Den HAMILTON-Operator (94,1) kann man zur Berechnung relativistischer Korrekturen für die Energieniveaus des Wasserstoffatoms verwenden, d. h. für den Fall eines Elektrons im COULOMB-Feld des unbeweglichen Atomkerns (eines Protons mit der Ladung $+|e|$).

Das Potential des Feldes der Ladung $+|e|$ ist $\Phi = |e|/r$ und dessen Divergenz $\operatorname{div} \boldsymbol{E} = -\Delta\Phi = 4\pi|e|\,\delta(\boldsymbol{r})$ (vgl. I (59,10). Damit nehmen die Korrekturglieder im HAMILTON-Operator des Wasserstoffatoms, die wir zusammengefaßt durch $\hat{V}^{(2)}$ bezeichnen, die Form

$$\hat{V}^{(2)} = \frac{\hbar^2}{8\,m^3 c^2}\Delta^2 + \frac{\hbar^2 e^2}{2\,m^2 c^2 r^3}\,\hat{\boldsymbol{l}}\,\hat{\boldsymbol{s}} + \frac{\pi\,e^2\,\hbar^2}{2\,m^2 c^2}\,\delta(\boldsymbol{r}) \qquad (94,3)$$

an.

Hier sei an den nichtrelativistischen Ausdruck für die Energieniveaus des Wasserstoffatoms erinnert (§ 31):

$$E_{\text{n. r.}} = -\frac{m\,e^4}{2\,\hbar^2 n^2}\,. \qquad (94,4)$$

Dieser Ausdruck hängt nur von der Hauptquantenzahl n und nicht vom Bahndrehimpuls l ab, der (bei vorgegebenem n) die Werte $l = 0, 1, \ldots, n-1$ durchläuft. Die nichtrelativistischen Energieniveaus (94,4) hängen auch nicht von der Orientierung des Elektronenspins bezüglich des Bahndrehimpulses des Elektrons ab, d. h. vom Gesamtdrehimpuls j, der (bei vorgegebenem $l \neq 0$) die zwei Werte $j = l \pm 1/2$ annehmen kann.

Die gesuchten Energiekorrekturen ΔE können nach den allgemeinen Regeln der Störungstheorie (§ 32) gefunden werden, indem man (94,3) als Operator einer kleinen Störung betrachtet und seinen Mittelwert (das Diagonalmatrixelement) bezüglich der ungestörten Wellenfunktionen, d. h. der üblichen nichtrelativistischen Wellenfunktionen des Wasserstoffatoms, bestimmt. Die Rechnung liefert folgendes Resultat:

$$\Delta E = -\left(\frac{1}{j+1/2} - \frac{3}{4\,n}\right)\frac{m\,e^4\,\alpha^2}{2\,\hbar^2 n^3} \qquad (94,5)$$

mit

$$\alpha = \frac{e^2}{\hbar c} = \frac{1}{137{,}04} \qquad (94,6)$$

(die Größe α heißt *Feinstruktfrkonstante*).[2]) Die Kleinheit der Korrektur (94,5) im Verhältnis zu (94,4) wird durch den Faktor α^2 ausgedrückt.

[1]) Ein anderer Typ relativistischer Wechselwirkungen, die Spin–Spin-Wechselwirkung, entsteht natürlich nur in einem System aus mehreren Teilchen und fehlt im Falle eines Elektrons im äußeren Feld.

[2]) Diese Formel wurde zuerst von A. SOMMERFELD, ausgehend von der alten BOHRschen Theorie, noch vor der Schaffung der Quantenmechanik abgeleitet.

Die Verschiebung des Niveaus (94,5) hängt nun schon nicht mehr nur von n ab, sondern auch von j. Diese Abhängigkeit bedeutet gerade die Aufspaltung der Niveaus (94,4) in Feinstrukturkomponenten; es erfolgt, wie man sagt, ein Aufheben der Entartung, die in der nichtrelativistischen Näherung vorlag. Die Entartung wird jedoch nicht vollständig aufgehoben; es verbleiben zweifach entartete Niveaus mit gleichen n und j aber verschiedenen $l = j \pm 1/2$ (hier zeigt sich wiederum im Vergleich zu komplizierteren Atomen die Spezifik des Wasserstoffatoms mit seinem reinen COULOMB-Feld des Kerns). Auf diese Weise ergibt sich unter Berücksichtigung der Feinstruktur folgende Reihenfolge der Wasserstoffniveaus:

$$
\begin{array}{l}
1\,s_{1/2}\\
\underbrace{2\,s_{1/2}\,,\quad 2\,p_{1/2}}\,,\quad 2\,p_{3/2}\\
\underbrace{3\,s_{1/2}\,,\quad 3\,p_{1/2}}\,,\quad \underbrace{3\,p_{3/2}\,,\quad 3\,d_{3/2}}\,,\quad 3\,d_{5/2}\\
\dots\dots\dots\dots\dots\dots\dots\dots
\end{array}
$$

Durch geschweifte Klammern sind die zu einem Energiewert gehörigen (entarteten) Zustände erfaßt. Nicht entartet sind nur Niveaus mit maximal möglichem j (bei gegebenem n).

Wir werden später noch sehen, daß die hier verbleibende Entartung durch die sogenannten Strahlungskorrekturen aufgehoben wird (LAMB-*Verschiebung* oder LAMB-*shift*), die in der DIRAC-Gleichung für das Einelektronenproblem nicht berücksichtigt werden; diese Korrekturen werden in § 106 behandelt.

Strahlung XV

§ 95. Der Operator für die elektromagnetische Wechselwirkung

Nach der Behandlung von Fragestellungen, bei denen das elektromagnetische Feld in der passiven Rolle von äußeren Bedingungen für die Teilchen auftrat, wenden wir uns jetzt einer etwas breiteren Kategorie von elektrodynamischen Erscheinungen zu, die von der Veränderung des Zustands des Feldes selbst begleitet sind. Es handelt sich dabei um Prozesse der Emission, Absorption und Streuung von Photonen durch Systeme geladener Teilchen.

Die Wechselwirkung von Elektronen mit dem Feld der elektromagnetischen Strahlung kann in der Regel mit Hilfe der Störungstheorie behandelt werden. Dieser Umstand resultiert aus der relativ geringen Stärke der elektromagnetischen Wechselwirkungen. Die Wechselwirkung des Elektrons mit dem Feld wird durch seine Ladung e bestimmt. Dabei spielt die aus e, c und $\hbar$ gebildete dimensionslose Größe $\alpha = e^2/\hbar c$, die schon in § 94 als Feinstrukturkonstante eingeführt wurde, die Rolle der „Kopplungskonstanten", die die Stärke der Wechselwirkung angibt. Die geringe Stärke der elektromagnetischen Wechselwirkungen drückt sich in dem kleinen Zahlenwert dieser Konstanten $\alpha = 1/137$ aus. Dieser kleine Wert spielt eine fundamentale Rolle in der Quantenelektrodynamik.

Wir leiten zunächst den Ausdruck für den Wechselwirkungsoperator des Elektrons mit dem Strahlungsfeld ab, der die Rolle des Störoperators spielt. Wir vereinbaren (wie im Kap. XI) die Eichung des Feldes in der Weise, daß das skalare Potential $\Phi = 0$ ist, so daß das Feld nur durch das Vektorpotential $\boldsymbol{A}$ allein beschrieben wird. Gemäß (92,1) wird die Wechselwirkung des Elektrons mit einem gegebenen elektromagnetischen Feld durch das Glied $\hat{V} = -e\boldsymbol{\alpha}\boldsymbol{A}$ in seinem HAMILTON-Operator erfaßt. Um zum allgemeineren Fall von Prozessen übergehen zu können, die mit Veränderungen des Feldzustandes gekoppelt sind, muß das Potential $\boldsymbol{A}$ durch einen Operator $\hat{\boldsymbol{A}}$ der zweiten Quantisierung ersetzt werden; dann ist der Wechselwirkungsoperator durch

$$\hat{V} = -e\boldsymbol{\alpha}\hat{\boldsymbol{A}} \tag{95,1}$$

gegeben.[1])

Der Operator $\hat{\boldsymbol{A}}$ ist eine Summe

$$\hat{\boldsymbol{A}}(t, \boldsymbol{r}) = \sum_n \{\hat{c}_n \boldsymbol{A}_n(t, \boldsymbol{r}) + \hat{c}_n^+ \boldsymbol{A}_n^*(t, \boldsymbol{r})\} \tag{95,2}$$

[1]) Die Operation der Ladungskonjugation — das Ersetzen von Teilchen durch ihre Antiteilchen — darf nicht die Gestalt des Wechselwirkungsoperators ändern. Werden positiv geladene Teilchen durch negativ geladene ersetzt, so bedeutet diese Transformation insbesondere den Austausch $e \to -e$. Die Invarianz von $\hat{V}$ fordert ein gleichzeitiges Ersetzen von $\hat{\boldsymbol{A}}$ durch $-\hat{\boldsymbol{A}}$. Das bedeutet, daß Photonen Teilchen mit ungerader Ladungsparität sind.

aus Erzeugungs- und Vernichtungsoperatoren von Photonen der verschiedenen Zustände (die durch den Index n numeriert sind); die Koeffizienten $\boldsymbol{A}_n(t, \boldsymbol{r})$ spielen die Rolle der Wellenfunktionen dieser Zustände. Der Feldzustand ist durch die Gesamtheit der Besetzungszahlen N_n für alle Photonenzustände gegeben. Die Photonenzustände selbst können in Abhängigkeit von der Fragestellung der einen oder anderen konkreten Aufgabe auf verschiedene Weise angegeben werden. Interessiert uns z. B. die Emission bzw. Absorption von Photonen mit bestimmten Wellenzahlvektoren $\boldsymbol{k}$ und der Polarisation $\boldsymbol{e}$, so sind die Wellenfunktionen $\boldsymbol{A}_n(t, \boldsymbol{r})$ ebene Wellen (76,16). Untersuchen wir hingegen die Emission von Photonen mit bestimmten Werten des Drehimpulses j, so sind die $\boldsymbol{A}_n$ Kugelwellen, die in § 78 besprochen wurden.

In der ersten Näherung der Störungsrechnung wird die Wahrscheinlichkeit des einen oder anderen Prozesses durch das Quadrat $|V_{fi}|^2$ des Matrixelementes des Störoperators für den Übergang zwischen Anfangs- (Index i) und Endzustand (Index f) des Ladungssystems und Feldes bestimmt. Jeder der Operatoren $\hat{c}_n$, $\hat{c}_n^+$ hat nichtverschwindende Matrixelemente nur bei Vergrößerung oder Verkleinerung der entsprechenden Besetzungszahl N_n um 1 (alle anderen Besetzungszahlen bleiben unverändert). Daher hat auch der Operator $\hat{\boldsymbol{A}}$ von Null verschiedene Matrixelemente nur für Übergänge, bei denen sich die Photonenzahl um 1 ändert. In der ersten Näherung der Störungstheorie treten, mit anderen Worten, nur Einphotonenemissions- bzw. Einphotonenabsorptionsprozesse auf.

Nach (76,12) sind das die Matrixelemente

$$\langle N_n - 1 |\, c_n \,| N_n \rangle = \sqrt{N_n}\,, \tag{95,3}$$

$$\langle N_n + 1 |\, c_n^+ \,| N_n \rangle = \sqrt{N_n + 1}\,. \tag{95,4}$$

Das erste beschreibt die Absorption eines Photons (der Sorte n) — die Besetzungszahl verringert sich um 1; das zweite entspricht der Emission eines Photons — die Besetzungszahl wächst um 1. Fehlen im Anfangszustand des Feldes Photonen (der Sorte n), so ist $\langle 1 |\, c_n^+ \,| 0 \rangle = 1$; das Matrixelement des Operators $\hat{\boldsymbol{A}}$ enthält jedoch außerdem noch den Faktor $\boldsymbol{A}_n^*$, der in der Summe (95,2) als Koeffizient bei $\hat{c}_n^+$ steht. Somit erhält man für das volle Matrixelement des Operators (95,1) im Falle der Photonenemission

$$V_{fi}(t) = -\,e \int (\Psi_f^* \,\boldsymbol{\alpha}\, \Psi_i)\, \boldsymbol{A}_n^* \,\mathrm{d}V \tag{95,5}$$

mit den Wellenfunktionen Ψ_i und Ψ_f des Anfangs- und Endzustandes des strahlenden Systems (des Elektrons).[1]) Analog ergibt sich das Matrixelement

[1]) Um Mißverständnisse zu vermeiden, betonen wir, daß ein einzelnes Elektron nur bei einer Bewegung in einem äußeren Feld strahlen kann. Daß insbesondere ein freies Elektron (welches sich mit konstanter Geschwindigkeit bewegt) unmöglich Photonen emittieren kann, wird offensichtlich, wenn wir es in dem Bezugssystem betrachten, in dem es ruht: In diesem System ist die Elektronenenergie gleich m und kann sich nicht verkleinern, wie das bei einer Photonenemission der Fall sein müßte.

für die Absorption eines Photons

$$V_{fi}(t) = -e \int (\Psi_f^* \boldsymbol{\alpha} \Psi_i) \boldsymbol{A}_n \, \mathrm{d}V . \tag{95,6}$$

Es unterscheidet sich von (95,5) nur dadurch, daß statt $\boldsymbol{A}_n^*$ jetzt $\boldsymbol{A}_n$ steht.

Durch die Angabe des Argumentes t bei V_{fi} heben wir hervor, daß es sich um ein zeitabhängiges Matrixelement handelt. Man kann in der üblichen Weise (in Übereinstimmung mit der Regel (11,4)) zu zeitunabhängigen Matrixelementen übergehen, indem man die Zeitfaktoren in der Wellenfunktion abspaltet:

$$V_{fi}(t) = V_{fi} \, \mathrm{e}^{-i(E_i - E_f \mp \omega)t} \tag{95,7}$$

(E_i und E_f sind die Energien von Anfangs- bzw. Endzustand des strahlenden Systems, „$\mp$" entspricht der Emission bzw. Absorption eines Photons der Energie ω).

Das in den Integralen (95,5) oder (95,6) auftretende Produkt

$$\boldsymbol{j}_{fi} = \Psi_f^* \boldsymbol{\alpha} \Psi_i \tag{95,8}$$

besitzt eine analoge Struktur wie der Ausdruck $\boldsymbol{j} = \Psi^* \boldsymbol{\alpha} \Psi$ (84,9) für den Strom in der Dirac-Gleichung; anstelle der zwei gleichen Wellenfunktionen stehen jetzt verschiedene Wellenfunktionen (für den Anfangs- bzw. Endzustand). Die Größe (95,8) wird *Übergangsstrom* genannt.

Betrachten wir die Emission (oder Absorption) eines Photons mit einer bestimmten Richtung des Wellenzahlvektors $\boldsymbol{k}$ und einer fixierten Polarisation $\boldsymbol{e}$, so sind für $\boldsymbol{A}_n(\boldsymbol{r})$ die Funktionen

$$\boldsymbol{A}_n(\boldsymbol{r}) = \boldsymbol{e} \sqrt{\frac{2\pi}{\omega \Omega}} \, \mathrm{e}^{i \boldsymbol{k} \boldsymbol{r}} \tag{95,9}$$

zu nehmen (die ebene Welle (76,16) ohne den Faktor $\mathrm{e}^{-i\omega t}$). Für das Übergangsmatrixelement der Emission eines solchen Photons erhalten wir

$$V_{fi} = -\mathrm{e} \sqrt{\frac{2\pi}{\omega \Omega}} \, \boldsymbol{e}^* \boldsymbol{j}_{fi}(\boldsymbol{k}) \tag{95,10}$$

mit

$$\boldsymbol{j}_{fi}(\boldsymbol{k}) = \int \boldsymbol{j}_{fi}(\boldsymbol{r}) \, \mathrm{e}^{-i \boldsymbol{k} \boldsymbol{r}} \, \mathrm{d}V . \tag{95,11}$$

Das Integral (95,11) stellt die Fourier-Komponente der Funktion $\boldsymbol{j}_{fi}(\boldsymbol{r})$ dar, es wird als *Übergangsstrom in der Impulsdarstellung* bezeichnet.

Die Emissionswahrscheinlichkeit eines Photons findet man über das Matrixelement (95,10) unmittelbar mit Hilfe der allgemeinen Formel der Störungstheorie, die in § 35 abgeleitet wurde. Wir betrachten im weiteren den Fall, daß Anfangs- und Endzustand des strahlenden Systems zum diskreten Spektrum seiner Energieniveaus gehören. Der Endzustand des Gesamtsystems Elektron + Feld gehört jedoch auf Grund des emittierten Photons zum kontinuierlichen Spektrum, da das Spektrum der möglichen Energiezustände des Photons kontinuierlich ist. Somit liegt hier gerade die Fragestellung vor, die in § 35 behandelt wurde. Gemäß (35,6) ist die Übergangswahrscheinlichkeit (pro Sekunde) für den Übergang $i \to f$ unter Emission eines Photons gleich

$$dw = 2\pi \, |V_{fi}|^2 \, \delta(E_i - E_f - \omega) \, d\nu \,, \tag{95,12}$$

wobei ν vereinbarungsgemäß die Gesamtheit der Größen beschreiben soll, die den Zustand des Photons charakterisieren und einen stetigen Wertebereich durchlaufen. Für Photonen mit festem Wert des Wellenzahlvektors sind die Größen ν die Komponenten von $\boldsymbol{k}$, so daß $d\nu = dk_x \, dk_y \, dk_z = \omega^2 \, d\omega \, do$ ist (do ist das Raumwinkelelement in $\boldsymbol{k}$-Richtung). Bei einer solchen Wahl der Größen ν wird in der Formel (95,12) vorausgesetzt, daß die Wellenfunktion des Photons auf $\delta(\boldsymbol{k})$ normiert ist. Die Funktion (95,9) ist aber auf „1 Photon pro Volumeneinheit" normiert; bei dieser Normierung hat die Wellenfunktion den Faktor $1/\sqrt{\Omega}$ anstelle des Faktors $(2\pi)^{-3/2}$, der im Falle der Normierung auf die Deltafunktion $\delta(\boldsymbol{k})$ (vgl. (27,9) und (27,10)) auftritt. Wir müssen deshalb die Formel (95,12) in der Form

$$dw = 2\pi \, |V_{fi}|^2 \, \delta(E_i - E_f - \omega) \, \frac{\Omega \, \omega^2 \, d\omega \, do}{(2\pi)^3} \tag{95,13}$$

schreiben.

Die in diese Formel eingehende Deltafunktion drückt den Energieerhaltungssatz aus: Die Energie des emittierten Photons ist gleich dem Energieverlust des strahlenden Systems: $\omega = E_i - E_f$. Die Integration der Formel (95,13) über $d\omega$ bringt diese Deltafunktion zum Verschwinden und führt zu folgendem Endergebnis für die Emissionswahrscheinlichkeit eines Photons der Energie $\omega = E_i - E_f$ in den Raumwinkel do:

$$d\omega = \frac{\Omega}{4\pi^2} \, |V_{fi}|^2 \, \omega^2 \, do \,. \tag{95,14}$$

In diese Formel muß das Matrixelement aus (95,10) eingesetzt werden.

§ 96. Spontane und induzierte Emission[1])

In den folgenden Paragraphen werden wir die eben erhaltenen Formeln zur Berechnung der Übergangswahrscheinlichkeit auf eine Reihe konkreter Fälle anwenden. Hier befassen wir uns zunächst mit einigen allgemeinen Beziehungen zwischen den verschiedenartigen Strahlungsprozessen.

Das Matrixelement (95,5) gehört zu einem Photonenemissionsprozeß, wenn im Anfangszustand das Feld keine Photonen der betrachteten Sorte enthält. Wenn im Anfangszustand bereits eine von Null verschiedene Zahl N_n solcher Photonen vorhanden ist, so ist das Übergangsmatrixelement (gemäß (95,4)) noch mit $\sqrt{N_n + 1}$ zu multiplizieren. Die Übergangswahrscheinlichkeit vergrößert sich entsprechend um den Faktor $N_n + 1$. Die 1 in diesem Faktor entspricht der spontanen Emission, die auch bei $N_n = 0$ vorkommt. Das Glied N_n bedingt eine *erzwungene* (oder *induzierte*) Emission. Wir sehen, daß die

[1]) In diesem Paragraphen verwenden wir gewöhnliche Maßeinheiten.

Existenz von Photonen im Anfangszustand des Feldes eine zusätzliche Emission dieser Photonen stimuliert.

Wenn der Übergang $i \to f$ die Emission eines Photons durch das System darstellt, welches dabei von einem Niveau E_i in ein tieferliegendes Niveau E_f übergeht, so bedeutet der umgekehrte Übergang $f \to i$ die Absorption eines solchen Photons durch das System, wobei letzteres vom Niveau E_f in das Niveau E_i übergeht. Das Matrixelement dieses inversen Übergangs unterscheidet sich vom Matrixelement des direkten Prozesses durch den Austausch des Faktors (95,4) mit (95,3), d. h., $\sqrt{N_n + 1}$ wird durch $\sqrt{N_n}$ ersetzt. Daraus folgt, daß zwischen den Emissions- und Absorptionswahrscheinlichkeiten eines Photons (bei Übergängen zwischen einem vorgegebenen Niveaupaar des strahlenden Systems) folgende Beziehung gilt:

$$\frac{w_{\mathrm{em}}}{w_{\mathrm{ab}}} = \frac{N_n + 1}{N_n} \tag{96,1}$$

(sie wurde erstmalig 1916 von A. EINSTEIN angegeben, der damit die Erscheinung der induzierten Emission voraussagte).

Wir wollen die Zahl der Photonen mit der Intensität der von außen auf das System einfallenden Strahlung in Verbindung bringen. Es sei

$$I_{\boldsymbol{k}\boldsymbol{e}}\, \mathrm{d}\omega\, \mathrm{d}o \tag{96,2}$$

die Strahlungsenergie, die in 1 s auf die Fläche 1 cm² auftrifft und die Polarisation $\boldsymbol{e}$, die Frequenz im Intervall $\mathrm{d}\omega$ und die Richtung des Wellenzahlvektors im Raumwinkel $\mathrm{d}o$ hat. Den angegebenen Intervallen entsprechen $\Omega\, k^2\, \mathrm{d}k\, \mathrm{d}o/(2\pi)^3$ Feldoszillatoren (im Volumen Ω). Auf jeden Oszillator entfallen $N_{\boldsymbol{k}\boldsymbol{e}}$ Photonen mit einer bestimmten Polarisation. Wir erhalten daher dieselbe Energie wie in (96,2), wenn wir das Produkt

$$\frac{c}{\Omega}\, \frac{\Omega\, k^2\, \mathrm{d}k\, \mathrm{d}o}{(2\pi)^3}\, N_{\boldsymbol{k}\boldsymbol{e}} \cdot \hbar\,\omega = \frac{\hbar\,\omega^3}{8\,\pi^3\,c^2}\, N_{\boldsymbol{k}\boldsymbol{e}}\, \mathrm{d}\omega\, \mathrm{d}o$$

bilden. Hieraus finden wir die gesuchte Beziehung

$$N_{\boldsymbol{k}\boldsymbol{e}} = \frac{8\,\pi^3\,c^2}{\hbar\,\omega^3}\, I_{\boldsymbol{k}\boldsymbol{e}}\,. \tag{96,3}$$

$\mathrm{d}w_{\boldsymbol{k}\boldsymbol{e}}^{(\mathrm{sp})}$ sei die Wahrscheinlichkeit für die spontane Emission eines Photons mit der Polarisation $\boldsymbol{e}$ in den Raumwinkel $\mathrm{d}o$; die Indizes (in) und (ab) werden den entsprechenden Wahrscheinlichkeiten für induzierte Emission und Absorption angehängt. Nach (96,1) und (96,3) sind diese Wahrscheinlichkeiten durch die folgenden Beziehungen miteinander verknüpft:

$$\mathrm{d}w_{\boldsymbol{k}\boldsymbol{e}}^{(\mathrm{ab})} = \mathrm{d}w_{\boldsymbol{k}\boldsymbol{e}}^{(\mathrm{in})} = \mathrm{d}w_{\boldsymbol{k}\boldsymbol{e}}^{(\mathrm{sp})}\, \frac{8\,\pi^3\,c^2}{\hbar\,\omega^3}\, I_{\boldsymbol{k}\boldsymbol{e}}\,. \tag{96,4}$$

Wenn die einfallende Strahlung isotrop und unpolarisiert ist ($I_{\boldsymbol{k}\boldsymbol{e}}$ hängt nicht von den Richtungen von $\boldsymbol{k}$ und $\boldsymbol{e}$ ab), dann ergeben die Integration von (96,4) über $\mathrm{d}o$ und die Summation über $\boldsymbol{e}$ analoge Beziehungen zwischen den

Gesamtwahrscheinlichkeiten für die Strahlungsübergänge (zwischen gegebenen Zuständen i und f des Systems)

$$w^{(\mathrm{ab})} = w^{(\mathrm{in})} = w^{(\mathrm{sp})} \frac{\pi^2 c^2}{\hbar \omega^3} I , \tag{96,5}$$

wenn $I = 2 \cdot 4\pi I_{\boldsymbol{k}e}$ die gesamte spektrale Intensität der einfallenden Strahlung ist.

Falls die Zustände i und f des emittierenden (oder absorbierenden) Systems entartet sind[1]), ergibt sich die gesamte Emissions- (oder Absorptions-) Wahrscheinlichkeit für die gegebenen Photonen durch Summation über alle entarteten Endzustände und durch Mittelung über alle möglichen Anfangszustände. Wir bezeichnen die Entartungsgrade (die statistischen Gewichte) der Zustände i und f mit g_i bzw. g_f. Für die spontane und die induzierte Emission sind die Zustände i die Anfangszustände, für die Absorption die Zustände f. Unter der Voraussetzung, daß in jedem Fall alle g_i oder g_f Anfangszustände gleichwahrscheinlich sind, erhalten wir statt (96,5) offensichtlich die folgenden Beziehungen:

$$g_f\, w^{(\mathrm{ab})} = g_i\, w^{(\mathrm{in})} = g_i\, w^{(\mathrm{sp})} \frac{\pi^2 c^2}{\hbar \omega^3} I . \tag{96,6}$$

§ 97. Die Dipolstrahlung

Ein sehr wichtiger Fall liegt dann vor, wenn die Wellenlänge des Photons λ groß im Vergleich zu den Abmessungen a des strahlenden Systems ist. Dieser Fall tritt gewöhnlich dann auf, wenn die Geschwindigkeiten der Teilchen klein im Verhältnis zur Lichtgeschwindigkeit sind (vgl. I § 80).

In erster Näherung bezüglich des kleinen Verhältnisses a/λ kann man im Integral (95,11) den Faktor $e^{-i\boldsymbol{k}\boldsymbol{r}}$ durch 1 ersetzen, denn dieser ändert sich in dem Gebiet, in dem ψ_i und ψ_f merklich von Null verschieden sind, nur wenig. Mit anderen Worten bedeutet eine solche Näherung die Vernachlässigung des Photonenimpulses gegenüber den Impulsen der Teilchen im System (in gewöhnlichen Maßeinheiten ist der erstere gleich $\hbar \boldsymbol{k}$ und besitzen die letzteren die Größenordnung $\hbar/a$). Diese Näherung entspricht der Dipolstrahlung der klassischen Strahlungstheorie.

In derselben Näherung kann das Integral

$$\boldsymbol{j}_{fi}(0) = \int \psi_f^* \boldsymbol{\alpha}\, \psi_i \, \mathrm{d}V$$

durch den entsprechenden nichtrelativistischen Ausdruck ersetzt werden, d. h. einfach durch das Matrixelement der Elektronengeschwindigkeit $\boldsymbol{v}$, das mit den SCHRÖDINGERschen (nichtrelativistischen) Wellenfunktionen gebildet wird. Dieses Matrixelement $\boldsymbol{v}_{fi}$ kann seinerseits durch ein ebensolches Matrixelement des Radiusvektors des Elektrons ausgedrückt werden: Da $\boldsymbol{v} = \dot{\boldsymbol{r}}$ ist, haben wir nach (11,8) $\boldsymbol{v}_{fi} = i\,(E_f - E_i)\, \boldsymbol{r}_{fi}$; die Differenz $E_i - E_f$ fällt mit der

[1]) Das kann z. B. eine Entartung nach den Richtungen des Drehimpulses des strahlenden Atoms sein.

Kreisfrequenz ω des emittierten Photons zusammen, so daß

$$\boldsymbol{j}_{fi} = \boldsymbol{v}_{fi} = -i\,\omega\,\boldsymbol{r}_{fi} = -\frac{i\,\omega}{e}\boldsymbol{d}_{fi} \tag{97,1}$$

ist ($\boldsymbol{d} = e\,\boldsymbol{r}$ ist das Dipolmoment des Elektrons infolge seiner Bahnbewegung). Nach Einsetzen von (97,1) in (95,10) finden wir[1])

$$V_{fi} = i\sqrt{\frac{2\pi\omega}{\Omega}}\,\boldsymbol{e}^*\,\boldsymbol{d}_{fi}\,, \tag{97,2}$$

und im Anschluß daran entsteht über (95,14) folgende Formel für die Wahrscheinlichkeit der Dipolstrahlung:

$$\mathrm{d}w = \frac{\omega^3}{2\pi}\,|\boldsymbol{e}^*\,\boldsymbol{d}_{fi}|^2\,\mathrm{d}o \tag{97,3}$$

(die Richtung des Wellenzahlvektors $\boldsymbol{k}$ des Photons tritt hierbei implizit auf: Der Polarisationsvektor $\boldsymbol{e}$ muß senkrecht auf $\boldsymbol{k}$ stehen).

Die Gesamtemissionswahrscheinlichkeit erhält man aus (97,3) nach der Integration über alle Photonenrichtungen und der Summation über die beiden unabhängigen Polarisationen. $\boldsymbol{e}$ soll einer linearen Polarisation entsprechen; dann ist $\boldsymbol{e}$ ein reeller Einheitsvektor und das Produkt $\boldsymbol{e}^*\,\boldsymbol{d}_{fi}$ stellt eine der kartesischen Vektorkomponenten $\boldsymbol{d}_{fi}$ dar. Beim Ersetzen des Quadrats $|(\boldsymbol{d}_{fi})_x|^2$ durch seinen Mittelwert, der gleich $1/3\,|\boldsymbol{d}_{fi}|^2$ ist, wird die weitere Integration über do auf eine einfache Multiplikation mit 4π zurückgeführt, und die Summation über die Polarisationen ersetzt eine Multiplikation mit dem Faktor 2. Die Gesamtemissionswahrscheinlichkeit eines Photons ist somit

$$w = \frac{4\,\omega^3}{3}\,|\boldsymbol{d}_{fi}|^2$$

oder in gewöhnlichen Maßeinheiten

$$w = \frac{4\,\omega^3}{3\,\hbar\,c^3}\,|\boldsymbol{d}_{fi}|^2\,. \tag{97,4}$$

Die Intensität I der Strahlung ergibt sich durch Multiplikation der Wahrscheinlichkeit mit $\hbar\,\omega$:

$$I = \frac{4\,\omega^4}{3\,c^3}\,|\boldsymbol{d}_{fi}|^2\,. \tag{97,5}$$

Wir möchten darauf hinweisen, daß der genäherte Ausdruck für das Matrixelement (97,2) das Matrixelement des Operators

$$\hat{V} = -\hat{\boldsymbol{E}}\,\boldsymbol{d} \tag{97,6}$$

[1]) Der analoge Ausdruck für das Übergangsmatrixelement im Falle der Absorption eines Photons ist

$$V_{fi} = -i\sqrt{\frac{2\pi\omega}{\Omega}}\,\boldsymbol{e}\,\boldsymbol{d}_{fi}\,. \tag{97,2a}$$

Er ergibt sich aus (95,6) auf die gleiche Weise, wie (97,2) aus (95,5) erhalten wird.

ist, wobei $\hat{\boldsymbol{E}} = -\,\partial\hat{\boldsymbol{A}}/\partial t$ der Operator der elektrischen Feldstärke und $\boldsymbol{d}$ der Operator des Dipolmomentes des Elektrons sind; (97,2) erhält man aus (97,6) auf genau die gleiche Art wie (95,5) aus (95,1). Der genäherte Wechselwirkungsoperator (97,6) entspricht gerade dem klassischen nichtrelativistischen Ausdruck für die potentielle Energie eines Systems von Ladungen in einem quasihomogenen elektrischen Feld (vgl. I § 64). Dieser Umstand ist in der Beziehung bedeutungsvoll, daß er erlaubt, den Anwendungsbereich der in diesem Paragraphen erhaltenen Formeln beträchtlich zu erweitern: Die Formeln gelten nicht nur für einen „Einelektronenstrahler", sondern auch für die Strahlung eines beliebigen nichtrelativistischen Teilchensystems.

Die Formel (97,5) zeigt eine direkte Analogie zur klassischen Formel (vgl. I (80,12)) für die Intensität der Dipolstrahlung eines Systems periodisch bewegter Teilchen: Die Strahlungsintensität zur Frequenz $\omega = n\,\omega_0$ (ω_0 ist die Frequenz der Teilchenbewegung, n eine ganze Zahl) ist

$$I_n = \frac{4\,\omega^4}{3\,c^3}\,|\boldsymbol{d}_n|^2\,, \tag{97,7}$$

wobei $\boldsymbol{d}_n$ die Fourier-Komponenten des Dipolmoments sind, d. h. die Entwicklungskoeffizienten in

$$\boldsymbol{d}(t) = \sum_{n=-\infty}^{\infty} \boldsymbol{d}_n\, \mathrm{e}^{-i n \omega_0 t}\,. \tag{97,8}$$

Die quantentheoretische Formel (97,5) ergibt sich aus (97,7), indem man diese Fourier-Komponenten durch die Matrixelemente für die betreffenden Übergänge ersetzt. Diese Regel (die ein Ausdruck für das Bohrsche *Korrespondenzprinzip* ist) ist ein Spezialfall der allgemeinen Korrespondenz zwischen den Fourier-Komponenten der klassischen Größen und den quantentheoretischen Matrixelementen im quasiklassischen Fall (§ 27). Die Strahlung ist quasiklassisch für Übergänge zwischen Zuständen mit großen Quantenzahlen; dabei ist die Frequenz des Überganges $\hbar\,\omega = E_i - E_f$ klein gegenüber den Energien E_i und E_f des strahlenden Systems. Die genaue (nicht an die Bedingung für das Vorliegen des quasiklassischen Falls gebundene) Formel (95,7) hat jedoch sowohl für kleine als auch für beliebige ω dasselbe Aussehen. Dadurch wird die (bekanntlich zufällige) Tatsache erklärt, daß das Korrespondenzprinzip für die Strahlungsintensität nicht nur im quasiklassischen, sondern auch im allgemeinen quantenmechanischen Fall gilt.

§ 98. Multipolstrahlung

Anstelle der Emission von Photonen mit vorgegebenem Impuls (d. h. in eine gegebene Richtung) behandeln wir jetzt die Emission von Photonen mit einem bestimmten Drehimpuls j. Dabei wird auch der tiefere quantenmechanische Sinn der Dipolnäherung geklärt.

Für die Emission solcher Photonen existieren strenge *Auswahlregeln*, die Folgen des Drehimpulserhaltungssatzes sind: Der Drehimpuls des Anfangszustandes des strahlenden Systems muß übereinstimmen mit der Summe der Drehimpulse des Endzustandes des Systems und des Photons. Nach der quantenmechanischen Regel über die Addition von Drehimpulsen heißt dies, daß das System im Endzustand nur die Werte des Drehimpulses

$$J_f = J_i + j, \quad J_i + j - 1, \ldots, |J_i - j| \tag{98,1}$$

annehmen kann, wenn es im Anfangszustand den Drehimpuls J_i besaß und ein Photon mit dem Drehimpuls j emittiert wurde.

Auch die Paritäten P_i und P_f des Anfangs- und Endzustandes des Systems unterliegen einer bestimmten Bedingung: Die Parität des Anfangszustandes muß mit der Gesamtparität des Endzustandes des Systems und des Photons übereinstimmen, d. h., es muß $P_i = P_f P_{Ph}$ gelten mit P_{Ph} als Parität des Photons. Da alle Paritäten nur die Werte ± 1 annehmen können, kann man diese Bedingung auch in folgender Form schreiben[1]):

$$P_i P_f = P_{Ph}\,. \tag{98,2}$$

Der Drehimpuls des Photons durchläuft, von 1 beginnend, ganzzahlige Werte (der Wert $j = 0$ ist nicht erlaubt). Für beliebige dieser Werte des Drehimpulses verbietet die Regel (98,1) beim Übergang des Systems zwischen zwei Zuständen mit $J = 0$ ($0 \to 0$-Übergänge) die Emission eines einzelnen Photons. Ein Strahlungsübergang zwischen zwei solchen Zuständen ist nur für eine gleichzeitige Emission zweier Photonen mit antiparallelen Drehimpulsen möglich (dieser Prozeß tritt aber erst in höherer Näherung der Störungstheorie auf und ist deshalb von relativ geringer Wahrscheinlichkeit).

Für die Emission eines Photons der Art 1^- (ein E1-Photon nach der in § 78 eingeführten Bezeichnungsweise) erlauben die Auswahlregeln (98,1—2) nur Übergänge zwischen Zuständen entgegengesetzter Parität bei folgenden zulässigen Änderungen des Drehimpulses J des strahlenden Systems:

$$\begin{aligned} &J \to J+1\,,\ J\,,\ J-1 \qquad (\text{für } J \geqq 1);\\ &1/2 \to 3/2\,,\ 1/2; \qquad 0 \to 1\,. \end{aligned} \tag{98,3}$$

Diese Regeln stimmen mit den Auswahlregeln der Matrixelemente eines polaren Vektors (§§ 18, 19) überein. Das elektrische Dipolmoment $\boldsymbol{d}$ des Systems, dessen Matrixelemente die Übergangswahrscheinlichkeit (97,4) bestimmen, ist gerade ein solcher Vektor. Daraus wird ersichtlich, daß die Dipolnäherung die Emission eines 1^--Photons beschreibt.

Die Auswahlregeln für die Emission eines 1^+-Photons ($M1$-Photons) unterscheiden sich von denen für die Emission eines $E1$-Photons nur bezüglich der Parität: Anfangs- und Endzustand des strahlenden Systems müssen die gleiche Parität besitzen. Das entspricht den Auswahlregeln für die Matrixelemente

[1]) Die Auswahlregel bezüglich der Parität wurde erstmalig von O. LAPORT (1924) aufgestellt.

eines axialen Vektors. Der Vektor des magnetischen Dipolmoments eines Systems ist ein Vektor dieser Art. Seine Matrixelemente bestimmen für diesen Fall die Photonenemissionswahrscheinlichkeit. Hieraus leitet sich auch die Bezeichnung magnetische Dipolstrahlung ab.

Völlig analog bestimmt sich die Emission eines beliebigen Ej-Photons durch die Matrixelemente des elektrischen 2^j-Polmoments des Systems und die Emission eines Mj-Photons durch die Matrixelemente des magnetischen 2^j-Polmoments.

§ 99. Die Strahlung von Atomen[1])

Die Energien der äußeren Elektronen eines Atoms (die an optischen Übergängen beteiligt sind) sind nach einer groben Abschätzung von der Größenordnung $E \sim m\, e^4/\hbar^2$, so daß die emittierten Wellenlängen $\lambda \sim \hbar\, c/E \sim \hbar^2/\alpha\, m\, e^2$ sind. Die Atomdurchmesser sind $a \sim \hbar^2/m\, e^2$. Deshalb ist für optische Atomspektren die Ungleichung $a/\lambda \sim \alpha \ll 1$ in der Regel erfüllt. Dieselbe Größenordnung hat das Verhältnis $v/c \sim \alpha$, wobei v die Geschwindigkeit der optischen Elektronen ist.

Für optische Atomspektren ist also die Bedingung erfüllt, unter der die Wahrscheinlichkeit für die elektrische Dipolstrahlung (wenn sie nicht durch Auswahlregeln verboten wird) viel größer ist als die Wahrscheinlichkeit für Multipolübergänge. Auf Grund dessen spielen gerade die elektrischen Dipolübergänge die wichtigste Rolle in der Atomspektroskopie.[2])

Die im vorigen Paragraphen angeführten Auswahlregeln bezüglich des Gesamtdrehimpulses und der Parität der Elektronenhülle des Atoms sind völlig streng.[3]) Neben diesen Regeln kann es auch andere, genäherte Auswahlregeln geben, deren Gültigkeit mit bestimmten Eigenschaften verbunden ist, die einige Gruppen von Atomzuständen genähert charakterisieren.

Zustände, die nach dem Typ der LS-Kopplung (§ 51) aufgebaut sind, gehören z. B. zu dieser Art. Neben dem Gesamtdrehimpuls werden diese Zustände noch durch bestimmte Werte des in diesem Fall erhalten bleibenden Bahndrehimpulses L und des Atomspins S charakterisiert. Da das elektrische Dipolmoment eine reine Bahngröße ist, ist sein Operator mit dem Spinoperator

1) In diesem Paragraphen verwenden wir gewöhnliche Maßeinheiten.

2) Typische Werte für die Übergangswahrscheinlichkeit von Dipolübergängen im optischen Bereich der Atomspektren haben die Größenordnung von $10^8\ s^{-1}$.

3) Um Mißverständnisse zu vermeiden, weisen wir der Exaktheit wegen darauf hin, daß sich der Gesamtdrehimpuls des Atoms aus dem Drehimpuls seiner Elektronenhülle und dem Kernspin zusammensetzt (in § 51 wurde dieser Gesamtdrehimpuls mit F bezeichnet). Die absolut strengen Auswahlregeln beziehen sich auf diesen Gesamtdrehimpuls. Wegen der äußerst geringen Wechselwirkung der Elektronen mit dem Kernspin kann man aber seinen Einfluß auf die Wahrscheinlichkeit von Elektronenübergängen völlig vernachlässigen, und demnach beziehen sich die Auswahlregeln nur noch auf die Charakteristika des Elektronenzustands des Atoms.

vertauschbar, d. h., seine Matrix ist bezüglich S diagonal. Für die Matrixelemente des Dipolmoments mit den Wellenfunktionen der Bahnbewegung der Elektronen gelten somit die gleichen Auswahlregeln bezüglich L wie für jeden beliebigen Bahnvektor (§ 18). Übergänge zwischen den nach der Art der LS-Kopplung aufgebauten Zuständen sind also noch den zusätzlichen Auswahlregeln

$$S_f = S_i\,,$$

$$L_f = L_i + 1\,,\ L_i\,,\ L_i - 1 \tag{99,1}$$

unterworfen. Wir betonen noch einmal, daß diese Regeln nur genäherten Charakter haben und nur bei Vernachlässigung der Spin–Bahn-Wechselwirkung, die die separate Erhaltung von Bahndrehimpuls und Spin verletzt, gültig sind.

In der klassischen Theorie ist die Größenordnung des magnetischen Moments eines Systems (s. seine Definition I (66,2)) mit der Größenordnung seines elektrischen Dipolmoments über $\mu \sim (v/c)\, d$ gekoppelt. Dieselbe Beziehung bleibt auch bei der quantentheoretischen Beschreibung eines Atoms erhalten. Die Größenordnung des magnetischen Moments eines Atoms ist durch das Bohrsche Magneton gegeben: $\mu \sim e\hbar/m c$; dieser abgeschätzte Wert unterscheidet sich von der Größenordnung des Dipolmoments $d \sim e\, a \sim \hbar^2/m\, e$ um den Faktor α. Da aber $v/c \sim \alpha$ gilt, erhält man hieraus die angeführte Beziehung zwischen μ und d.

Die Wahrscheinlichkeit für die magnetische ($M1$) Dipolstrahlung ist dem Quadrat des magnetischen (Dipol-) Moments proportional und ist folglich im Vergleich zur Wahrscheinlichkeit der elektrischen Dipolstrahlung (derselben Frequenz) ungefähr α^2-mal kleiner. Aus diesem Grunde spielt die magnetische Strahlung praktisch nur für die Übergänge eine Rolle, für die der entsprechende elektrische Strahlungstyp nach den Auswahlregeln verboten ist.

Dasselbe gilt auch bezüglich der elektrischen Quadrupolstrahlung ($E2$-Strahlung). Die Größenordnung des elektrischen Quadrupolmoments eines Atoms beträgt $e\, a^2$. Dieser Wert enthält im Vergleich zum Dipolmoment $d \sim e\, a$ den zusätzlichen Faktor a. Dementsprechend bekommt das Übergangsmatrixelement für die Quadrupolstrahlung im Vergleich zum Matrixelement der Dipolstrahlung den zusätzlichen Faktor $k\, a \sim a/\lambda$; mit den oben angegebenen Abschätzungen bezüglich der Größenordnungen von a und λ erhalten wir wiederum den kleinen Faktor $\sim\alpha$.

Der Umstand, daß dieser Faktor für die beiden Strahlungstypen ($M1$- bzw. $E2$-Strahlung) auf unterschiedliche Weise zustandekommt (aus dem Verhältnis v/c im ersten und aus a/λ im zweiten Fall), kann jedoch dazu führen, daß unter bestimmten Bedingungen die $M1$-Strahlung gegenüber der $E2$-Strahlung (vorausgesetzt, daß beide die Auswahlregeln erfüllen) eine größere Wahrscheinlichkeit besitzt. Das Verhältnis beider Wahrscheinlichkeiten ist von der Ordnung

$$\frac{w(E\,2)}{m(M\,1)} \sim \frac{(a/\lambda)^2}{(v/c)^2} \sim \left(\frac{a\,\omega}{v}\right)^2 \sim \left(\frac{\Delta E}{E}\right)^2$$

mit $E \sim v\hbar/a$, der Atomenergie, und $\Delta E = \hbar\,\omega$, der Änderung der Energie des Atoms auf Grund des Strahlungsübergangs. Wir erkennen, daß dieses Verhältnis für $\Delta E \sim E$ genähert 1 ist, für $\Delta E \ll E$ jedoch klein sein kann.

Der letztere Fall tritt z. B. bei Übergängen zwischen den Komponenten der Hyperfeinstruktur ein und desselben Niveaus auf (die Übergangsfrequenzen liegen dabei im Radiowellenbereich). Diese Übergänge können prinzipiell nicht über eine elektrische Dipolstrahlung erfolgen, da alle Komponenten der Hyperfeinstruktur, die sich nur durch den summaren Drehimpuls aus Kern- und Elektronendrehimpuls unterscheiden, die gleiche Parität besitzen. $E2$- und $M1$-Übergänge gehen ohne Paritätsänderung vor sich. Da jedoch der Energieabstand zwischen den Komponenten der Hyperfeinstruktur relativ klein ist, hat die $E2$-Strahlung im Verhältnis zur $M1$-Strahlung eine bedeutend geringere Wahrscheinlichkeit, so daß diese Übergänge über die magnetische Dipolstrahlung erfolgen.

§ 100. Die Infrarotkatastrophe

Der Stoß zweier geladener Teilchen ist im allgemeinen mit Photonenemission (der sogenannten *Bremsstrahlung*) verbunden. Die möglichen Frequenzwerte des Photons durchlaufen kontinuierlich den Bereich von Null bis zur Größe der kinetischen Energie der Relativbewegung der stoßenden Teilchen. Wir wollen im folgenden einige Eigenschaften dieser Strahlung im Grenzfall kleiner Frequenzen betrachten.

Wenn die Photonenenergie $\hbar\,\omega$ gegen Null strebt, müssen die quantenmechanischen Formeln in die klassischen übergehen. Dabei können wir natürlich nur die Berechnung solcher Charakteristika des Strahlungsprozesses diskutieren, die sich unabhängig vom Begriff des Photons formulieren lassen. Eine solche charakteristische Größe ist die Gesamtstrahlungsintensität — die Gesamtenergie, die die stoßenden Teilchen durch die Strahlung verlieren.

Nach der klassischen Theorie strebt die spektrale Energieverteilung der Bremsstrahlung für $\omega \to 0$ zu einem Ausdruck der Form

$$\mathrm{d}\mathcal{E} = \mathrm{const}\cdot \mathrm{d}\omega\,, \tag{100,1}$$

const ist hier eine Größe, die nicht von ω abhängt (s. Aufgabe 4 in I § 80, wo der nichtrelativistische Stoß zweier Teilchen untersucht wird, die unterschiedliche Verhältnisse von Ladung und Masse besitzen).

Obgleich dieses Gesetz für den Grenzfall, in Übereinstimmung mit dem oben Gesagten, auch in der Quantentheorie gültig bleibt, gibt es hierbei jedoch noch einen anderen Aspekt. Die Strahlung wird nämlich nicht nur durch ihre Gesamtenergie, sondern auch durch die Zahl der emittierten Photonen charakterisiert. Die Zahl der Photonen im Intervall $\mathrm{d}\omega$ erhält man über Division von

$d\mathscr{E}$ durch $\hbar\,\omega$. Wir finden dafür im selben Grenzfall den Ausdruck

$$dN = \text{const}\,\frac{d\omega}{\omega}\,. \tag{100,2}$$

Die Gesamtzahl der emittierten Photonen ergibt sich nach Integration von $dN/d\omega$ über $d\omega$. Wir sehen, daß das Integral (logarithmisch) an der unteren Integrationsgrenze ($\omega = 0$) divergiert. Das heißt mit anderen Worten, daß unendlich viele Photonen mit unendlich kleinen Energien emittiert werden. Man bezeichnet diese Situation als *Infrarotkatastrophe*.

Wir möchten unterstreichen, daß diese Divergenz die reale physikalische Situation widerspiegelt und nichts gemein hat mit den fiktiven Divergenzen, die als Folge der Unzulänglichkeit der existierenden Theorie entstehen. Das Auftreten der infraroten Divergenz hängt damit zusammen, daß die Masse des Photons gleich Null ist, so daß seine Energie beliebig klein sein kann.

Obwohl Photonen beliebig kleiner Frequenzen faktisch nicht beobachtbar sind, ist jedoch die infrarote Divergenz von prinzipieller Bedeutung. Strenggenommen wird jeder Stoß geladener Teilchen von der Emission einer unendlichen Zahl weicher Quanten begleitet; die Wahrscheinlichkeit für einen Stoß ohne jegliche Photonenemission, bzw. unter Emission einer endlichen Zahl von Photonen ist Null. In diesem Sinne kann man sagen, daß ein Stoß geladener Teilchen nie streng elastisch sein kann. Bei der genauen Berechnung der Gesamtwahrscheinlichkeit solcher Stöße ist es notwendig, das Spektrum der emittierten Photonen „abzuschneiden“: Man muß vereinbaren, alle die Fälle als „elastische“ zu betrachten, in denen Photonen mit Frequenzen emittiert werden, die einen bestimmten kleinen, aber endlichen Grenzwert nicht überschreiten.

Aufgabe[1])

Man bestimme den Wirkungsquerschnitt der Bremsstrahlung beim Vorbeifliegen eines Elektrons an einem unbeweglichen Atomkern mit der Ladung $+Z\,e$. Es wird vorausgesetzt, daß $v \ll c$ ist, aber gleichzeitig $Z\,e^2/\hbar\,v \ll 1$, $Z\,e^2/\hbar\,v' \ll 1$ gilt, mit v und v' — der Anfangs- und Endgeschwindigkeit des Elektrons (die letzten Ungleichungen sind die Bedingungen für die Anwendbarkeit der Bornschen Näherung, bei der der Einfluß des elektrischen Kernfeldes auf die Wellenfunktionen des Elektrons vor und nach dem Stoß vernachlässigt wird).

Lösung. Entsprechend (97,4) ist der Wirkungsquerschnitt für Stöße, bei denen ein Photon der Energie $\hbar\,\omega$ emittiert wird und in deren Ergebnis das Elektron den Impuls $\boldsymbol{p}' = m\,\boldsymbol{v}'$ besitzt, der im Raumwinkelelement do' liegt, durch folgende Formel gegeben:

$$d\sigma = \frac{4\,\omega^3}{3\,\hbar\,c^3}\,|\boldsymbol{d}_{fi}|^2\,p'^2\,dp'\,do'\,. \tag{1}$$

Der Zusatzfaktor $d^3p' = p'^2\,dp'\,do'$ rührt daher, daß der Endzustand (ein freies Elektron mit dem Impuls $\boldsymbol{p}'$) zum kontinuierlichen Spektrum gehört. Der Übergang von der Wahrscheinlichkeit (in (97,4)) zum Wirkungsquerschnitt erfolgt durch die entsprechende Nor-

[1]) Wir verwenden gewöhnliche Maßeinheiten.

mierung der Wellenfunktion des Anfangszustands des Elektrons auf die Einheitsstromdichte:

$$\psi_i = \frac{1}{\sqrt{V}} e^{\frac{i}{\hbar} \boldsymbol{p} \boldsymbol{r}} \tag{2}$$

mit $\boldsymbol{p} = m \boldsymbol{v}$ (vgl. (21,6)). Die Wellenfunktion des Endzustandes des Elektrons wird durch eine ebene Welle beschrieben, die im Impulsraum auf eine δ-Funktion normiert ist:

$$\psi_f = \frac{1}{(2\pi\hbar)^{3/2}} e^{\frac{i}{\hbar} \boldsymbol{p}' \boldsymbol{r}}. \tag{3}$$

Die Frequenz des emittierten Photons hängt mit $\boldsymbol{p}$ und $\boldsymbol{p}'$ über den Energieerhaltungssatz zusammen:

$$\hbar\omega = \frac{1}{2m}(p^2 - p'^2). \tag{4}$$

Die Berechnung des Matrixelements für das Elektronendipolmoment $\boldsymbol{d} = e\boldsymbol{r}$ (bei Bewegung des Elektrons bezüglich des Feldzentrums) darf man jedoch nicht unmittelbar mit den Funktionen (2) und (3) ausführen, sondern erst nach Berücksichtigung der Bewegungsgleichung des Elektrons im Kernfeld:

$$m\ddot{\boldsymbol{r}} = \nabla \frac{Z e^2}{r}.$$

In der Quantenmechanik muß man diese Gleichung als Beziehung zwischen den entsprechenden Operatoren verstehen (vgl. (21,2)). Für die Matrixelemente dieser Operatoren erhält man:

$$m(\ddot{\boldsymbol{r}})_{fi} = -m\omega^2 \boldsymbol{r}_{fi} = Z e^2 \left(\nabla \frac{1}{r}\right)_{fi}.$$

Das Matrixelement $\left(\nabla \frac{1}{r}\right)_{fi}$ bezüglich der Funktionen (2), (3) führt (unter Benutzung von (68,6)) auf die FOURIER-Transformierte

$$\left(\nabla \frac{1}{r}\right)_{\boldsymbol{q}} = \int \left(\nabla \frac{1}{r}\right) e^{-i\boldsymbol{q}\boldsymbol{r}} \, dV = i\boldsymbol{q} \left(\frac{1}{r}\right)_{\boldsymbol{q}} = \frac{4\pi i \boldsymbol{q}}{q^2},$$

hierbei ist $\hbar \boldsymbol{q} = \boldsymbol{p}' - \boldsymbol{p}$. Im Ergebnis dessen erhält man für (1)

$$d\sigma = \frac{8}{3\pi} Z^2 \alpha \left(\frac{e^2}{m c^2}\right)^2 \frac{v' c^2 \, do'}{v (\boldsymbol{v} - \boldsymbol{v}')^2} \frac{d\omega}{\omega}.$$

Um die Integration über die Richtungen von $\boldsymbol{v}'$ durchzuführen, schreiben wir

$$(\boldsymbol{v} - \boldsymbol{v}')^2 = v^2 + v'^2 - 2 v v' \cos\theta, \qquad do' = 2\pi \sin\theta \, d\theta$$

und finden nach der Integration über $d\theta$ endgültig

$$d\sigma = \frac{16}{3} Z^2 \alpha \left(\frac{e^2}{m c^2}\right)^2 \frac{c^2}{v^2} \ln \frac{v + v'}{v - v'} \frac{d\omega}{\omega}.$$

Der Infrarotkatastrophe entspricht die Divergenz dieses Ausdruckes bei $\omega \to 0$.

§ 101. Lichtstreuung

Die Streuung eines Photons an einem Atom stellt eine Absorption des anfänglich vorhandenen Photons (mit dem Impuls $\boldsymbol{k}$) und die gleichzeitige Emission eines anderen Photons mit $\boldsymbol{k}'$ dar. Dabei kann das Atom entweder im Anfangszustand verbleiben bzw. in irgendein anderes Energieniveau übergehen.

Im ersten Fall bleibt die Frequenz des Photons unverändert (RAYLEIGH-*Streuung*), im zweiten Fall ändert sie sich um die Größe

$$\omega' - \omega = E_i - E_f\,, \qquad (101,1)$$

mit E_i und E_f als den Anfangs- und Endenergien des Atoms (*Kombinationsstreuung*). Befindet sich das Atom anfänglich im Grundzustand, so kann die Frequenz nur kleiner werden. Bei der Streuung an einem angeregten Atom kann der Endzustand sowohl höher als auch tiefer in bezug auf den Anfangszustand liegen, so daß die Kombinationsstreuung sowohl zu einer Verringerung als auch zu einem Anwachsen der Frequenz führen kann.

Da der Operator für die elektromagnetische Wechselwirkung keine von Null verschiedenen Matrixelemente für Übergänge besitzt, bei denen gleichzeitig zwei Photonenbesetzungszahlen verändert werden, tritt ein Streueffekt erst in zweiter Ordnung der Störungsrechnung auf. Man muß ihn sich als einen Prozeß vorstellen, der über bestimmte Zwischenzustände verläuft, für die zwei verschiedene Arten möglich sind:

I. Das Photon $\boldsymbol{k}$ wird absorbiert und das Atom geht vom Anfangszustand E_i in einen seiner möglichen Zustände E_n über; beim anschließenden Übergang des Atoms in den Endzustand E_f wird das Photon $\boldsymbol{k}'$ emittiert.

II. Es wird das Photon $\boldsymbol{k}'$ emittiert und das Atom geht von E_i in den Zustand E_n über; beim Übergang in den Endzustand wird das Photon $\boldsymbol{k}$ absorbiert.

Gemäß (36,2) spielt die Summe

$$V_{fi} = \sum_n{}' \left(\frac{V'_{fn} V_{ni}}{\mathcal{E}_i - \mathcal{E}_n^I} + \frac{V_{fn} V'_{ni}}{\mathcal{E}_i - \mathcal{E}_n^{II}} \right) \qquad (101,2)$$

die Rolle des Matrixelementes für den betrachteten Prozeß. Hierbei sind $\mathcal{E}_i = E_i + \omega$ die Anfangsenergie des Systems „Atom + Photonen" und $\mathcal{E}_n^I$ und $\mathcal{E}_n^{II}$ die Energien der beschriebenen zwei Arten von Zwischenzuständen:

$$\mathcal{E}_n^I = E_n\,, \qquad \mathcal{E}_n^{II} = E_n + \omega + \omega'\,;$$

V_{ni} und V_{fn} sind die Matrixelemente für die Übergänge mittels Photonenabsorption, V'_{fn} und V'_{ni} — Übergangsmatrixelemente bei Photonenemission; der Anfangszustand des Atoms wird bei der Summation über n ausgelassen (Strich am Summenzeichen).

Unsere Aufgabe besteht in der Berechnung des Wirkungsquerschnitts des Streuprozesses. Das kann mit Hilfe von Formel (95,14) erfolgen, die schon früher zur Berechnung der Wahrscheinlichkeit der spontanen Emission benutzt wurde. Der Unterschied besteht nur darin, daß die „Strahlungsquelle" für die Emission eines Photons ω' jetzt kein isoliertes Atom, sondern ein System aus Atom plus einfallendes Photon ω ist. Der Streuquerschnitt ergibt sich aus der Übergangswahrscheinlichkeit (pro Zeiteinheit), indem man diese einfach durch die Stromdichte der auf das Atom einfallenden Photonen dividiert. Der Wellenfunktion des Photons, die auf „1 Photon im Volumen Ω" normiert ist, entspricht die Stromdichte c/Ω, die das Produkt aus der Geschwindigkeit c und der Photonenzahldichte $1/\Omega$ ist. In relativistischen Einheiten ist $c = 1$, und der Streuquerschnitt berechnet sich somit nach der Formel

$$d\sigma = \frac{\Omega^2}{4\pi^2} |V_{fi}|^2 \omega'^2 \, do' \tag{101,3}$$

mit do' als dem Raumwinkelelement in Richtung des gestreuten Photons.

Wenn wir annehmen, daß die Wellenlängen der Photonen im Anfangs- und Endzustand groß gegenüber den Abmessungen des streuenden Atoms sind, dann können wir für die Matrixelemente aller Übergänge die Dipolnäherung verwenden. Nach (97,2) und (97,2a) ergeben sich

$$V_{ni} = -i\sqrt{\frac{2\pi\omega}{\Omega}}\,(\boldsymbol{e}\,\boldsymbol{d}_{ni})\,, \qquad V'_{fn} = i\sqrt{\frac{2\pi\omega'}{\Omega}}\,(\boldsymbol{e}'^*\,\boldsymbol{d}_{fn})$$

und analoge Ausdrücke für V'_{ni} und V'_{fn} ($\boldsymbol{e}$ und $\boldsymbol{e}'$ sind die Polarisationsvektoren der Photonen ω und ω').

Setzt man alle diese Ausdrücke in (101,2) und danach in (101,3) ein, so erhält man für den Streuquerschnitt[1])

$$d\sigma = |A_{fi}|^2 \frac{\omega\,\omega'^3}{\hbar^2 c^2} \, do' \tag{101,4}$$

mit der *Streuamplitude*

$$A_{fi} = \sum_n \left\{ \frac{(\boldsymbol{d}_{fn}\,\boldsymbol{e}'^*)\,(\boldsymbol{d}_{ni}\,\boldsymbol{e})}{\omega_{ni} - \omega} + \frac{(\boldsymbol{d}_{fn}\,\boldsymbol{e})\,(\boldsymbol{d}_{ni}\,\boldsymbol{e}'^*)}{\omega_{nf} + \omega} \right\}, \tag{101,5}$$
$$\hbar\,\omega_{ni} = E_n - E_i\,, \qquad \hbar\,\omega_{nf} = E_n - E_f;$$

diese Formel wurde (1925) von H. A. Kramers und W. Heisenberg abgeleitet. Es wird über alle möglichen Atomzustände n einschließlich der Zustände des kontinuierlichen Spektrums summiert (dabei fallen die Zustände i und f automatisch aus der Summe heraus, weil die Diagonalelemente $\boldsymbol{d}_{ii} = \boldsymbol{d}_{ff} = 0$ sind — s. § 54).[2])

Es ist leicht zu erkennen, daß die Streuamplitude nur für Übergänge zwischen Zuständen gleicher Parität (darunter auch für den Fall, daß i und f zusammenfallen) von Null verschieden ist. Das folgt daraus, daß die Matrixelemente des Vektors $\boldsymbol{d}$ nur für Übergänge zwischen Zuständen unterschied-

[1]) Hier und im weiteren verwenden wir gewöhnliche Maßeinheiten.

[2]) Die Formeln (101,4–5) sind im Resonanzfall, für den die Frequenz ω in der Nähe einer der Frequenzen ω_{ni} oder ω_{fn} liegt, nicht anwendbar. In diesem Fall (der sogenannten *Resonanzfluoreszenz*) muß man die natürliche Breite der Spektrallinen (§ 102) berücksichtigen.

licher Parität ungleich Null sind; deshalb müssen sich die Paritäten der Zustände i und f jeweils von der Parität des Zustandes n (in jedem Glied der Summe (101,5)) unterscheiden und sind deshalb gleich. Diese Regel ist der Auswahlregel bezüglich der Parität im Falle der Strahlung (elektrische Dipolstrahlung) entgegengesetzt, so daß ein sogenanntes Alternativverbot vorliegt: Strahlungsübergänge, die in (direkter) Emission oder Absorption erlaubt sind, können nicht durch die oben besprochenen Streuprozesse realisiert werden und umgekehrt.

Für $\omega \to 0$ strebt die Streuamplitude gegen einen endlichen Grenzwert. Der Streuquerschnitt der Rayleigh-Streuung ($\omega' = \omega$) wird deshalb bei kleinen ω proportional zu ω^4.

Im entgegengesetzten Fall, wenn die Frequenz ω groß gegenüber allen in der Summe (101,5) wesentlichen Frequenzen ω_{ni}, ω_{nf} ist (die Wellenlänge aber natürlich nach wie vor groß gegenüber den Atomabmessungen ist), müssen sich die Formeln der klassischen Theorie ergeben.

Die Berechnung des ersten von Null verschiedenen Gliedes in der Entwicklung der Amplitude (101,5) nach Potenzen von $1/\omega$ (auf die wir hier verzichten) liefert den Streuquerschnitt

$$d\sigma = Z^2 \left(\frac{e^2}{m\,c^2}\right)^2 |\boldsymbol{e}'^* \boldsymbol{e}|^2 \, do' , \tag{101,6}$$

mit Z als der Zahl der Elektronen im Atom. Nach der Summation von (101,6) über alle Polarisationen des gestreuten Photons $\boldsymbol{e}'$ kommt man zur klassischen Thomsonschen Formel I (84,10).

Wir wollen nun die Streuung von Licht an N gleichartigen Atomen in einem Volumen behandeln, dessen Abmessungen klein gegenüber der Wellenlänge sind. Die Streuamplitude für das System aus N Atomen ist die Summe der Streuamplituden der einzelnen Atome. Dabei hat man jedoch zu beachten, daß die Wellenfunktionen (mit denen die Matrixelemente für das Dipolmoment berechnet werden) für mehrere gleichartige und gemeinsam betrachtete Atome nicht einfach als gleich angenommen werden dürfen. Die Wellenfunktionen sind an sich nur bis auf einen beliebigen Phasenfaktor bestimmt und diese Faktoren können für die einzelnen Atome verschieden sein. Der Streuquerschnitt muß daher über die Phasenfaktoren der einzelnen Atome unabhängig voneinander gemittelt werden.

Die Streuamplitude A_{fi} jedes einzelnen Atoms enthält den Faktor $\exp\{i(\varphi_i - \varphi_f)\}$, wenn φ_i und φ_f die Phasen der Wellenfunktionen für Anfangs- und Endzustand sind. Für die Kombinationsstreuung ist dieser Faktor von 1 verschieden, da sich die Zustände i und f unterscheiden. Im Betragsquadrat $|\sum A_{fi}|^2$ (die Summe läuft über alle N Atome) werden die Produkte von Summanden zu verschiedenen Atomen Phasenfaktoren enthalten, die bei unabhängiger Mittelung über die Phasen der Atome verschwinden; es bleiben nur die Betragsquadrate der einzelnen Glieder stehen. Das bedeutet, daß sich der totale Streuquerschnitt für N Atome durch Multiplikation des Streuquerschnitts für ein Atom mit N ergibt — es addieren sich die Streuquerschnitte und nicht die Streuamplituden. Man spricht in diesem Fall von der *inkohärenten Streuung*.

Wenn Anfangs- und Endzustand des Atoms gleich sind, dann sind die Faktoren $\exp\{i(\varphi_i - \varphi_f)\} = 1$. In diesem Fall ist die Streuamplitude für N Atome das Nfache der Streuamplitude für ein Atom; der Streuquerschnitt wird dementsprechend mit dem Faktor N^2 multipliziert. In diesem Fall spricht man von der *kohärenten Streuung*.

Die kohärente Streuung ist in jedem Falle eine RAYLEIGH-Streuung; die umgekehrte Behauptung ist jedoch nicht unbedingt zutreffend. Eine RAYLEIGH-Streuung ist nur dann vollständig kohärent, wenn sich das streuende Atom in einem nichtentarteten Energiezustand befindet. Für ein entartetes Energieniveau wird es auch eine nichtkohärente RAYLEIGH-Streuung geben, die von den Übergängen zwischen den verschiedenen Komponenten des entarteten Niveaus herrührt. Wir möchten unterstreichen, daß die Nichtkohärenz bei RAYLEIGH-Streuung ein reiner Quanteneffekt ist. In der klassischen Theorie ist eine Streuung ohne Änderung der Frequenz somit kohärent (so wurde gerade der Begriff der kohärenten Streuung in I § 84 definiert).

§ 102. Die natürliche Breite von Spektrallinien

Bisher haben wir beim Studium der Emission und Streuung von Licht alle Niveaus des Systems (sagen wir, des Atoms) als streng diskrete Niveaus angesehen. Angeregte Niveaus haben aber eine Wahrscheinlichkeit zu strahlen und besitzen somit eine endliche Lebensdauer. Dies führt dazu, daß die Niveaus quasidiskret werden und eine kleine, aber endliche Breite bekommen; die Niveauenergien schreibt man in der Form $E - i\,\Gamma/2$, mit Γ ($\Gamma/\hbar$ in gewöhnlichen Maßeinheiten) als der Wahrscheinlichkeit (pro Sekunde) für alle möglichen „Zerfalls"-Prozesse des betreffenden Zustands.[1])

Wir wollen jetzt das Problem untersuchen, wie sich dieser Sachverhalt auf den Strahlungsprozeß auswirkt. Es ist von vornherein klar, daß das emittierte Licht wegen der endlichen Breite des Niveaus nicht streng monochromatisch ist; die Frequenzen werden in einem Intervall $\Delta\omega \sim \Gamma$ liegen. Um aber die Verteilung der Photonen über die Frequenzen mit einer derartigen Genauigkeit messen zu können, wird eine Zeit $T \gg 1/\Delta\omega \sim 1/\Gamma$ benötigt. In dieser Zeit wird das Niveau jedoch mit sehr großer Wahrscheinlichkeit ein Photon emittiert haben. Deshalb kann hier nur die Rede sein von der Bestimmung der Wahrscheinlichkeit für die Emission eines Photons bestimmter Frequenz und nicht von seiner Emissionswahrscheinlichkeit pro Zeiteinheit. Wir berechnen erstere für den Übergang eines Atoms aus einem angeregten Niveau $E_i - i\,\Gamma_i/2$ in den Grundzustand (E_f), der eine unendliche Lebensdauer besitzt und folg-

[1]) Die natürliche Linienbreite ist praktisch sehr klein. So entspricht z. B. einer Zerfallswahrscheinlichkeit $w \sim 10^8 - 10^9\,\mathrm{s}^{-1}$ die Breite $\Gamma \sim 10^{-6} - 10^{-7}$ eV.

lich diskret ist. Zur Vereinfachung der Überlegungen setzen wir dabei voraus, daß dieser Übergang die einzige Möglichkeit einer Ausstrahlung von diesem angeregten Niveau ist.

Wir kehren zu der in § 35 erfolgten Ableitung der Formel für die Übergangswahrscheinlichkeit (35,6) zurück (mit deren Hilfe in § 95 die Emissionswahrscheinlichkeit berechnet wurde) und erinnern daran, daß wir die Funktion $a_{fi}(t)$ für große Zeiten t betrachteten. Das Verhältnis $|a_{fi}|^2/t$ ergab die gesuchte Übergangswahrscheinlichkeit pro Zeiteinheit. Wir können jetzt den Sinn dieser Prozedur etwas genauer klären: Sie bezieht sich auf Zeiten, die klein gegenüber der Lebensdauer des angeregten Zustandes sind; große t bedeuten dabei Zeiten, die groß gegenüber der Periode $1/(E_i - E_f)$, jedoch noch klein gegenüber $1/\Gamma$ sind. Eben aus diesem Grunde konnte man die Existenz einer endlichen Breite des Niveaus vernachlässigen. Da wir jetzt Zeiten betrachten müssen, die mit $1/\Gamma$ vergleichbar sind, darf man die Breite des angeregten Niveaus schon nicht mehr vernachlässigen.

Bei dem betrachteten Strahlungsproblem haben wir es mit einem System Atom + Photonen zu tun; dementsprechend spielt jetzt die Differenz $E_f + \omega - E_i$ im Ausdruck (35,2) die Rolle der Übergangsfrequenz ω_{fi}. Wenn wir die Energie des Anfangsniveaus mit $E_i - i\,\Gamma_i/2$ angeben, erhalten wir

$$a_{fi}(t) = V_{fi}\,\frac{1 - \exp\{i\,(E_f + \omega - E_i)\,t - (\Gamma_i/2)\,t\}}{E_f - E_i + \omega + i\,\Gamma_i/2}\,. \tag{102,1}$$

Die gesuchte Gesamtübergangswahrscheinlichkeit (für die gesamte Zeit) bestimmt sich aus dem Grenzwert des Betragsquadrates $|a_{fi}(t)|^2$ für $t \to \infty$. Für die Emission eines Photons mit Frequenzen im Intervall $\mathrm{d}\omega$ und im Raumwinkelbereich $\mathrm{d}o$ ergibt sich

$$\mathrm{d}W = |a_{fi}(\infty)|^2\,\frac{\Omega\,\omega^2\,\mathrm{d}\omega\,\mathrm{d}o}{(2\,\pi)^3} \tag{102,2}$$

(hier ist Ω wie in (95,13) das Normierungsvolumen der Photonenwellenfunktion). Nach Einsetzen von (102,1) folgt

$$\mathrm{d}W = \frac{\Omega\,\omega^2\,\mathrm{d}o}{(2\,\pi)^3}\,|V_{fi}|^2\,\frac{\mathrm{d}\omega}{[\omega - (E_i - E_f)]^2 + \Gamma_i^2/4}\,.$$

Da wir uns nur für die Spektralverteilung der Emissionswahrscheinlichkeit interessieren, integrieren wir diesen Ausdruck über alle Ausbreitungsrichtungen des Photons. Nach (95,14) ist das Integral

$$\int \frac{\Omega\,\omega^2}{(2\,\pi)^3}\,|V_{fi}|^2\,\mathrm{d}o = \frac{w}{2\,\pi}\,,$$

mit w als der gewöhnlichen (auf die Zeiteinheit bezogenen) Gesamtemissionswahrscheinlichkeit, die nach ihrer Definition mit Γ_i zusammenfällt. Im Endergebnis finden wir somit

$$dW = \frac{\Gamma_i}{2\pi} \frac{d\omega}{[\omega - (E_i - E_f)]^2 + \Gamma_i^2/4} \,. \tag{102,3}$$

Wenn wir diesen Ausdruck über alle Frequenzen von $-\infty$ bis ∞ integrieren, erhalten wir in Übereinstimmung damit, daß das Atom in einem unendlichen Zeitraum mit Sicherheit ein Photon der einen oder anderen Frequenz emittiert, den Wert 1.

Die Formel (102,3) bestimmt das sogenannte *Profil der Spektrallinie*, d. h. die Verteilung der Intensität über ihre Breite. Die Linienform, die durch (102,3) beschrieben wird, ist für ein isoliertes Atom charakteristisch und heißt *natürliche Linienform.*[1])

[1]) Sie heißt natürlich im Unterschied zur Linienverbreiterung, die mit der Wechselwirkung des strahlenden Atoms mit anderen Atomen (Verbreitung durch Stoß) im Zusammenhang steht, bzw. die auf das Vorhandensein von Atomen in der Lichtquelle zurückzuführen ist, die sich mit unterschiedlichen Geschwindigkeiten bewegen (DOPPLER-Verbreitung).

Feynman-Diagramme

XVI

§ 103. Die Streumatrix

Bereits in § 75 wurde davon gesprochen, daß die typische Aufgabenstellung der relativistischen Quantentheorie darin besteht, die Wahrscheinlichkeitsamplituden der verschiedensten Streuprozesse, d. h. von Übergängen zwischen unterschiedlichen Zuständen eines Systems freier Teilchen, zu bestimmen. Im Rahmen der Quantenelektrodynamik, die Prozesse untersucht, die durch die elektromagnetische Wechselwirkung bedingt sind, kann man diese Aufgabe zum gegenwärtigen Zeitpunkt als im Prinzip gelöst betrachten. Die geringe Stärke dieser Wechselwirkung (die sich in dem kleinen Zahlenwert der Feinstrukturkonstante α ausdrückt) erlaubt es, solche Prozesse mit Hilfe der Störungstheorie zu untersuchen. In seiner gewöhnlichen Form (für die nichtrelativistische Quantenmechanik) hat der Apparat dieser Theorie die Unzulänglichkeit, daß in ihm die Forderung nach relativistischer Invarianz nicht in expliziter Form in Erscheinung tritt. Dieser Nachteil wurde in der konsequent relativistischen Störungstheorie überwunden, die von R. P. Feynman (1948) entwickelt wurde. Der Apparat dieser Theorie vereinfacht in außerordentlichem Maße die Rechnungen, die sich in der gewöhnlichen Form der Störungsrechnung sogar als praktisch undurchführbar erweisen könnten. Außerdem erlaubt er, in eindeutiger Weise die im Verlaufe der Rechnungen auftretenden Divergenzen von Integralen zu beseitigen, die schon in § 75 erwähnt wurden.[1])

Wir zeigen zunächst, in welcher Weise der allgemeinste Ausdruck für die Streuamplitude beliebiger Prozesse aufgebaut wird.

Das Teilchensystem wird mit Hilfe des Apparates der zweiten Quantisierung beschrieben. Die Wellenfunktion dieses Systems, deren unabhängige Veränderlichen die Besetzungszahlen der Zustände der freien Teilchen sind, wird durch das Symbol Φ beschrieben (das erfolgt mit dem Ziel, ihren Unterschied zu den gewöhnlichen, von den Koordinaten der Teilchen abhängigen Wellenfunktionen zu unterstreichen). Der Hamilton-Operator des Systems hat die Gestalt $\hat{H} = \hat{H}_0 + \hat{V}$ mit $\hat{H}_0$ als dem Hamilton-Operator der freien Teilchen und $\hat{V}$ als dem Operator der elektromagnetischen Wechselwirkung. Die Funk-

[1]) In diesem Kapitel verfolgen wir nur das Ziel, eine Vorstellung von den Grundideen der Theorie, vom Entstehen und dem Sinn der in ihr enthaltenen Begriffe und Größen zu geben. Deshalb sind die notwendigen Ableitungen nicht vollständig wiedergegeben; ihr Ablauf ist nur skizziert, um damit die ihnen zugrunde liegenden Ideen klar aufzuzeigen.

tion Φ bestimmt sich aus der Wellengleichung

$$i \frac{\partial \Phi}{\partial t} = (\hat{H}_0 + \hat{V}) \Phi . \tag{103,1}$$

Hierbei wurde das gewöhnliche SCHRÖDINGER-Bild zur Beschreibung der Operatoren und Wellenfunktionen verwendet: Die Operatoren hängen nicht von der Zeit ab; die zeitliche Entwicklung des Systems wird durch die Zeitabhängigkeit der Wellenfunktionen beschrieben.

Schon in § 76 wurde erwähnt, daß auch eine andere Formulierung des Apparates der Quantenmechanik möglich ist, bei der die Zeitabhängigkeit von den Wellenfunktionen auf die Operatoren übertragen wird; in diesem Bild, dem HEISENBERG-Bild, hängen die Wellenfunktionen überhaupt nicht von der Zeit ab. Für die jetzt vor uns stehende Aufgabe erscheint jedoch ein bestimmtes „Zwischen"-Bild natürlicher, in dem nicht die gesamte Zeitabhängigkeit, sondern nur die, die dem Zustand eines Systems freier Teilchen entspricht, auf die Operatoren übertragen wird. Mit anderen Worten heißt das, daß in diesem Bild (dem *Wechselwirkungsbild* oder DIRAC-*Bild*) die Wellenfunktion von der Zeit abhängt, diese Zeitabhängigkeit jedoch nur mit dem Wirken der Störung im Zusammenhang steht. Sie erfaßt gerade die uns interessierenden Streuprozesse, die auf Grund der gegenseitigen Wechselwirkung der Teilchen vor sich gehen.

In Übereinstimmung mit dem eben Gesagten hat die Wellengleichung für die Funktion Φ im Wechselwirkungsbild die Form

$$i \frac{\partial \Phi}{\partial t} = \hat{V}(t) \Phi , \tag{103,2}$$

die sich von (103,1) durch das Fehlen von $\hat{H}_0$ auf der rechten Seite unterscheidet. Der Operator $\hat{V}(t)$ enthält das Argument t, um zu unterstreichen, daß er im betrachteten Bild von der Zeit abhängt — im Unterschied zum Operator $\hat{V}$ im SCHRÖDINGER-Bild in (103,1), der nicht von der Zeit abhängt.

$\Phi(t)$ und $\Phi(t + \delta t)$ seien die Werte von Φ in zwei infinitesimal benachbarten Zeitpunkten. Wegen (103,2) sind sie dann folgendermaßen miteinander verknüpft:

$$\Phi(t + \delta t) = [1 - i\, \delta t \cdot \hat{V}(t)]\, \Phi(t) ,$$

bzw. mit derselben Genauigkeit durch $\Phi(t + \delta t) = e^{-i\,\delta t \cdot \hat{V}(t)}\, \Phi(t)$. Wenn wir diese Formel auf alle von $t = -\infty$ bis $t = +\infty$ aufeinanderfolgende Zeitintervalle δt_n anwenden, können wir den Wert des Endzustands $\Phi(+\infty)$ durch den des Anfangszustandes $\Phi(-\infty)$ ausdrücken. Der Operator, der beide Werte miteinander verknüpft, wird mit $\hat{S}$ bezeichnet. Wir haben somit $\Phi(+\infty) = \hat{S}\, \Phi(-\infty)$ mit

$$\hat{S} = \prod_n e^{-i\, \delta t_n \cdot \hat{V}(t_n)} . \tag{103,3}$$

Das Symbol Π bedeutet hierin den Grenzwert des Produktes über alle Intervalle δt_n. Wäre $V(t)$ eine gewöhnliche Funktion, so würde sich dieser Grenzwert einfach auf

$$\exp\left(-i\sum_n \delta t_n \cdot V(t_n)\right) = \exp\left(-i\int_{-\infty}^{\infty} V(t)\,\mathrm{d}t\right)$$

zurückführen. Diese Vereinfachung beruht aber auf der Vertauschbarkeit der Faktoren zu verschiedenen Zeitpunkten, die beim Übergang vom Produkt in (103,3) zur Summe im Exponenten vorauszusetzen ist. Für den Operator $\hat{V}(t)$ ist diese Vertauschbarkeit im allgemeinen nicht gewährleistet, und das Produk- kann nicht auf ein gewöhnliches Integral zurückgeführt werden.

Wir schreiben jetzt (103,3) in der symbolischen Form

$$\hat{S} = \hat{T}\exp\left\{-i\int_{-\infty}^{\infty}\hat{V}(t)\right\} \tag{103,4}$$

mit dem *Zeitordnungsoperator* $\hat{T}$, der eine bestimmte Zeitordnung in der Reihenfolge der Faktoren des Produktes (103,3) herstellt. Diese Schreibweise besitzt zunächst nur formalen Charakter. Sie liefert jedoch die Möglichkeit, diejenige Reihe leicht aufzuschreiben, die die Entwicklung von $\hat{S}$ nach Potenzen der Störung darstellt:

$$\hat{S} = \sum_{k=0}^{\infty}\frac{(-i)^k}{k!}\int_{-\infty}^{\infty}\mathrm{d}t_1\int_{-\infty}^{\infty}\mathrm{d}t_2\cdots\int_{-\infty}^{\infty}\mathrm{d}t_k\,\hat{T}\,\{\hat{V}(t_1)\,\hat{V}(t_2)\cdots\hat{V}(t_k)\}\,. \tag{103,5}$$

Hier ist in jedem Glied die k-te Potenz des Integrals als k-faches Integral geschrieben, und der Operator $\hat{T}$ verlangt, daß in jedem Wertebereich der Veränderlichen $t_1, t_2, \ldots, t_k$ die zugehörigen Operatoren $\hat{V}(t_1), \hat{V}(t_2), \ldots, \hat{V}(t_k)$ in chronologischer Reihenfolge anzuordnen sind: Die t-Werte dürfen von rechts nach links nicht abnehmen. Da sich die Zeitordnung jetzt auf ein Produkt (und nicht auf einen Exponentialausdruck wie in (103,4)) bezieht, hat der Ausdruck für jedes Glied der Summe (103,5) schon einen realen und nicht nur symbolischen Charakter.

Aus der Definition des Operators $\hat{S}$ ist folgendes offensichtlich: Wenn sich ein System vor der Wechselwirkung im Zustand Φ_i befand (ein bestimmtes Ensemble freier Teilchen), dann ist die Wahrscheinlichkeitsamplitude für den Übergang in den Zustand Φ_f (ein anderes Ensembel freier Teilchen) das Matrixelement S_{fi}. Das folgt daraus, daß nach der Definition der Matrixelemente eines Operators die Funktion $\Phi(\infty) = \hat{S}\,\Phi_i$ in der Form einer Entwicklung

$$\Phi(\infty) = \sum_f S_{fi}\,\Phi_f$$

dargestellt werden kann (vgl. (11,11)); das Betragsquadrat $|S_{fi}|^2$ liefert folglich die Wahrscheinlichkeit dafür, daß sich das System bei $t \to \infty$ (d. h. nach Ablauf des Wechselwirkungsprozesses) im Endzustand Φ_f befindet. Der Operator $\hat{S}$ wird *Streuoperator* genannt, und die Gesamtheit seiner Matrixelemente wird als *Streumatrix* oder *S-Matrix* bezeichnet (dieser Begriff wurde schon in § 75 erwähnt). Die nichtdiagonalen ($i \neq f$) Elemente dieser Matrix sind die Amplituden der Streuprozesse $i \to f$.[1])

Um der Formel (103,5) einen konkreten Sinn zu geben, muß noch die allgemeine Form des Wechselwirkungsoperators $\hat{V}(t)$ abgeleitet werden, der in sich alle möglichen elektrodynamischen Prozesse vereint. Das läßt sich leicht über eine direkte Verallgemeinerung der Formeln erreichen, die schon in § 95 aufgeschrieben wurden. Dort wurde nur das elektromagnetische Feld, das in (95,1) durch den Operator $\hat{\boldsymbol{A}}$ dargestellt ist, der zweiten Quantisierung unterzogen. Jetzt müssen wir auch bei der Beschreibung des Elektron–Positron-Feldes zur zweiten Quantisierung übergehen. Dieser Übergang erfolgt einfach dadurch, daß wir die Wellenfunktionen des Elektrons in den Matrixelementen (95,5—6) durch die entsprechenden Ψ-Operatoren ersetzen. Wir kommen somit zum Ausdruck

$$\hat{V}(t) = -e \int \hat{\boldsymbol{j}} \hat{\boldsymbol{A}} \, \mathrm{d}^3x \,, \qquad (103,6)$$

in dem $\hat{\boldsymbol{j}} = \hat{\Psi}^* \boldsymbol{\alpha} \hat{\Psi}$ der Operator der Teilchenstromdichte in der Sprache der zweiten Quantisierung ist ($\mathrm{d}^3x = \mathrm{d}x\,\mathrm{d}y\,\mathrm{d}z$ — das Volumenelement).

In (103,6) kommen die dreidimensionalen Vektoren $\hat{\boldsymbol{j}}$ und $\hat{\boldsymbol{A}}$ vor, was mit der speziellen Wahl der Eichung der Feldpotentiale, die wir bisher benutzt haben, im Zusammenhang steht (wir hatten die Eichung so vollzogen, daß das skalare Potential gleich Null wurde). Um relativistisch invariante Beziehungen zu erhalten, müssen wir zur vierdimensionalen Schreibweise übergehen:

$$\hat{V}(t) = e \int \hat{j}^\mu \hat{A}_\mu \, \mathrm{d}^3x \,. \qquad (103,7)$$

In dieser Formel ist $\hat{j}^\mu = \hat{\overline{\Psi}} \gamma^\mu \hat{\Psi}$ der Operator des 4-Vektors der Stromdichte, $\hat{A}_\mu$ ist der Operator des 4-Potentials, bei dem die Frage der Eichung offen gelassen ist (bei $\hat{A}^\mu = (0, \hat{\boldsymbol{A}})$ geht (103,7) in (103,6) über). Der Ausdruck für $\hat{A}^\mu$ unterscheidet sich von (76,15) nur durch das Ersetzen des Polarisationsvektors der Photonen $\boldsymbol{e}$ durch den Einheits-4-Vektor e^μ (der sich auf $\mathrm{e}^\mu = (0, \boldsymbol{e})$ nur bei einer speziellen Wahl der Eichung zurückführt)[2]):

$$\hat{A}^\mu = \sum_{\boldsymbol{k}} \sqrt{\frac{2\pi}{\Omega\,\omega}} \left(\hat{c}_{\boldsymbol{k}} \, \mathrm{e}^\mu \, \mathrm{e}^{-i(k\,x)} + \hat{c}_{\boldsymbol{k}}^+ \, \mathrm{e}^{\mu *} \, \mathrm{e}^{i(k\,x)}\right). \qquad (103,8)$$

[1]) Die Herleitung der relativistischen Störungstheorie mit Hilfe der Entwicklung (103,5) erfolgte durch P. DAYSON.

[2]) Der Kürze halber werden überall die Polarisationsindizes der Teilchen weggelassen. In diesem Kapitel werden wir oft die speziell vereinbarte Schweibweise für die 4-Vektoren verwenden, bei der diese als einfache (nicht fett gedruckte) Buchstaben geschrieben werden und die Komponentenindizes $\mu, \nu, \ldots$ fehlen. Die Buchstaben x und p beschreiben z. B. die 4-Vektoren $x^\mu = (t, \boldsymbol{r})$ bzw. $p^\mu = (\varepsilon, \boldsymbol{p})$. Skalarprodukte von 4-Vektoren werden ebenfalls ohne Indizes geschrieben. So bedeutet z. B. $(p\,x) \equiv p_\mu x^\mu = \varepsilon t - \boldsymbol{p}\,\boldsymbol{r}$; die Gleichung $p_\mu p^\mu = m^2$ für den 4-Impuls eines Teilchens mit der Masse m schreibt sich jetzt in der Form $p^2 = m^2$; die Gleichung $k_\mu k^\mu = 0$ für den 4-Impuls eines Photons hat die Gestalt $k^2 = 0$ usw. Diese Schreibweise ist in der modernen Literatur weit verbreitet. Dieser Kompromiß zwischen dem begrenzten Umfang des Alphabets und den „Anforderungen der Physik" erfordert natürlich vom Leser eine erhöhte Aufmerksamkeit.

Die Ausdrücke für die Ψ-Operatoren in der Schreibweise mit Erzeugungs- und Vernichtungsoperatoren von Elektronen und Positronen finden wir mit Hilfe der Formeln (85,3). Wir geben sie in der Form

$$\hat{\Psi} = \sum_p (\hat{a}_p \Psi_p + \hat{b}_p^+ \Psi_{-p}) , \quad \hat{\overline{\Psi}} = \sum_p (\hat{a}_p^+ \overline{\Psi}_p + \hat{b}_p \overline{\Psi}_{-p}) \qquad (103,9)$$

an; die Funktionen Ψ_p beschreiben ebene Wellen mit dem 4-Impuls p:

$$\Psi_p = (1/\sqrt{\Omega})\, u(p)\, e^{-i(p\,x)} . \qquad (103,10)$$

Es sei darauf hingewiesen, daß die Zeitabhängigkeit der Operatoren (103,8–9) und damit auch die Zeitabhängigkeit des Wechselwirkungsoperators (103,7) von den Wellenfunktionen der freien Teilchenbewegung, d. h. von ebenen Wellen, auf sie übertragen wurde. Das bedeutet mit anderen Worten, daß diese Operatoren gerade im geforderten Bild, dem Wechselwirkungsbild, aufgeschrieben sind.

§ 104. FEYNMAN-Diagramme

Den Gang der Berechnung von Elementen der Streumatrix illustrieren wir an konkreten Beispielen.

Wir wollen Prozesse untersuchen, die in zweiter Ordnung der Störungstheorie entstehen. Ihnen entspricht das Glied zweiter Ordnung in der Entwicklung (103,5) ($k = 2$); nach Einsetzen von (103,7) kann man dieses Glied in der Form

$$\hat{S}^{(2)} = -\frac{e^2}{2} \iint d^4x\, d^4x'\, \hat{T}\, \{\hat{j}^\mu(x)\, \hat{A}_\mu(x)\, \hat{j}^\nu(x')\, \hat{A}_\nu(x')\} \qquad (104,1)$$

schreiben mit $d^4x = dt\, d^3x$ als dem 4-Volumenelement. Es ist wesentlich, daß diese Formel relativistisch invariant ist: Das Produkt $(\hat{j}\,\hat{A})$ ist ein 4-Skalar; die Integration über das 4-Volumen ist ebenfalls eine skalare Operation.[1])

Als erstes Beispiel behandeln wir die elastische Streuung zweier Elektronen: Im Anfangszustand sind zwei Elektronen mit den 4-Impulsen p_1 und p_2 vorhanden, im Endzustand zwei Elektronen mit anderen 4-Impulsen p_3 und p_4. Da die Photonen- und Elektronenoperatoren auf unterschiedliche Veränderliche (Photonen- und Elektronenbesetzungszahlen) wirken, berechnen sich ihre Matrixelemente unabhängig voneinander. Im gegebenen Fall sind im Anfangs- und Endzustand überhaupt keine Photonen vorhanden. Wir benötigen deshalb bezüglich der Photonenoperatoren $\hat{A}_\mu(x)\, \hat{A}_\nu(x')$ das Diagonalmatrixelement $\langle 0 | \cdots | 0 \rangle$; das Symbol $|0\rangle$ bedeutet den Zustand des elektromagnetischen Feldes ohne Photonen oder, wie man sagt, den *Vakuumzustand* der Photonen. Dieses Matrixelement ist eine bestimmte Funktion der 4-Koordinaten x und x'. Wegen der Homogenität des Raumes und der Zeit kann diese Funktion

[1]) Wir halten uns hier nicht bei Überlegungen auf, die beweisen, daß die Operation der Zeitordnung ebenfalls zu keiner Verletzung der relativistischen Invarianz führt.

nur von den Raum- ($\boldsymbol{r} - \boldsymbol{r}'$) und Zeitintervallen ($t - t'$) abhängen, d. h. nur von der Differenz ($x - x'$) und nicht von den einzelnen Werten x und x'. Auf diese Weise entsteht einer der neuen Grundbegriffe der zu beschreibenden Theorie — der Begriff der sogenannten *Photonenausbreitungsfunktion* oder des *Photonenpropagators*[1]), der folgendermaßen definiert ist:

$$D_{\mu\nu}(x - x') = \begin{cases} i \langle 0 |\, A_\mu(x)\, A_\nu(x')\, | 0 \rangle & \text{für } t' < t\,, \\ i \langle 0 |\, A_\nu(x')\, A_\mu(x)\, | 0 \rangle & \text{für } t < t' \end{cases} \tag{104,2}$$

(die unterschiedliche Reihenfolge der Faktoren bei $t' < t$ und $t < t'$ hängt mit dem Wirken des $\hat{T}$-Operators in (104,1) zusammen).

Wir betrachten nun die Elektronenoperatoren in (104,1). Jeder der zwei dort auftretenden Stromoperatoren ist ein Produkt $\hat{j} = \hat{\overline{\Psi}}\, \gamma\, \hat{\Psi}$, und jeder der Ψ-Operatoren ist durch eine Summe (103,9) gegeben. Daraus folgt, daß das Produkt $\hat{j}^\mu(x)\, \hat{j}^\nu(x')$ eine Summe verschiedener Glieder darstellt, von denen jedes Glied ein Produkt aus vier Operatoren des Typs $\hat{a}_{\boldsymbol{p}}$, $\hat{a}^+_{\boldsymbol{p}}$, $\hat{b}_{\boldsymbol{p}}$, $\hat{b}^+_{\boldsymbol{p}}$ enthält. Einen von Null verschiedenen Beitrag zu dem von uns benötigten Matrixelement liefern nur die Glieder, in denen die Operatoren die Vernichtung der Elektronen des Anfangszustandes p_1 und p_2 und die Erzeugung der Elektronen des Endzustandes p_3 und p_4 gewährleisten. Mit anderen Worten heißt das, daß dies die Glieder sind, die das Produkt der Operatoren $\hat{a}_{\boldsymbol{p}_1}$, $\hat{a}_{\boldsymbol{p}_2}$, $\hat{a}^+_{\boldsymbol{p}_3}$ und $\hat{a}^+_{\boldsymbol{p}_4}$ enthalten. Die unter diesen Gesichtspunkten durchgeführte Rechnung führt zu folgendem Resultat:

$$S_{fi} = i\, e^2 \int\int \mathrm{d}^4x\, \mathrm{d}^4x'\, D_{\mu\nu}(x - x')\, \{(\overline{\Psi}_4\, \gamma^\mu\, \Psi_2)\, (\overline{\Psi}'_3\, \gamma^\nu\, \Psi'_1) - (\overline{\Psi}_4\, \gamma^\mu\, \Psi_1)\, (\overline{\Psi}'_3\, \gamma^\nu\, \Psi'_2)\} \tag{104,3}$$

mit $\Psi_1 = \Psi_{p_1}(x)$, $\Psi'_1 = \Psi_{p_1}(x')$ usw.

Die Elektronenwellenfunktionen sind die ebenen Wellen (103,10). Deshalb enthält z. B. das erste Glied in der geschweiften Klammer von (104,3) den Exponentialfaktor

$$\mathrm{e}^{-i\,((p_2 - p_4)\,x)\; -\; i\,((p_1 - p_3)\,x')}\,.$$

Auf Grund des Erhaltungssatzes des 4-Impulses beim Stoß folgt $p_1 + p_2 = p_3 + p_4$ bzw. $p_2 - p_4 = p_3 - p_1$. Der angegebene Faktor geht damit in

$$\mathrm{e}^{i\,((p_4 - p_2)\,(x - x'))}$$

über, und die Integration über $\mathrm{d}^4(x - x')$ in (104,3) bedeutet das Auffinden derjenigen Komponente in der Entwicklung der Funktion $D_{\mu\nu}(x - x')$ in ein vierdimensionales FOURIER-Integral, die dem 4-Impuls $k = p_4 - p_2$ entspricht. Die über diese Entwicklung definierte Funktion

$$D_{\mu\nu}(k) = \int D_{\mu\nu}(x - x')\, \mathrm{e}^{i\,(k\,(x - x'))}\, d^4(x - x') \tag{104,4}$$

heißt *Photonenpropagator in der Impulsdarstellung*.

[1]) Dieser Begriff leitet sich vom englischen Wort *propagation* — Ausbreitung ab.

Auf analoge Weise wird das zweite Glied in (104,3) umgewandelt, und wir erhalten im Endergebnis

$$S_{fi} \sim e^2(\bar{u}_4 \gamma^\mu u_2)\, D_{\mu\nu}(k)\, (\bar{u}_3 \gamma^\nu u_1) - e^2(\bar{u}_4 \gamma^\mu u_1)\, D_{\mu\nu}(k')\, (\bar{u}_3 \gamma^\nu u_2) \tag{104,5}$$

mit $k = p_4 - p_2$, $k' = p_4 - p_1$.[1]) Das erste und das zweite Glied dieser Streuamplitude können symbolisch durch sogenannte FEYNMAN-*Diagramme* oder FEYNMAN-*Graphen* dargestellt werden (Abb. 14). Zu jedem Schnittpunkt von

Abb. 14

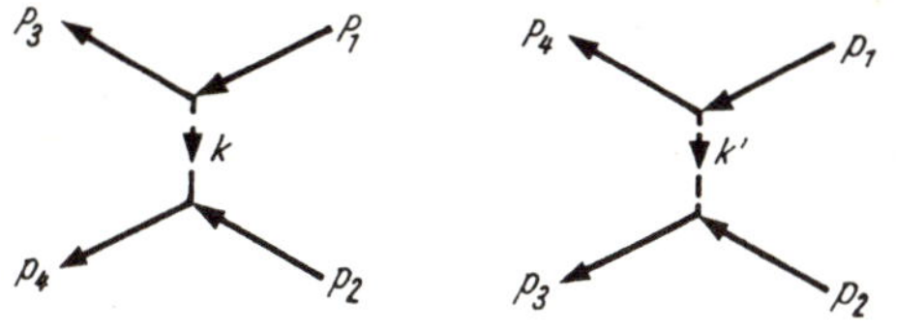

Linien (*Eckpunkt* oder *Vertex* des Graphen) gehört ein Faktor e γ^μ. „Einlaufende" ausgezogene Linien mit dem Pfeil zum Eckteil hin entsprechen den Elektronen im Anfangszustand; ihnen werden Faktoren u — die Bispinoramplituden der betreffenden Elektronenzustände — zugeordnet. „Auslaufende" ausgezogene Linien mit Pfeilen vom Eckpunkt weg bedeuten die Elektronen im Endzustand; zu diesen Linien gehören Faktoren $\bar{u}$. Beim „Lesen" eines Diagramms werden die angegebenen Faktoren von links nach rechts in derjenigen Reihenfolge aufgeschrieben, die dem Durchlaufen der ausgezogenen Linien gegen die Pfeilrichtung entspricht. Die beiden Eckpunkte werden durch eine gestrichelte Linie miteinander verbunden, die einem *virtuellen* (Zwischen-)Photon entspricht, das in einem Eckpunkt „emittiert" und im anderen „absorbiert" wird. Dieser Linie entspricht der Faktor $D_{\mu\nu}(k)$. Der 4-Impuls des virtuellen Photons (k oder k') wird durch die „Erhaltung des 4-Impulses im Eckteil" bestimmt: Die resultierenden Impulse der einlaufenden und der auslaufenden Linien müssen gleich sein. Die Linien für die Teilchen im Anfangs- und Endzustand werden als *äußere Linien* oder als *freie Enden* eines Diagramms bezeichnet. Die beiden Graphen auf Abb. 14 unterscheiden sich voneinander nur durch den Austausch der beiden freien Elektronenenden.

Wir möchten unterstreichen, daß das Quadrat des 4-Impulses des virtuellen Photons $k^2 \equiv k_\mu k^\mu$ keineswegs gleich Null ist, wie das für ein reales Photon der Fall sein müßte. In diesem Zusammenhang heben wir ebenfalls hervor, daß die Beschreibung des Prozesses (in Übereinstimmung mit dem Diagramm-

[1]) Wir interessieren uns nur für die mathematische Struktur der Elemente der S-Matrix. Aus diesem Grunde lassen wir alle allgemeinen Faktoren wegfallen, die auf diese Struktur keinen Einfluß haben. Wir werden uns ebenfalls nicht damit aufhalten, den Weg der Umwandlung des Quadrats $|S_{fi}|^2$ in eine beobachtbare Größe — den Streuquerschnitt — zu beschreiben.

bild) als Emission eines virtuellen Photons mit seiner anschließenden Absorption natürlich nicht im buchstäblichen Sinne zu verstehen ist, sondern nur ein praktisches Mittel der anschaulichen Beschreibung der Struktur der Ausdrücke ist, die in die Streuamplitude eingehen.

Jetzt wollen wir uns mit der Elektron–Positron-Streuung befassen. Die entsprechenden Anfangsimpulse der Teilchen bezeichnen wir mit p_- und p_+, die Endimpulse mit p'_- und p'_+. Wie wir in diesem Fall die Diagramme verändern müssen, geht schon klar aus dem Charakter der Struktur der $\hat{\Psi}$-Operatoren (103,9) hervor: In diese Ausdrücke gehen die Erzeugungs- und Vernichtungsoperatoren der Positronen zusammen mit den entsprechenden Vernichtungs- und Erzeugungsoperatoren der Elektronen ein, wobei anstelle von $u(p)$ und $\bar{u}(p)$ die Faktoren $\bar{u}(-p)$ und $u(-p)$ stehen. Daraus folgt, daß wir für den Elektron–Positron-Streuprozeß statt der in Abb. 14 dargestellten Diagramme, die in Abb. 15 angeführten Graphen erhalten. Die Regeln für das Zusammenstellen der Diagramme ändern sich nur in den Teilen, die die Positronen betreffen. Nach wie vor entspricht einer einlaufenden ausgezogenen Linie ein Faktor u und einer auslaufenden Linie ein Faktor $\bar{u}$. Einlaufende Linien entsprechen aber jetzt Positronen im Endzustand, auslaufende Linien — Positronen im Anfangszustand; die Impulse der beiden Positronen sind mit dem entgegengesetzten Vorzeichen zu nehmen. Wir lenken die Aufmerksamkeit auf den verschiedenartigen Charakter der beiden Diagramme in Abb. 15. Das erste trägt den Charakter der Diagramme aus Abb. 14: In einem Eckpunkt schneiden sich die beiden Elektronenlinien des Anfangs- und Endzustands und in dem anderen die entsprechenden Positronenlinien („Streu"-Diagramm). Im zweiten Diagramm stoßen in jedem Eckpunkt Elektronen- und Positronenlinien zusammen, einmal die der Anfangsteilchen und einmal die der Endteilchen. Im oberen Eckpunkt wird gewissermaßen ein Elektron–Positron-Paar vernichtet und ein Photon emittiert, und im unteren wird ein Paar aus einem Photon erzeugt („Vernichtungs"-Diagramm).

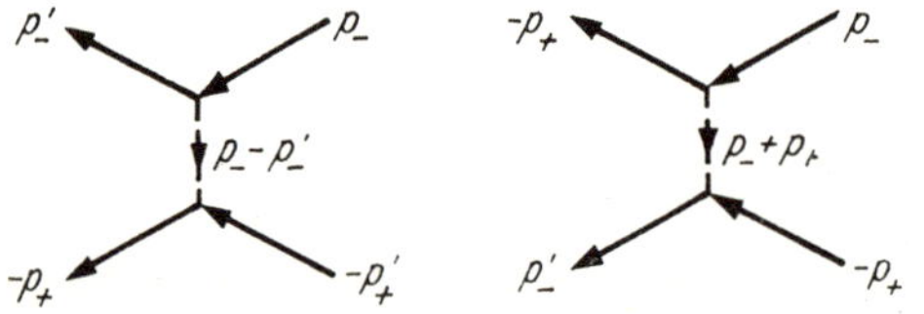

Abb. 15

Wir kommen nun zu einem anderen Effekt zweiter Ordnung, zur Streuung eines Photons an einem Elektron (Compton-*Effekt*). Photon und Elektron sollen im Anfangszustand die 4-Impulse k_1 und p_1 und im Endzustand k_2 und p_2 haben.

Im entsprechenden S-Matrixelement gewährleisten die Operatoren $\hat{A}_\mu(x)\,\hat{A}_\nu(x')$ in (104,1) (mittels der in ihnen enthaltenen Operatoren $\hat{c}_{k_1}$ und $\hat{c}^+_{k_2}$) die Vernichtung des Photons k_1 und die Erzeugung des Photons k_2. Die Vernichtung des Elektrons p_1 und die Erzeugung des Elektrons p_2 erfolgt durch eines der beiden Operatorpaare $\hat{\Psi}$ bzw. $\hat{\bar{\Psi}}$ (auf Grund der darin enthaltenen $\hat{a}_{p_1}$ und $\hat{a}^+_{p_2}$). Bezüglich des zweiten Paares der in (104,1) enthaltenen Ψ-Operatoren verbleibt danach nur das Diagonalmatrixelement $\langle 0| \cdots |0\rangle$, wobei das Symbol $|0\rangle$ jetzt den Zustand des *Elektron–Positron-Vakuums,* des Feldes ohne Teilchen, bedeutet. Auf diese Weise taucht der zweite Grundbegriff dieser Theorie, die sogenannte *Elektronenausbreitungsfunktion* oder der *Elektronenpropagator* auf, der wie folgt definiert ist:

$$G_{ik}(x - x') = \begin{cases} -\,i\,\langle 0|\, \hat{\Psi}_i(x)\, \hat{\bar{\Psi}}_k(x')\, |0\rangle & \text{für} \quad t' < t\,, \\ i\,\langle 0|\, \hat{\bar{\Psi}}_k(x')\, \Psi_i(x)\, |0\rangle & \text{für} \quad t < t'\,. \end{cases} \tag{104,6}$$

G_{ik} ist ein Bispinor zweiter Stufe, i und k sind dabei die Spinorindizes.

Für die Streuamplitude ergibt sich im Ergebnis folgender Ausdruck:

$$S_{fi} \sim e^2\, \bar{u}_2(e_2^*\,\gamma)\, G(p)\, (e_1\,\gamma)\, u_1 + e^2\, \bar{u}_2(e_1\,\gamma)\, G(p')\, (e_2^*\,\gamma)\, u_1 \tag{104,7}$$

mit $p = p_1 + k_1$, $p' = p_1 - k_2$; e_1 und e_2 sind die 4-Polarisationsvektoren der Photonen im Anfangs- und Endzustand.[1]) $G(p)$ und $G(p')$ sind die Elektronenpropagatoren in der Impulsdarstellung.

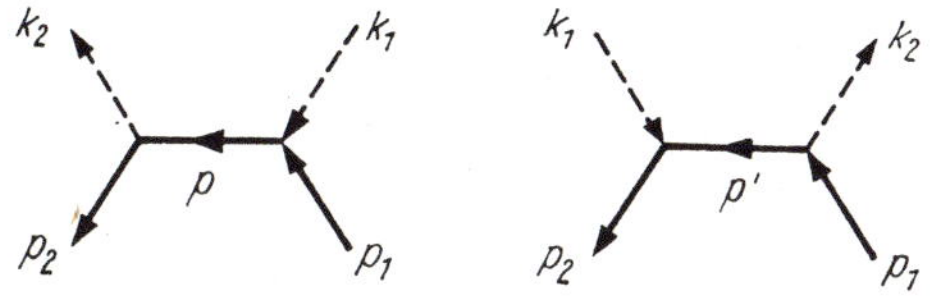

Abb. 16

Das erste und das zweite Glied dieses Ausdruckes werden durch die entsprechenden Diagramme in Abb. 16 dargestellt. Die gestrichelten freien Enden der Diagramme beschreiben reale Photonen. Einer einlaufenden Linie (Photon im Anfangszustand) wird der Faktor e_1 (4-Vektor) und einer auslaufenden Linie (Photon im Endzustand) der Faktor e_2^* zugeordnet. Die ausgezogene innere Linie, die die beiden Eckpunkte miteinander verbindet, entspricht einem virtuellen Elektron; zu dieser Linie gehört der Faktor $G(p)$. Der 4-Impuls des virtuellen Elektrons (p oder p') bestimmt sich aus der Erhaltung des 4-Impulses in den Eckpunkten. Es sei besonders betont, daß sein Quadrat keinesfalls gleich m^2 ist, wie es für ein reales Elektron der Fall sein müßte.

In ähnlicher Weise, wie sich aus den Diagrammen der Abb. 14 durch die Änderung des Sinnes der freien Elektronenenden Diagramme ergaben, die die Elektron–Positron–Streuung beschreiben, bekommt man aus den Diagrammen der Abb. 16 Graphen, die einem anderen Prozeß entsprechen, nämlich der gegenseitigen Vernichtung (Annihilation) eines Elektrons p_- und Positrons p_+ unter Erzeugung zweier Photonen k_1 und k_2 (Abb. 17).

[1]) Die Bezeichnung der 4-Vektoren der Polarisation nicht mit der Elektronenladung e verwechseln! Das Quadrat der letzteren geht in (104,7) als gemeinsamer Faktor ein.

Die hier an konkreten Beispielen beschriebenen Regeln bilden die Grundlage der sogenannten *Diagrammtechnik*, die es erlaubt, die Amplituden der verschiedenen elektrodynamischen Prozesse aufzuschreiben. Die Amplitude eines Streuprozesses, der in der n-ten Ordnung der Störungstheorie auftritt, wird durch die Gesamtheit aller Diagramme beschrieben, die n Eckpunkte und

Abb. 17
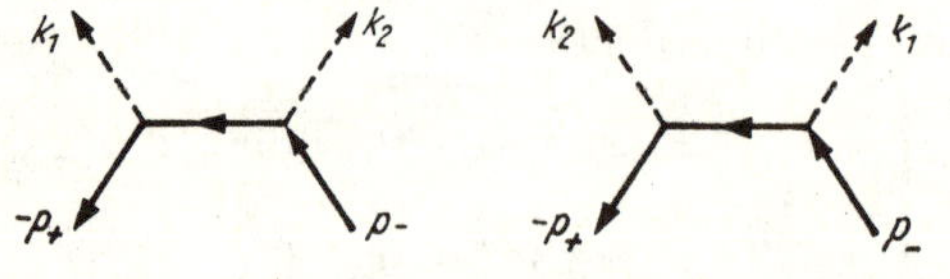

soviel freie Enden enthalten, wie Anfangs- und Endteilchen insgesamt am Prozeß teilnehmen. In jedem Eckpunkt laufen drei Linien zusammen: eine Photonenlinie und zwei Elektronenlinien (eine einlaufende und eine auslaufende).

In diesem Sinne ist das Diagramm mit drei Eckpunkten (Abb. 18) eines der acht Diagramme, die (in dritter Ordnung der Störungstheorie) die Emission eines Photons k beim Stoß zweier Elektronen mit den 4-Impulsen p_1 und p_2 (p_3 und p_4 sind die 4-Impulse der Elektronen nach dem Stoß) beschreiben. In diesem Diagramm wird das Photon k von einem der Elektronen im Endzustand emittiert; in den restlichen Diagrammen wird das Photon von den anderen Elektronen emittiert (und außerdem können noch p_3 und p_4 vertauscht sein).

Abb. 18
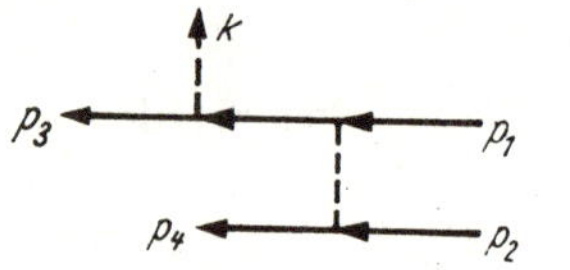

Abb. 19
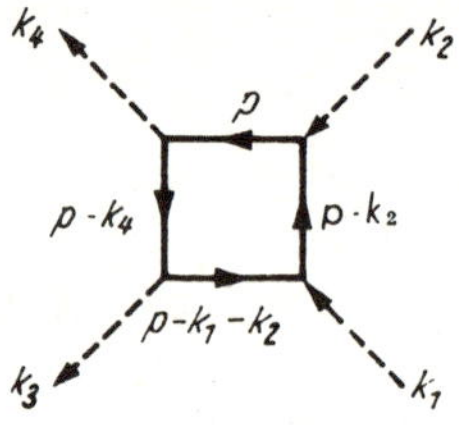

Das Diagramm vierter Ordnung in Abb. 19 ist eines von sechs, die die Photon–Photon-Streuung beschreiben; die restlichen Diagramme unterscheiden sich von dem abgebildeten durch Vertauschung der Photonenenden.[1]) Gegenüber den früher besprochenen unterscheidet sich das Diagramm in Abb. 19 dadurch, daß die Erhaltung des 4-Impulses in seinen Eckpunkten (bei vorgegebenen Anfangs- k_1, k_2 und Endwerten k_3, k_4) die 4-Impulse der virtuellen Elektronen (diese entsprechen den inneren ausgezogenen Diagrammlinien) nicht eindeutig bestimmt; einem von ihnen kann man den beliebigen Wert p zuordnen. In solch einem Falle muß der nach einem Diagramm zusammen-

[1]) Die Photon–Photon-Streuung ist ein spezifisch quantenelektrodynamischer Prozeß; in der klassischen Elektrodynamik fehlt diese Streuung wegen der Linearität der MAXWELL-Gleichungen. Die Existenz dieses Prozesses bedeutet, daß dieser Quanteneffekt zum Entstehen kleiner nichtlinearer Zusatzglieder in den MAXWELL-Gleichungen führt.

gestellte Ausdruck noch über alle Werte der Komponenten des 4-Impulses p integriert werden.

Die Propogatoren spielen eine grundlegende Rolle im Apparat der Quantenelektrodynamik. Um die konkreten Formeln für die verschiedenen Streuamplituden zu bestimmen, ist es nötig, ein für allemal diese Propogatoren zu berechnen. Den Ausgangspunkt einer solchen Berechnung bildet eine wichtige mathematische Eigenschaft dieser Propogatoren, die in Folgendem besteht.

Der Operator $\hat{\Psi}(x)$ erfüllt die DIRAC-Gleichung $[(\hat{p}\gamma) - m]\hat{\Psi}(x) = 0$, da jede der in der Entwicklung (103,9) auftretenden Wellenfunktionen Ψ_p dieser Gleichung genügt. Daraus folgt, daß auch die Anwendung des Operators $(\gamma\hat{p}) - m$ auf die Funktion $G(x - x')$ (in der nach ihrer Definition (104,6) der Operator $\hat{\Psi}(x)$ vorkommt) für alle Punkte x den Wert Null liefert, mit Ausnahme der Punkte, für die $t = t'$ ist. Letzteres hängt damit zusammen, daß die Funktion $G(x - x')$, gemäß ihrer Definition (104,6) in Abhängigkeit von der Art der Annäherung von t an t' ($t \to t' + 0$ oder $t \to t' - 0$) zu verschiedenen Grenzwerten strebt. Die Berechnung der Differenz dieser Grenzwerte führt zu dem einfachen Resultat: Die Funktion G erfährt bei $t = t'$ einen Sprung der Größe

$$\Delta G \equiv (G|_{t\to t'+0} - G|_{t\to t'-0}) = -i\gamma^0 \delta(\boldsymbol{r} - \boldsymbol{r}')\,.$$

Wenn aber die Funktion $G(t - t', \boldsymbol{r} - \boldsymbol{r}')$ bei $t - t' = 0$ einen Sprung macht, bedeutet dies, daß in ihrer Ableitung ein Glied mit einer δ-Funktion auftaucht: $\Delta G \cdot \delta(t - t')$.[1] In den Operator $(\gamma\hat{p}) - m$ geht die Ableitung nach der Zeit in der Form $i\gamma^0\,\partial/\partial t$ ein. Wir finden somit im Endergebnis

$$[(\gamma\hat{p}) - m]\,G(x - x') = \delta^{(4)}(x - x')\,,$$

wobei das Symbol $\delta^{(4)}$ das Produkt von vier δ-Funktionen bezüglich der vier Komponenten des im Argument stehenden 4-Vektors bedeutet: $\delta^{(4)}(x - x') = \delta(t - t')\,\delta(\boldsymbol{r} - \boldsymbol{r}')$.

Die Funktion $G(x - x')$ genügt einer inhomogenen Differentialgleichung, der DIRAC-Gleichung, der auf der rechten Seite eine δ-Funktion hinzugefügt wurde. Eine Funktion dieser Art nennt man in der mathematischen Physik GREENsche Funktion der entsprechenden homogenen Gleichung — im vorliegenden Falle der DIRAC-Gleichung. Im Zusammenhang damit spricht man oft auch von der *GREENschen Funktion der Elektronen.*

Auf analoge Weise ergibt sich, daß der Photonenpropogator die GREENsche Funktion der Wellengleichung ist, der die Potentiale des elektromagnetischen Feldes genügen (daher auch die für ihn geläufige Bezeichnung *GREENsche Funktion der Photonen*).

[1]) In der Tat, nach Integration der Ableitung $\partial G/\partial t$ über das kleine Zeitintervall t um den Punkt t' müssen wir die Differenz der Werte für G an den beiden Enden des Zeitintervalls um den Zeitpunkt $t = t'$ erhalten; da die Integration über die δ-Funktion den Wert 1 liefert, bekommen wir folglich das geforderte ΔG.

§ 105. Strahlungskorrekturen

Die Diagrammtechnik liefert im Prinzip die Möglichkeit, die Streuamplituden nicht nur in der ersten von Null verschiedenen Ordnung der Störungsrechnung zu berechnen, sondern auch die Korrekturen zu bestimmen, die von den nächsthöheren Ordnungen der Störungsrechnung herrühren. Diese Beiträge werden *Strahlungskorrekturen* genannt.

Bei der Berechnung der Strahlungskorrekturen treten in der Regel Komplikationen auf, die mit dem Auftauchen divergierender Integrale zusammenhängen. Darin drückt sich die logische Ungeschlossenheit der existierenden Quantenelektrodynamik aus. In dieser Theorie gelingt es jedoch, bestimmte Vorschriften aufzustellen, mit deren Hilfe es möglich ist, auf eindeutige Weise die „Differenzbildung unendlich großer Größen“ durchzuführen, so daß im Endergebnis endliche Werte für alle Größen erhalten werden, die einen beobachtbaren physikalischen Sinn besitzen. Die Basis dieser Vorschriften bilden augenscheinliche physikalische Forderungen, die sich darauf zurückführen lassen, daß die Masse des Photons gleich Null sein muß, und Masse und Ladung des Elektrons ihren experimentell gemessenen Werten gleich sein müssen. Die Prozedur, die darin besteht, bestimmten divergierenden Ausdrücken von vornherein gegebene Werte zuzuordnen, die aus physikalischen Forderungen erwachsen, nennt man *Renormierung* der entsprechenden Größen.

Die Diagramme, die Strahlungskorrekturen zu den Streuamplituden darstellen, erhält man aus den Grunddiagrammen, indem man sie in der Weise verkompliziert, daß neue Eckpunkte bei festgehaltener Zahl der freien Enden hinzugefügt werden. So kann man z. B. eine Linie, die ein virtuelles Photon beschreibt, dahingehend erweitern, daß man in sie eine „Elektronenschleife“ mit zwei neuen Eckpunkten einbaut (Abb. 20a). Dabei bleibt der Wert des 4-Impulses p unbestimmt und über ihn muß integriert werden; dieses Integral divergiert und erfordert eine Renormierung. Anschaulich kann man dieses Diagramm interpretieren als die durch das virtuelle Photon k aus dem Vakuum erfolgende Erzeugung eines virtuellen Elektron–Positron-Paares (mit den 4-Impulsen p und $k - p$) und der anschließenden Vernichtung dieses Paares, bei der das ursprüngliche Photon wiederentsteht. In Verbindung damit spricht man von Strahlungskorrekturen, die mit Diagrammen des in Abb. 20a angeführten Typs in Zusammenhang stehen, als von einem Effekt der *Polarisation des Vakuums*. Dieser Effekt führt z. B. zu einer gewissen Verzerrung des COULOMB-Feldes in der Nähe eines geladenen Teilchens.[1]

Abb. 20

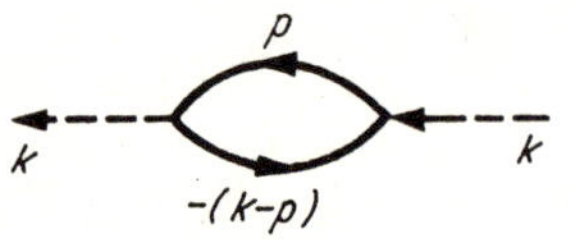

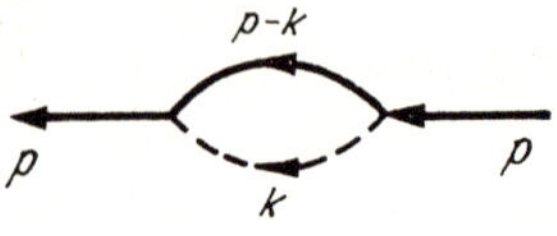

[1]) Diese Deformationen erstrecken sich über den Abstand $\sim \hbar/mc$ mit m als der Elektronenmasse.

Auf ähnliche Weise kann man durch das Hinzufügen zweier zusätzlicher Eckpunkte die Linie eines virtuellen Elektrons komplizierter gestalten (Abb. 20b). Das virtuelle Elektron p emittiert scheinbar ein virtuelles Photon und absorbiert dieses wieder zu einem späteren Zeitpunkt.

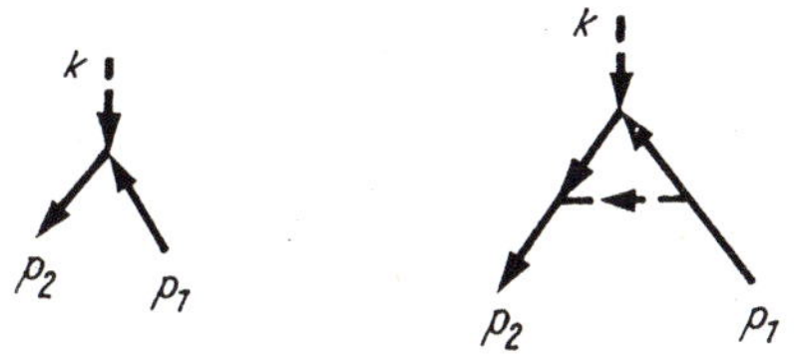

Abb. 21 a) b)

Die Wechselwirkung eines Elektrons mit einem Photon wird in der Sprache der FEYNMAN-Diagramme mit Hilfe eines Eckpunktes dargestellt, in dem eine Photonenlinie k die Elektronenlinien p_1 und p_2 kreuzt (Abb. 21a). Der kompliziertere „Diagrammblock" (Abb. 21, b) stellt die Strahlungskorrektur zum einfachen Eckpunkt dar. Diese Korrektur führt u. a. zu einem wichtigen Resultat: Das magnetische Moment des Elektrons μ ist nicht mehr streng dem Wert (93,9) gleich, der aus der DIRAC-Gleichung folgt. Unter Berücksichtigung der Strahlungskorrektur ergibt sich für μ (in gewöhnlichen Maßeinheiten)

$$\mu = \frac{e\hbar}{2mc}\left(1 + \frac{\alpha}{2\pi}\right)$$

mit α als der Feinstrukturkonstanten (diese Formel wurde erstmals von J. SCHWINGER 1949 abgeleitet).

§ 106. Strahlungskorrekturen atomarer Energieniveaus

Einer der interessantesten Effekte, der auf Strahlungskorrekturen zurückgeht, besteht in der Verschiebung der Energiewerte der Atomniveaus (sogenannte LAMB-*Verschiebung* oder LAMB-*shift*). Diese Verschiebung führt insbesondere zur Aufhebung der letzten Entartung der Wasserstoffatomniveaus, die noch nach der DIRAC-Gleichung verblieb (§ 94). Da wir hier keine Möglichkeit haben, die volle Berechnung dieser Korrektur durchzuführen, geben wir nur eine einfache Ableitung im Rahmen der nichtrelativistischen Theorie an. Obgleich diese Ableitung keinesfalls in jedem Schritt folgerichtig ist, zeigt sie doch in anschaulicher Weise das Entstehen der Strahlungskorrekturen.[1])

Der Wechselwirkungsoperator eines Elektronensystems (wir werden von einem Wasserstoffatom sprechen) mit dem Photonenfeld hat keine von Null verschiedenen Diagonalelemente (§ 95). Aus diesem Grunde liefert diese Wechselwirkung in erster Ordnung der Störungsrechnung keine Korrekturen

[1]) Diese Ableitung erfolgte erstmalig durch H. BETHE (1947) und gab den Anstoß für die gesamte weitere Entwicklung der Quantenelektrodynamik.

zu den Energieniveaus des Atoms. Eine solche Korrektur entsteht jedoch in der zweiten Ordnung. Nach der allgemeinen Formel (32,10) bestimmt sich die Korrektur zu den Energieniveaus in zweiter Ordnung über die nichtdiagonalen Matrixelemente der Störung, die Übergängen aus dem vorgegebenen Zustand in Zwischenzustände entsprechen. Im vorliegenden Falle bezieht sich das auf Zustände eines Systems, das aus dem Atom und dem Feld der Photonen besteht. Im Anfangszustand befindet sich das Atom in einem (dem n-ten) seiner Niveaus, und es sind keinerlei Photonen vorhanden. In den Zwischenzuständen kann sich das Atom in jedem seiner Niveaus aufhalten, und das Feld enthält ein Photon. Anschaulich gesprochen kann man sagen, daß die Energiekorrektur im Zusammenhang damit steht, daß das Atom virtuelle Photonen emittiert und sie danach wieder absorbiert.[1])

Die Matrixelemente des Operators der elektromagnetischen Wechselwirkung, die der Emission eines Photons entsprechen, sind im nichtrelativistischen Fall nach (97,2) und (97,1) gleich

$$-e\sqrt{\frac{2\pi}{\omega\,\Omega}}\,(\boldsymbol{e}^*\,\boldsymbol{v}_{nm})\,.$$

Die Summation über die Zwischenzustände beinhaltet sowohl die Summe über die Atomzustände (die mit dem Index m versehen sind) als auch die Integration über die Impulse des Photons (d. h. über $\Omega\,\mathrm{d}k_x\,\mathrm{d}k_y\,\mathrm{d}k_z/(2\pi)^3$) und die Summe über seine Polarisationszustände. Die Integration über die Richtungen von $\boldsymbol{k}$ und die Summation über die Polarisationen erfolgt genau so wie bei der Ableitung von (97,4); im Ergebnis folgt für die Energiekorrektur

$$-\frac{2e^2}{3\pi}\sum_m\int\frac{|\boldsymbol{v}_{nm}|^2\,\omega\,\mathrm{d}\omega}{(E_m+\omega)-E_n} \tag{106,1}$$

mit E_n, E_m als den ungestörten Energieniveaus des Atoms. Dieses Integral divergiert jedoch an seiner oberen Grenze.

Für ein freies Elektron würde der Ausdruck (106,1) eine Korrektur zur Masse liefern, und die Operation der Renormierung bestände darin, den gesamten Ausdruck zu vernachlässigen, da schon die „nichtgestörte“ Masse des Elektrons gleich seinem experimentell beobachtbaren Wert ist. Andererseits besitzt der Geschwindigkeitsoperator $\hat{\boldsymbol{v}} = \hat{\boldsymbol{p}}/m$ des freien Elektrons nur Diagonalelemente $\boldsymbol{v}_{nn}$, die mit bestimmten Werten $\boldsymbol{v}$ (für das freie Teilchen) übereinstimmen. Die Summe über m in (106,1) reduziert sich dabei auf ein Glied ($m = n$):

$$-\frac{2e^2}{3\pi}\int\boldsymbol{v}^2\,\mathrm{d}\omega\,.$$

[1]) In der nichtrelativistischen Theorie zeigt sich die Virtualität des Photons an der Nichterfüllung des Energieerhaltungssatzes bei der Emission oder Absorption des Photons. Bezüglich des Entstehens von Elektron–Positron-Paaren ist zu sagen, daß sie in der nichtrelativistischen Näherung nicht auftreten.

Wir erhalten die Renormierungskonstante für ein (im Atom) gebundenes Elektron, indem wir das Geschwindigkeitsquadrat $\boldsymbol{v}^2$ durch seinen Mittelwert im vorgegebenen Atomzustand, d. h. durch das Matrixelement $(\boldsymbol{v}^2)_{nn}$ ersetzen. Nach der Multiplikationsregel für Matrizen gilt

$$(\boldsymbol{v}^2)_{nn} = \sum_m \boldsymbol{v}_{nm} \boldsymbol{v}_{mn} = \sum_m |\boldsymbol{v}_{nm}|^2 .$$

Wir erhalten somit den Ausdruck

$$-\frac{2 e^2}{3 \pi} \sum_m \int |\boldsymbol{v}_{nm}|^2 \, d\omega ,$$

den wir von (106,1) abziehen müssen, um dem beobachtbaren Korrekturwert für die Niveauenergie zu bestimmen:

$$\delta E_n = \frac{2 e^2}{3 \pi} \sum_m \int \frac{|\boldsymbol{v}_{nm}|^2 (E_m - E_n)}{E_m - E_n + \omega} \, d\omega . \tag{106,2}$$

Dieses Integral divergiert immer noch an der oberen Grenze, jedoch nur noch logarithmisch; in einer konsequent relativistischen Theorie verschwindet diese Divergenz von selbst. Im Rahmen einer nichtrelativistischen Theorie erhält man eine gute Abschätzung für δE_n, wenn man die Integration in (106,2) nur von Null bis zum Wert der Elektronenmasse m durchführt. Dabei gehen wir davon aus, daß eine nichtrelativistische Betrachtungsweise nur für Frequenzbereiche der Photonen $\omega \ll m$ zulässig ist, und daß der Wert eines logarithmischen Integrals ziemlich unempfindlich bezüglich der genauen Wahl seiner oberen Grenze ist (deren Wert groß gegenüber allen Differenzen zwischen den Energien der Atomniveaus $E_m - E_n$ ist).

Wenn wir schließlich die Matrixelemente der Elektronengeschwindigkeit durch die Matrixelemente des Dipolmoments nach (97,1) ersetzen, erhalten wir endgültig (in gewöhnlichen Maßeinheiten)

$$\delta E_n = \frac{2}{3 \pi \hbar^3 c^3} \sum_m |\boldsymbol{d}_{nm}|^2 (E_m - E_n)^3 \ln \frac{m c^2}{|E_m - E_n|} . \tag{106,3}$$

Diese Energieverschiebung hängt von allen Quantenzahlen eines Elektrons im Atom — von der Hauptquantenzahl n, dem Gesamtdrehimpuls j und vom Bahndrehimpuls l — ab. Daher unterscheiden sich nach Einführung der Korrektur (106,3) auch die früher entarteten Niveaus mit gleichen n, j und verschiedenen $l = j \pm 1/2$ voneinander.[1])

[1]) Für die Frequenz, die der Energiedifferenz $E(2\,s_{1/2}) - E(2\,p_{1/2})$ entspricht, führt die Berechnung nach Formel (106,3) zum Wert $\approx$1000 MHz (die genaue relativistische Rechnung liefert den Wert 1050 MHz).

Sachverzeichnis